电工基础实用教程

(第二版)

刘建军　刘美伦　主　编

连艳芳　胡利民　副主编

清华大学出版社

北　京

内 容 简 介

本书主要介绍了电工基础知识及相关应用，共分为8章，内容包括电路的基本概念和基本定律、电阻电路分析、正弦交流电路、三相交流电路、动态电路、互感电路、磁场与磁路、非正弦交流电路。每章都提出了明确的任务，配备了同步训练内容及章后习题，为课堂教学和学生自主学习提供了方便。针对各章内容，在章后都安排了与所学内容紧密相关的实训课题，旨在强化学生对所学内容的应用。

本书是根据我国高职高专的教学实际，按照高职高专的教学要求编写的。在编写过程中注重了理论与实践的结合，强调实践能力的培养，同时注重知识的可读性，为学生的自学和提升留下了一定的空间。

本书可作为高职高专院校电气自动化、电子信息技术、供电技术等电类专业及相关专业的教材，也可供有关技术人员参考。

图书在版编目(CIP)数据

电工基础实用教程 / 刘建军, 刘美伦主编. —2版. —北京：清华大学出版社，2022.2
ISBN 978-7-302-58737-8

I. ①电… II. ①刘… ②刘… III. ①电工－教材 IV. ①TM1

中国版本图书馆 CIP 数据核字(2021)第 140418 号

责任编辑：刘金喜
封面设计：范惠英
版式设计：思创景点
责任校对：马遥遥
责任印制：杨 艳

出版发行：清华大学出版社
网　　址：http://www.tup.com.cn，http://www.wqbook.com
地　　址：北京清华大学学研大厦A座　　**邮　　编**：100084
社 总 机：010-83470000　　**邮　　购**：010-62786544
投稿与读者服务：010-62776969，c-service@tup.tsinghua.edu.cn
质量反馈：010-62772015，zhiliang@tup.tsinghua.edu.cn
印 装 者：天津安泰印刷有限公司
经　　销：全国新华书店
开　　本：185mm×260mm　　**印　　张**：18.5　　**字　　数**：439千字
版　　次：2012年9月第1版　　2022年3月第2版　　**印　　次**：2022年3月第1次印刷
定　　价：68.00元

产品编号：088653-01

第二版前言

本教程是在第一版的基础上，结合十年来的实际使用情况，根据职业教育改革发展的需求和教学模式变化的需要，对第一版内容进行了增减与优化后编写完成的，其宗旨是紧跟职教改革的特点，满足职教改革的需要，推进技能型人才的培养。

作为高职高专的专业基础课教材，本书突出了以下几个方面的特色：

(1) 强调了知识的科学性与实用性的结合，提高了理论内容的实际应用部分所占的比例，在各章节中增加了案例，增加了对新知识、新技术和新工艺的引入，为优化学生的知识结构和将来的上岗就业做了铺垫。

(2) 加强了学科之间的横向联系，强调了学以致用。如对烦琐的计算，编写了计算程序放在附录中，可供学生课后进一步学习和研究，为学生的个性化发展创造了条件。

(3) 增强了教材的通用性，淡化了强电与弱电的严格区分和不同专业之间的细小差别，为专业间的互相渗透和培养高职学生综合职业技术能力提供了方便，使教材内容既“必须”又“够用”。部分章节可作为选讲内容或留给学生自学，给不同层次的学生留有一定的自由空间。

(4) 章节后的同步训练和习题是通过多年教学实践的积累而提炼出来的，题目以“应知应会”为目的，紧扣各章节内容，同时紧密结合实际，适合学生理解和巩固所学内容，同时给学生留有思考的空间。

(5) 在教材的编写过程中借鉴了国内外职业教育的经验和理念，参考了国外教材的特点，突出了“以学生为中心”“以实用为目的”的原则，注意了本课程与前后其他课程的衔接关系，深入浅出，可读性强。在附录中还详细列出了常用的数学公式，为教师和学生的使用提供了方便。

(6) 每章都紧扣所学内容配备了相应的实训课题，旨在提升学生对所学知识的实际应用能力。

(7) 通过案例和实验等内容把思政元素融入教材中，加强了职业素养的培育与大国工匠精神的塑造，注重了绿色环保意识、安全用电意识和社会责任感、使命感的培养。

本书共有八章，其中第八章可以根据需要讲授，也可作为选学内容。全书适合的学时数为60～90学时。

本教材由辽宁铁道职业技术学院刘建军与辽宁经济职业技术学院刘美伦任主编，辽宁经济职业技术学院刘美伦编写了第一章、第二章，辽宁铁道职业技术学院刘建军编写了第六章、第八章、附录及全部习题解答，辽宁铁道职业技术学院连艳芳编写了第三章和第七章，辽宁铁道职业技术学院胡利民编写了第四章、第五章。

由于编者水平所限，错误疏漏之处在所难免，恳请广大读者和同行批评指正，以便修改和更正。

本书 PPT 教学课件和习题答案可通过扫描下方二维码下载。

服务邮箱：476371891@qq.com。

PPT 课件+习题答案

编　者

2021 年 9 月

目　录

第 1 章
电路的基本概念和基本定律

内容简介

1. 电路、电路模型、电路的工作状态以及理想元件等基本概念。
2. 电阻器、电感器、电容器、电压源、电流源等基本元件及受控源的特性与分析。
3. 电流、电压、电位、电功率、电能等基本物理量的计算、测量及相互关系。
4. 欧姆定律和基尔霍夫定律的应用。

1.1 电路与电路模型

本课任务

1. 认识电路。
2. 理解理想元件、电路模型及电路的工作状态等概念。
3. 记住电路表示符号，学会画电路图。

实例链接

我国国家电网公司连接向家坝至上海的±800kV特高压直流输电线路长达1907km，并且传输中损失的电量可达到最小值，输电效率超过93%，电力损耗低于7%。目前世界上大电路的数量级在不断增大，而较小的电路数量级却在不断减小。美国国际商用机器公司(IBM)曾于2002年用一氧化碳分子研制出当时世界上最小的计算机电路，其中最复杂的是拥有三个输入端的排序器，它只有12nm宽、17nm长(lnm相当于10个原子整齐地排成一列的长度)，在一个半径只有7nm的标准铅笔头上就可以集成1900亿个这样的电路，而当时最先进的半导体芯片中使用的电路还比它大26万倍。随着科技的快速发展，今天的半导体芯片中使用的电路已经可以小到只有几纳米大小，而且随着时间的推移，该数字还会不断减小。

图1-1-1为最简单的直流电路实物示意图，它由电池、灯、开关和导线组成。图1-1-2

为最简单的交流电路(照明电路)实物示意图，它由交流发电机、灯和开关、导线组成。

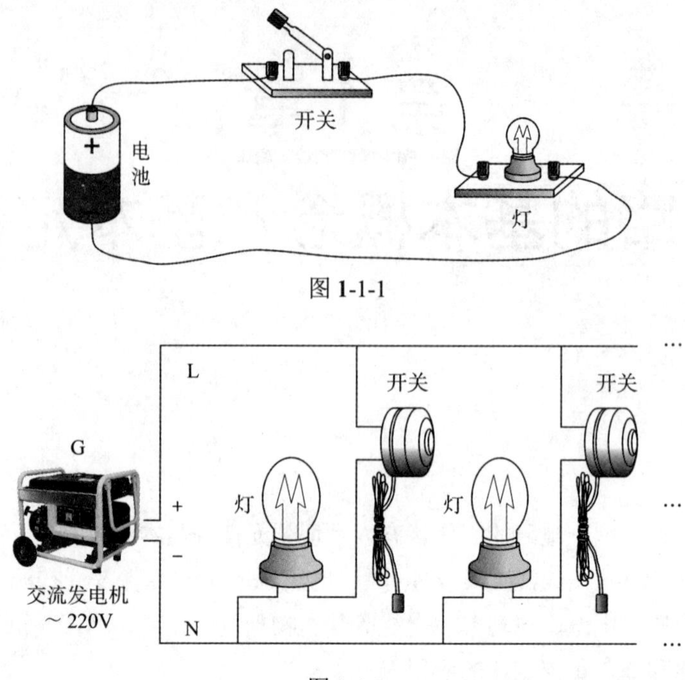

图 1-1-1

图 1-1-2

任务实施

1.1.1　电路的概念

从图 1-1-1 和图 1-1-2 可以看出，**电路**就是电流流通的路径，它是由一些电气器件按照一定方式组合起来的一个完整的整体。电路有时又称**网络**。收音机、电视机的电路，照明电路等，都是我们常见的电路。

一个基本的电路主要由以下三部分组成：

(1) 电源：将其他形式的能量转换为电能的装置。在电路中电源产生电能，并维持电路中的电流。如发电厂的发电机、手电筒电路中的电池等。

(2) 负载：将电能转换为其他形式的能量的装置。如电灯、电动机等。

(3) 中间环节：导线、开关、变压器、监测和保护仪表等。起到连接电源和负载、为电流提供通路并传输电能和监测保护等作用，如开关控制电路的通断，熔断器起到保护电路和设备的作用。电能表、功率表等，都可被看作中间环节。

图 1-1-1 和图 1-1-2 两个电路都是用实物图表示的，这样表示非常麻烦，而且对大型电路实现起来也很困难。为此，国家统一规定了表示电路元器件的图形符号，称为电路符号。用电路符号表示实际电路元器件连接关系的图形，称为电路原理图，简称**电路图**。常用的电路符号如表 1-1-1 所列。

表 1-1-1 常用电路元件的图形符号

元件名称	符号	元件名称	符号
导线		可调电阻	
交叉不相连接的导线		电位器	
交叉相连接的导线		电容器	
开关	S	可调电容器	
电池		预调电容器	
直流电压源	U_S + −	极性电容器	+
交流电压源	u_S	电感线圈、电感器、绕组	
固定电阻器		带磁心的电感器	

1.1.2 电路模型

表 1-1-1 中的每一个符号都表示一个元件，这些元件都只有一种电或磁的性质。而实际的电气器件，特性一般是比较复杂的，它们往往同时具有电或磁的多种属性，如果同时考虑这些性质，则电路理论将会变得非常复杂，因此电路基础一般并不研究实际的电气器件，而是把实际的电气器件进行抽象和简化，忽略其次要性质，只保留其一种最主要的性质，这种只有一种电或磁的特性的元件模型称为**理想元件**。例如，电灯、电风扇、电热器等消耗电能的器件，在一定条件下，都可以用一个表示消耗电能特性的理想元件来表示，这个元件就是电阻元件。又如，负荷开关、断路器、隔离开关以及继电器的触点等都是接通和断开电路用的，就它们的作用而言，都可以用一个理想元件来表示，这个理想元件就是开关。

有了理想元件，我们在进行电路的分析计算时就可以省去很多麻烦，而又不影响电路的性质。这种由理想元件构成的电路，称为实际电路的**电路模型**。以后本书中所说的元件(如无特殊说明)都指理想元件，所说的电路都指电路模型。图 1-1-3 所示即为图 1-1-1 的电路模型，图 1-1-4 所示即为图 1-1-2 的电路模型。

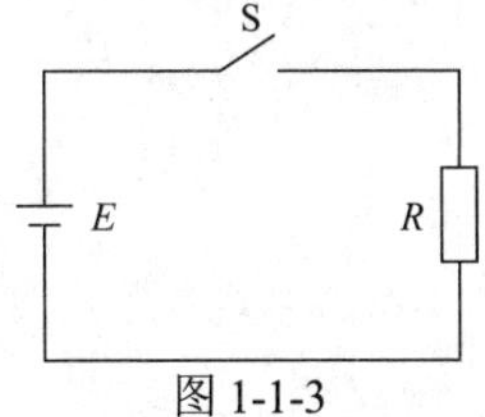

图 1-1-3

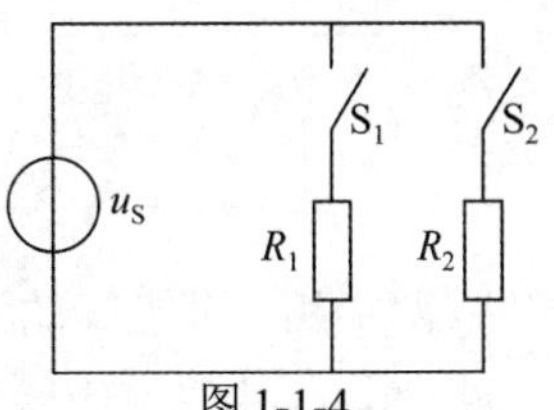

图 1-1-4

1.1.3 电路的工作状态

电源与负载构成闭合回路，称为电路的**负载状态**。

各种电气装置在其铭牌上都规定了长期安全使用的电压(或电流)、功率等数值，即**额定值**。

处于负载状态下运行的电器装置，若按额定值使用，称为额定工作状态，又称**满载**。长期超过额定值将会造成装置的损坏，称为**超载**。而长期低于额定值工作，称为**轻载**。轻载将使设备的效率低下或不能正常工作。

电源与负载没有构成闭合回路，这时回路中的电流为零，称为**断路状态**。实际电路中，各种电气装置的相互连接处、电气装置与导线的相互连接处或者导线与导线的相互连接处，如接触不良，往往会造成电路的断路状态。因此，电路的相互连接处应保证良好的接触。

把电路中某一部分的两端用导体直接连接，使这两端的电压为零，电路的这部分称为**短路**，如图 1-1-5 所示。短路时短路处的电阻为零，短路处的电压降为零，电路中将出现比负载状态大得多的电流。在实际电路中，短路会造成电源和有关电气装置被烧毁，以及停电等严重事故。图 1-1-5 中，如果把 B、C 两点用导线直接相连，则电阻器 R_2 被短路；如果把 A、C 两点直接相连，则电源 E 被短路。

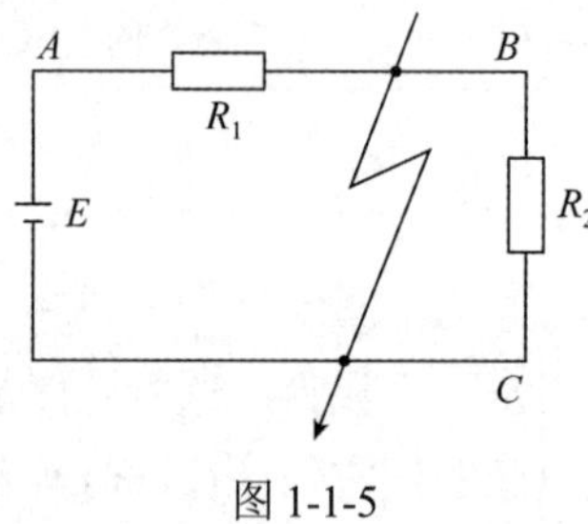

图 1-1-5

1.1.4　电路常用术语

(1) **节点**。电路中有三个或三个以上元件的连接点称为节点。例如，图 1-1-6(a)中没有节点，而图 1-1-6(b)中的 b 和 d 是两个节点。

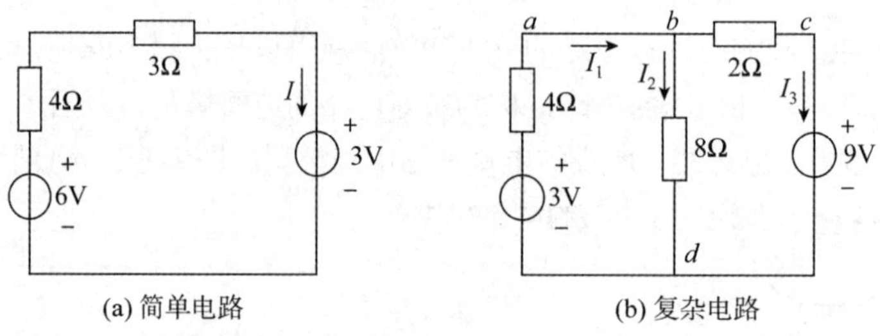

(a) 简单电路　　(b) 复杂电路

图 1-1-6

(2) **支路**。两个相邻节点间的那部分电路称为支路。图1-1-6(b)中共有三条支路，即 bad、bd 和 bcd；图 1-1-6(a)中没有支路。

支路中含有电源的支路称为有源支路。图 1-1-6(b)中的 bad 和 bcd 两条支路均为有源支路。不含电源的支路称为无源支路。图 1-1-6(b)中的 bd 支路为无源支路。

(3) **回路**。电路中的任意一个闭合路径称为回路。图 1-1-6(a)中只有一个回路；图 1-1-6(b)中有三个回路，即回路 *abda*、回路 *abcda* 和回路 *bcdb*。

(4) **网孔**。内部不含支路的回路称为网孔。图1-1-6(a)中只有一个网孔；图1-1-6(b)中有两个网孔，即 *abda* 和 *bcdb*。

同步训练

1. 自己选择电阻器和电源参数，连接一个如图 1-1-7 所示的电路，解决如下问题：

(1) 该电路有几个节点、几条支路、几个回路、几个网孔？

(2) 通过电路连接显示电路的三种工作状态，并加以说明。

(3) 通过电路的实际连接，说明在多条支路连接的节点上，怎样连接最省导线，此电路最少需要几条导线。

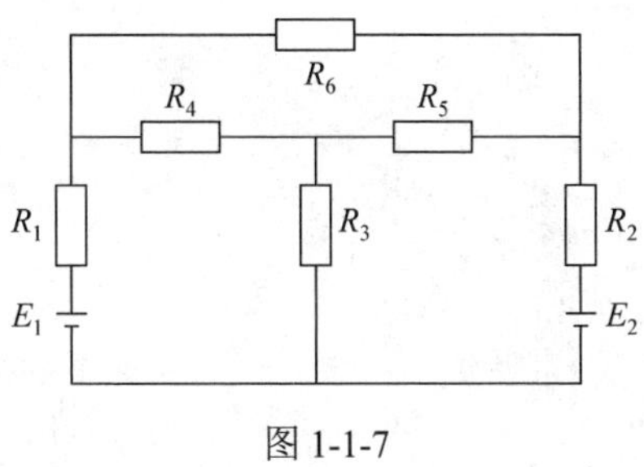

图 1-1-7

1.2 电路的基本物理量

本课任务

1. 了解电流、电压、电位、电能和功率等基本概念。
2. 掌握电流、电压、电位和功率的分析计算。
3. 熟悉几个物理量的基本测量方法。

实例链接

1. 关于触电

图 1-2-1 为人体接触带电体发生触电事故与不触电的几种情况示意图，图中的人体都接触了带电体，但为什么有的情况下发生触电事故，而有的情况下却不发生触电事故呢？因为人体接触点的电位不同，使人体承受的电压也不同，因此通过人体的电流也不同，产生的后果就完全不同了。

2. 用电的基本常识举例

我们的生活已经离不开电了，但是我们对电的概念知道多少呢？对电路的基本物理量又知道多少呢？

对于电流，目前人们能够测到的最大电流就是雷电的电流，雷电的峰值电流可以超过10^5A，由于雷电电流是在几十微秒的极短时间里形成的，仅在直径几厘米的闪电通道内通过，所以闪电通道会迅速增温至几万摄氏度，并产生爆炸式膨胀。闪电通道在以 30～50 atm (标准大气压，1 atm=101 325 Pa)向外膨胀的过程中，形成了冲击波，以 5km/s 的高速度向四周扩散，然后逐渐衰减为声波，这就是我们所听到的隆隆雷声。与此同时，炽热的高温使闪电通道内的空气几乎完全电离，发出了耀眼的光亮，这就是我们看到的闪电。

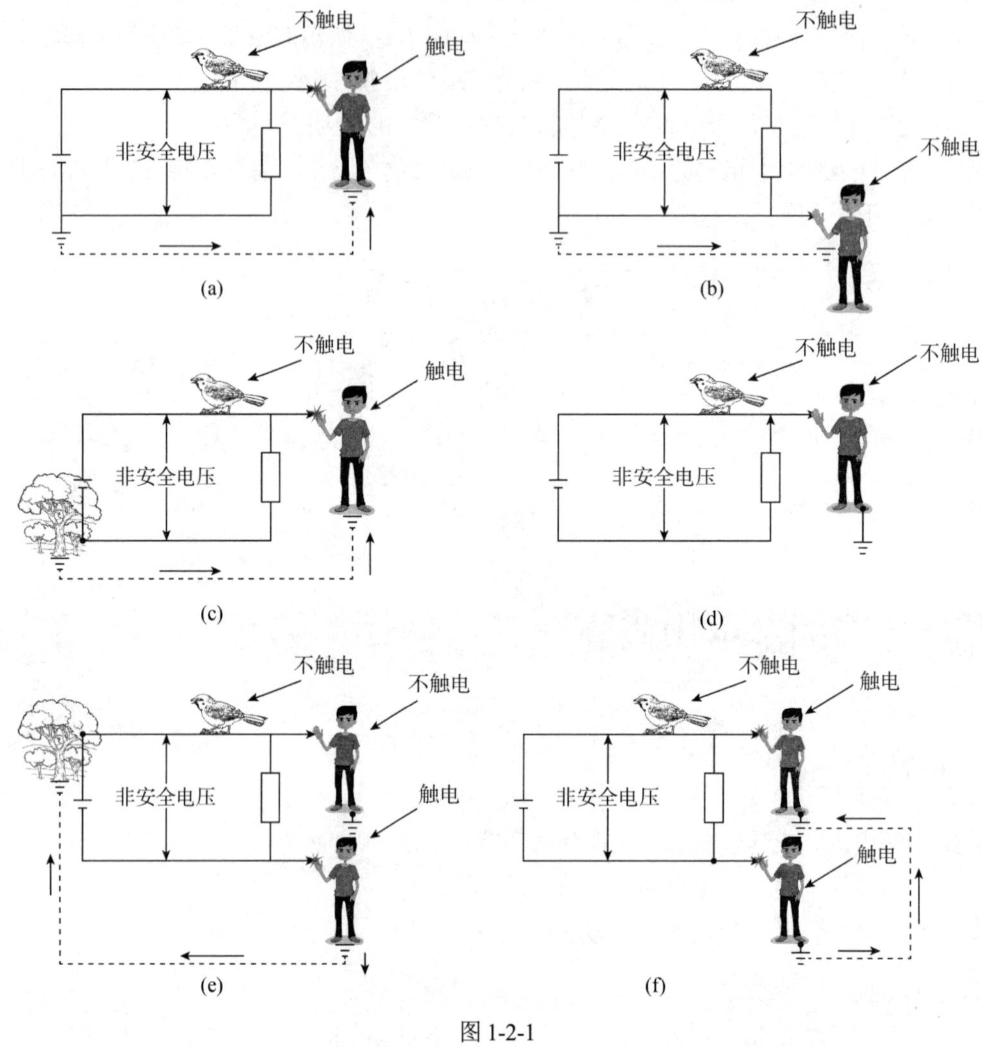

图 1-2-1

人体的感知电流，就是能使人感觉到的最小电流，一般交流为1mA、直流为 5mA；人体安全电流，一般交流为 30mA、直流为 50mA。

对于电压，生活中经常涉及的最小电压有毫伏(mV)级和更小的微伏(μV)级，如心脏本身的生物电变化通过心脏周围的导电组织和体液反映到身体表面上来，利用心电图仪可以把人体表面一定部位的电位变化用曲线记录下来，这就是心电图。心电图的电压一般在毫伏级以下。

收音机的天线感应电压是毫伏级和微伏级。

我国自主研发、设计和建设的具有自主知识产权的 1000kV 交流输变电工程——晋东南—

南阳—荆门特高压交流试验示范工程于 2009 年 1 月 16 日顺利通过试运行，正式投运。该工程是目前世界上运行电压级别最高、输送能力最大、代表国际输变电技术最高水平的特高压交流输变电工程。

任务实施

1.2.1　电流

电流就是电荷有规则的定向运动。要形成电流，首先必须有可移动的自由电荷存在，其次，在导体两端必须有电压存在。图 1-2-1 中几种触电的情况下人体中都有电流通过。

电流的大小可用电流(旧称电流强度)这个物理量来表示，即单位时间内通过导体横断面的电荷量的多少，用公式表示为

$$i = \frac{\mathrm{d}q}{\mathrm{d}t} \tag{1-2-1}$$

式中：i 表示电流，单位为安[培]，符号为 A，此外还有毫安(符号为 mA)、微安(符号为 μA)；q 表示电荷数量的多少，称为电荷[量]，单位为库[仑]，符号为 C；t 表示时间，单位为秒，符号为 s 。

对直流电流，式(1-2-1)可写为

$$I = \frac{q}{t} \tag{1-2-2}$$

电流可以由正电荷形成，也可以由负电荷或正负两种电荷形成。电流的方向只有一个，规定为正电荷运动的方向，又称电流的实际方向，一般用虚线箭头加符号 I 来表示，如图 1-2-2 所示。

在电路的计算过程中，往往不知道电流的实际方向，为使电流有确定的值，就需要事先任意假设一个电流的方向，这个方向就是电流的**参考方向**。以后本书中所提到的方向，无特殊说明时都是指参考方向。参考方向用实线箭头来表示。当实际方向与参考方向一致时，电流为正，否则电流为负，如图 1-2-3 所示。

图 1-2-2　　图 1-2-3

电流的大小取决于一定时间内通过导体横断面电荷[量]的多少，在单位时间内通过导体横断面的电荷[量]多，电流就大，电荷[量]少则电流就小，而与导体的横断面积大小无关，因为电路中不能有电荷积累，否则将引起电路中电场的变化，电路的性质将发生变化，因此电路中从一个地方流入多少电流，必同时从这个地方流出多少电流，这一结论称为**电流的连续性原理**。

例 1.2.1　电流的大小及参考方向如图 1-2-4 所示，试指出电流的实际方向。

解：(a) $I = 2 > 0$，说明电流的参考方向与实际方向一致，所以电流的实际方向为由 a 到 b。

(b) $I = -2 < 0$，说明电流的参考方向与实际方向相反，因此电流的实际方向为由 b 到 a。

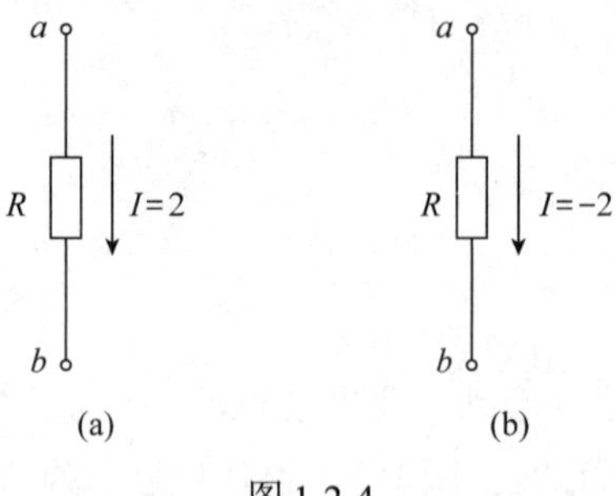

图 1-2-4

1.2.2 电压

在电路中，用移动正电荷所做的功来定义电压。设正电荷 q 由 a 点移到 b 点时所做的功为 W_{ab}，则 a、b 两点间的电压为

$$u_{ab} = \frac{\mathrm{d}W_{ab}}{\mathrm{d}q} \tag{1-2-3}$$

即 a、b 两点间电压的大小，等于单位正电荷从 a 点移到 b 点时所做的功。

电压的**方向**规定为电位降的方向，即由高电位指向低电位，这就是电压的实际方向，又称**实际极性**。若 $U_{ab} > 0$，则电压的实际方向为由 a 到 b；反之，则为由 b 到 a。

同电流一样，在电路的分析计算中，有时不知道电压的实际方向，为了确定电压的准确值，也需要事先任意假定一个方向，这个方向称为**电压的参考方向**。电压的参考方向表示方法有三种：实线箭头表示法、极性表示法、双下标表示法，如图 1-2-5 所示。

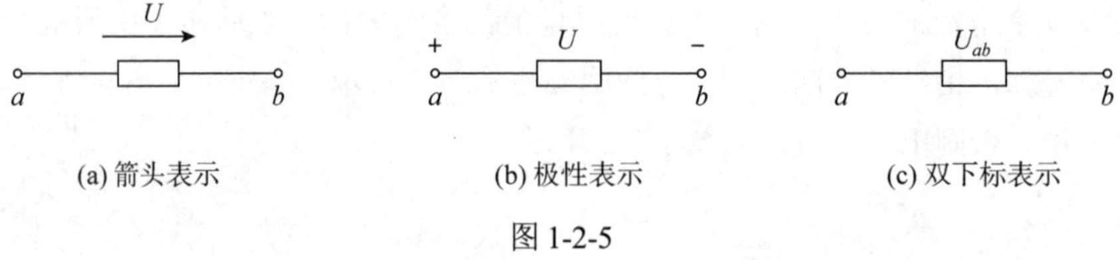

图 1-2-5

在一段电路中，电流的参考方向和电压的参考方向互不影响，二者可设成一致，也可以设得不同，但为了方便计算，往往把二者设成一致，这种参考方向称为**关联参考方向**。

例 1.2.2 电压的参考方向如图 1-2-6(a)和(b)所示，试指出图中电压的实际极性。

解：图 1-2-6 (a)中电压的参考方向为由 b 指向 a，$U = 10\text{V}$，说明参考方向与实际方向一致，所以电压的实际方向为由 b 指向 a。

图 1-2-6

图 1-2-6(b)中电压的参考方向为由 a 指向 b，$U=-10\text{V}$，说明参考方向与实际方向相反，所以电压的实际方向为由 b 指向 a。

在电路的分析计算中，除应用电压的概念外，还经常应用电位的概念。所谓**电位**是指电路中某一点到参考点的电压。因此要计算电位必须先选择参考点，**参考点**就是为了方便分析和计算而人为选择的共同基准点。参考点的电位为零，因此参考点又称**零电位点**。电位用字母 φ 表示。如 a 点的电位表示为 φ_a。一般用字母 o 表示参考点，参考点的电位用 φ_o 表示，则 $\varphi_o=0$。

根据电位的定义有：

$$U_{ao}=\varphi_a-\varphi_o=\varphi_a$$

$$U_{bo}=\varphi_b-\varphi_o=\varphi_b$$

而

$$U_{ab}+U_{bo}=U_{ao}$$

移项得

$$U_{ab}=U_{ao}-U_{bo}$$

所以

$$U_{ab}=\varphi_a-\varphi_b \tag{1-2-4}$$

式(1-2-4)就是两点间的电压与这两点电位的关系，也是计算电压与电位的基本关系式。由此式可知两点间的电压等于这两点间的电位差，所以电压又称电位差。若 $U_{ab}=0$，则 $\varphi_a=\varphi_b$，称 a、b 两点是等电位点。

电位参考点是可以任意选择的，但在一个电路中只能选一个参考点。比参考点高的为正电位，比参考点低的为负电位。不选择参考点时说电位的高低是没有意义的，这正如“高度”问题，不定出基准，高度就失去了意义。

当参考点选择不同时，各点的电位也就不同。但参考点一旦选定，各点电位就唯一确定了。

电压与电位是两个不同的概念，电位是相对的，与参考点的选择有关，而电压是绝对的，与参考点的选择无关。选择不同的参考点，各点电位升高或降低的数值相等，因此两点间的电压不变。所以，两点间的电压并不随参考点的改变而改变。

在工程上常选大地为参考点，使其电位为零，将各种电气设备的外壳接地，用符号“⏚”表示。这是因为大地是良导体，它的电位非常稳定，把它作为参考电位十分可靠和方便。在电子技术中，常选元件汇集的公共点为参考点(即等电位连接点)，使其电位为零，用符号“⊥”或“⊥”表示，参考点不一定接地。

例 1.2.3　如图 1-2-7 所示，o 点为参考点，试求 a、b、c 各点的电位。

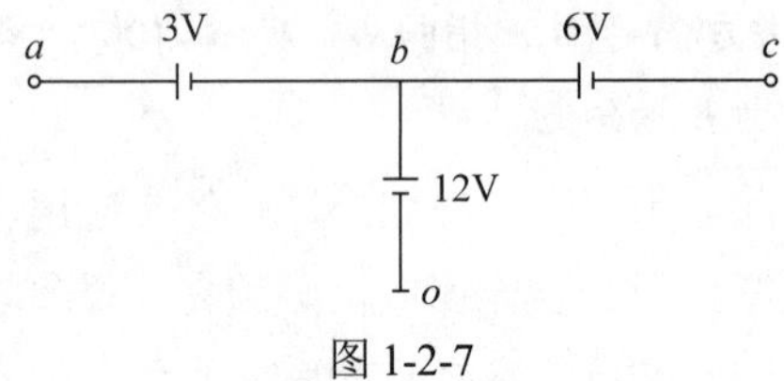

图 1-2-7

解：

$U_{bo}=12\text{V}$，$U_{bo}=\varphi_b-\varphi_o$，即 $\varphi_b-\varphi_o=12\text{V}$，而 $\varphi_o=0$，故 $\varphi_b=12\text{V}$；

$U_{ab}=3\text{V}$，即 $\varphi_a-\varphi_b=3\text{V}$，故 $\varphi_a=3\text{V}+\varphi_b=(3+12)\text{V}=15\text{V}$；

$U_{cb}=-6\text{V}$，即 $\varphi_c-\varphi_b=-6\text{V}$，故 $\varphi_c=-6\text{V}+\varphi_b=(-6+12)\text{V}=6\text{V}$。

电子线路中，为了做图简便，常采用习惯画法来表示电路，也就是不再画出电源符号，而是采用标出其各点电位的大小和极性的方法来表示电路。例如，图 1-2-8(a)所示的普通画法的电路可采用习惯画法用图 1-2-8(b)表示。图 1-2-9(a)所示的习惯画法也可以还原为图 1-2-9(b)所示的普通画法。

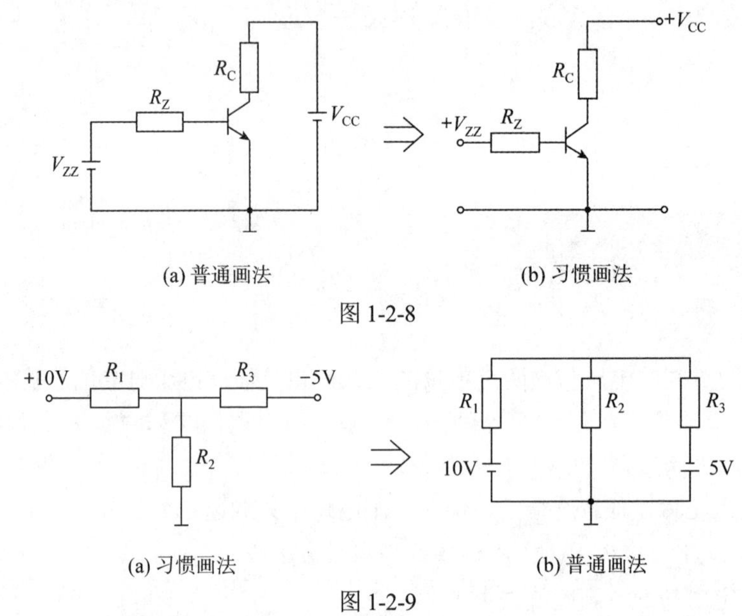

(a) 普通画法　　(b) 习惯画法

图 1-2-8

(a) 习惯画法　　(b) 普通画法

图 1-2-9

1.2.3 电功与电功率

电流是由导体中的自由电荷在电场力的作用下做定向移动形成的，电荷在导体中移动时电场力要对电荷做功，这个功就称为**电功**，又称**电能**。

电流在一段电路所做的功表达式为

$$W=\int ui\text{d}t \tag{1-2-5}$$

电力系统中，常采用 kW·h(千瓦时，俗称度)来计量电流所做的功(又称电量)。电功率为 1kW 的负载，通电时间为 1h(小时)，电流所做的功就是 1kW·h：

$$1\text{kW}\cdot\text{h}=1000\text{W}\times1\text{h}=1000\text{W}\times3600\text{s}=3.6\times10^{6}\text{J}=3.6\text{WJ}$$

电功率是衡量电流做功快慢的物理量。单位时间内电流做的功称为电功率，用 P 表示，即

$$P=\frac{\mathrm{d}W}{\mathrm{d}t}=ui \tag{1-2-6}$$

电功率的单位为瓦，符号为 W。

式(1-2-6)的前提条件是 u、i 参考方向为关联方向，若二者为非关联参考方向，则计算功率的公式为

$$P=-ui \tag{1-2-7}$$

元件的功率可正可负，若 $P>0$，说明元件是吸收功率或消耗功率，即元件是消耗能量的；若 $P<0$，则说明元件是发出功率或产生功率，这时元件是发出能量的。

在一个电路中，电源是产生电能的，负载是接受电能的。电流之所以能对负载做功，将电能转换为其他形式的能量，是因为电流从电源处获得了电能。根据能量转换和守恒定律，一个电路中所有电源产生的电功率之和，总等于电路中所有消耗的电功率之和，这个结论称为电路的**功率平衡原理**。

应用与实践

电流、电压、电位和功率的测量

测电流要用电流表，电流表要与被测电路串联，测交流电流选交流挡，测直流电流选直流挡，而且，必须使直流电流从电流表的“+”端流入。当被测量数值未知时，先选择大量程，要试触一下看是否合适，如确实过大再减小一挡，再试触，逐步调整，但这种方法不能用来直接测量电源的电流，否则会烧坏仪表或电源。如果要测电源的电流，可以串联一个合适的电阻器再测量，然后根据公式计算出相应的电流。测量电位时，把电压表的负极表笔与参考点相连，正极表笔接被测点，如果电压表指针正偏，则读数即为所测点的电位，如果指针反偏，则将表笔的正负极对调，测得的数据加上负号即为所测点的电位。

测电压要把电压表与被测电路并联，对未知电压，挡位选择与电流表一样由大到小。

对大电流和大电压的测量，一般采用互感电压表和互感电流表，把大电压和大电流转换成小电压和小电流进行测量，互感电压表二次绕组不允许短路，互感电流表二次回路不允许开路。互感电压表与互感电流表的接线原理如图 1-2-10 所示。

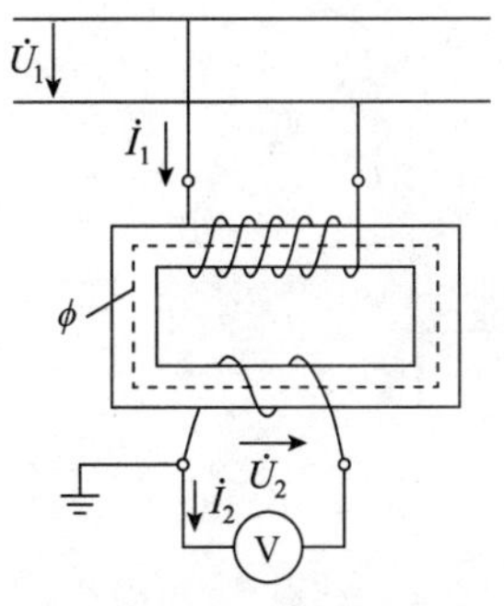

(a) 互感电压表接线原理图

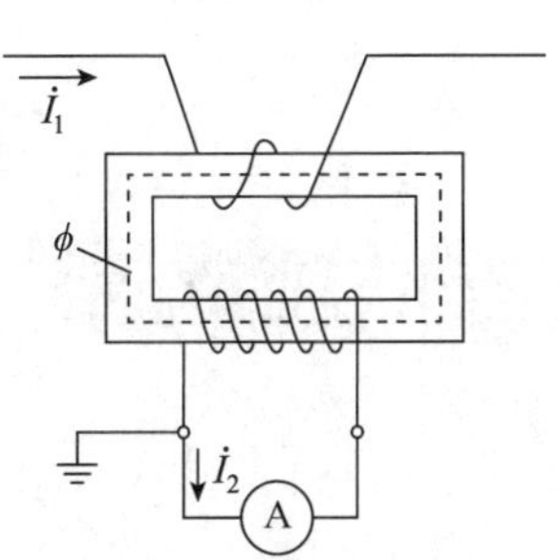

(b) 互感电流表接线原理图

图 1-2-10

功率的测量采用功率表，功率表有四个接线端子，即两个电压端子，两个电流端子。测量时，电压端子与负载并联，电流端子与负载串联，两个端子有标记的一端连在一起，直流表有标记的一端接电源正极，接线原理如图 1-2-11 所示。

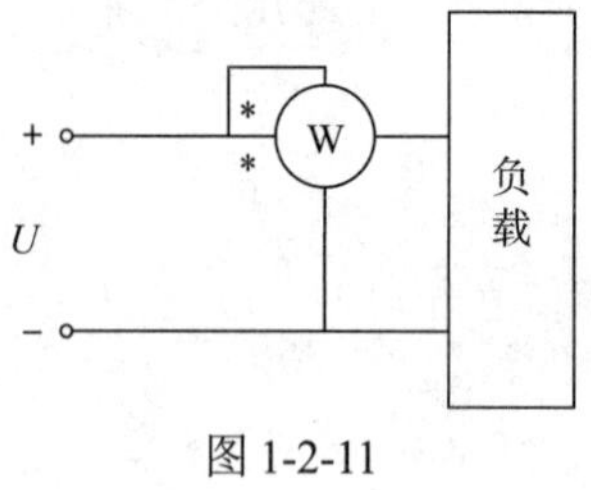

图 1-2-11

同步训练

1. 有一个两路输出的稳压电源，电阻若干，电压表、电流表、功率表各一块，自己设计一个电路，练习电压、电流、电位和功率的测量。

2. 电路如图 1-2-12 所示，试计算两幅图中各点的电位，再实际连接电路进行测量，比较测量值与计算值的准确度。

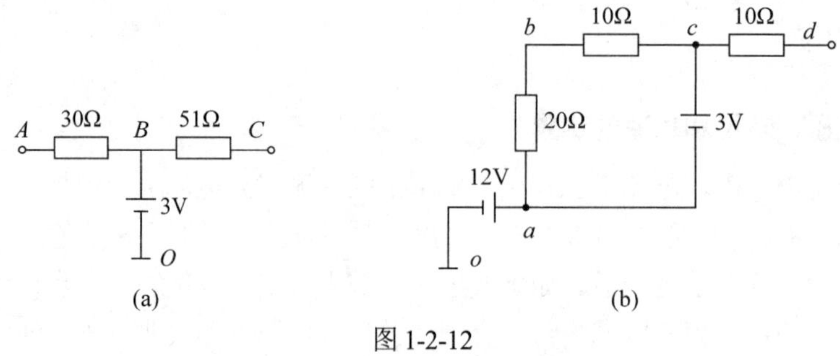

图 1-2-12

3. 电路如图 1-2-13 所示，求各元件的功率并指出是吸收功率还是发出功率。

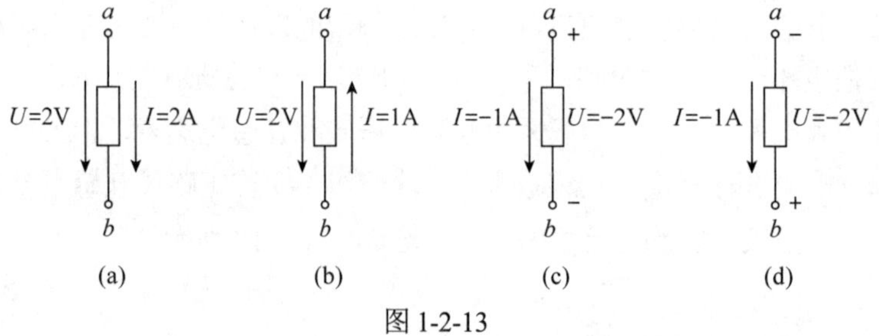

图 1-2-13

1.3 电阻元件与独立源

本课任务

1. 了解电阻的概念、电阻元件的技术参数与分类等基本常识。

2. 掌握欧姆定律及其应用；掌握电阻电路中电阻负载获得最大功率的条件。

3. 掌握电压源与电流源的表示、特点及伏安特性。

4. 能实际测量电阻和电源参数。

实例链接

1. 关于电阻的实验

任何一种物体都有电阻(具体定义见后文论述)，电阻的大小与物体的材料有关。人体也有电阻，人体的电阻值不是一个常数，其大小与环境、电压及人体特征等因素有关，不同情况下通过实验可以测得人体的电阻值一般为一千欧到几万欧。

我国规定在一般正常、干燥的环境中以 36V 作为安全电压，安全电流(人体允许电流)一般为 30mA 左右，故推算出人体的电阻值在 1.2kΩ 左右。这只是一个经常被采用的数值，并不是一个固定的值。

当导体的温度低于某临界温度 T_c 时，导体的电阻会突然消失而变为零，这种现象称为超导电性，简称超导。超导体的电阻为零，为了证实这一点，科学家将一个铅制的圆环，放入温度低于 T_c=7.2K 的空间，利用电磁感应使环内激发起感应电流，结果发现，环内电流能持续下去，从 1954 年 3 月 16 日始，到 1956 年 9 月 5 日止，在两年半的时间内电流一直没有衰减，这说明圆环内的电能没有损失。当温度升到高于 T_c 时，圆环由超导状态变为正常态，材料的电阻骤然增大，感应电流立刻消失。这就是著名的昂尼斯持久电流实验。

2. 电源举例

常见的干电池、蓄电池、发电机等都可被近似看作电压源，而用旧了的干电池、蓄电池则是实际电压源。

光电管是典型的电流源。

电真空器件，如示波管、显像管、功率发射管等，它们的灯丝冷电阻很小，当加上额定电压时，在通电瞬间电流非常大，常常超过灯丝额定电流的许多倍。为了保护灯丝，常采用恒流供电。

在用普通的充电器充电时，随着蓄电池的电压逐渐升高，充电电流相应减小。为了保证正常充电，就必须随时提高充电器的输出电压，而采用恒流充电，可以不必调整。

检验电流表多用恒流源。检验时，将待检的多个电流表串接于恒流源电路中，调节恒流源的输出电流大小至被检表的满度值，即可检查各电流表的指示是否正确。

任务实施

1.3.1　电阻与电导

物体中有电流通过时，电荷在定向移动的过程中不断地与构成该物体的原子或分子相碰撞，因此不断地受到阻力，这种物体对通过它的电流呈现的阻碍作用，被称作该物体的电阻。电阻用符号 R 表示。电阻的常用单位为欧[姆]，符号为 Ω。除 Ω 外，还常用 kΩ(千欧)和 MΩ(兆欧)。

实验证明，在一定温度下，金属导体的电阻与导体的长度 l 成正比，与导体的横断面积 S 成反比，并且与导体材料有关，用公式表示为

$$R = \rho \frac{l}{S} \tag{1-3-1}$$

式中：ρ 为电阻率，单位为 Ωm。

电阻反映的是物体对电流的阻碍作用，为了直观地反映导体的导电能力的强弱，又引入了另一个物理量——电导。**电导**是电阻的倒数。电导越大，则导体传导电流的能力就越强。电导的符号为 G，用公式表示为

$$G = \frac{1}{R} \tag{1-3-2}$$

G 的单位为西[门子]，符号为 S，$1S = 1/\Omega$。

电流通过导体，由于碰撞必然要消耗能量，电阻把电能转换成热能。在电路中，这种消耗电能的理想模型被称为**电阻元件**，通常简称电阻。这样，电阻既可以表示电阻元件，又可以表示一个元件的阻值。电阻器就是一种最典型的电阻元件。**电阻器的主要指标**为标称阻值、误差和额定功率。国家规定了一系列阻值作为电阻器的标准，称为**标称电阻值**。我国规定的标称电阻系列有 E6、E12、E24 等，此系列阻值的精确度用误差表示，普通电阻器的误差分为±5%、±10%和±20%三种，分别以 Ⅰ、Ⅱ、Ⅲ级表示。对额定功率，国家同样规定了标称值，常用的有 1/8W、1/4W、1/2W、1W、2W、3W、5W、10W、20W 等。例如，一只电阻器上标有“4.7k，Ⅱ，2W”的字样，含义就是它的标称值为 4.7kΩ，最大误差不超过±10%，额定功率为 2W。也有的电阻器不直接标出阻值和误差，而是用符号表示。例如，某电阻器上标有“RT-2W　6R8 J”，其中 RT 表示碳膜电阻，2W 表示功率为 2W，6R8 表示阻值为 6.8Ω，J 表示误差为±5%；同样，F 表示误差为±1%，G 表示误差为±2%，K 表示误差为±10%。还有的电阻器不用数字和符号标出其各项指标，而是用不同颜色的色环来表示阻值和误差。其详细情况见表 1-3-1。

表 1-3-1　电阻值的色标表示符号

颜色	有效数字	倍乘/Ω	允许偏差/%	颜色	有效数字	倍乘/Ω	允许偏差/%
银色	—	10^{-2}	±10	黄色	4	10^4	—
金色	—	10^{-1}	±5	绿色	5	10^5	±0.5
黑色	0	10^0	—	蓝色	6	10^6	±0.2
棕色	1	10^1	±1	紫色	7	10^7	±0.1
红色	2	10^2	±2	灰色	8	10^8	—
橙色	3	10^3	—	白色	9	10^9	+50 −20

电阻的大小是按阻值分类的，一般把电阻值在 1 Ω 以下的电阻称为小电阻，电阻值为 1 Ω~0.1 MΩ 的电阻称为中值电阻，电阻值在 0.1 MΩ 以上的电阻称为大电阻。

如何测量电阻？一般电阻测量分成三种情况：绝缘电阻一般用绝缘电阻表(习称兆欧表)

测量，中值电阻用万用表测量；小电组用电桥测量；对于表头内阻，一般采用替代法或半偏电流法测量。

1.3.2　欧姆定律

1. 欧姆定律

科学家通过实验得出：施加于电阻元件上的电压与通过它的电流成正比，这一规律称为**欧姆定律**。

在电压与电流关联方向下该定律的表达式为

$$u = Ri \tag{1-3-3}$$

而在非关联方向下表达式为

$$u = -Ri \tag{1-3-4}$$

所以欧姆定律的公式必须与参考方向配合使用。

如果把电阻元件上的电压取为纵坐标，电流取为横坐标，画出电压和电流的关系曲线，则称这条曲线为该电阻元件的**伏安特性曲线，**简称伏安特性。

如果一个电阻元件的阻值不随外界条件而变，其伏安特性曲线是一条过原点的直线，则这个电阻元件称为**线性电阻元件**。线性电阻元件的伏安特性如图 1-3-1 所示。如果电阻元件的阻值不是常数，或其伏安特性不是一条过原点的直线，则这样的电阻元件称为**非线性电阻元件**，如二极管，其伏安特性如图 1-3-2 所示。由于非线性电阻元件的阻值不是常数，元件上的电压和通过的电流不成正比，所以非线性电阻元件不服从欧姆定律。本书中只研究线性电阻元件。

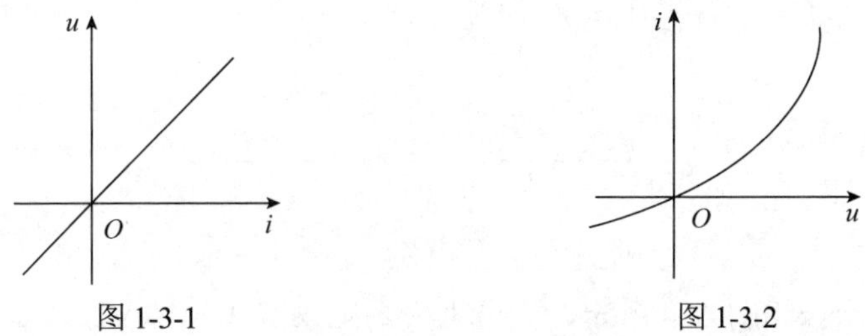

图 1-3-1　　图 1-3-2

实践证明，导体、半导体的电阻都随温度的变化而变化，导体的电阻受温度的影响要比半导体小，尤其是金属导体，在温度为 0~100℃时，其导体电阻的变化随温度变化的关系，可用电阻温度系数 α 表示出来。**电阻的温度系数**就是不同的金属导体在温度每增加 1℃时，电阻变化的百分数。若用 R_1、R_2 分别表示温度为 T_1、T_2 时的导体电阻值，则

$$\alpha = \frac{R_2 - R_1}{R_1(T_2 - T_1)} \tag{1-3-5}$$

式中：T_1、T_2 为温度，单位为℃；α 为电阻温度系数，单位为 1/℃。

化简式(1-3-5)得

$$R_2 = R_1[1 + \alpha(T_2 - T_1)] \tag{1-3-6}$$

利用式(1-3-6)，能求出 0～100℃范围内不同金属的电阻值。

例 1.3.1 长 800m、横断面积为 $2mm^2$ 的铜导线，在 60℃时的电阻值为多少？

解：在 20℃时铜的电阻率 $\rho = 1.75\times10^{-8}\,\Omega\text{m}$，$l = 800\,\text{m}$，$S = 2\times10^{-6}\,\text{m}^2$，代入式(1-3-1)中得 20℃时铜的电阻为

$$R_1 = 1.75\times10^{-8}\times\frac{800}{2\times10^{-6}}\Omega = 7.0\Omega$$

铜的 α=4.0×10^{-3}/℃，T_1=20℃，T_2=60℃，则 60℃时铜的电阻为

$$\begin{aligned} R_2 &= R_1[1+\alpha(T_2-T_1)] \\ &= 7.0\times(1+4\times10^{-3}\times40)\Omega \\ &= 8.12\Omega \end{aligned}$$

2. 负载产生最大功率的条件

容易证明：在电源电动势 E 及其内阻 r 保持不变时，负载 R 获得最大功率的条件是 $R = r$，此时负载的最大功率值为

$$P_{\max} = \frac{E^2}{4R} \tag{1-3-7}$$

此时产生的总功率为

$$P = \frac{E^2}{2r} = \frac{E^2}{2R} = 2P_{\max} \tag{1-3-8}$$

电源输出给外电路的功率与外电路(负载)电阻的关系曲线如图 1-3-3 所示。

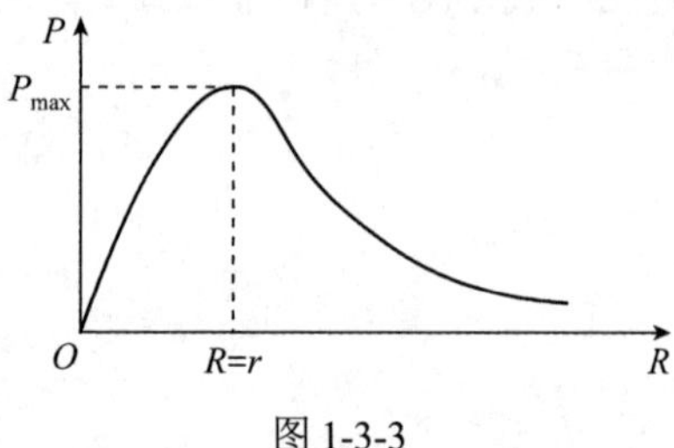

图 1-3-3

例 1.3.2 电路如图 1-3-4 所示，直流电源的电动势 $E = 10$ V、内阻 $r = 0.5\,\Omega$，电阻 $R_1 = 2\,\Omega$。问：可调电阻 R_P 调至多大时可获得最大功率 $P_{\max}$？

解：将$(R_1 + r)$视为电源的内阻，则 $R_P = R_1 + r = 2.5\Omega$ 时 R_P 获得最大功率为

$$P_{\max} = \frac{E^2}{4R_P} = 10\text{ W}$$

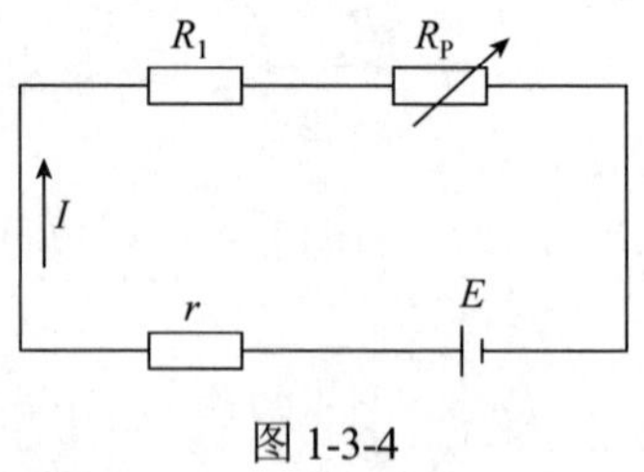

图 1-3-4

1.3.3　电压源

电压源是一个理想的二端元件，其端电压为一个固定的时间函数，与通过它的电流无关，其电流随外电路的变化而变化，称这样的二端元件为理想电压源，简称**电压源**。

一节新的干电池，其端电压为 1.5V，当它接上负载时，其端电压还近似为 1.5V，负载变化时，其电流随之而变，但其端电压基本保持 1.5V 不变，因此，新的干电池就可以被近似看成理想的直流电压源。

发电机产生的电压是按正弦规律变化的交流电，它只随时间而变，几乎不随负载的变化而变化，因此发电机可以被近似地看成理想的交流电压源。

现实生活中，我们遇到的像干电池、蓄电池、发电机以及实验室里的一些信号源等，都可以被近似看成理想电压源。

理想电压源的表示符号如图 1-3-5 所示，其中图(a)为一般表示符号，图(b)和图(c)为直流电压源的表示符号。图中正、负号表示其参考极性，方向由“+”极指向“−”极。

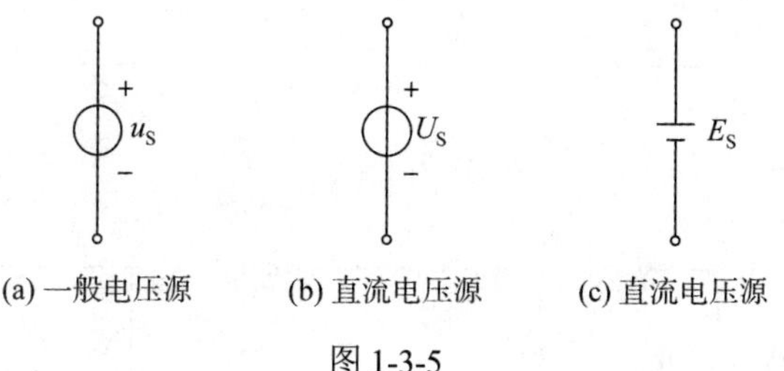

(a) 一般电压源　(b) 直流电压源　(c) 直流电压源

图 1-3-5

电压源的伏安特性曲线如图 1-3-6 所示，图(a)为直流电压源的伏安特性曲线，其电压为恒定值。图(b)为一个正弦交流电压源的 u-t 曲线，在任意特定时刻，它的电压值都相对确定，不随电流的变化而变化，因此它在任意特定时刻的伏安特性曲线与直流电压源的伏安特性曲线相似，如图(c)所示。

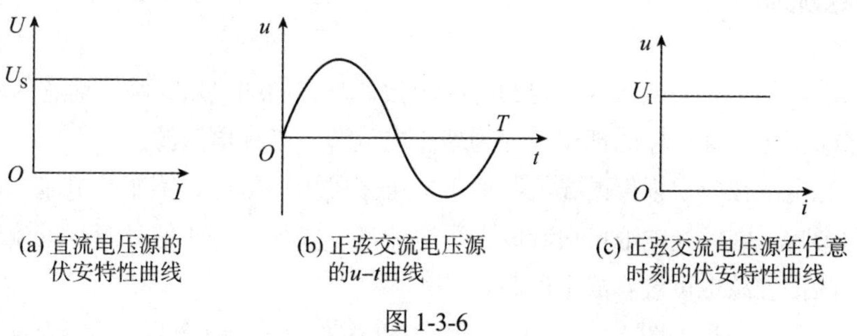

(a) 直流电压源的伏安特性曲线　(b) 正弦交流电压源的u–t曲线　(c) 正弦交流电压源在任意时刻的伏安特性曲线

图 1-3-6

图 1-3-7 所示为一个直流电压源接通外电路的例子，电源电压 $U_S = 3\text{V}$，电阻 $R_1 = 3\Omega$，$R_2 = 6\Omega$。开关 S 未闭合时，电源端电压 $U_{ab} = 3\text{V}$，电流 $I = 1\text{A}$；当 S 闭合时，电源端电压仍为 $U'_{ab} = 3\text{V}$，但电流变为 $I' = 1.5\text{A}$，可见，电源端电压不随外电路而改变，而电流则由外电路决定。

电压源可以串联使用，但并联使用没有意义。

电压源串联时，其总电压等于各电源电压的代数和，其方向可由基尔霍夫电压定律(见后文)来确定。如图 1-3-8 所示，图(a)可等效成图(b)。

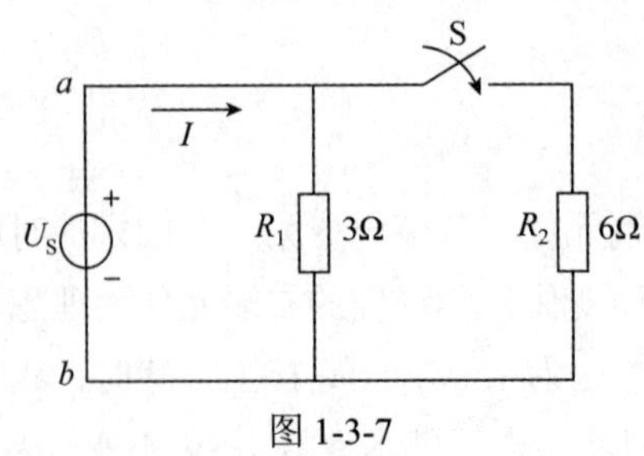

图 1-3-7

由于电压源的端电压不受外电路的影响，所以，当电压为 U_S 的电压源与其他元件并联时，无论是电阻元件还是电流源，其等效结果仍然是一个电压为 U_S 的电压源。如图 1-3-9 所示，图(a)可以等效成图(b)，图(c)也可以等效成图(b)。

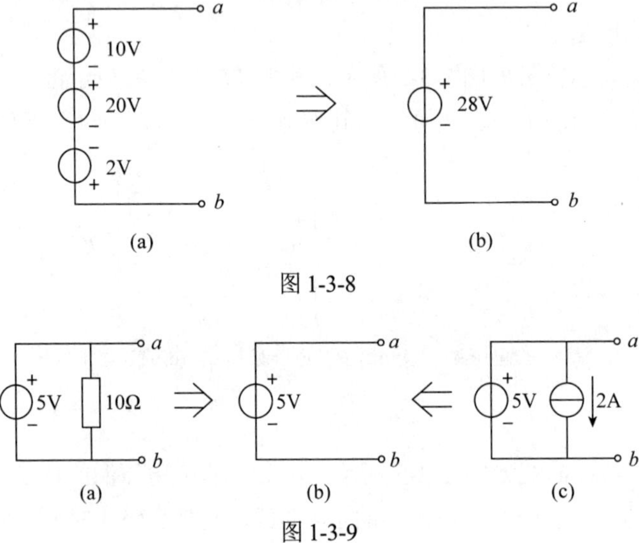

图 1-3-8

图 1-3-9

1.3.4 电流源

一个二端元件，它的电流为一定的时间函数，与它的端电压无关，而它的端电压随外电路的变化而变化，称这样的理想元件为理想电流源，简称**电流源**。

例如，光电池在一定强度的光线照射下，可激发出近似恒定不变的电流，这个电流不受外电路的影响，因此光电池可被看成一个电流源。又如，一些信号源可以输出近乎不变的电流，这些信号源也可被看成电流源。

电流源的表示符号如图 1-3-10 所示，其中图(a)为一般表示符号；图(b)为直流电流源的表示符号。

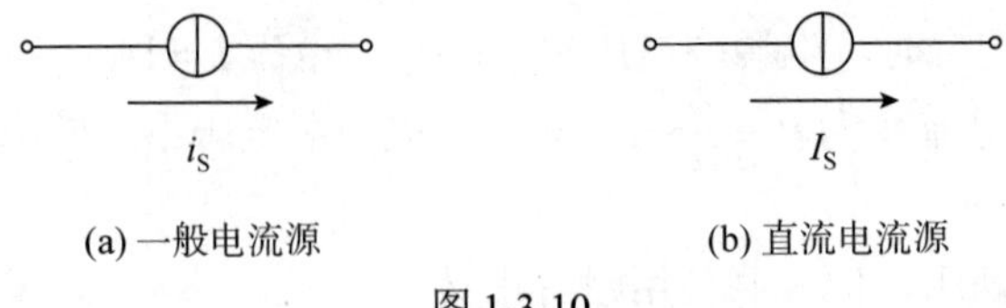

(a) 一般电流源　　(b) 直流电流源

图 1-3-10

直流电流源的伏安特性曲线如图 1-3-11 所示，是一条平行于 U 轴的直线，不管它的端电压如何变，其电流始终为 I_S。

图 1-3-12 所示为直流电流源接通外电路的情形，电流源电流为 $I_S = 3A$，电阻 $R_1 = 10\Omega$，$R_2 = 5\Omega$，开关 S 未断开时，电路的电流 $I = I_S = 3A$，电源端电压 $U_{ab} = 30V$；当开关 S 断开时，电阻 R_2 接入电路中，电流 $I' = I = I_S = 3A$ 不变，但电压 $U'_{ab} = 45V$。可见，电压随外电路发生了变化，但电流始终保持不变。

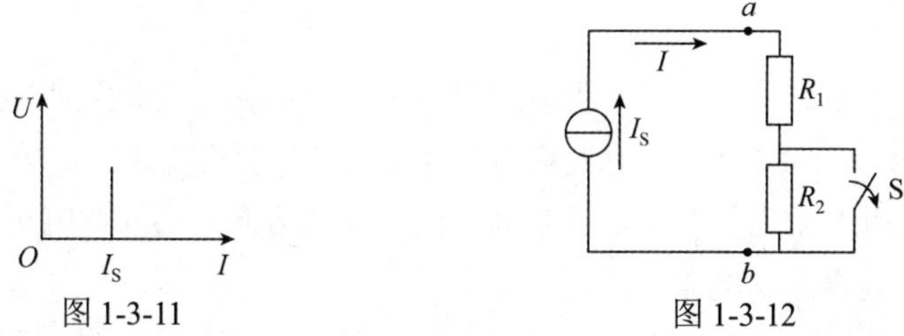

图 1-3-11　　图 1-3-12

电流源可以并联使用，但串联使用没有意义。

多个电流源并联对外等效时，其等效电流等于各电流源电流的代数和，其方向可由基尔霍夫电流定律(见后文)来确定。如图 1-3-13 所示，图(a)中的等效电流 $I = (10+2-5)A = 7A$，方向如图所示，所以图(a)可等效成图(b)。

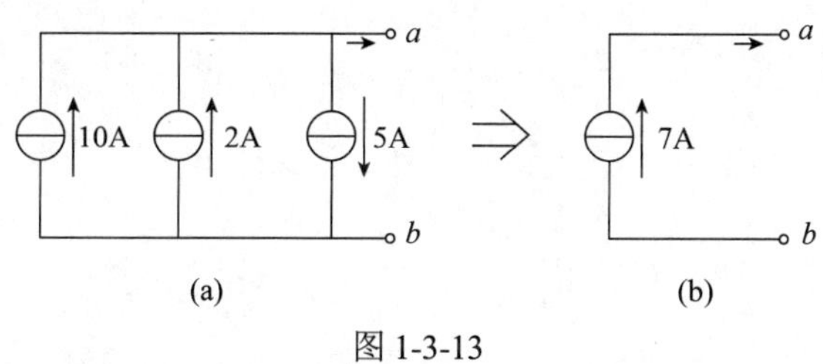

图 1-3-13

由于电流源的电流不受外电路的影响，当一个电流为 I_S 的电流源与其他元件串联时，无论所串联的元件是电阻还是电压源，其对外等效的结果仍然是一个电流为 I_S 的电流源。如图 1-3-14 所示，图(a)的等效结果为图(b)，图(c)的等效结果也为图(b)。

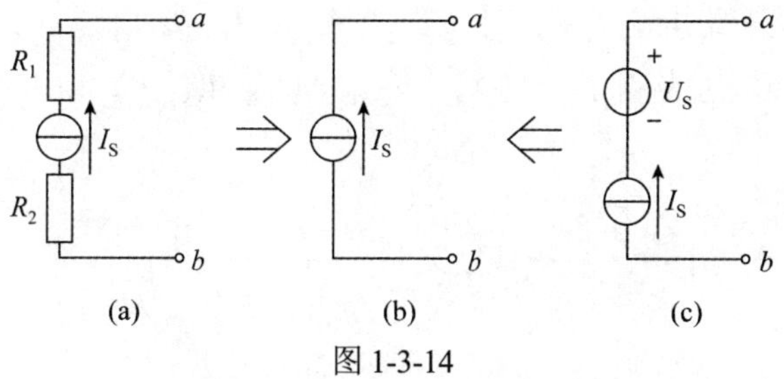

图 1-3-14

上述电压源的端电压和电流源的电流都有自身特定的变化规律，而不受外电路的影响，这样的电源被称为**独立源**。电压源和电流源都是独立源。

应用与实践

1. 色环电阻器的识别

取色环电阻器若干，请同学们辨认其阻值与误差，并做好记录。

2. 电阻的测量

对前面辨认过的色环电阻器进行测量，验证判断的准确性。

取阻值为 30Ω、51Ω、100Ω、510Ω 和 10kΩ 的电阻器若干，用欧姆表测量其电阻值，并计算各自的相对误差。测量时注意欧姆表挡位的选择，并记录不同挡位测量的误差，进行比较，得出结论。

同步训练

1. 说明什么是线性电阻元件？其伏安特性有什么特点？选适当阻值的电阻器，测量其伏安特性曲线，通过曲线定性分析测量的误差情况，说明怎样选择电阻器更方便于测量。

2. 一个电阻元件，电压和电流的参考方向为关联方向，当外加电压 $U = 36\text{V}$ 时，其电流 $I = 50\text{mA}$，求其电阻和电导。

3. 电压源和电流源的特点各是什么？画出其伏安特性曲线并进行测量，把实际结果与理论分析进行比较，判断两者是否吻合。

1.4 基尔霍夫定律

本课任务

熟练掌握基尔霍夫定律及其应用。

实例链接

我们在现实生活中经常需要测量电流和电压，当有些支路的电流和电压不能直接测量时，可以利用相关的理论来进行推导计算，因此这些理论的应用就十分重要。如图 1-4-1 所示，用电流表测量干路电流 I_1 和三个支路电流 I_2、I_3、I_4，比较三个支路电流之和与干路电流的关系。选择电压表测量电压 U_{AB}、U_{BC}、U_{CD} 和 U_{DA}，研究四个电压之和存在什么关系。

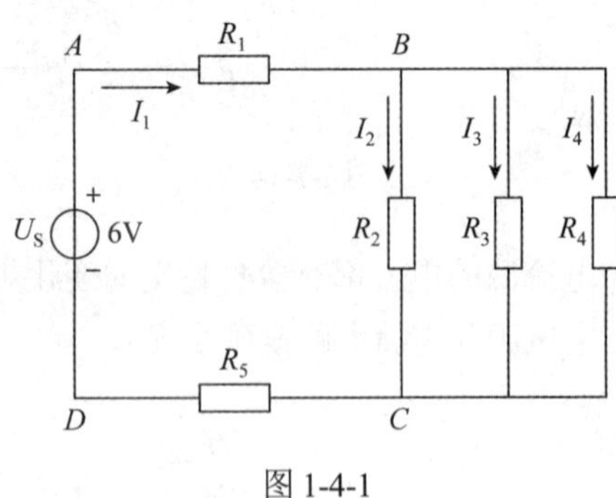

图 1-4-1

任务实施

1.4.1　基尔霍夫电流定律

基尔霍夫电流定律反映的是电路中各处的电流关系。根据电流连续性原理，在电路中，从一个地方流入多少电流，必定同时从这个地方流出多少电流。把电流连续性原理应用于节点，则对电路的任意一个节点，同一时刻流入该节点的电流之和必等于流出该节点的电流之和，这一规律就称为**基尔霍夫电流定律**。

用公式可表示为

$$\sum I_{入} = \sum I_{出}$$

基尔霍夫电流定律更一般的叙述如下：对电路的任意一个节点，任意时刻，它所连接的各条支路的电流的代数和恒为零。用公式表示为

$$\sum I = 0$$

或

$$\sum i = 0 \tag{1-4-1}$$

式(1-4-1)称为节点电流方程。

应用式(1-4-1)时，要注意电流的参考方向，若流入节点的电流取正，则流出节点的电流就取负，反之也可。

基尔霍夫电流定律简称 KCL，又称基尔霍夫第一定律。

图 1-4-2(a)所示为直流电路中的一个节点，在选定的参考方向下，根据 KCL 可得

$$\sum I = I_1 - I_2 + I_3 - I_4 = 0$$

若 $I_1 = 3\text{A}$，$I_3 = 5\text{A}$，$I_4 = -2\text{A}$，则

$$I_2 = I_1 + I_3 - I_4 = [3 + 5 - (-2)]\text{A} = 10\text{A}$$

若 I_2 的参考方向相反，如图 1-4-2(b)所示，则

$$I_2 = -I_1 - I_3 + I_4 = [-3 - 5 + (-2)]\text{A} = -10\text{A}$$

I_1　I_2　I_3　I_4

(a)

I_1　I_2　I_3　I_4

(b)

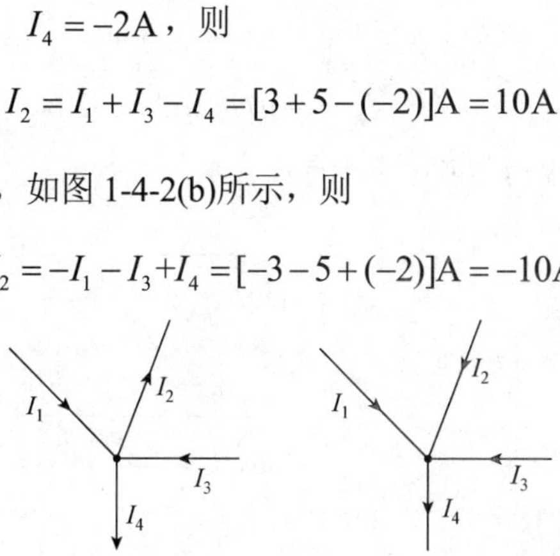

图 1-4-2

基尔霍夫电流定律还可以应用于任意一个假想的节点，即把任意一部分电路看成一个节点，则这部分电路所连接的各条支路的电流的代数和也一定为零。

如图 1-4-3(a)所示，有

$$I_1 + I_2 + I_3 + I_4 = 0$$

如图 1-4-3(b)所示，则有

$$I_1 - I_2 = 0$$

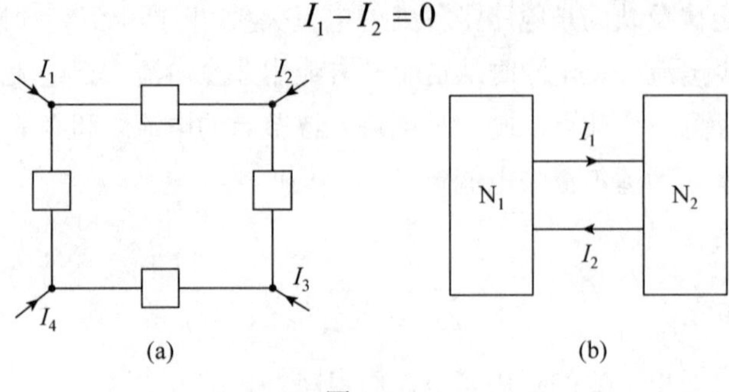

图 1-4-3

例 1.4.1 直流电路如图 1-4-4 所示，求电流 I_4。

解：各支路电流的参考方向都已给定，由 $\sum I = 0$，则对节点 a 有

$$I_1 + I_2 + I_3 = 0$$

对节点 b 有

$$-I_4 - I_1 - I_2 - I_3 = 0$$

所以

$$I_4 = -(I_1 + I_2 + I_3) = 0$$

可见，如果一个电路只有一条支路与外界相连，那么这条支路的电流一定为零。

例1.4.2 在图 1-4-5 所示的直流电路中，已选定 I_A、I_B、I_C 的参考方向，且已知 $I_A = 10A$，$I_B = 10A$，试求 I_C。

解：选择封闭曲面如图中点画线所示，根据 KCL 得

$$I_A + I_B + I_C = 0$$

则

$$I_C = -I_A - I_B = (-10 - 10)A = -20A$$

I_C 是负值，表示 I_C 的方向与所选参考方向相反。

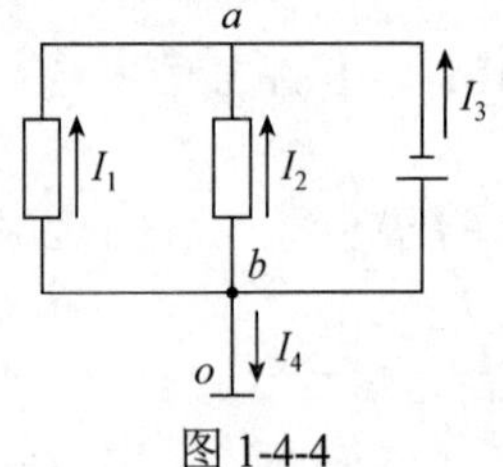

图 1-4-4

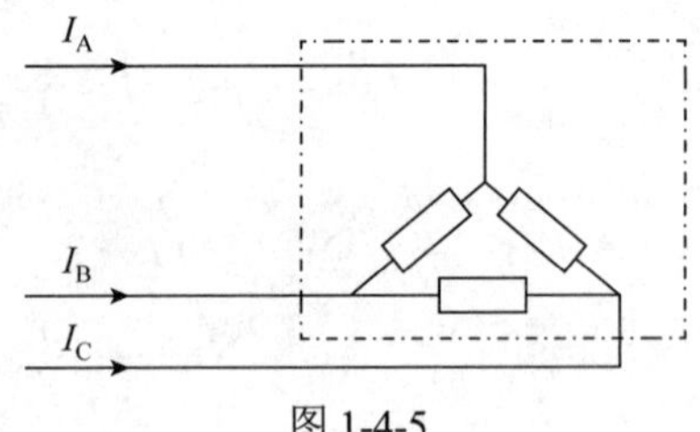

图 1-4-5

无论是线性电路还是非线性电路，电流连续性原理总是成立的，所以 KCL 也总是成立的。

1.4.2　基尔霍夫电压定律

基尔霍夫电压定律反映的是电路中各部分之间的电压关系，内容如下：

任意时刻，对电路中的任意一个闭合回路而言，其各段电压的代数和恒等于零。该定律简称 KVL，又称基尔霍夫第二定律，用公式表示为

$$\sum U=0 \quad \text{或} \quad \sum u=0 \tag{1-4-2}$$

式(1-4-2)称为回路电压方程。

在运用 KVL 时，必须先选择一个回路的绕行方向，也就是沿着一个连续的方向环绕回路，从一点出发再返回到该点。回路的绕行方向是任意的，既可选顺时针方向为绕行方向，又可选逆时针方向为绕行方向。

应用 KVL 列回路电压方程时，当电压的参考方向与绕行方向一致时，该电压前运算符号取正号，反之则取负号。

如在图 1-4-6 所示的直流电路中，已给出各元件电压的参考方向。当从 *a* 点出发沿着回路 *abcda* 顺时针方向行走一圈，又回到 *a* 点，则由 KVL 可得

$$U_1+U_2+U_{S2}-U_{S1}=0$$

对回路 *abda* 选顺时针方向为绕行方向，则有

$$U_1+U_3-U_{S1}=0$$

对回路 *bcdb* 选顺时针方向为绕行方向，则由 KVL 可得

$$U_2+U_{S2}-U_3=0$$

例 1.4.3　求图 1-4-7 所示直流电路中的 U_1 和 U_2。

解：对 *abda* 回路，选择绕行方向为顺时针方向，列写 KVL 方程得

$$10\text{V}+3\text{V}-U_1=0$$

所以 $U_1=13\text{V}$。

对 *abcda* 回路，选择绕行方向为顺时针方向，列写 KVL 方程得

$$10\text{V}-20\text{V}+U_2-U_1=0$$

所以 $U_2=23\text{V}$。

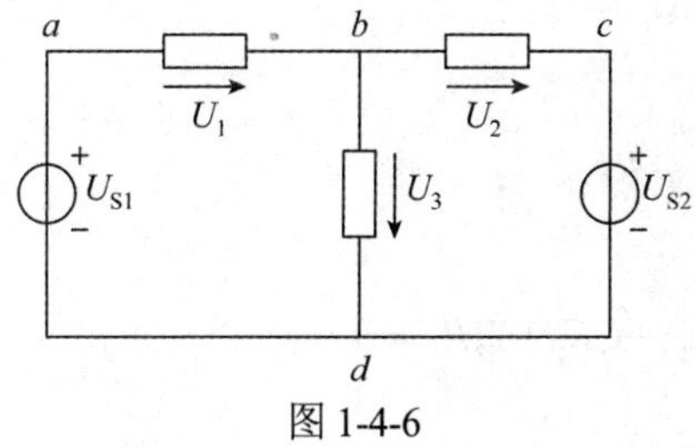

图 1-4-6

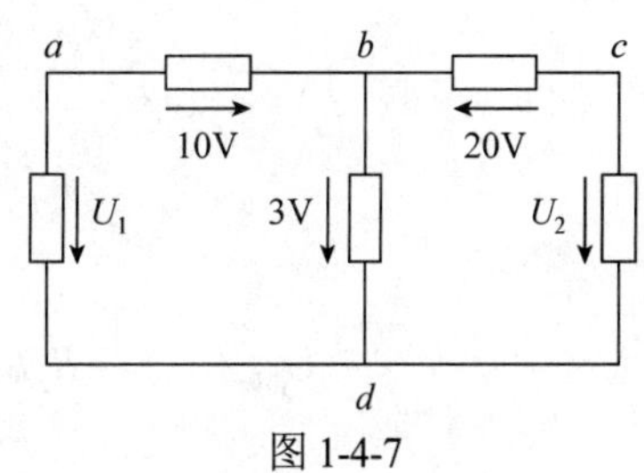

图 1-4-7

例1.4.4 电路如图 1-4-8 所示，三个网孔I、II、III的绕行方向和各支路电流的参考方向已经给出，试列出 A、B、C 三个节点的电流方程和三个网孔的回路电压方程。

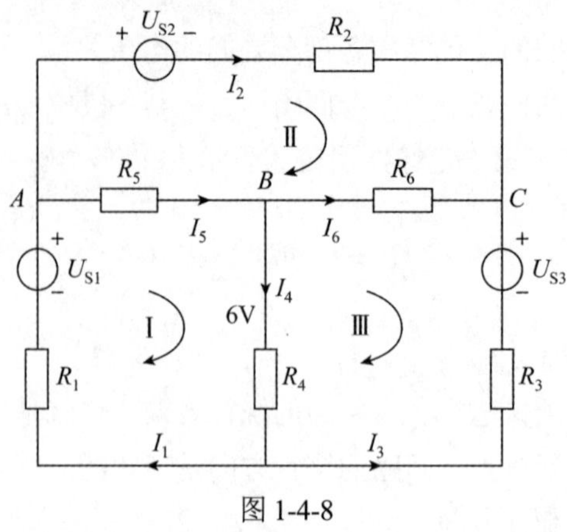

图 1-4-8

解：对三个节点分别应用 KCL 如下：

节点 A

$$I_1 - I_2 - I_5 = 0$$

节点 B

$$I_5 - I_4 - I_6 = 0$$

节点 C

$$I_2 + I_3 + I_6 = 0$$

对三个网孔分别应用 KVL 如下：

网孔 I

$$I_1R_1 - U_{S1} + I_5R_5 + I_4R_4 = 0$$

网孔 II

$$U_{S2} + I_2R_2 - I_6R_6 - I_5R_5 = 0$$

网孔III

$$I_6R_6 + U_{S3} - I_3R_3 - I_4R_4 = 0$$

KVL 不仅适用于闭合回路，还可以求电路中任意两点间的电压，特别是当这两点间并没有通过支路直接相连接时，这样的电路称为假想的闭合回路。

例如对图 1-4-9 所示的电路，求 a、b 两点间的电压。选择 a、b 间电压的参考方向如图所示，并选择假想回路的绕行方向为顺时针方向，根据 KVL，对图(a)有

$$U_{ab} - U_S + RI = 0$$

所以

$$U_{ab} = U_S - RI$$

对图(b)有

$$U_{ab} + U_{S2} - R_2I_2 - U_{S1} + I_1R_1 + I_3R_3 = 0$$

所以

$$U_{ab} = -U_{S2} + R_2I_2 + U_{S1} - I_1R_1 - I_3R_3$$

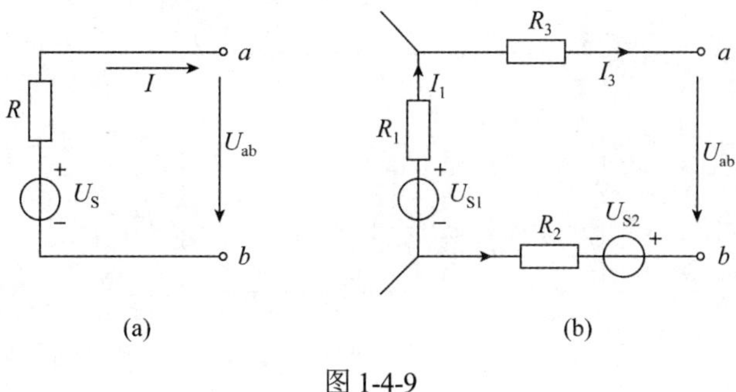

图 1-4-9

小知识

基尔霍夫(Gustav Robert Kirchhoff)为德国物理学家、化学家和天文学家，1824 年 3 月 12 日生于普鲁士的柯尼斯堡(今俄罗斯加里宁格勒州)，1887 年 10 月 17 日卒于柏林。1847 年他毕业于柯尼斯堡大学，毕业后任柏林大学的临时讲师，1850 年任布雷斯劳大学的非常任教授，1854 年任海德堡大学教授。1875 年因事故致残不能做实验，转到柏林大学任理论物理学教授。1875 年当选为英国皇家学会会员。

基尔霍夫主要从事光谱、辐射和电学方面的研究。他于1845 年提出了基尔霍夫电流定律、基尔霍夫电压定律，发展了欧姆定律，对电路理论有重大贡献。1858 年又提出基尔霍夫辐射定律。1859 年发明分光仪，与化学家 R.W.本生共同创立了光谱分析法，并用此法发现了元素铯(1860年)和铷(1861年)。他将光谱分析应用于太阳的组成上，将太阳光谱与地球上的几十种元素的光谱加以比较，从而发现太阳上有许多地球上常见的元素，如钠、镁、铜、锌、钡、镍等。基尔霍夫著有《理论物理学讲义》(1876—1894 年)和《光谱化学分析》(1895 年与 R.W.本生合著)等。

同步训练

1. 运输工业用油的车辆往往都有一条铁链挂在车的尾部，以便与大地连通，防止电荷积累发生爆炸。试分析：此铁链上有电流通过吗？用基尔霍夫定律怎么解释？

2. 如果一个网络有两条导线与外界相连，那么这两条支路的电流大小一定相等吗？为什么？

3. 运用基尔霍夫定律求图 1-4-10 所示电路的未知电流 I_1 和 I_2。

4. 对图 1-4-11 所示的电路列出节点电流方程和回路电压方程，选回路的参考方向为顺时针方向。

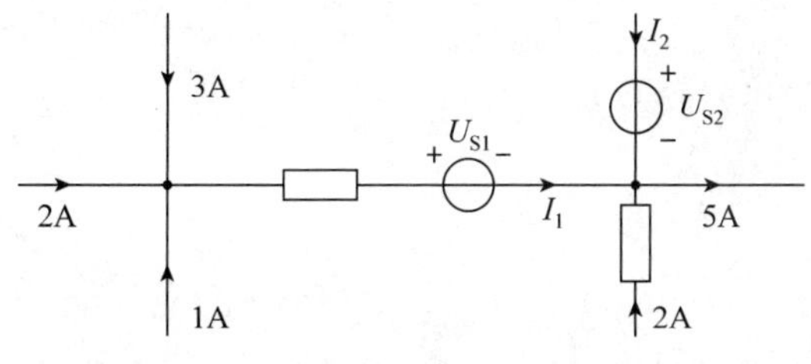

图 1-4-10

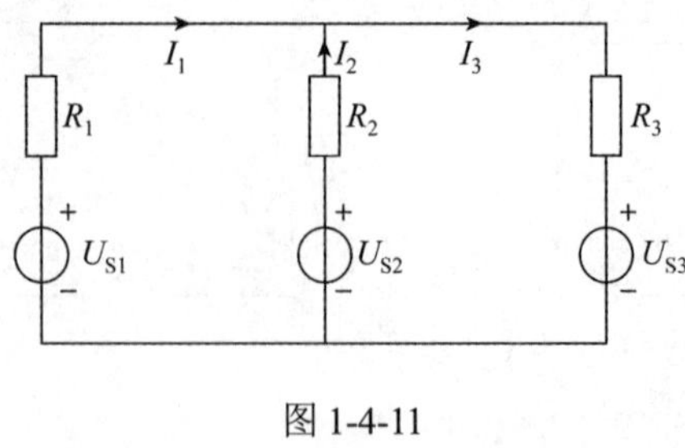

图 1-4-11

1.5 电容元件与电感元件

本课任务

1. 了解电感、电容的应用。
2. 理解电感、电容的参数指标，会识别常见的电感、电容元件。
3. 掌握电容、电感的电压与电流关系。

实例链接

我们几乎每天都要接触荧光灯(俗称日光灯)电路，这个电路中既有电感，也有电容，如图 1-5-1 所示，其中镇流器就是一个铁心电感，其作用是在辉光启动器断开的瞬间产生较大的感应电动势，与电源电压一起作用于荧光灯两端，使其启辉照明(新型的电路可能不是这样的结构)，而电容器的作用是提高电路的功率因数，以节约电能。

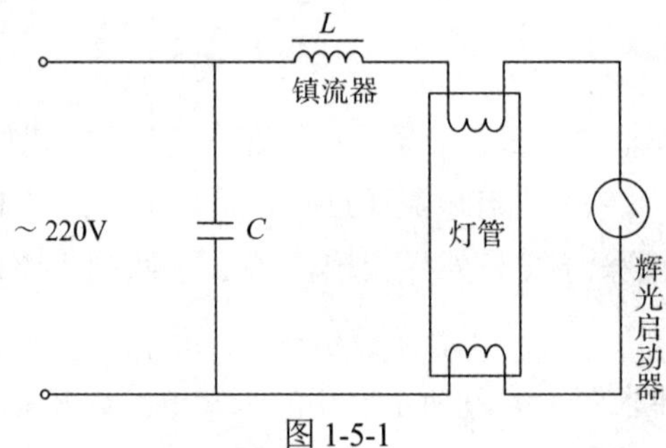

图 1-5-1

任务实施

1.5.1 电容元件

1. 线性电容元件

将两块导体板用绝缘介质(如云母、陶瓷、空气等)隔开，这种电路器件被称为电容器。

它储存电荷能力的强弱可用电容量来表示，符号为 C，单位为法[拉]，单位符号为 F，其他单位还有毫法(mF)、微法(μF)、纳法(nF)、皮法(pF)等，其换算关系为

$$1\text{F}=10^6\ \mu\text{F}，\ 1\mu\text{F}=10^{-6}\ \text{F}$$

$$1\mu\text{F}=10^3\text{nF}=10^6\ \text{pF}$$

$$1\text{pF}=10^{-6}\ \mu\text{F}=10^{-12}\ \text{F}$$

电容器在存储电荷的同时，也储存了电场能量，所以电容器是一个储能元件。一个实际的电容器，由于其绝缘介质不可能是绝对不导电的，所以在一定电压的作用下，都会有微弱的电流通过，这个电流称为电容器的**漏电流**。由于漏电流的存在，电容器的介质中都或多或少地存在能量损失，称为**介质损耗**。如果忽略电容器的能量损耗及其他次要特性，而只考虑其储能的主要特性，则电容器就可被看成一个理想元件，这种只具有储能特性的理想二端元件就被称为**电容元件**，本书中简称**电容**。以后我们所说的电容，既指这种电容元件，又指它的参数。

电容元件的电容量与两极板间的电压、极板上所带的电荷的关系可表示为

$$C=\frac{q}{u} \tag{1-5-1}$$

如果电容量是一个常数，则式(1-5-1)可用 q-u 平面上的一条过原点的直线来表示，这种电容元件称为线性电容元件。

2. 电容元件的电压与电流关系

电容元件是一个储能元件，当极板上有电荷存在时电容元件中就储存有电场能量，当极板上的电荷发生变化时，电容元件上就有传导电流通过，所以当电容元件接在直流电路中时，电容元件相当于开路，具有隔断直流的作用。当电容元件上电流与电压的参考方向一致时，二者的关系可表示为

$$i=\frac{\mathrm{d}q}{\mathrm{d}t}=C\frac{\mathrm{d}u}{\mathrm{d}t} \tag{1-5-2}$$

当电容元件上电流与电压的参考方向为非关联方向时，二者的关系可表示为

$$i=-C\frac{\mathrm{d}u}{\mathrm{d}t} \tag{1-5-3}$$

3. 电容元件储存的能量

电流与电压在关联参考方向下，任一时刻电容元件的瞬时功率为

$$P=ui=Cu\frac{\mathrm{d}u}{\mathrm{d}t} \tag{1-5-4}$$

如果电容元件的初始能量为 0，则电容元件在 0 到 t 的时间内，电容元件吸收的能量为

$$W_C(t)=\int_0^t P(t)\mathrm{d}t=\int_0^t Cu\frac{\mathrm{d}u}{\mathrm{d}t}\mathrm{d}t=C\int_0^t u\mathrm{d}u=\frac{1}{2}Cu^2(t)$$

即

$$W_C(t)=\frac{1}{2}Cu^2(t) \tag{1-5-5}$$

4. 电容元件的性能指标

电容元件的性能指标最主要的有如下三种。

1) 标称容量

成品电容器上所标明的容量称为**标称容量**。电容器并不是任何容量的都有，而是有它的标称系列。

2) 额定工作电压

电容器的端电压越大，储存的电场能量就越多，但是，每个电容器能承受的端电压都是有限的，当电压达到一定数值时，介质的绝缘就会被破坏，从而变成导体，这种现象称为电容器的**击穿**。能保证电容器长期安全稳定地工作所允许的最高电压，称为电容器的**额定电压**。超过额定电压，电容器就可能被击穿或使用寿命受到严重影响。

无极性电容器的标称耐压值比较高，一般有 63V、100V、160V、250V、400V、600V、1000V 等。有极性电容器的耐压值相对比较低，一般标称耐压值有 4V、6.3V、10V、16V、25V、35V、50V、63V、80V、100V、220V、400V 等。

3) 允许误差

电容器的实际容量和它的标称容量之间总是或多或少地存在着误差，误差的大小可用精确度等级来表示。电容器的允许误差共分为五个等级：00 级允许误差为±1%，0 级允许误差为±2%，Ⅰ级允许误差为±5%，Ⅱ级允许误差为±10%，Ⅲ级允许误差为±20%。

5. 等效电容计算

电容元件并联时，等效电容等于并联的各电容之和，即

$$C=C_1+C_2+\cdots+C_n \tag{1-5-6}$$

电容元件串联时，等效电容的倒数等于各串联电容的倒数之和，即

$$\frac{1}{C}=\frac{1}{C_1}+\frac{1}{C_2}+\cdots+\frac{1}{C_n} \tag{1-5-7}$$

例 1.5.1 两个电容器 C_1=50μF，C_2=100μF，将两个电容器串联接于 60V 的电源上，求其等效电容，及两个电容器极板上的电荷为多少。

解：由串联电容器的等效公式，得等效电容为

$$C=\frac{C_1C_2}{C_1+C_2}=\frac{50\times100}{50+100}\mu\mathrm{F}=\frac{100}{3}\mu\mathrm{F}=33.3\mu\mathrm{F}$$

极板上的电荷为

$$q=Cu=33.3\mu\mathrm{F}\times10^{-6}\times60\mathrm{V}=2.0\times10^{-3}\mathrm{C}$$

1.5.2　电感元件

1. 线性电感元件

电流能够产生磁场。实践证明，就给定电流而言，线圈产生的磁场比直导线产生的磁场要强得多，这是因为原来分布于直导线周围的磁力线，当把直导线绕成线圈后，在线圈内部被集中了起来，增强了磁场。在电流产生磁场的效果方面，线圈的效果好。

一个密绕的 N 匝线圈，它的每一匝包围着一个平面，称为回路的平面。若通过每匝平面的磁通都是 Φ，那么 N 匝回路的总磁通为 $N\Phi$ 。称线圈每匝回路的磁通之和为磁链，磁链用 Ψ 表示，即

$$\Psi = \Phi_1 + \Phi_2 + \cdots + \Phi_N = N\Phi \tag{1-5-8}$$

磁链与磁通单位相同。由线圈自身电流产生的磁通称为**自感磁通**，由自身电流产生的磁链称为**自感磁链**。线圈的磁链与电流是正比关系，即

$$\Psi = Li \tag{1-5-9}$$

式中：L 称为自感应系数，简称**自感**或**电感**，即

$$L = \frac{\Psi}{i} \tag{1-5-10}$$

电感的单位为 H(亨利，简称亨)，此外还有毫亨(mH)、微亨(μH)等，其换算关系如下：

$$1\text{H}=10^3\,\text{mH}$$

$$1\text{mH}=10^3\,\mu\text{H}$$

把上面所说的线圈理想化，便可以得到用来反映线圈产生磁场和储存磁场能量的基本性质的元件模型，即电感元件。其定义为：若一个理想的二端元件在任意时刻所产生的磁链与所通过的电流的关系(韦安关系)，唯一地由 Ψ-i 平面上的一条曲线所确定，则此元件便称为**电感元件**。若这条曲线演变为一条过原点的直线，则该元件称为**线性电感元件**，该直线的斜率就是电感元件的电感。线性电感的 L 是个固定的常数，其图形符号如图 1-5-2 所示。

L

图 1-5-2

2. 电感元件上电压与电流的关系

电感元件内的电流发生变化时，其自感磁链将随之发生变化，从而在元件两端将产生自感电动势及自感电压，不管电感线圈的绕向如何，只要把电流 i、自感电压 u_L 及自感电动势 e_L 的参考方向选得一致，即采用关联参考方向，如图 1-5-3 所示，则有

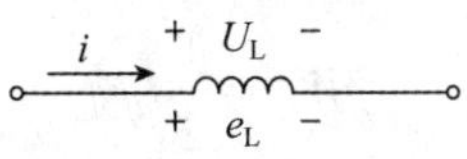

i　+ U_L −

+ e_L −

图 1-5-3

$$e_L = -\frac{d\Psi}{dt} = -\frac{d(iL)}{dt} = -L\frac{di}{dt}$$

即

$$e_L = -L\frac{di}{dt} \tag{1-5-11}$$

由于自感电压 u_L 的实际方向与自感电动势 e_L 的方向相反，因此有

$$u_L = -e_L$$

即

$$u_L = L\frac{di}{dt} \tag{1-5-12}$$

式(1-5-12)就是电感元件上电压与电流的关系，其条件是电压与电流为关联参考方向。

由式(1-5-12)可知，直流电路中，由于电流 i 为不变的常量，即 $\frac{di}{dt}=0$，因此 $u_L=0$，即线圈两端的电压为零，也就是在直流电路中电感元件相当于短路。

例 1.5.2 一个电感元件的电感 $L=0.1H$，其中通过的电流随时间变化的规律如图 1-5-4 所示，试求各段时间内元件两端的电压 U_L 并作图表示电压随时间变化的规律。

解：

(1) 在 0～1ms 之间有

$$u_L = L\frac{\Delta i}{\Delta t} = 0.1\times\frac{0.1}{1\times10^{-3}}V = 10V$$

(2) 在 1～3ms 之间电流不变化，$\Delta i = 0$，所以 $U_L = 0$。

(3) 在 3～4ms 之间有

$$u_L = L\frac{\Delta i}{\Delta t} = 0.1\times\frac{0-0.1}{1\times10^{-3}}V = -10V$$

由计算结果，作出 u_L 随时间变化的曲线如图 1-5-5 所示。

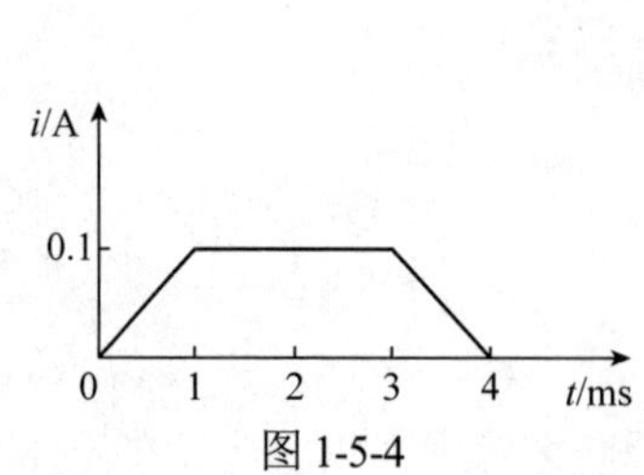

图 1-5-4

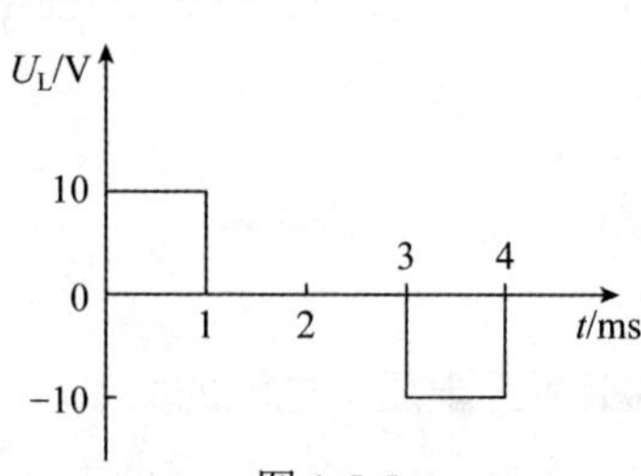

图 1-5-5

3. 电感元件的储能

理论分析和实验证明，单个线圈储存的磁场能量与线圈的瞬时电流的关系为

$$W_L = \frac{1}{2}Li_L^2 \tag{1-5-13}$$

式中：L 为线圈的电感，单位为 H；i_L 为线圈的电流瞬时值，单位为 A；W_L 为线圈的磁场能量，单位为 J。

应用与实践

1. 电容器的质量检测方法

利用电容器的充放电现象，可以进行电容器的质量鉴别，还可以进行电容器的漏电电阻以及断路与击穿的判断：

使用万用表的欧姆挡(R×10k 或 R×1k 挡，视电容器的容量而定)，当两表笔分别接触容器的两根引线时，表针首先朝顺时针方向(向右)摆动，然后又慢慢地向左回归至∞位置的附近，此过程为电容器的充放电过程。当表针静止时所指的电阻值，就是该电容器的漏电电阻。如果漏电电阻较大，即漏电电流较小，说明电容器质量良好。在测量中如表针距∞较远，表明电容器漏电严重，不能使用。有的电容器在测漏电电阻时，表针退回到∞位置时又顺时针摆动，这表明电容器漏电更严重。一般要求漏电电阻 $R \geqslant 500\text{k}\Omega$，否则不能使用。

对于电容量小于 5000pF 的电容器，万用表不能测出它的漏电电阻。

检测容量为 6800pF～1μF 的电容器，用 R×10k 挡，红、黑表笔分别接电容器的两根引线，在表笔接通的瞬间，应能见到表针有一个很小的摆动过程。如果未看清表针的摆动，可将红、黑表笔互换一次后再测，此时表针的摆动幅度应略大一些，若在上述检测过程中表针无摆动，说明电容器已断路。若表针向右摆动一个很大的角度，且表针停在那里不动(即没有回归现象)，说明电容器已被击穿或严重漏电。

检测容量小于 6800pF 的电容器时，由于容量太小，充电时间很短，充电电流很小，万用表检测时无法看到表针的偏转，所以此时只能检测电容器是否存在漏电故障，而不能判断它是否开路，即在检测这类小电容器时，表针应不偏，若偏转了一个较大角度，说明电容器漏电或已击穿。关于这类小电容器是否存在开路故障，用这种方法是无法检测到的。一般需借助外接直流电源进行判断，采用代替检查法，或用具有测量电容器性能的数字万用表来测量。

用万用表测量电解电容器的漏电电阻，并记下这个阻值，然后将红、黑表笔对调再测电解电容器的漏电电阻，将两次所测得的阻值对比：漏电电阻小的一次，黑表笔所接触的是负极。

2. 电感性负载应用注意事项

在电力系统中不允许带负荷直接断开隔离开关。这是因为电力系统的负荷中，大多数是带有电感性负载(如电动机、变压器等)，系统中储存着大量的磁场能量，带负荷直接断开隔离开关时，线路电流的变化率 $\Delta i / \Delta t$ 具有很大的数值，会在隔离开关之间产生很高的电压，当隔离开关刚刚断开时，触头间的距离很短，这个高电压很容易击穿空气，在隔离开关上产生很大的电弧，从而维持了电路中的电流不突然下降为零，并把系统中储存的磁场能转换为热能。这将烧坏隔离开关，引起相间短路，造成大事故。因此，电力系统中使用有良好灭弧装置的油断路器来切断电流。

同步训练

1. 一个 0.2H 的电感线圈，在 3s 的时间内电流从 0.1A 增加到 1A。试问：这段时间内线圈的端电压是多少？线圈的储能如何变化？变化了多少？

2. 在直流电路中，为什么电感线圈可被看作短路？选择一个线圈连接一个合理的电路

(串联保护电阻)，进行实际测量，看看线圈两端的电压大小如何。

3. 有 10μF 的电容器若干只，怎样连接才能用最少的电容器获得 25μF 的等效电容？画出连接电路图。

1.6 受控源

本课任务

1. 理解受控源的概念。
2. 能够对受控源电路进行分析计算。
3. 了解受控源的实际应用。

实例链接

一台配电变压器把 10kV 的电压变换为 380/220V 的电压供用户使用，无论用户多少，只要它的初级电压(又称一次电压)不变，那么它的次级电压(又称二次电压)就不变。对负载而言，变压器就是一个电源，如图 1-6-1 所示，这个电源电压就是变压器的次级电压 u_2，而这个电压受初级电压 u_1 的控制，却不受负载大小的影响，但负载大小却可以改变次级电流 i_2 的大小，从而影响初级电流 i_1 的大小。也就是说，变压器初级电流 i_1 受次级电流 i_2 的控制，所以从初级端口看，变压器的初级电流受次级电流的控制，从次级端口看，次级电压则受初级电压的控制。这就是一个典型的受控源。

受控源不是真正意义上的电源，它不能自己产生电能，而是一些实际存在的电气器件。晶体管、运算放大器等都属于受控源，它们的电特性可用受控源的电路模型来模拟。

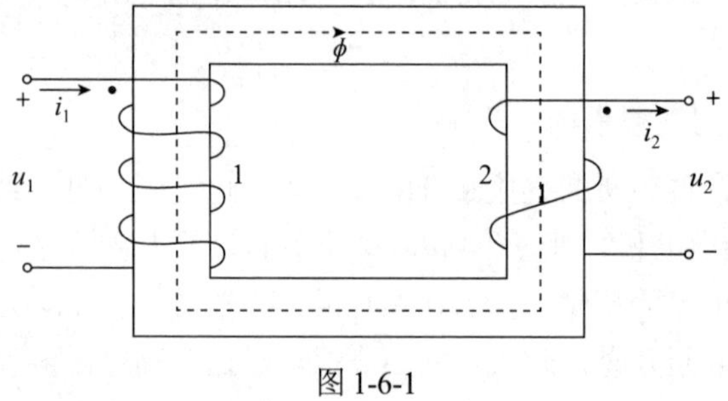

图 1-6-1

任务实施

1.6.1 受控源的概念

前面我们学习了电压源和电流源，这两种电源的电压或电流是定值，或是一定的时间函数，在电路中一般都是作为激励使用，这样的电源称为独立电源，简称独立源。此外，在电路中也会遇到另一种类型的电源，电压源的电压和电流源的电流是受电路中其他部分的电流或电压控制的，这种电源称为受控电源，简称受控源。受控源是非独立源。

受控源的电压(或电流)依赖于电路中另一支路的电压(或电流)。只要电路中有一个支路的电压(或电流)受另一个支路的电压(或电流)控制，这两个支路就构成一个受控源。因此，可以把受控源看成一种二端口元件：一个端口作为输入端口，输入控制电流或电压；另一个端口输出受控的电流或电压。

当受控源的电压(或电流)是控制支路电压(或电流)的线性函数时，该受控源称为线性受控源，否则称为非线性受控源。

1.6.2　受控源的类型

根据受控电源是电压源还是电流源，以及受电流控制还是受电压控制，受控电源可分为四种类型，即电压控制电压源(voltage-controlled voltage source，VCVS)、电流控制电压源(CCVS)、电压控制电流源(VCCS)和电流控制电流源(CCCS)。四种理想受控源的电路模型如图 1-6-2 所示。

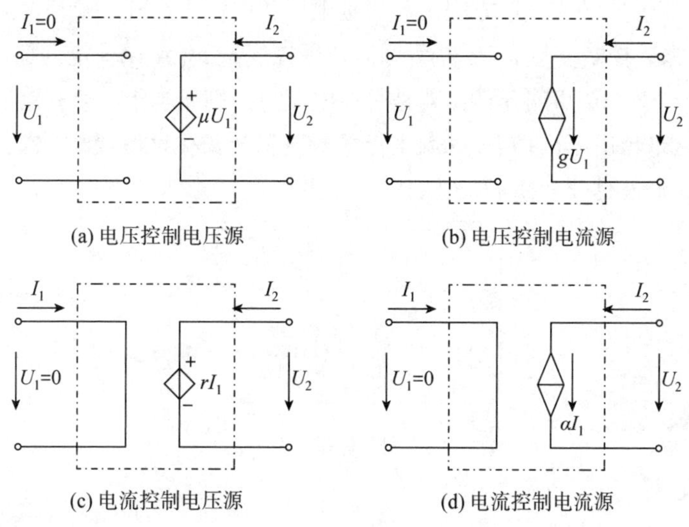

图 1-6-2

理想受控源的控制端和受控端都是理想的。在控制端，电压控制的受控电源，如图 1-6-2(a)和(b)所示，其输入端电阻为无穷大；电流控制的受控电源，如图 1-6-2(c)和(d)所示，其输入端电阻为零。在受控端，对受控电压源，其输出端电阻为零，输出电压恒定；对受控电流源，其输出电阻为无穷大，输出电流恒定。

独立源与受控源在电路中的作用完全不同，故用不同的符号表示，前者用圆圈符号，后者用菱形符号。独立源是作为电路的输入，代表着外界对电路的作用，在电路中作为“激励”，如电子电路中的信号源；受控源则是用来表示在电子器件中所发生的物理现象的一种模型，它反映了电路中某处的电压或电流能控制另一处的电压或电流的关系，其本身不直接起“激励”作用。

1.6.3 受控源的伏安关系

由于受控源是二端口元件，因此每一种线性受控源的伏安关系都需要两个线性方程式来表征。

电压控制电压源(VCVS)：

$$i_1=0\text{，}\ u_2=\mu u_1 \tag{1-6-1}$$

电流控制电压源(CCVS)：

$$u_1=0\text{，}\quad u_2=ri_1 \tag{1-6-2}$$

电压控制电流源(VCCS)：

$$i_1=0\text{，}\ i_2=gu_1 \tag{1-6-3}$$

电流控制电流源(CCCS)：

$$u_1=0\text{，}\ i_2=\alpha i_1 \tag{1-6-4}$$

式中：μ 称为转移电压比，r 称为转移电阻，g 称为转移电导，α 称为转移电流比。这些方程是以电压和电流为变量的代数方程式，只是电压和电流不在同一端口，方程式表明的是一种“转移”关系。控制变量 u_1(或 i_1)为零时，受控变量 u_2(或 i_2)一定为零，此时，若是受控电压源，则相当于一个短路元件；若是受控电流源，则相当于一个开路元件。

例 1.6.1 试根据图 1-6-3 所示三极电子管放大器的简化电路模型，求出此放大器的输出信号电压 U_4 与输入信号电压 U_1 之比。

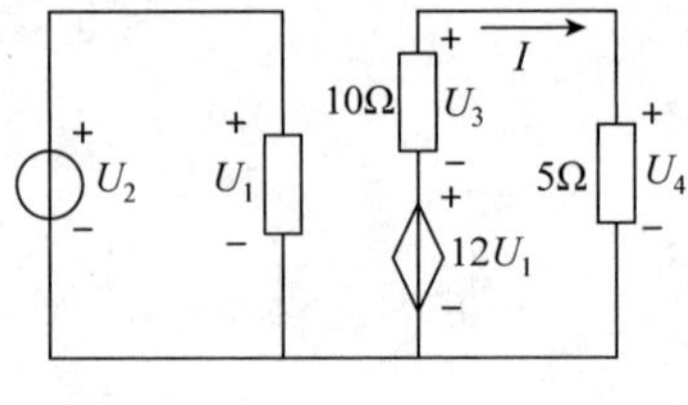

图 1-6-3

解：由 KVL 得

$$U_4=U_3+12U_1 \tag{1}$$

由欧姆定律得

$$U_3=\ -10I \tag{2}$$

$$U_4=5I \tag{3}$$

将式(3)代入式(2)得

$$U_3=\ -2U_4 \tag{4}$$

将式(4)代入式(1) 得

$$U_4=\ -2U_4+12U_1$$

由此可得

$$\frac{U_4}{U_1}=4$$

例 1.6.2　电路如图 1-6-4(a)所示，求U_1、I。

解：

方法一：设受控源两端电压为 U，则有

$$\begin{cases}U_1+U=12\\ I=2U_1+\dfrac{U}{6}\\ U_1=3I\end{cases}$$

解方程组得

$$\begin{cases}I=-\dfrac{4}{9}\text{A}\\ U_1=-\dfrac{4}{3}\text{V}\end{cases}$$

方法二：将 6Ω 与受控源 $2U_1$ 并联电路等效为一个串联电路(具体方法见第 2 章)，如图 1-6-4(b)所示，则可得方程组

$$\begin{cases}U_1+6I-12U_1=12\\ U_1=3I\end{cases}$$

解方程组得

$$\begin{cases}I=-\dfrac{4}{9}\text{A}\\ U_1=-\dfrac{4}{3}\text{V}\end{cases}$$

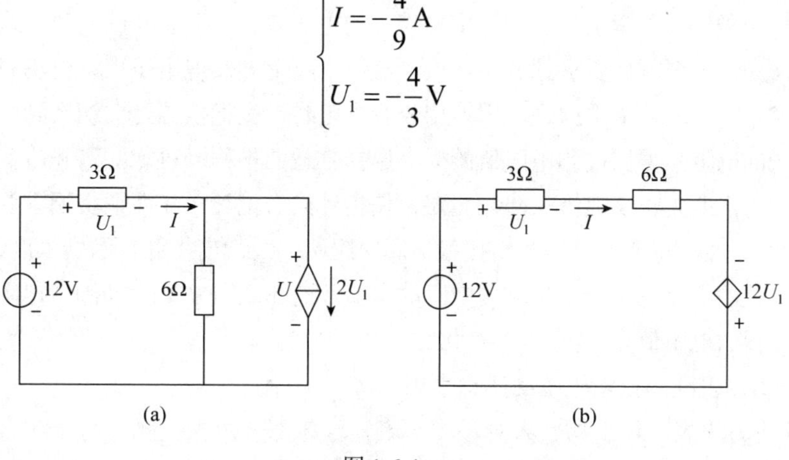

图 1-6-4

同步训练

1. 利用变压器测量初、次级的电压和初、次级的电流，研究初、次级电压之间以及初、次级电流之间的关系。改变负载时，这些关系是否发生变化？

2. 含受控源的电路如图 1-6-5 所示，求电路中的电流 i 与电压 u。

3. 电路如图 1-6-6 所示，求电路中的电流 i 与电压 u。

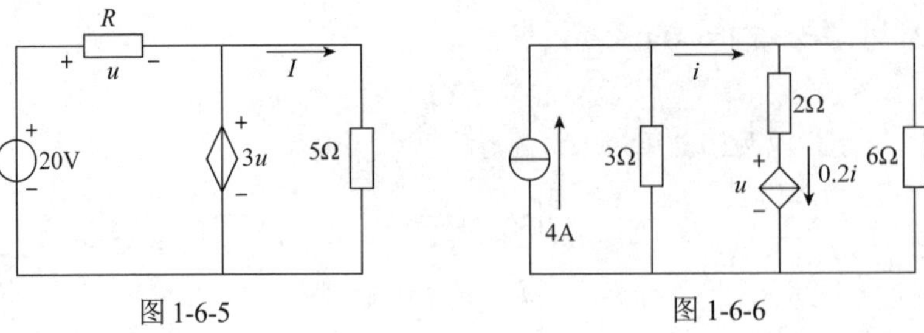

图 1-6-5　　图 1-6-6

实验 1　电阻的测量及仪表的使用

1. 实验目的

(1) 学会使用万用表、直流电桥和兆欧表等仪表。

(2) 掌握测量电阻、电压、电流、电位的方法。

(3) 在实做中学会一些电路连接和测量的技巧。

2. 实验设备

万用表，直流电桥，绝缘电阻表，稳压电源，电阻元件，测量绝缘电阻用的电机、变压器及其他电气设备。

3. 实验内容

1) 用万用表测量中值电阻

(1) 万用表测电阻的基本方法

对于一个磁电系测量机构，设计出多挡位的电压表、电流表和欧姆表电路，再配置专用的换挡开关，根据测量要求把表头切换到对应电路上，实现电压表、电流表和欧姆表等功能，这就是万用表的基本原理。用万用表测电阻时，先把换挡开关切换到电阻挡，然后估计要测量的电阻，根据被测电阻值的大小选择合适的量程，每次测量和改变量程之前都必须进行调零，即先将表笔搭在一起短路，使指针向右偏转，随即调整调零旋钮，使指针恰好指到 0Ω。然后将两根表笔分别接触被测电阻两端，读出指针在欧姆刻度线上的读数，再乘以该挡位的倍率数字，就是所测电阻的阻值。例如：用 $R\times10$ 挡测量电阻，指针指在 60，则所测得的电阻值为 $60\times10\Omega=600\Omega$。

(2) 用万用表欧姆挡测电阻的注意事项

① 使用万用表时，手指及人身不要与表笔金属部分发生接触，防止测量不准确。测电阻时待测电阻不仅要和电源断开，而且有时还要和其他元件断开。

② 测量电阻时，必须先选择挡位，然后调零，调零后才能进行测量。每次换挡后和测量前都要重新调零。如将“零欧姆”旋钮调至最大，指针仍然达不到 0 点，这种现象通常是由于表内电池电压不足造成的，应换上新电池方能准确测量。

③ 万用表不用时，不要将转换挡开关旋在电阻挡，因为表内有电池，如不小心易使

两根表笔相碰短路，不仅耗费电池，严重时甚至会损坏表头，一般可把挡位调在交流电压的 500V 上。

④ 合理选择量程，使指针偏转尽可能在中间刻度，即在满偏电流的 1/3～2/3。若指针偏角太大，应改接低挡位，反之改换高挡位。读数时应将指针示数乘以挡位倍数。

⑤ 实际应用中要防止超量程，不得测额定电流极小的电器的电阻，如灵敏电流表的内阻。

(3) 实际测量

取三组不同阻值的电阻元件进行测量，将测量数据分别填入表 S1-1。

表 S1-1　电阻的测量(用万用表)

所用万用表型号				
电阻的标称值/Ω	30	510	5600	10000
电阻的测量值/Ω				
测量误差/%				
挡位及量程				

测量时思考如下问题：

① 在电阻阻值未知的情况下，如何选择万用表的挡位；

② 万用表的表笔应如何与元件接触；

③ 怎样准确读取数据；

④ 总结怎样减小测量误差。

2) 用绝缘电阻表测量电动机、变压器的绝缘电阻

测量前要弄清如下几个问题：

(1) 绝缘电阻表的工作原理和特点

绝缘电阻表是一种测量高电阻的仪表，主要用来测量电气设备(如电动机、电器)的绝缘电阻，判断设备或线路有无漏电、绝缘损坏或短路现象。绝缘电阻表由永久磁铁、固定在同一轴上的两个动圈、有缺口的圆柱形铁心和指针构成。

绝缘电阻表的种类很多，有采用手摇直流发电机的，如 ZC7、ZC11 等；还有用晶体管电路的，如 ZC14、ZC30 等。

绝缘电阻表的实物图如图 S1-1 所示，原理图如图 S1-2 所示。与绝缘电阻表表针相连的有两个一起接到手摇发电机上的线圈；一个同表内的附加电阻 R_2 串联，产生电流 I_2；另一个经附加电阻 R_1 和被测电阻 R_x 串联，产生电流 I_1。当以 120r/min 的速度均匀摇动手柄时，表内的直流发电机输出该表的额定电压，两个线圈中同时有电流通过，在两个线圈上的电流的作用产生方向相反的转矩，表针就随着两个转矩的合成转矩的大小而偏转某一角度，这个偏转角度决定于两个电流的比值，附加电阻是不变的，所以电流值仅取决于待测电阻的大小，当 I_1 最大时，被测电阻为零，指针指向零刻度，当 I_2 最大时，说明被测电路处于开路状态，指针指向∞。当被测电阻值一定时，指针指在被测电阻值上。

绝缘电阻表的接线柱共有三个：“L”为线端；“E”为地端；“G”为屏蔽端(又称保护环)。一般被测绝缘电阻都接在“L”和“E”端之间，但当被测绝缘体表面漏电严重时，必须将被测物的屏蔽环或无须测量的部分与“G”端相连接。这样漏电流就经由屏蔽端“G”直接流回发电机的负端形成回路，而不再流过绝缘电阻表的测量机构(动圈)。这样就从根

本上消除了表面漏电流的影响。特别应该注意的是，测量电缆线心和外表之间的绝缘电阻时，一定要接好屏蔽端钮“G”，因为当空气湿度大或电缆绝缘表面又不干净时，其表面的漏电流将很大，为防止被测物因漏电而对其内部绝缘测量所造成的影响，一般在电缆外表加一个金属屏蔽环，与绝缘电阻表的“G”端相连。

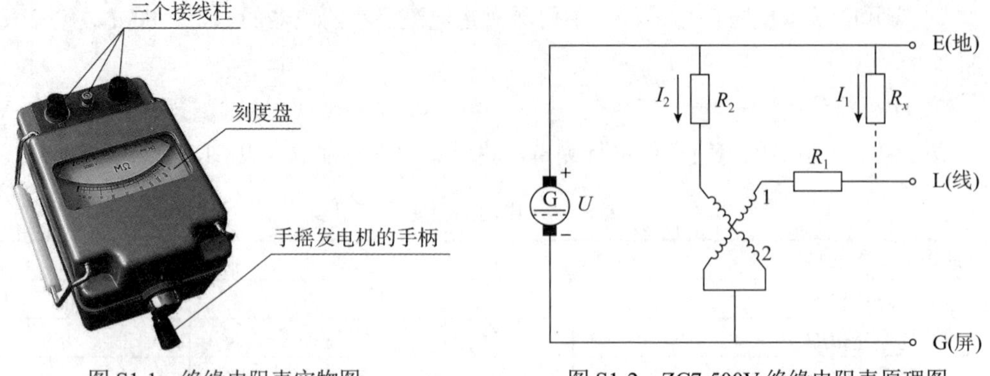

图 S1-1　绝缘电阻表实物图

图 S1-2　ZC7-500V 绝缘电阻表原理图

当用绝缘电阻表摇测电器设备的绝缘电阻时，一定要注意“L”和“E”端不能接反，正确的接法是：“L”线端钮接被测设备导体；“E”地端钮接地的设备外壳；“G”屏蔽端接被测设备的绝缘部分。如果将“L”和“E”接反了，流过绝缘体内及表面的漏电流经外壳汇集到地，由地经“L”流进测量线圈，使“G”失去屏蔽作用而给测量带来很大误差。另外，因为“E”端内部引线同外壳的绝缘程度比“L”端与外壳的绝缘程度要低，当绝缘电阻表放在地上使用时，采用正确接线方式时，“E”端对仪表外壳和外壳对地的绝缘电阻，相当于短路，不会造成误差，而当“L”与“E”接反时，“E”对地的绝缘电阻同被测绝缘电阻并联，而使测量结果偏小，给测量带来较大误差。

例如：测电气设备内两绕组之间的绝缘电阻时，将“L”和“E”分别接两绕组的接线端；当测量电缆的绝缘电阻时，为消除因表面漏电产生的误差，“L”接线芯，“E”接外壳，“G”接线芯与外壳之间的绝缘层。

绝缘电阻表的特点就是没有游丝，不能产生反作用力矩，所以绝缘电阻表在不测量时停留在任意位置，而不是回到零，这一点跟其他指针式的仪表有区别。

(2) 绝缘电阻表使用注意事项

① 测量前必须将被测设备电源切断，并对地短路放电，决不允许设备带电进行测量，以保证人身和设备的安全。

② 对可能感应出高压电的设备，必须消除这种可能性后，才能进行测量。

③ 被测物表面要清洁，减少接触电阻，确保测量结果的正确性。

④ 测量前要检查绝缘电阻表是否处于正常工作状态，主要检查其“0”和“∞”两点。即摇动手柄，使发电机达到额定转速，绝缘电阻表在短路时应指在“0”位置，开路时应指在“∞”位置。

⑤ 绝缘电阻表使用时应放在平稳、牢固的地方，且远离大的外电流导体和外磁场。

⑥ 绝缘电阻表用接线须用绝缘良好的单根线，并尽可能短些。

⑦ 摇测过程中不得用手触及被试设备，还要防止外人触及。

⑧ 禁止在雷电时或可能有其他感应产生时摇测。

⑨ 在测电容器、电缆等大电容设备时，读数后一定要先断开接线后方能停止摇动，

否则电容电流将通过表的线圈放电而烧损表针。

⑩ 摇测。以均匀速度摇动手柄，使转速尽量接近 120r/min，如果被测设备有电容等充电现象，因此要摇测 1min 后再读数。如果摇动手柄后指针即甩到零值，则表示绝缘已损坏，不能再继续摇，否则将使表内线圈烧坏。

练习测量电动机、变压器等设备的绝缘电阻，并将测量结果记录在自制的表格中。

最后，请思考：用万用表可否代替绝缘电阻表测量绝缘电阻？

3) 用直流电桥测量电阻

(1) 直流电桥的原理

直流电桥法可以比较准确地测量电阻，直流电桥可分为单臂和双臂电桥两种，单臂电桥原理如图 S1-3 所示。

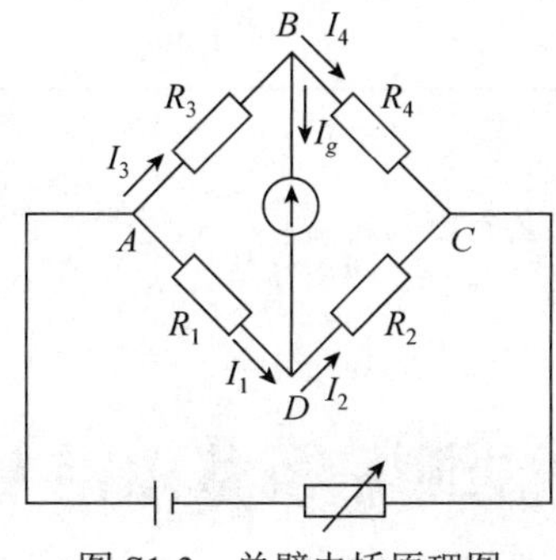

图 S1-3　单臂电桥原理图

R_1、R_2、R_3 为可调电阻器，并且是阻值已知的标准精密电阻。R_4 为被测电阻，当检流计的指针指示到零位置时，称为电桥平衡。此时，B、D 两点为等电位，被测电阻为

$$R_4 = \frac{R_2}{R_1} R_3$$

单臂电桥有多种形式，常见的是一种滑线式电桥。图 S1-4 所示为 QJ23 电桥面板图。它的比例臂转盘上标出了 0.001、0.01、0.1、1、10、100、1000 挡，比较臂有×1000(千位)、×100(百位)、×10(十位)、×1(个位)四个转盘，每个转盘有 1、2、3、4、5、6、7、8、9、0 十个挡位。测量时，先选择比例臂和比较臂的参数，然后调节电桥平衡，最后读数。

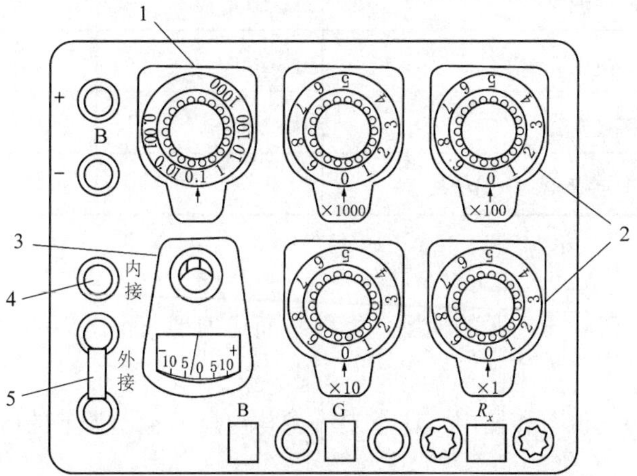

1—比例臂转盘　2—比较臂转盘　3—检流计　4—内接　5—外接

图 S1-4　QJ23 电桥面板图

例如：比例臂转盘定位在 0.01；比较臂×1000、×100、×10、×1 转盘分别定位在 6、8、1、2 的位置；那么被测阻值是

$$R = 0.01\times(6\times1000+8\times100+1\times10+2\times1)\Omega = 0.01\times6812\Omega = 68.12\Omega$$

熟悉读数规则后，立即可读为$0.01\times6812\Omega = 68.12\Omega$。

(2) 练习用电桥测量电阻

选择一组不同阻值的电阻器，用直流电桥进行测量，将测量数据填入表 S1-2 中。

表 S1-2　电阻的测量(用电桥)

电阻的标称阻值/Ω	0.3	1.2	6.8	51	390	1000
电阻的测量值/Ω						
测量误差/%						

4. 实验总结

(1) 通过本实验你学会了什么？

(2) 绝缘电阻表测量时须注意什么？

实验 2　电流、电压的测量及基尔霍夫定律的应用

1. 实验目的

(1) 学会电压、电流、电位的测量方法。

(2) 用实验数据验证基尔霍夫定律。

(3) 通过实验巩固相应的理论知识。

2. 实验设备

序　号	名　称	参数要求	数　量	单　位
1	可调直流稳压电源	0～30V	1	台
2	可调直流恒流源	0～500mA	1	台
3	直流数字电压表	0～200V	1	块
4	直流数字毫安表	0～200mA	1	块
5	基尔霍夫定律实验电路模块		1	块

3. 实验内容

(1) 熟练掌握直流稳压电源的使用，能熟练而迅速地获得所需的电压，熟悉两路电压输出的调节和应用。

(2) 学会电流源的调节和使用，注意电流源与电压源输出调节的区别，电流源必须带载时才有电流输出。

(3) 自己连接一个电路，要求接入一个电源、三个以上的电阻，连接成一个串并联

电路，测量各元件的电压和各支路电流以及某参考点下各点电位。电路如图 S2-1 所示。

(4) 再连接一个电路，要求接入一个电压源、一个电流源和两个以上的电阻，测量各支路的电流及各元件的电压。电路如图 S2-2 所示。

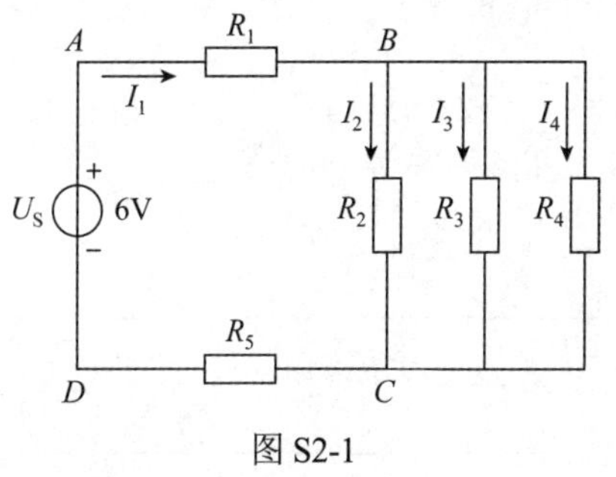

图 S2-1

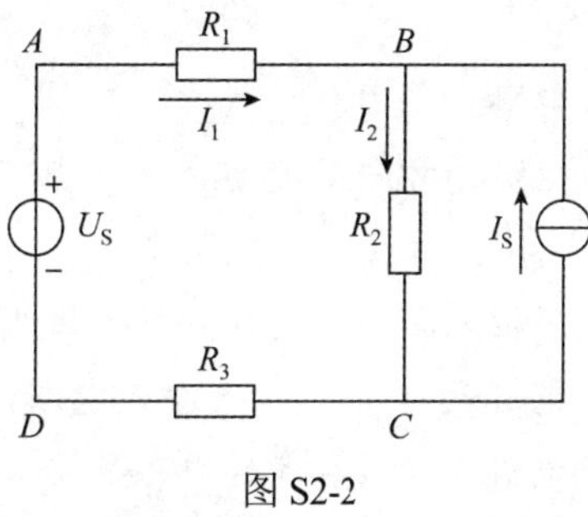

图 S2-2

(5) 对上述电路，任选一个参考点，测量各点的电位。

(6) 画出自己设计的连接电路，根据自己设计的电路，自己绘制相应的表格，将测量数据填入表格中。

表格举例：对图 S2-1 所示的电路，设计的表格如表 S2-1 所示(表中φ表示电位)，对图 S2-2 所示的电路，设计的表格如表 S2-2 所示。

表 S2-1　图 S2-1 所示电路的数据记录表

以 A 为参考点	φ_A / V	φ_B / V	φ_C / V	φ_D / V	U_S / V	U_{AB} / V	U_{BC} / V	U_{CD} / V	I_1 / V	I_2 / V	I_3 /mA	I_4 /mA
理论值	0											
实测值	0											
相对误差	0											

表 S2-2　图 S2-2 所示电路的数据记录表

以 C 为参考点	φ_A / V	φ_B / V	φ_C / V	φ_D / V	U_S / V	U_{AB} / V	U_{BC} / V	U_{CD} / V	I_1 / mA	I_2 / mA	I_3 /mA
理论值			0								
实测值			0								
相对误差			0								

4. 实验总结

(1) 通过表 S2-1、表 S2-2 中的数据分别计算$\sum I$和$\sum U$的值，从而验证基尔霍夫定律，并计算出相应的误差。

(2) 参考点的变化对哪些数据有影响？对验证基尔霍夫定律有影响吗？

(3) 根据实验过程写出自己设计的实验报告，要求结论明确。

习题

1.1 电路主要由_______、_______、_______三部分组成。

1.2 电流的方向规定为_______移动的方向。电流的参考方向是________________。

1.3 参考点改变时，电路中_______变，_______不变。

1.4 线性电阻元件的伏安特性曲线是____。

1.5 电流表应_______于被测电路，电压表应_______于被测电路。

1.6 电流连续性原理的内容是____。

1.7 电路中 a、b 两点间的电压与这两点的电位关系，用公式表示为_______，若 $U_{ab}=0$，则 a、b 两点称为_______。

1.8 一个电阻元件，阻值为 4Ω，额定功率为 1W，则额定电流为_______A。

1.9 一个额定功率为 25W 的灯泡，每天点亮 2h，30d 消耗电能_______KW・h。

1.10 5Ω 的电阻，其电导为_______ S；若允许通过 0.2A 电流，电阻的额定功率为_______W。

1.11 在电路中，若加于电阻两端的电压不变，电阻的功率与电阻值成_______比；若流过电阻的电流不变，电阻的功率与电阻值成_______比。

1.12 一个节点连接有三条支路，三个电流的参考方向皆为流入节点，且 I_1=3A，I_2=－5A，则电流 I_3=_______A。

1.13 功率平衡原理的内容是____。

1.14 判断对错(在题末括号内作记号：“√”表示对，“×”表示错)。

(1) 在电路中，各点的电位与参考点的选择有关。 (　　)

(2) 电流源不能并联使用。 (　　)

(3) 电压源不能串联使用。 (　　)

(4) 欧姆定律 $U = RI$ 成立的条件是 U、I 参考方向一致。 (　　)

(5) 电路开路时，开路两端的电压一定为零。 (　　)

(6) 电阻元件的端电压的实际方向和电流的实际方向总是相同的。 (　　)

(7) 电源在电路中总是产生功率的。 (　　)

(8) 当参考点改变时，电路中的电位和电压都会发生改变。 (　　)

(9) 理想电压源和理想电流源不能串联使用。 (　　)

(10) 理想电流源的端电压由外电路决定。 (　　)

(11) 理想电压源输出的功率是恒定值，与外电路无关。 (　　)

(12) 某电阻元件的端电压或电流的参考方向改变时，其功率也随之而变。 (　　)

(13) 电路中，没有电流就没有电压，有电压就一定有电流。 (　　)

(14) 额定功率大的负载比额定功率小的负载耗能多。 (　　)

(15) 不构成回路的支路其电流一定为零。 (　　)

(16) 电路中，两点的电位都很高，则两点间的电压就高。 (　　)

1.15　电路如图 1-1 所示，试计算各元件的功率，并指出是吸收功率还是发出功率。

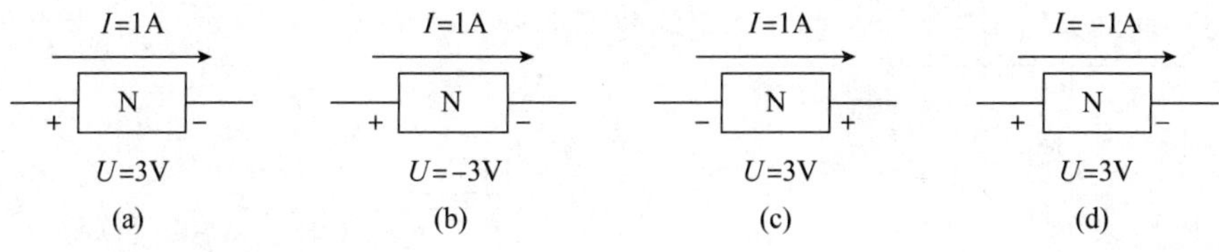

图 1-1

1.16　一个 5A 的电流从电路的端子 a 流入，并从端子 b 流出，已知 a 点的电位相对于 b 点高出 20V，求电路的功率。

1.17　电路如图 1-2 所示，分别求三图的出端电压 U_{ab}。

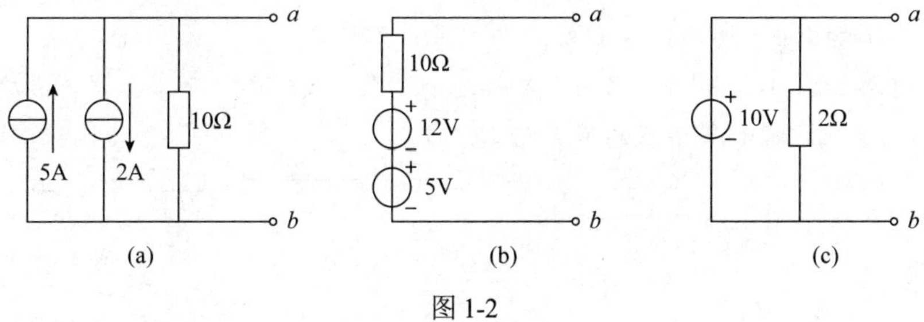

图 1-2

1.18　将图 1-3 所示的电路等效成实际电源的电流源或电压源模型。

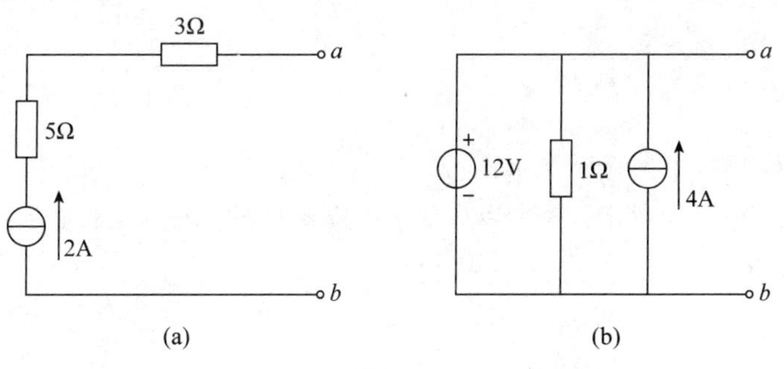

图 1-3

1.19　一个 220V、100W 的灯泡，如果接在 110V 电源上，此灯泡功率为多少？若一天点亮 5h，则 30d 接 110V 电源比接 220V 电源节约多少电能？

1.20　电路如图 1-4 所示，已知 $U_{S1}=20V$，$U_{S2}=6V$，$R_1=2\Omega$，$R_2=3\Omega$，$R_3=4\Omega$，$R_4=5\Omega$，电流 I 的参考方向如图中所示，试求 I 及 U_{ab}。

1.21　电路如图 1-5 所示，已知 $U_S=6V$，$I_S=1A$，$R_1=2\Omega$，$R_2=3\Omega$，求两个电源及电阻的功率，并验证功率平衡。

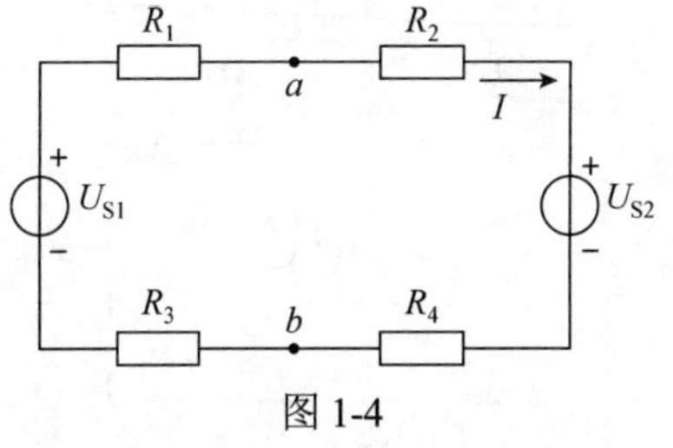

图 1-4

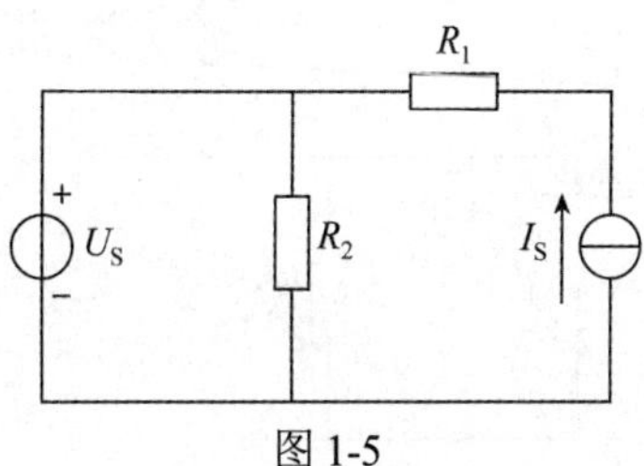

图 1-5

1.22　将图 1-6 所示的电路改成习惯画法。

1.23　电路如图 1-7 所示，求三个支路电流及两个电源的功率。

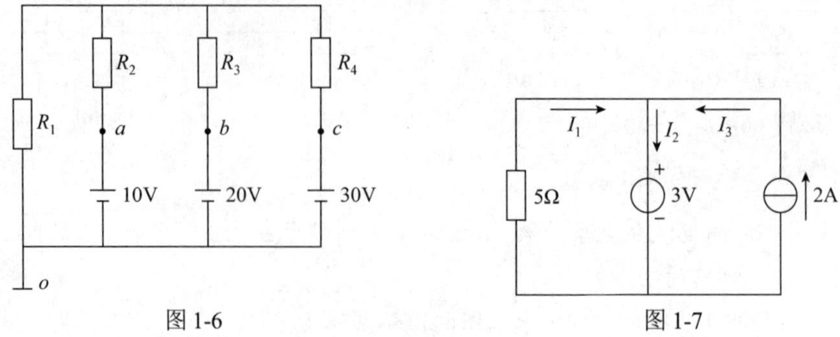

图 1-6　　图 1-7

1.24　电路如图 1-8 所示，求 I 及 a、b 两点间的电压。

1.25　电路如图 1-9 所示，试指出电路的节点数、支路数、回路数、网孔数，列出三个网孔的回路电压方程和各节点的节点电流方程。

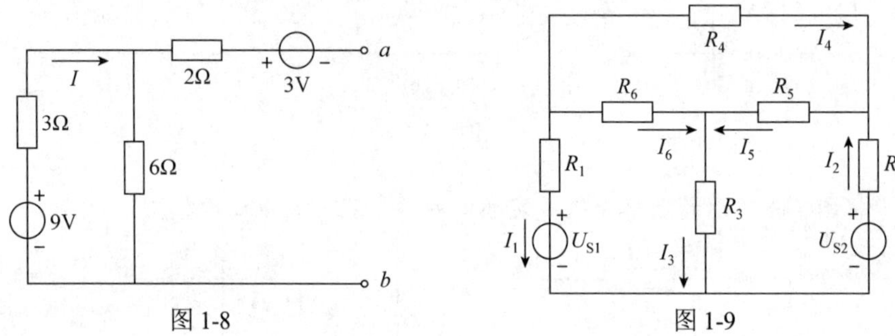

图 1-8　　图 1-9

1.26　电路如图 1-10 所示，试求 a、b、c、d、e 各点的电位。

1.27　电路如图 1-11 所示，分别以 a 和 f 点为参考点，求各点的电位。

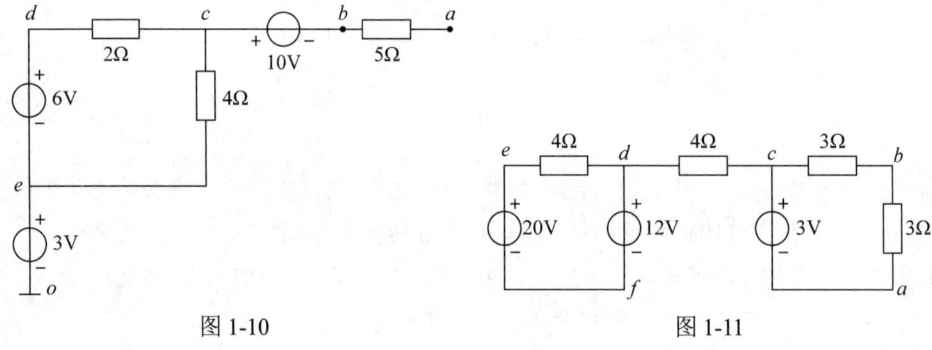

图 1-10　　图 1-11

1.28　电路如图 1-12 所示，求电流 i_1。

1.29　求图 1-13 所示电路中的电流 i 及电压 u_1、u_S。

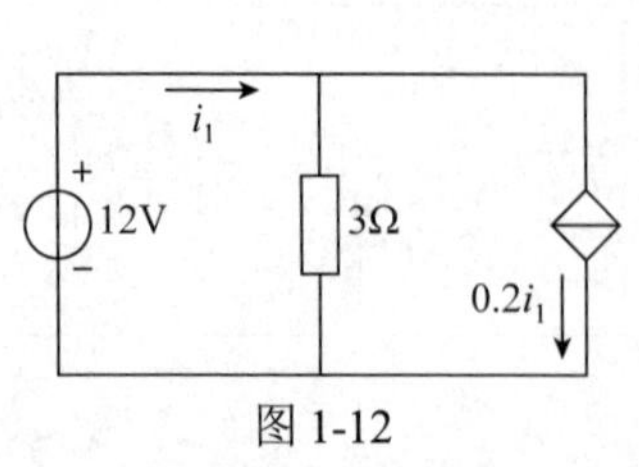

图 1-12

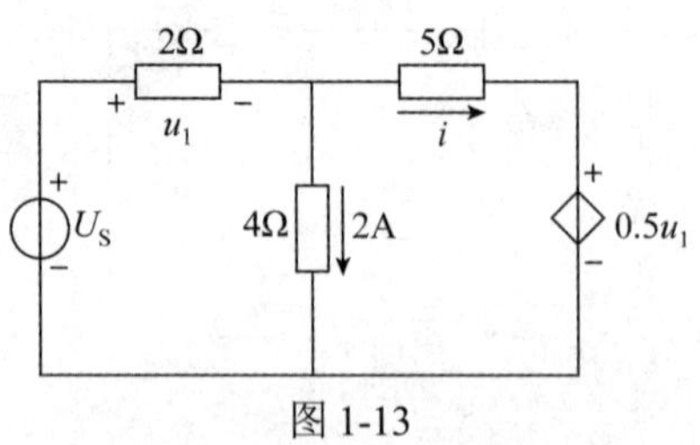

图 1-13

1.30　电路如图 1-14 所示，求 A、B、C、D、E 各点的电位。

1.31　对图 1-15 所示的电路，利用 KCL 和 KVL 列出方程，若已知 U_{S1}=12V，U_{S2}=6V，R_1=6Ω，R_2=3Ω，R_3=2Ω，求 I_1、I_2、I_3。

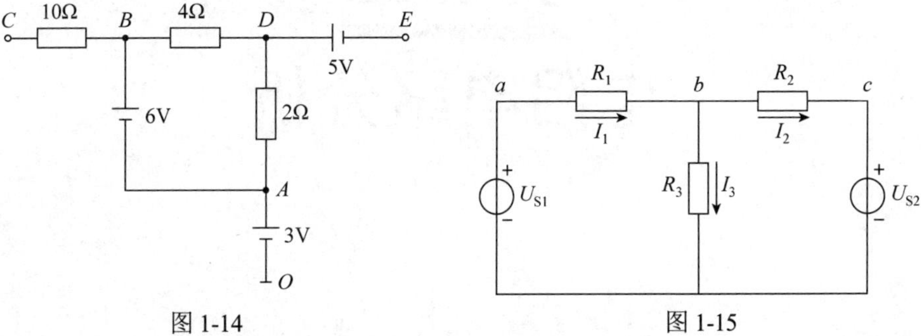

图 1-14　　　　图 1-15

1.32　电路如图 1-16 所示，$I_1=-5\text{A}$，$I_{ab}=3\text{A}$，$R_1=2\Omega$，$R_2=3\Omega$，$R_3=4\Omega$，求 I_{ac}、I_{bc}、I_2、I_3。

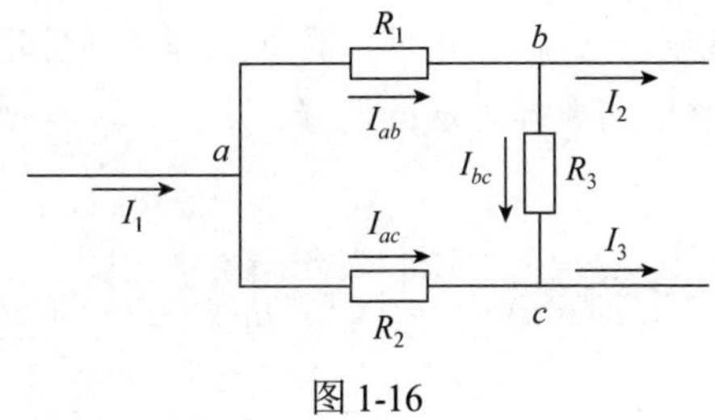

图 1-16

第 2 章 电阻电路分析

内容简介

1. 电阻串、并联电路的等效化简；星形与三角形电阻网络的等效变换。
2. 运用支路电流法、网孔电流法、节点电压法列方程，求解电路。
3. 戴维南定理、诺顿定理、弥尔曼定理、叠加原理、齐性定理的应用。
4. 电阻电路分析，求解电路最佳方法的选择。

2.1 电阻的连接及等效

本课任务

1. 能够熟练地对电阻的串并联和混联电路进行等效化简。
2. 能够对星形和三角形电阻网络进行等效互换和分析计算。
3. 会测量网络的等效电阻。

实例链接

图 2-1-1(a)为一个三相电路的示意图，要对此电路进行分析计算，需要先把图中点画线框内的部分变换成图(b)点画线框内的部分，否则计算将无法进行，这就需要对点画线框内的电阻网络进行等效变换。图(a)和图(b)中点画线框内的两种连接是电动机、变压器以及照明电路等常见的连接方式。

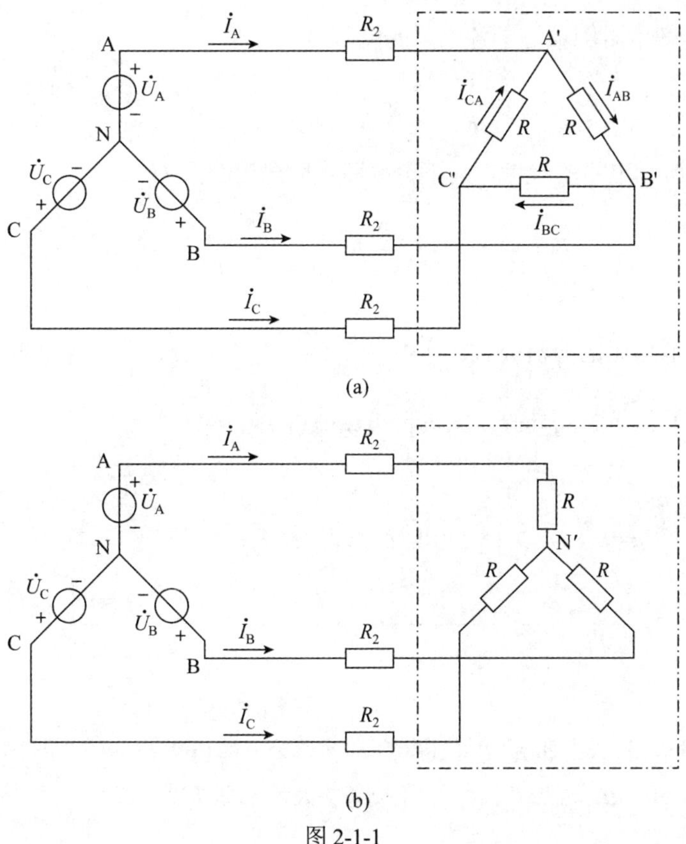

图 2-1-1

任务实施

2.1.1　电阻的串联及分压

几个电阻首尾相连，流过它们的是同一个电流，这种连接方式称为**电阻串联**。

串联电阻的等效电阻等于各串联的电阻之和，即

$$R = R_1 + R_2 + \cdots + R_n \tag{2-1-1}$$

各电阻的电压与端电压之比，等于该电阻与等效电阻之比，即

$$U_1 = \frac{R_1}{R}U\text{，}\ U_2 = \frac{R_2}{R}U\text{，}\ \cdots\text{，}\ U_n = \frac{R_n}{R}U \tag{2-1-2}$$

式(2-1-2)称为串联电阻的**分压公式**，$R_1/R, R_2/R, \cdots, R_n/R$ 分别称为各电阻的分压比。显然，各电阻的分压比小于 1，各电阻电压小于端电压。通常利用电阻串联的性质，来扩大电压表的量程。

2.1.2　电阻的并联及分流

几个电阻的两端分别连接在一起，各电阻承受同一电压，这种连接方式称为**电阻并联**。

各电阻并联的等效电阻倒数等于各电阻的倒数之和，即

$$\frac{1}{R}=\frac{1}{R_1}+\frac{1}{R_2}+\cdots+\frac{1}{R_n} \tag{2-1-3}$$

在图 2-1-2 所示电路的参考方向下，并联电阻分流公式为

$$I_1=\frac{R}{R_1}I,\ I_2=\frac{R}{R_2}I,\ \cdots,\ I_n=\frac{R}{R_n}I \tag{2-1-4}$$

式(2-1-4)称为并联电阻的**分流公式**。式中$\frac{R}{R_1}$，$\frac{R}{R_2}$，…，$\frac{R}{R_n}$分别称为各电阻的分流比，显然分流比小于 1。利用电阻的并联，可以扩大电流表的量程。

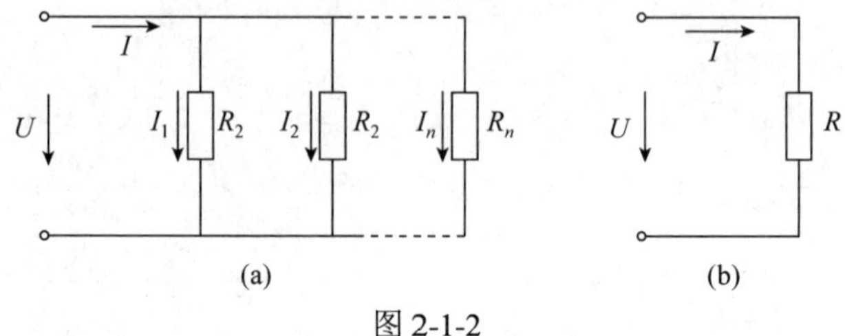

图 2-1-2

例 2.1.1 一个表头内阻为 $R_g=1000\Omega$，量程为 $I_g=1\text{mA}$，如图 2-1-3 所示，现在要把它扩展为量程为 500mA 的电流表，问需并联多大的电阻 R?

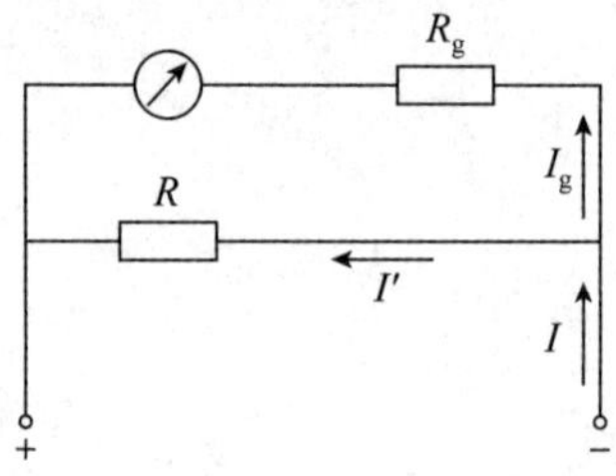

图 2-1-3

解：由图 2-1-3 可以看出，并联的两条支路的端电压相等，由此可列方程为

$$(I-I_g)R=I_gR_g$$

故得

$$R=\frac{I_gR_g}{I-I_g}=\frac{1\times1000}{500-1}\Omega\approx2\Omega$$

一个电阻电路，电阻既有串联又有并联，这样的电路称为电阻**混联电路**。混联电路仍然属于简单电路，可以利用串、并联关系来求解。

例 2.1.2 求图 2-1-4(a)中 a、b 两端子间的等效电阻 R_{ab} (图中电阻的单位为 Ω)。

解：从图(a)难于看出串、并联关系，为此在不改变各元件连接关系的前提下，设法改画电路图。c、d 两点等电位，所以 c、d 两点可重合为一点，将与 e 点相连的各元件合并移动得图(b)，可见 8Ω 与 8Ω、2Ω 与 2Ω 都是并联，求它们的等效电阻得图(c)，再化简得图(d)，等效化简过程为

$$\text{图(a)} \Longrightarrow \text{图(b)} \Longrightarrow \text{图(c)} \Longrightarrow \text{图(d)}$$

由图(d)可知 $R_{ab}=(4+10//10)\Omega=(4+5)\Omega=9\Omega$。

求混联电路的等效电阻，可通过改画电路图来完成，一般情况下可以不加文字说明。

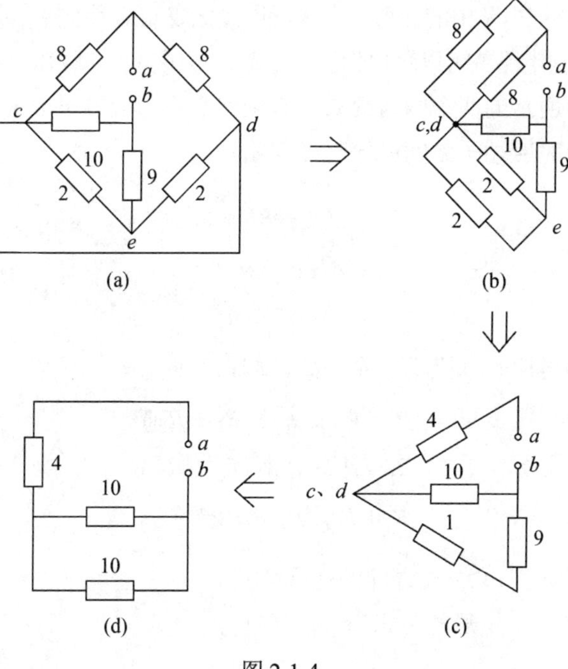

图 2-1-4

2.1.3　星形电阻网络与三角形电阻网络的等效互换

利用电阻器的串并联可以解决简单电阻电路的等效化简问题，但是对复杂电路的化简，串并联公式就失去了作用，而星形与三角形电阻网络的等效互换公式则是化简复杂电阻电路的重要公式。

1. 星形电阻网络与三角形电阻网络

对图2-1-5(a)所示的电路，三个电阻器有一端连在一个点上，另外一端分别连在三个不同的端子上，这种连接称为星形连接，这种网络就称为**星形电阻网络**。一般用符号“Y”来表示星形。

图2-1-5(b)所示的电路中，三个电阻器分别连在三个端子之间，构成一个三角形回路，这种连接称为三角形连接，这种网络就称为**三角形网络**。用符号△表示三角形网络。

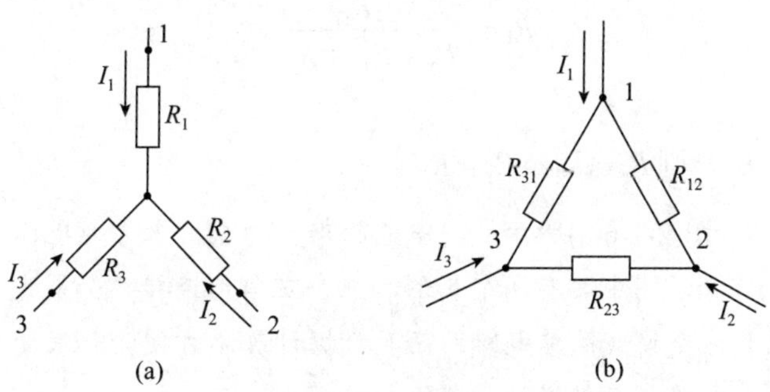

图 2-1-5

2. 星形电阻网络与三角形电阻网络的等效变换

在进行电阻电路的等效化简的过程中，会遇到用串、并联知识不能直接化简的电路，也就是复杂电路。如果能把电路中的任意一个星形连接化成三角形连接，或者把其中一个三角形连接化成星形连接，则电路就可以转化为简单电路，再用串、并联知识即可进行化简。

要使图 2-1-5 中所示的两个网络等效，必须使它们对应端子上的伏安关系完全一致，由此可以得出，三组对应端子之间的电阻必需相等，即

$$R_{Y12}=R_{\triangle 12}$$
$$R_{Y23}=R_{\triangle 23}$$
$$R_{Y31}=R_{\triangle 31}$$

分别将两点间的等效电阻代入上面三个公式，即得

$$R_1+R_2=R_{12}//(R_{23}+R_{31})$$
$$R_2+R_3=R_{23}//(R_{31}+R_{12})$$
$$R_3+R_1=R_{31}//(R_{12}+R_{23})$$

求解三个方程即可推导得出Y-△之间的变换公式。

由星形等效变换为三角形的公式为

$$\begin{cases} R_{12}=\dfrac{R_1R_2+R_2R_3+R_3R_1}{R_3}=R_1+R_2+\dfrac{R_1R_2}{R_3} \\ R_{23}=\dfrac{R_1R_2+R_2R_3+R_3R_1}{R_1}=R_2+R_3+\dfrac{R_2R_3}{R_1} \\ R_{31}=\dfrac{R_1R_2+R_2R_3+R_3R_1}{R_2}=R_3+R_1+\dfrac{R_3R_1}{R_2} \end{cases} \tag{2-1-5}$$

若 $R_1=R_2=R_3=R_Y$，则 $R_{12}=R_{23}=R_{31}=R_\triangle=3R_Y$。

由三角形等效变换为星形的公式为

$$\begin{cases} R_1=\dfrac{R_{31}R_{12}}{R_{12}+R_{23}+R_{31}} \\ R_2=\dfrac{R_{12}R_{23}}{R_{12}+R_{23}+R_{31}} \\ R_3=\dfrac{R_{23}R_{31}}{R_{12}+R_{23}+R_{31}} \end{cases} \tag{2-1-6}$$

若 $R_{12}=R_{23}=R_{31}=R_\triangle$，则 $R_1=R_2=R_3=R_Y=\dfrac{1}{3}R_\triangle$。

例 2.1.3 电路如图 2-1-6(a)所示，图中电阻单位为 Ω，求等效电阻 R_{ab}。

解：分析图(a)可知，图中共有两个星形和三个三角形连接，如果先变换星形，无论先变换哪一个都需两步才变换成简单电路，而且数据计算不方便；如果变换中间的三角形，则需再做一次三角形变换，且数据计算不便，较烦琐，而变换 *ace* 和 *dbf* 两个三角形时，不仅数据容易计算，而且两个三角形可以同时进行变换，在一步内就变换成简单电路，因

此是最佳方案。

将 *ace* 和 *dbf* 两个三角形变换成星形，得电路如图(b)所示。计算得

$$R_a = \frac{1\times 7}{1+2+7}\Omega = 0.7\Omega$$

$$R_c = \frac{1\times 2}{1+2+7}\Omega = 0.2\Omega$$

$$R_e = \frac{2\times 7}{1+2+7}\Omega = 1.4\Omega$$

$$R_b = \frac{2\times 5}{2+3+5}\Omega = 1\Omega$$

$$R_f = \frac{2\times 3}{2+3+5}\Omega = 0.6\Omega$$

$$R_d = \frac{3\times 5}{2+3+5}\Omega = 1.5\Omega$$

将图(b)进行合并得电路如图(c)所示。

由图(c)得

$$R_{ab}= (1+2//2+0.7)\Omega = 2.7\Omega$$

如图(d)所示。

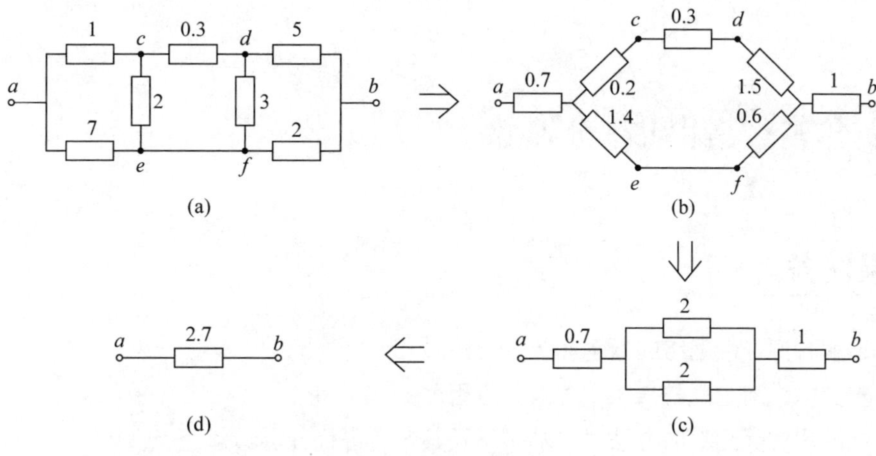

图 2-1-6

通过上面的例题可以看出，应用Y-△变换公式解题时，要注意两点：

(1) 要记忆公式，把公式与图形对应好。

(2) 变换之前，要对图形作好分析，选择最简单的方法求解。

应用与实践

利用星-角变换公式进行计算时，计算量大而且比较烦琐，又浪费时间，为此可以编写一个小程序进行计算，非常方便。如用 FORTRAN 语言编写的一个小程序，只需输入星形或三角形的电阻值，就可以计算出相应的等效电阻值，该星-角变换的计算程序见附录 D。

同步训练

1. 求图 2-1-7 所示电路的等效电阻 R_{ab}，图中电阻单位为 Ω。

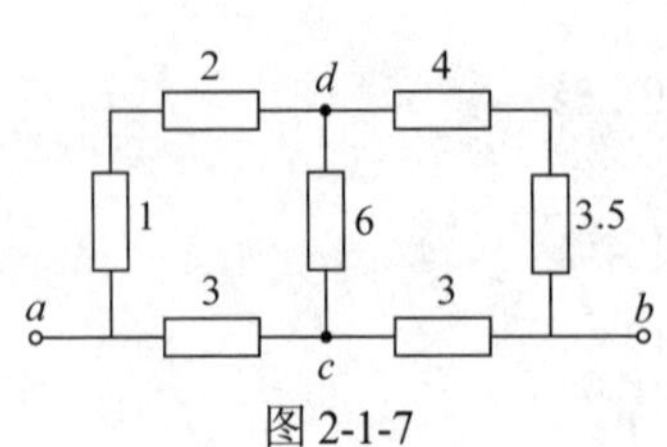

图 2-1-7

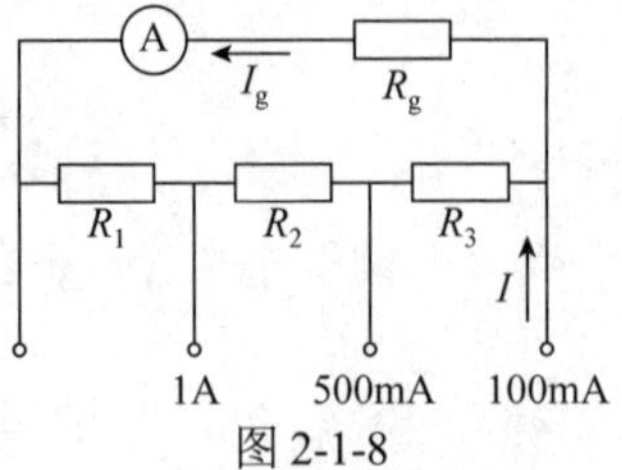

图 2-1-8

2. 图 2-1-8 所示为一个表头，其内阻 $R_g = 2\text{k}\Omega$，量程为 $I_g = 1\text{mA}$，现在要把它扩展为量程为 100mA、500mA 和 1A 的电流表，问需并联多大的电阻 R_1、R_2、R_3?

3. 求图 2-1-9(a)、(b)所示电路的等效电阻 R_{ab}。

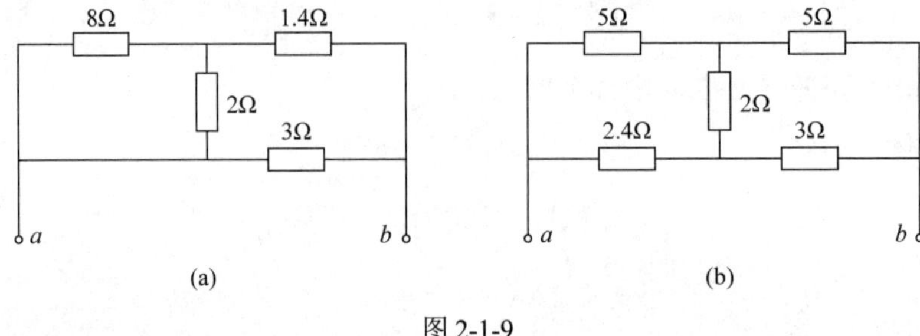

图 2-1-9

2.2 含源二端网络的等效

本课任务

1. 理解含源二端网络的概念和等效方法。
2. 掌握戴维南定理与诺顿定理及其应用。
3. 能够用实际测量的方法对二端网络及其参数进行分析。

实例链接

我们在办公室或实验室使用电器的时候，需要把电器的电源插头插到墙上的电源插座上，插座就是从电路中引出的两个端子，这两个端子连接着一个复杂的电路或者说电力网络，但是我们用电时从来没有考虑过这个网络的情况，只是把它简单看成一个电源，这个电源的模型就是实际电压源模型，即一个电压源与一个电阻串联的模型。当需要测量电源参数或负载的特性时，按照这个模型建立相应的方程求解即可。所以，墙上的电源插座及内部电路，对我们而言就是一个二端网络。

任务实施

2.2.1　二端网络

电路复杂时呈网状，所以电路又称网络，电路和网络这两个名词基本可以通用，没有本质的区别。具有两个对外连接端子的电路，称为**二端网络**。二端网络内含有电源的称为**有源二端网络**，如图 2-2-1(a)所示，不含电源的称为**无源二端网络**，如图 2-2-1(b)所示。二端网络可以用一个方框来表示，框中 A 表示有源，P 表示无源，分别如图 2-2-1(c)、(d)所示。

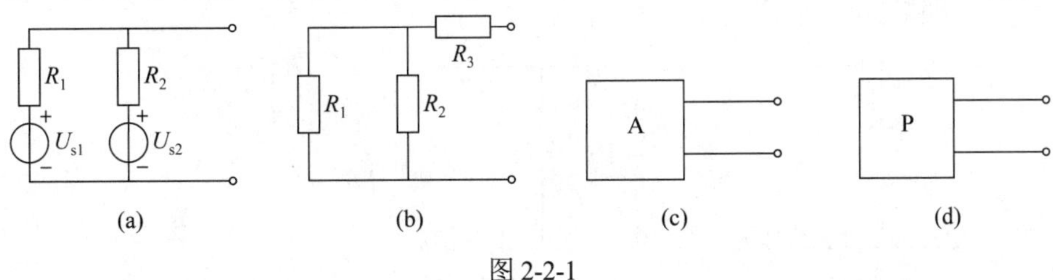

图 2-2-1

一个电阻元件是一个最简单的无源二端网络，任何线性无源二端网络都可以用一个电阻元件来等效代替。也就是说，任何线性无源二端网络都可以用一个最简单的无源二端网络来等效代替。那么任何线性有源二端网络是否也可以用一个最简单的有源二端网络来等效代替呢？这个问题，戴维南定理给了明确的答复。

2.2.2　二端网络的等效化简

1. 实际电源的两种电路模型

现实生活中，理想的电压源和理想的电流源实际都是不存在的。实际的电压源和实际的电流源与理想电源总是或多或少存在着差异，在电路的分析计算过程中，有时可以用理想电源代替实际电源，但有时就不可以用理想电源代替实际电源，这要根据实际情况而定。例如，一节新的干电池，其内阻很小，接通负载后，其端电压几乎不变，此时就可以用理想电压源来代替它。随着干电池的不断使用，其内阻会越来越大，此时再接通负载，电池的端电压就会有明显的下降，并随着负载的变化而变化，这时就已不能用理想电压源来描述它的性质，而建立电源的实际模型就非常必要了。

1) 实际电源电压源模型

一个实际的电源总有内阻，因此一个实际的电源总可以用一个电压为 U_S 的电压源和电阻 R_i 相串联的模型来表示，这种模型就是实际电源的电压源模型，如图 2-2-2 所示。

实际电源的端电压为 $U = U_S - IR_i$；实际电源的伏安特性(外特性)如图 2-2-3 所示。

2) 实际电源电流源模型

一个实际的电源，也可以用一个电流源 I_S 与一个电阻 R_i 相并联的模型来等效，该电流源的电流等于该电源的短路电流，这种模型就是实际电源的电流源模型，如图 2-2-4(a)、(b)所示。当接通外电路时，其输出的电流为

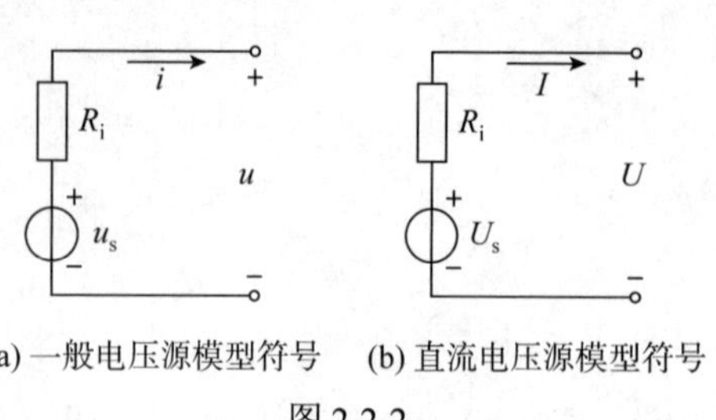

(a) 一般电压源模型符号　(b) 直流电压源模型符号

图 2-2-2

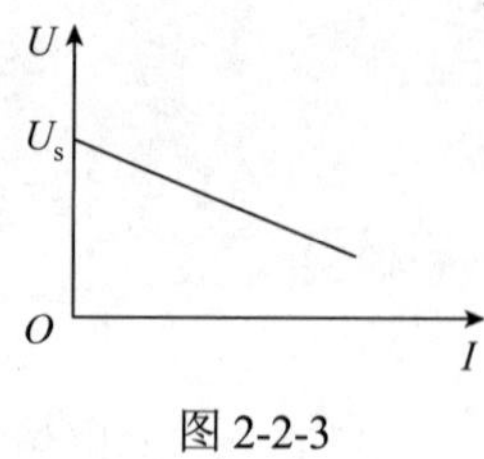

图 2-2-3

$$I = I_S - \frac{U}{R_i}$$

其伏安特性如图 2-2-4(c)所示。

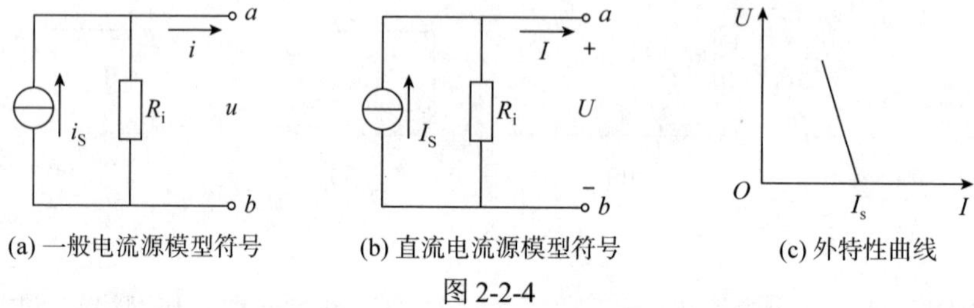

(a) 一般电流源模型符号　(b) 直流电流源模型符号　(c) 外特性曲线

图 2-2-4

2. 实际电源两种电路模型的等效互换

图 2-2-5(a)、(b)分别是实际电源的串联模型和并联模型，要想使两个电路等效，二者在端口处的外特性必须完全相同。

由图(a)可得

$$I = \frac{U_S - U}{R_i} = \frac{U_S}{R_i} - \frac{U}{R_i}$$

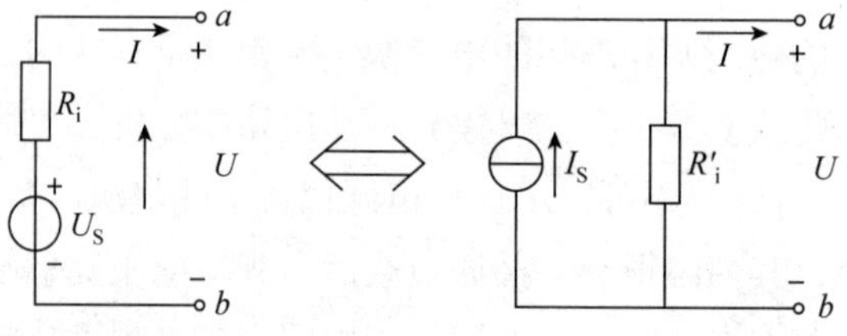

(a)　(b)

图 2-2-5　实际电源等效关系

即串联模型在端口处的外特性可表示为

$$I = \frac{U_S}{R_i} - \frac{U}{R_i} \tag{2-2-1}$$

由图(b)可得并联模型在端口处的外特性为

$$I = I_S - \frac{U}{R_i'} \tag{2-2-2}$$

要想使两种模型完全等效，要求式(2-2-1)和式(2-2-2)必须恒等，因此它们的对应项必须相等，即

$$I_S = \frac{U_S}{R_i}, \quad \frac{U}{R_i} = \frac{U}{R_i'}$$

简化可得

$$\begin{cases} I_S = \dfrac{U_S}{R_i} \\ R_i' = R_i \end{cases} \tag{2-2-3}$$

式(2-2-3)就是两种电源模型等效互换的条件。有了这个等效互换的条件，我们就可以顺利地对二端网络进行等效化简了。

例 2.2.1　一个实际电源，其开路电压为 12V，短路电流为 6A，试求该电源的电源电压和等效电阻。

解：由实际电源的电压源外特性有

$$U = U_S - IR_i$$

开路时　　$I = 0$

所以　　$U = U_S$

则电源电压　　$U_S = U = 12\text{V}$

短路时　　$U = 0$

所以　　$0 = U_S - IR_i$

等效电阻　　$R_i = \frac{U_S}{I} = \frac{12}{6}\Omega = 2\Omega$

例 2.2.2　将图 2-2-6(a)所示的二端网络等效化简成电压源与电阻串联模型。

解：根据式(2-2-1)，将两个串联模型化简成并联模型，得如图2-2-6(b)所示电路。将图(b)中的电流源及电阻分别合并，得如图(c)所示电路。再将图(c)的并联模型化为串联模型，得最简电路如图(d)所示。

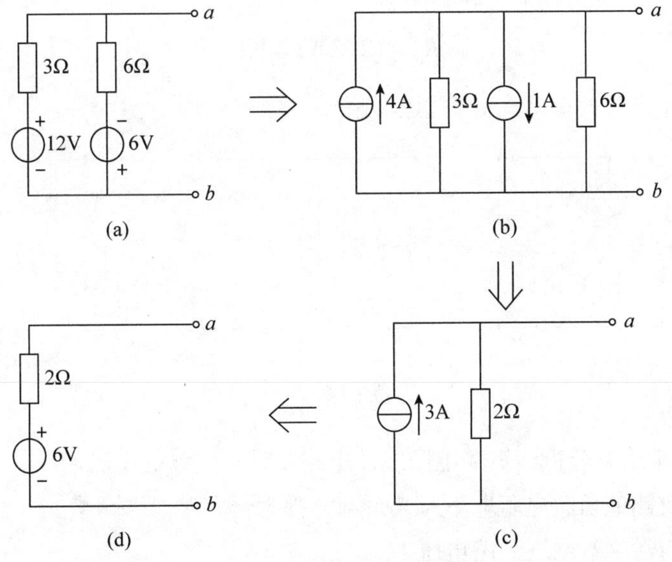

图 2-2-6

2.2.3 戴维南定理

戴维南定理的内容是：任何一个线性有源二端网络，就其对外电路的作用而言，都可以用一个电压源和一个线性电阻串联的电路来等效代替，如图 2-2-7 所示。

戴维南定理又指出：该电源的电压等于有源二端网络的开路电压，而电阻等于二端网络内所有电源置零(电压源短路，电流源开路)时的入端电阻。所谓入端电阻是在这种情况下，从网络两端算进去的总电阻，也就是相应无源二端网络的等效电阻。

图 2-2-7(b)的电路，就是戴维南等效电路。

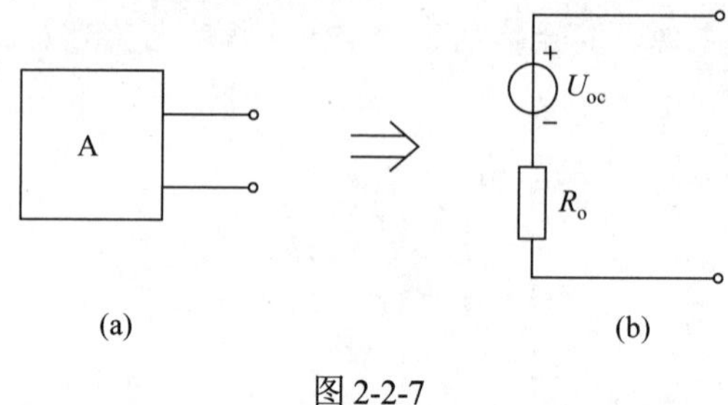

图 2-2-7

例 2.2.3 求图 2-2-8(a)所示有源二端网络的戴维南等效电路。

解：

(1) 图 2-2-8(a)电路的开路电压(即端子 a、b 间不接外电路)，可用弥尔曼定理(见后文论述)求得，即

$$U_{ab}=\frac{\frac{10}{2}+\frac{8}{2}}{\frac{1}{2}+\frac{1}{2}}\text{V}=9\text{V}$$

(2) 将有源二端网络内的电压源置零，即将两个电压源均以短路线代替，如图 2-2-8(b)所示，求此无源二端网络的等效电阻得

$$R_o=(2//2)\Omega=1\Omega$$

(3) 做出戴维南等效电路，如图 2-2-8(c)所示。

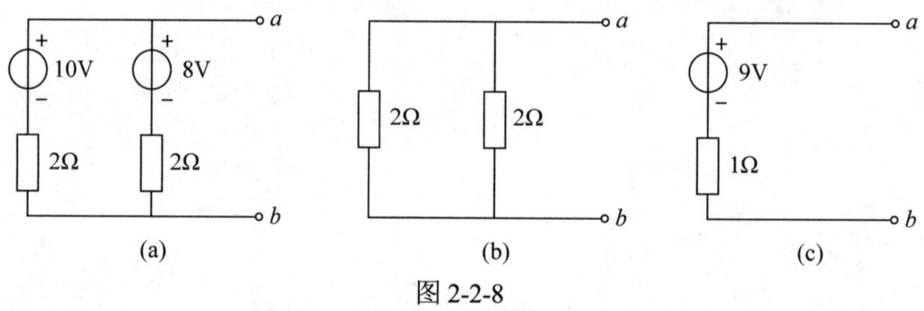

图 2-2-8

戴维南定理常用来分析计算多电源线性电路中某一支路的电流，计算步骤如下：

(1) 将待求支路或负载电阻取下，其余部分视为一有源二端网络。

(2) 求取该有源二端网络开路电压 U_{oc}。

(3) 将有源二端网络内的所有电源置零(电压源短路，电流源开路)，求其等效电阻 R_o。

(4) 以电压源 U_{oc} 和电阻 R_o 串联构成的戴维南等效电路代替该有源二端网络，并将待求支路接入，即得原电路的等效电路，由等效电路再求未知量。

例 2.2.4　图2-2-9(a)所示电路中，已知 $U_{S1}=20V$，$U_{S2}=20V$，$R_1=4\Omega$，$R_2=6\Omega$，$R_3=12.6\Omega$，$R_4=10\Omega$，$R_5=6\Omega$，$R_6=4\Omega$，求通过 R_3 的电流 I。

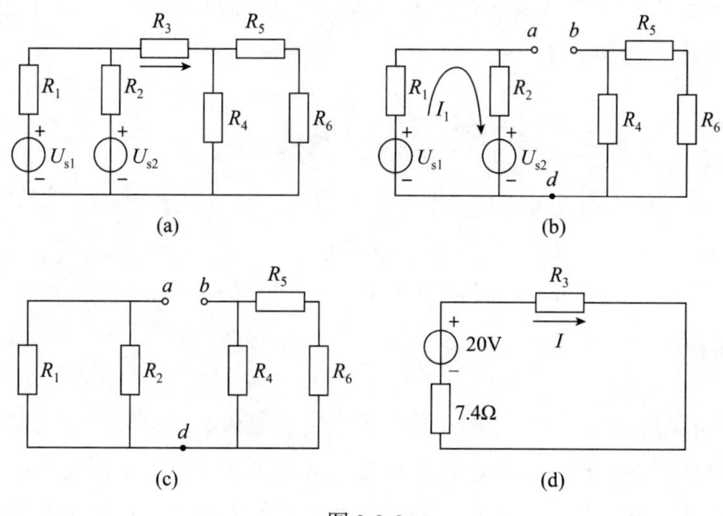

图 2-2-9

解：

(1) 将图 2-2-9(a)整理后在 a、b 之间断开，得开路二端网络如图 2-2-9(b)所示。

(2) 求 a、b 间的开路电压。在图 2-2-9(b)中设网孔电流 I_1 如图所示，则开路电压为

$$U_{oc}=U_{ab}=U_{ad}+U_{db}=R_2I_1+U_{S2}+0$$
$$=\frac{U_{S1}-U_{S2}}{R_1+R_2}\times R_2+U_{S2}=20V$$

(3) 求 a、b 间的电阻。将图(b)中的电压源用短路线代替，得无源二端网络如图 2-2-9(c)所示，则 a、b 间的电阻为

$$R_o=\frac{R_1R_2}{R_1+R_2}+\frac{R_4\left(R_5+R_6\right)}{R_4+R_5+R_6}$$
$$=\left[\frac{4\times 6}{4+6}+\frac{10\times\left(6+4\right)}{10+6+4}\right]\Omega$$
$$=7.4\Omega$$

(4) 画出等效电路如图 2-2-9(d)所示，由图(d)可得通过 R_3 的电流 I 为

$$I=\frac{U_{oc}}{R_o+R_3}=\frac{20}{7.4+12.6}A=1A$$

2.2.4 诺顿定理

诺顿定理其实是戴维南定理的变形，其内容如下：一个线性有源二端电阻网络，可以用一个电流源与电阻并联的模型来等效。等效后的电流源的电流 I_S 等于该二端网络端口短路电流，其并联电阻 R_o 等于从端子看进去该网络中所有独立源为零时的等效电阻。该定理可以用图 2-2-10 中的图形表示。

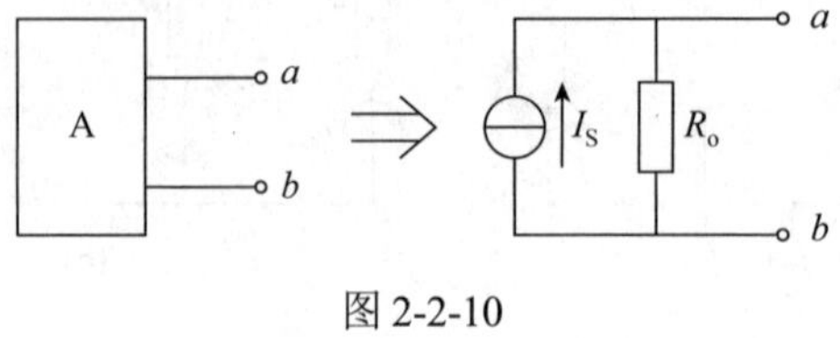

图 2-2-10

应用与实践

建立电路如图 2-2-11 所示的电路，用实验的方法测量二端网络的等效参数，并用戴维南等效电路验证戴维南定理。根据电路图可知，开路电压可以用电压表直接测量，等效电阻的计算可用开路电压、短路电流法。通过等效前后的电路的外特性曲线的比较，对戴维南定理进行验证。

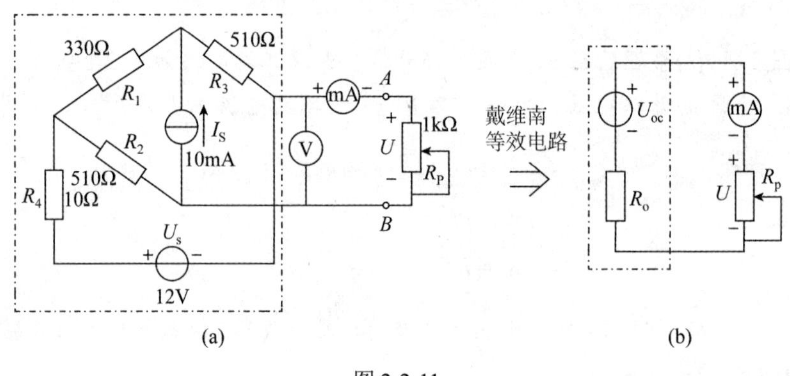

图 2-2-11

同步训练

1. 试求图 2-2-12 (a)的诺顿等效电路和图 2-2-12 (b)的戴维南等效电路。
2. 试用戴维南定理求图 2-2-13 所示 5Ω 电阻上的电流 I。
3. 电路如图 2-2-14 所示，试用戴维南定理求 2Ω 电阻上的电压 u。

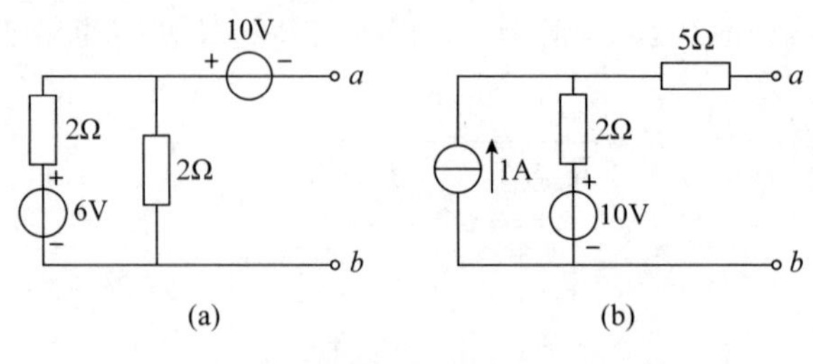

图 2-2-12

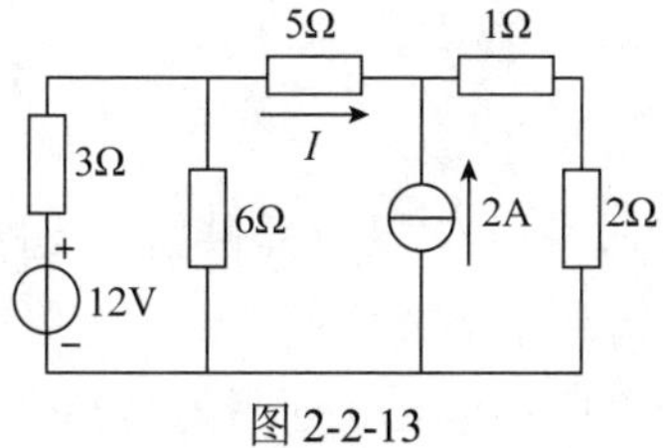

图 2-2-13

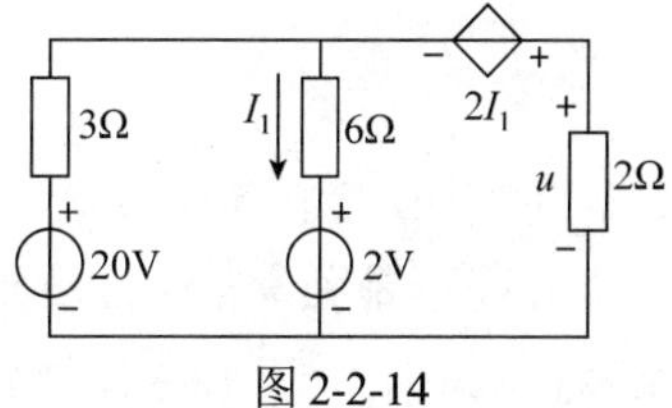

图 2-2-14

2.3 支路电流法

本课任务

1. 理解支路电流法。
2. 熟练运用支路电流法求解电路。
3. 能够通过测量求解支路电流。

实例链接

图 2-3-1 所示为一个含有两个电源的直流电路，要想知道各电源和电阻的功率情况，就必须求出各支路的电流，然后才能求出各元件的实际功率。例如本图中的电源 U_{S2} 实际上并不产生功率，它也与电阻元件一样是一个消耗功率的负载元件，通过计算可以验证这个问题，但用什么方法计算呢？

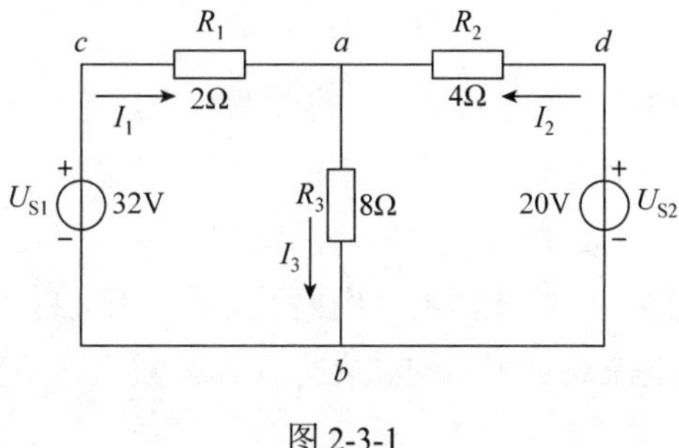

图 2-3-1

任务实施

以支路电流为待求量，通过基尔霍夫电流定律和电压定律列写独立节点的电流方程式和独立回路的电压方程式，以此求解电路的方法称为**支路电流法**。

对图 2-3-1 所示的电路，元件的电压和电流是待求的，其他各量均已经给出。我们可以以支路电流为未知量列方程求解，步骤如下：

第一步，先任意选择各分支电路电流的参考方向如图所示。电路有三个未知电流，应用 KCL 于节点 a 和 b，得

$$\begin{aligned} I_1 + I_2 - I_3 = 0 \\ -I_1 - I_2 + I_3 = 0 \end{aligned} \tag{2-3-1}$$

式(2-3-1)中，第二个方程与第一个方程是同解方程，由于它没有提供新的支路电流，因此第二个方程不是独立的。推广到一般情况，对于具有 n 个节点的电路，当应用 KCL 列写电流方程式时，只有 $(n-1)$ 个节点是独立的。所以应用 KCL 列写的是独立节点的电流方程式。

第二步，选择回路和它的绕行方向，列 KVL 方程。图示电路有三个回路，绕行方向都选为顺时针，由 KVL 得以下结果：

cabc 回路

$$R_1 I_1 + R_3 I_3 = U_{S1}$$

代入数值得

$$2I_1 + 8I_3 = 32 \tag{2-3-2}$$

adba 回路

$$-R_2 I_2 - R_3 I_3 = -U_{S2}$$

代入数值得

$$-4I_2 - 8I_3 = -20 \tag{2-3-3}$$

cadbc 回路

$$R_1 I_1 - R_2 I_2 = U_{S1} - U_{S2}$$

代入数值得

$$2I_1 - 4I_2 = 12 \tag{2-3-4}$$

最后一个电压方程式(2-3-4)不是独立的，将前两个电压方程式(2-3-2)、式(2-3-3)相加就可得到它，这是因为最后一个方程没有提供新的支路。但这个方程是有用的，可用它检验结果是否正确。所以应用 KVL 列写的是独立回路的电压方程式。由于每个网孔至少包含一条其他网孔没有的新支路，因此电路的一组网孔正是一组独立的回路。

第三步，列出与未知电流数目相同的独立方程式。联立这些独立方程式，成为三元一次方程组

$$\begin{cases} I_1 + I_2 - I_3 = 0 \\ 2I_1 + 8I_3 = 32 \\ -4I_2 - 8I_3 = -20 \end{cases}$$

解方程组得：$I_1 = 4\text{A}$，$I_2 = -1\text{A}$，$I_3 = 3\text{A}$。

在关联参考方向下，各电阻的电压为

$$\begin{aligned} U_1 &= R_1 I_1 = 8\text{V} \\ U_2 &= R_2 I_2 = -4\text{V} \\ U_3 &= R_3 I_3 = 24\text{V} \end{aligned}$$

为了检查结果是否正确，需要进行检验，这只要把结果代入方程式(2-3-4)中即可。

例 2.3.1　电路如图 2-3-2 所示，已知 $R_1 = 3\Omega$，$R_2 = 2\Omega$，$R_3 = 3\Omega$，$U_{S1} = 12V$，$U_{S2} = 6V$，$U_{S3} = 24V$，用支路电流法求 I_1、I_2、I_3。

解：根据 KCL 对节点 a 列方程得

$$I_1 + I_3 - I_2 = 0 \tag{2-3-5}$$

对回路Ⅰ按图示绕向列电压方程得

$$I_1R_1 + I_2R_2 = U_{S1} - U_{S2} \tag{2-3-6}$$

对回路Ⅱ按图示绕向列电压方程得

$$I_2R_2 + I_3R_3 = U_{S3} - U_{S2} \tag{2-3-7}$$

将式(2-3-5)、(2-3-6)、(2-3-7)代入数据得

$$\begin{cases} I_1 + I_3 - I_2 = 0 \\ 3I_1 + 2I_2 = 6 \\ 2I_2 + 3I_3 = 18 \end{cases}$$

解方程组可得：$I_1 = -\dfrac{2}{7}A$，$I_2 = \dfrac{24}{7}A$，$I_3 = \dfrac{26}{7}A$。

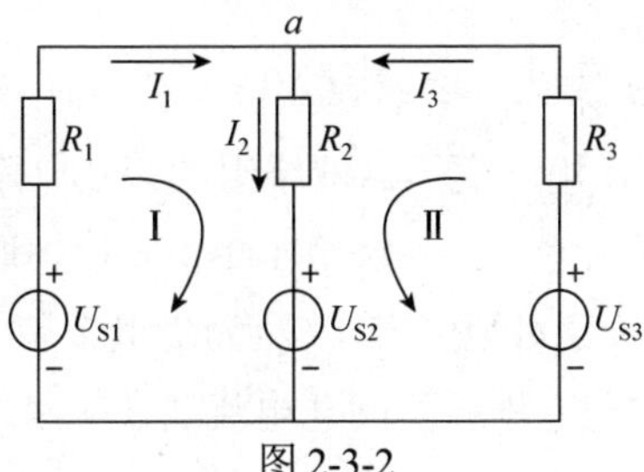

图 2-3-2

应用与实践

按图 2-3-1 和图 2-3-2 连接两个电路，只用电流表进行测量，测出各支路电流并求出各元件的功率，再与计算值进行比较。

也可以自己设计电路，进行测量。

如果用功率表直接测量功率，结果如何？试进行比较。

同步训练

1. 什么是支路电流法？用支路电流法列方程时如何确定方程的个数？

2. 图 2-3-3 所示电路中，已知 $R_1 = 1\Omega$，$R_2 = 3\Omega$，$R_3 = 8\Omega$，$U_S = 14V$，$I_S = 6A$，试用支路电流法求 I_1、I_2。

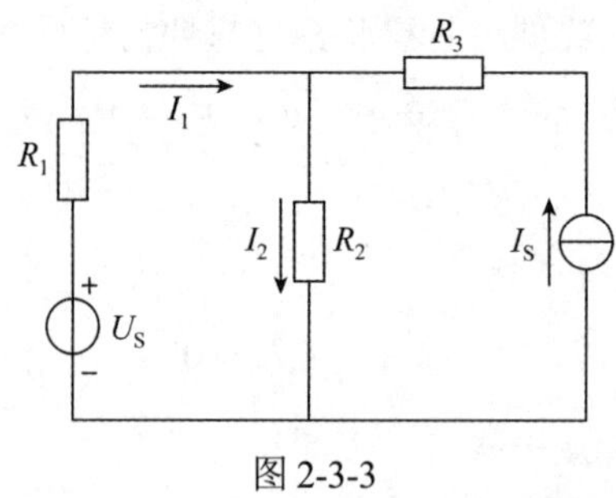

图 2-3-3

2.4 网孔电流法

本课任务

1. 理解网孔电流的概念。
2. 熟练运用网孔电流法进行电路的分析计算。
3. 学会利用计算程序求解电路。

实例链接

大型变压器在做纵绝缘计算时，需要建立绕组分析计算的等效电路和大型方程组，图 2-4-1 所示即为雷电冲击波作用下变压器双绕组的等效电路，其中，L_1为绕组 1 单位长度电感，L_2为绕组 2 单位长度电感，C_1为绕组 1 单位长度串联电容，C_2为绕组 2 单位长度串联电容，C_{10}为绕组 1 单位长度对地电容，C_{20}为绕组 2 单位长度对地电容。此电路的分析就需要用网孔电流法建立大型方程组。网孔电流法在实际中应用非常广泛。

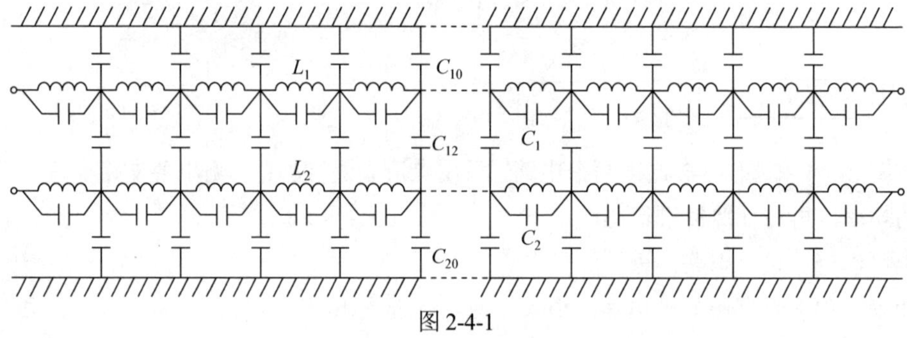

图 2-4-1

任务实施

2.4.1 网孔电流法的标准方程

图 2-4-2 所示的电路，如果电流 I_a 和 I_b 已经求得，三个支路电流也就可以求出，电路

也就可以顺利求解。而电流 I_a 和 I_b 就是假想的沿着网孔流动的电流，即网孔电流。

用支路电流法求解电路时，由于支路数较多，所列的方程数较多，求解电路就比较麻烦。如果引入网孔电流列方程，就可以减少未知量的数目，从而减少方程的个数，使求解电路变得相对简单。这种以网孔电流为未知量，根据 KVL 列网孔的电压方程，求解网孔电流从而求出支路电流的方法，称为**网孔电流法**。

图 2-4-2 所示电路中，有三条支路，两个网孔，用网孔法求解需列两个方程。设网孔 I 与网孔 II 的电流分别为 I_a、I_b，参考方向如图所示，选取网孔的绕行方向与网孔电流的方向一致，则根据 KVL 可得网孔方程如下：

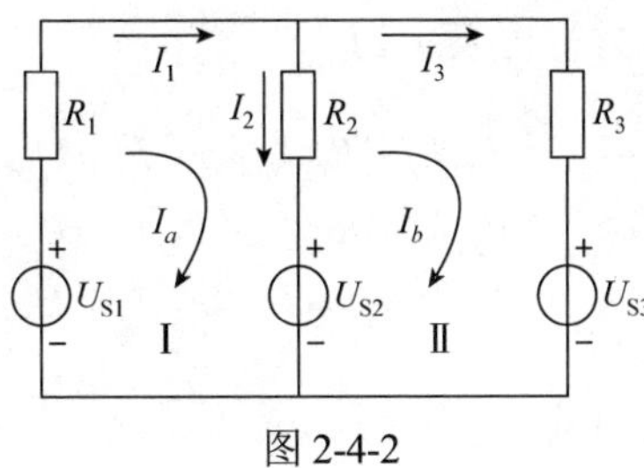

图 2-4-2

网孔I

$$R_1I_a+R_2(I_a-I_b)+U_{S2}-U_{S1}=0$$

网孔II

$$R_2(I_b-I_a)+R_3I_b+U_{S3}-U_{S2}=0$$

整理得：

$$(R_1+R_2)I_a-R_2I_b=U_{S1}-U_{S2} \tag{2-4-1}$$

$$-R_2I_a+(R_2+R_3)I_b=U_{S2}-U_{S3} \tag{2-4-2}$$

式(2-4-1)中 I_a 的系数 R_1+R_2 是网孔 1 中所有电阻之和，称为网孔 1 的自阻，可用 R_{11} 表示；式(2-4-2)中 I_b 的系数 R_2+R_3 是网孔 2 中所有电阻之和，称为网孔 2 的自阻，可用 R_{22} 表示；而式(2-4-1) I_b 的系数和式(2-4-2)中 I_a 的系数 $-R_2$ 是两个网孔公共支路上的电阻，称为互阻，可用 R_{12} 表示。

自阻与互阻的符号规定如下：自阻任何时候总取正号，互阻的正负由网孔电流的参考方向决定，如果两个网孔电流通过公共支路时方向一致，则互阻取正，否则取负。

图 2-4-2 所示的电路中，两个网孔电流通过公共支路时方向相反，所以互阻取负，各参数为

$$R_{11}=R_1+R_2$$
$$R_{22}=R_2+R_3$$
$$R_{12}=R_{21}=-R_2$$

式(2-4-1)和式(2-4-2)等号右边分别为两个网孔电源电压的代数和，**电压的参考方向与网孔电流的方向一致时取负，相反时取正**。这两个代数和分别用 U_{S11} 和 U_{S22} 表示，则

$$U_{S11}=U_{S1}-U_{S2}$$
$$U_{S22}=U_{S2}-U_{S3}$$

两个网孔的标准方程可写成

$$\begin{cases} R_{11}I_a + R_{12}I_b = U_{S11} \\ R_{21}I_a + R_{22}I_b = U_{S22} \end{cases} \tag{2-4-3}$$

解方程可求出 I_a、I_b，再由支路电流与网孔电流的关系可得

$$I_1 = I_a$$
$$I_2 = I_a - I_b$$
$$I_3 = I_b$$

对三个网孔的电路，标准方程可表示为

$$\begin{cases} R_{11}I_a + R_{12}I_b + R_{13}I_c = U_{S11} \\ R_{21}I_a + R_{22}I_b + R_{23}I_c = U_{S22} \\ R_{31}I_a + R_{32}I_b + R_{33}I_c = U_{S33} \end{cases} \tag{2-4-4}$$

对 n 个网孔的电路，类推可得出其标准方程。

例 2.4.1 对图 2-4-3 所示的电路，已知 $R_1 = 3\Omega$，$R_2 = 2\Omega$，$R_3 = 3\Omega$，$U_{S1} = 12V$，$U_{S2} = 6V$，$U_{S3} = 24V$，用网孔电流法计算支路电流 I_1、I_2、I_3。

解： 选两个网孔的电流 I_a、I_b 方向及各支路电流的方向如图 2-4-5 所示，则由网孔电流法可得各参数为

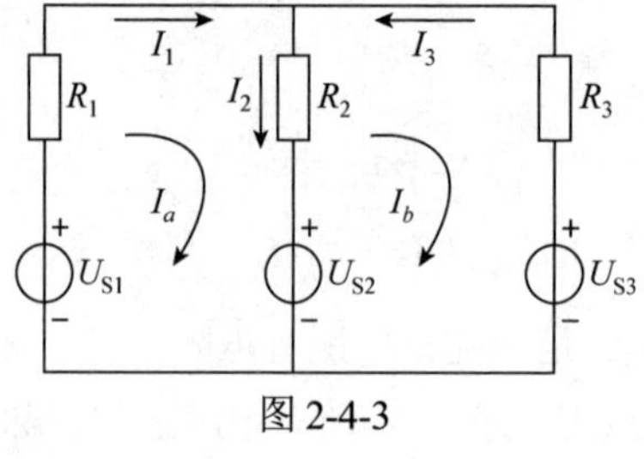

图 2-4-3

$$R_{11} = R_1 + R_2 = 5\Omega$$
$$R_{22} = R_2 + R_3 = 5\Omega$$
$$R_{12} = R_{12} = -2\Omega$$
$$U_{S11} = U_{S1} - U_{S2} = (12-6)V = 6V$$
$$U_{S22} = U_{S2} - U_{S3} = (6-24)V = -18V$$

将各参数代入网孔电流法的标准方程

$$\begin{cases} R_{11}I_a + R_{12}I_b = U_{S11} \\ R_{21}I_a + R_{22}I_b = U_{S22} \end{cases}$$

得

$$\begin{cases} 5I_a - 2I_b = 6 \\ -2I_a + 5I_b = -18 \end{cases}$$

解得

$$I_a = -\frac{2}{7}\text{A}，\quad I_b = -\frac{26}{7}\text{A}$$

$$I_1 = I_a = -\frac{2}{7}\text{A}$$

$$I_2 = I_a - I_b = \left[-\frac{2}{7} - (-\frac{26}{7})\right]\text{A} = \frac{24}{7}\text{A}$$

$$I_3 = -I_b = \frac{26}{7}\text{A}$$

所得结果与例 2-3-1 所得结果一致，但所用的方程减少了。

通过上面的例题可以看出，利用网孔电流法解题时一般遵循以下步骤：

(1) 选择网孔电流的方向。

(2) 计算自阻、互阻及网孔电压的大小和正负。

(3) 列方程求解网孔电流。

(4) 根据支路电流与网孔电流的关系求出各支路电流。

(5) 由支路电流求其他量。

2.4.2　无伴电流源及超网孔的概念

上面讨论了网孔中含有电压源的情况，当网孔中含有无伴电流源(即不能化简的独立电流源)时，再用上述的方法求解就会遇到问题，因为电流源两端的电压是未知的，将给相关的网孔方程增加未知量，求解时需要增加方程个数，使问题变复杂了。为此，需要对无伴电流源进行处理。

如图 2-4-4(a)所示的电路中，I_S 为一个无伴电流源，如果按上面的方法求解，需要设电流源两端电压为 U，列三个网孔方程和一个辅助方程，然后解四元一次方程组，比较麻烦。为了解决这一问题，我们根据基尔霍夫电压定律引入超网孔的概念，一方面避免增加新的未知量，另一方面也要充分利用电流源的电流这个已知条件。

图 2-4-4(b)所示的电路就是 2-4-4(a)的电路中将电流源拿掉之后的电路，原电路的三个网孔变成了两个网孔，图中带虚线的网孔即为超网孔，它是由原来的两个网孔去掉公共支路的电流源而得到的。对超网孔列方程时，仍然遵循 KVL，所不同的是网孔中各元件上的电流仍然要保留原来的值，对 2-4-4(b)所示的电路，可以说是一个网孔中有多个电流，对此超网孔可列方程如下：

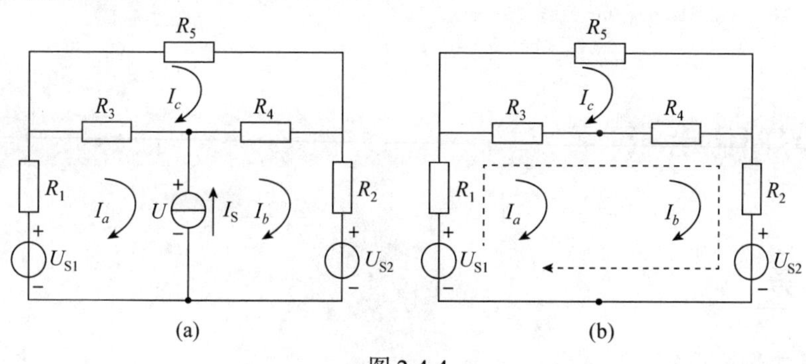

图 2-4-4

$$I_a\left(R_1+R_3\right)+I_b\left(R_2+R_4\right)-I_c\left(R_3+R_4\right)=U_{S1}-U_{S2}$$

对电流为I_c的网孔，列方程得

$$I_c\left(R_3+R_4+R_5\right)-I_aR_3-I_bR_4=0$$

由于电流源的电流为已知，所以可得方程

$$I_S=I_b-I_a$$

对上述三个方程联立求解即可求解电路，不需要增加新的未知量。可见，超网孔概念的引入，较方便地解决了电路中存在无伴电流源支路的问题。

同步训练

1. 用网孔电流法求解的题目需要列写方程，而且方程比较规范，所以适合于利用 FORTRAN 等计算机语言编写完整的计算程序进行计算，计算时只需输入电源和电阻的参数即可。试以图 2-4-5 为例编写计算程序。

2. 列出图 2-4-6 所示电路的网孔方程，并用网孔电流表示支路电流。

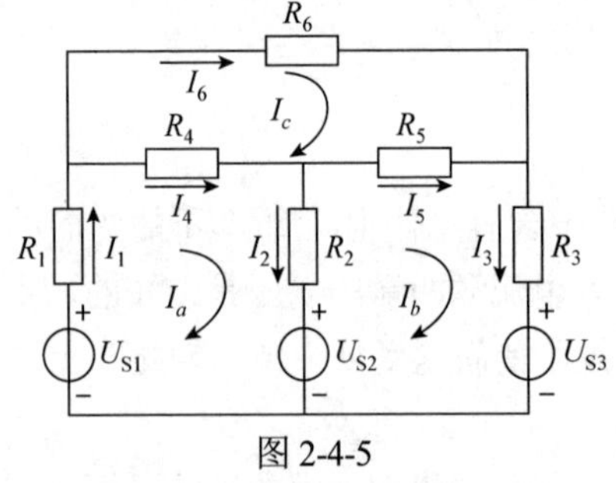

图 2-4-5

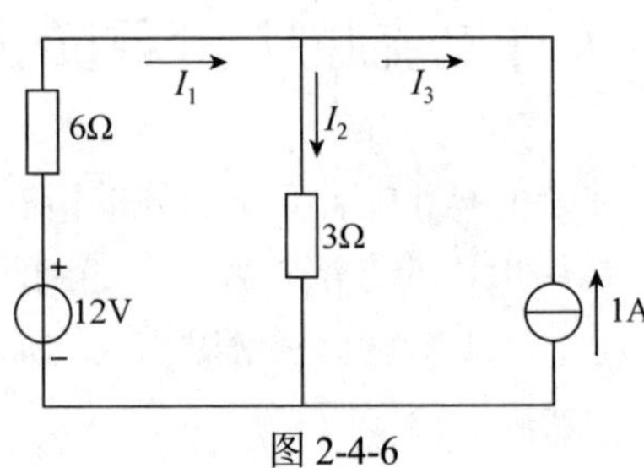

图 2-4-6

3. 列出图 2-4-7 所示电路的网孔方程。

4. 电路如图 2-4-8 所示，已知$R_1=3\Omega$，$R_2=2\Omega$，$R_3=6\Omega$，$U_{S1}=9\text{V}$，$U_{S2}=10\text{V}$，试用网孔电流法求各支路电流。

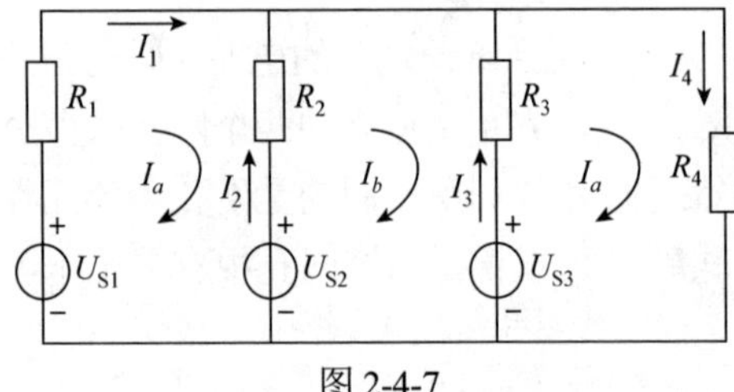

图 2-4-7

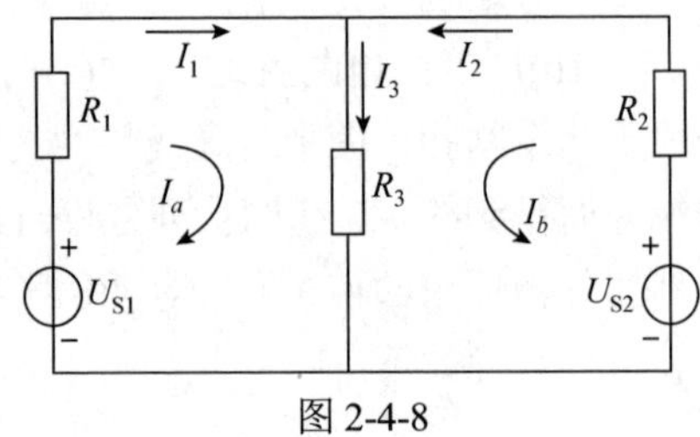

图 2-4-8

2.5 节点电压法

本课任务

1. 理解节点电压方程。

2. 熟练运用节点电压法列解方程并求解电路。

3. 能够用测量的方法准确测出节点电压，求解电路。

实例链接

电路如图2-5-1所示，如果给出图中的电阻值和电源电压，则可用电压表分别测出图(a)、(b)、(c)三个图中的 U_{ab}、U_{12}、U_{10}、U_{20} 四个电压，利用这四个电压就可以求出各支路电流。分别给出已知条件时可进行测量。那么在没有条件测量的情况下，理论上又如何进行分析和计算呢？

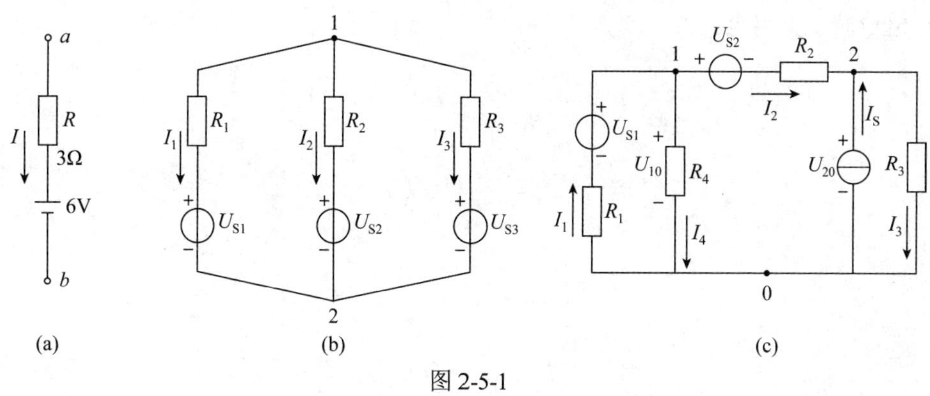

图 2-5-1

任务实施

2.5.1　节点电压方程式的一般形式

电路中任选一个节点作为参考节点，其他节点到参考节点之间的电压称为相应节点的节点电压。以节点电压为未知量，列方程求解电路中各未知量的方法，称为节点电压法。

节点电压法适用于结构复杂、非平面电路、独立回路选择麻烦以及节点少、回路多的电路的分析求解。对于 n 个节点、m 条支路的电路，节点电压法仅需$(n-1)$个独立方程，比支路电流法少 $m-(n-1)$个方程。

图 2-5-2 所示为具有三个节点的电路，下面以该图为例说明用节点电压法进行电路分析的方法和求解步骤，导出节点电压方程式的一般形式。

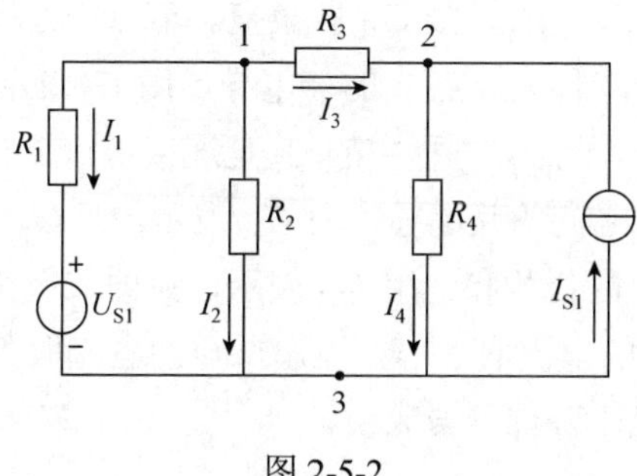

图 2-5-2

选择节点 3 为参考节点，则电位 U_3=0。设节点 1 的电位为 U_1、节点 2 的电位为 U_2，各支路电流及参考方向见图 2-5-2 中的标示。应用基尔霍夫电流定律，对节点 1、节点 2 分别列出节点电流方程：

节点 1

$$I_1 + I_2 + I_3 = 0$$

节点 2

$$I_{S1} + I_3 - I_4 = 0$$

用节点电位表示支路电流得

$$I_1 = \frac{U_1 - U_{S1}}{R_1} = G_1(U_1 - U_{S1})$$

$$I_2 = \frac{U_1}{R_2} = G_2 U_1$$

$$I_3 = \frac{U_1 - U_2}{R_3} = G_3(U_1 - U_2)$$

$$I_4 = \frac{U_2}{R_4} = G_4 U_2$$

代入节点电流方程：

节点 1

$$G_1(U_1 - U_{S1}) + G_2 U_1 + G_3(U_1 - U_2) = 0$$

节点 2

$$I_{S1} + G_3(U_1 - U_2) - G_4 U_2 = 0$$

整理后可得：

$$\begin{cases}(G_1 + G_2 + G_3)U_1 - G_3 U_2 = G_1 U_{S1} \\ -G_3 U_1 + (G_3 + G_4)U_2 = I_{S1}\end{cases} \tag{2-5-1}$$

节点 1 方程中的$(G_1 + G_2 + G_3)$是与节点 1 相连接的各支路的电导之和，称为节点 1 的自电导，用 G_{11} 表示；由于$(G_1 + G_2 + G_3)$取正值，故$G_{11} = (G_1 + G_2 + G_3)$也取正值。节点 1 方程中的$-G_3$是连接节点 1 和节点 2 之间支路的电导之和，称为节点 1 和节点 2 之间的互电导，用 G_{12} 表示；$G_{12} = -G_3$，故 G_{12} 取负值。节点 2 方程中的$(G_3 + G_4)$是与节点 2 相连接的各支路的电导之和，称为节点 2 的自电导，用 G_2 表示；由于$(G_3 + G_4)$取正值，故$G_{22} = (G_3 + G_4)$也取正值。节点 2 方程中的 G_3 是连接节点 2 和节点 1 之间各支路的电导之和，称为节点 2 和节点 1 之间的互电导，用 G_{31} 表示，且$G_{21} = G_{12}$，故 G_{21} 取负值。流向节点 1 的理想电流源电流的代数和，用 I_{S11} 表示，流向节点 2 的理想电流源电流的代数和，用 I_{S22} 表示。流入节点的电流取“+”，流出节点的电流取“–”。

根据以上分析，节点电压方程可写成

$$\begin{cases} G_{11}U_1 + G_{12}U_2 = I_{S11} \\ G_{21}U_1 + G_{22}U_2 = I_{S22} \end{cases} \tag{2-5-2}$$

这是具有两个独立节点的电路的节点电压方程的一般形式。也可以将其推广到具有(n+1)个节点(独立节点为 n 个)的电路，具有(n +1)个节点的节点电压方程的一般形式为

$$\begin{cases} G_{11}U_1 + G_{12}U_2 + \cdots + G_{1n}U_n = I_{S11} \\ G_{21}U_1 + G_{22}U_2 + \cdots + G_{2n}U_n = I_{S22} \\ \qquad\vdots \\ G_{n1}U_1 + G_{n2}U_2 + \cdots + G_{nn}U_n = I_{Snn} \end{cases} \tag{2-5-3}$$

综合以上分析，采用节点电压法对电路进行求解，可以根据节点电压方程的一般形式直接写出电路的节点电压方程。其步骤归纳如下：

(1) 确定电路中某一节点为参考节点，标出各独立节点电位(带符号)。

(2) 按照节点电压方程的一般形式，根据实际电路直接列出各节点电压方程。

(3) 列写第 K 个节点电压方程时，与节点 K 相连接的支路上电阻元件的电导之和(自电导)一律取“+”号；与节点 K 相关联节点连接的支路上的电导(互电导)一律取“−”号。流入 K 节点的理想电流源的电流取“+”号；流出的则取“−”号。

例 2.5.1 电路如图 2-5-3 所示，$U_{S1}=12V$，$U_{S5}=20V$，$I_{S3}=3A$，$R_1=R_2=R_3=2\Omega$，$R_4=R_5=4\Omega$，试用节点电压法求电流 I_1 和 I_4。

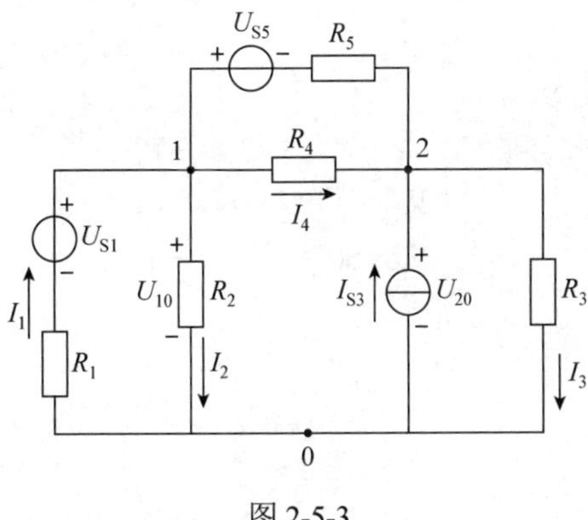

图 2-5-3

解：选 0 点为参考节点，U_1、U_2 为未知量，对节点 1、2 列节点电压方程为

$$\begin{cases} (G_1+G_2+G_4+G_5)U_1-(G_4+G_5)U_2=\dfrac{U_{S1}}{R_1}+\dfrac{U_{Ss}}{R_5} \\ -(G_4+G_5)U_1+(G_3+G_4+G_5)U_2=I_{S3}-\dfrac{U_{S5}}{R_5} \end{cases}$$

将 $G_1=G_2=G_3=\dfrac{1}{2}S$，$G_4=G_5=\dfrac{1}{4}S$ 以及电压源和电流源数值代入得

$$U_1=8V$$
$$U_2=2V$$

$$I_1=\frac{U_{S1}-U_1}{R_1}=2A$$

$$I_4=\frac{U_1-U_2}{R_4}=1.5A$$

例 2.5.2 用节点分析法求图 2-5-4 所示电路的各支路电压。

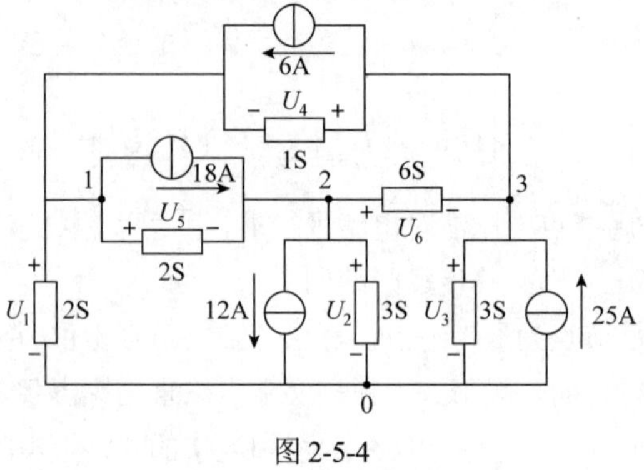

图 2-5-4

解：参考节点和节点电压如图所示。用观察法列出三个节点 1、2、3 的电压方程为

$$\begin{cases}(2+2+1)U_1-2U_2-U_3=6-18\\ -2U_1+(2+3+6)U_2-6U_3=18-12\\ -U_1-6U_2+(1+6+3)U_3=25-6\end{cases}$$

整理得

$$\begin{cases}5U_1-2U_2-U_3=-12\\ -2U_1+11U_2-6U_3=6\\ -U_1-6U_2+10U_3=19\end{cases}$$

解得各节点电压为

$$U_1=-1V$$
$$U_2=2V$$
$$U_3=3V$$

求得另外三个支路电压为

$$U_4=U_3-U_1=4V$$
$$U_5=U_1-U_2=-3V$$
$$U_6=U_3-U_2=1V$$

2.5.2 弥尔曼定理

图 2-5-5 所示的电路只有两个节点，各条支路都跨接在这两个节点之间。在已知电源电压和电阻的情况下，若能求出两个节点之间的电压(称为节点电压)，那么各支路电流的计算便很容易解决了。

如何才能求出节点电压 U_{ab} 呢？

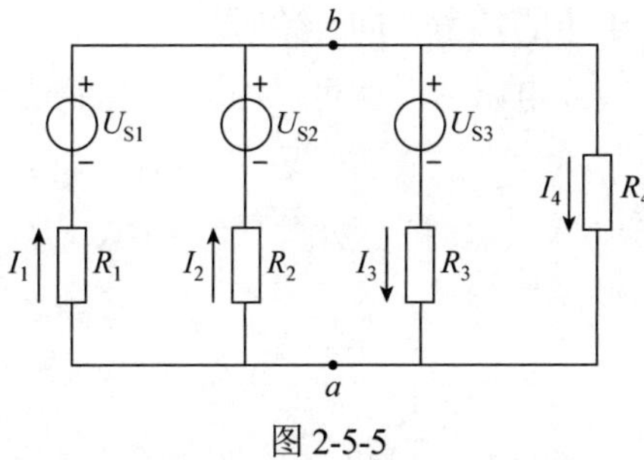

图 2-5-5

根据图 2-5-5 设定的电流参考方向，可以写出

$$\begin{cases} I_1 = \dfrac{U_{S1} - U_{ab}}{R_1} \\ I_2 = \dfrac{U_{S2} - U_{ab}}{R_2} \\ I_3 = \dfrac{U_{ab} - U_{S3}}{R_3} \\ I_4 = \dfrac{U_{ab}}{R_4} \end{cases}$$

而对节点 a 又可写出

$$I_1 + I_2 - I_3 - I_4 = 0$$

将各电流代入上式得

$$\frac{U_{S1} - U_{ab}}{R_1} + \frac{U_{S2} - U_{ab}}{R_2} - \frac{U_{ab} - U_{S3}}{R_3} - \frac{U_{ab}}{R_4} = 0$$

经整理后可得

$$U_{ab} = \frac{\dfrac{U_{S1}}{R_1} + \dfrac{U_{S2}}{R_2} + \dfrac{U_{S3}}{R_3}}{\dfrac{1}{R_1} + \dfrac{1}{R_2} + \dfrac{1}{R_3} + \dfrac{1}{R_4}} = \frac{G_1 U_{S1} + G_2 U_{S2} + G_3 U_{S3}}{G_1 + G_2 + G_3 + G_4} \tag{2-5-4}$$

式(2-5-4)就是计算节点电压的公式，也是弥尔曼定理的具体应用。

以上关系对任意一个两节点电路写成通式为

$$U_{ab} = \frac{\sum\limits_i \dfrac{U_{Si}}{R_i} + \sum\limits_i I_{Si}}{\sum\limits_i \dfrac{1}{R_i}} = \frac{\sum\limits_i G_i U_{Si} + \sum\limits_i I_{Si}}{\sum\limits_i G_i} \tag{2-5-5}$$

式(2-5-5)就是**弥尔曼定理**的表达式。式中分母为各支路电阻倒数之和，恒为正；分子为各含源支路的电压源电压和该支路电阻的比值之代数和再加上电流源电流的代数和，当电压源电压的参考方向和节点电压的参考方向一致时，取正号，反之取负号。对电流源，当电流源电流的参考方向和节点电压的参考方向一致时，取负号，反之取正号。对于两个节点的电路，由弥尔曼定理求出节点电压后，就可以由支路电流与节点电压的关系来计算各支路电流了。

例 2.5.3 图 2-5-6 所示为含受控源的电路，$U_{S1}=10V$，$U_{S2}=8V$，试应用弥尔曼定理求各支路的电流。

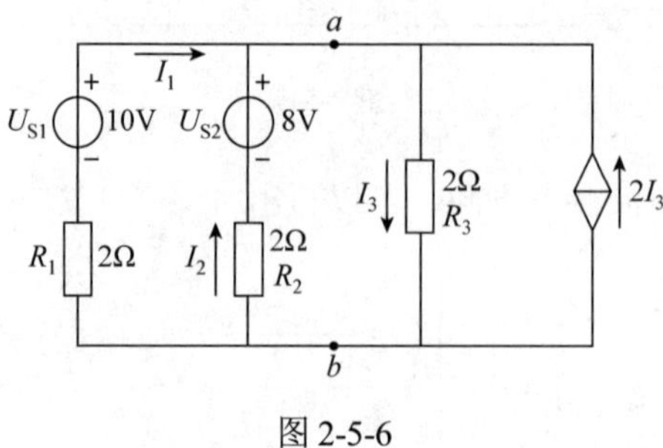

图 2-5-6

解：先将受控源当作独立源列方程得

$$U_{ab}=\frac{\dfrac{U_{S1}}{R_1}+\dfrac{U_{S2}}{R_2}+2I_3}{\dfrac{1}{R_1}+\dfrac{1}{R_2}+\dfrac{1}{R_3}}=\frac{\dfrac{10}{2}+\dfrac{8}{2}+2I_3}{\dfrac{1}{2}+\dfrac{1}{2}+\dfrac{1}{2}}$$

再补充一个受控源的辅助方程为

$$I_3=\frac{U_{ab}}{2}$$

将上面两个方程联立求解得

$$I_3=9A$$

$$U_{ab}=18V$$

进一步求得各支路电流为

$$I_1=\frac{U_{S1}-U_{ab}}{R_1}=\frac{10-18}{2}A=-4A$$

$$I_2=\frac{U_{S2}-U_{ab}}{R_2}=\frac{8-18}{2}A=-5A$$

应用与实践

按图 2-5-7 和图 2-5-8 连接电路，用电压表分别测量两个电路中的节点电压，求出各支路电流，并与计算值进行比较。

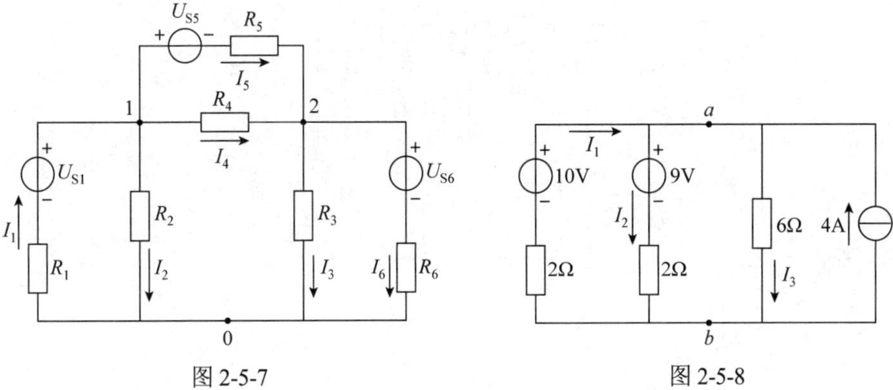

图 2-5-7　　图 2-5-8

同步训练

1. 电路如图 2-5-9 所示，试用节点电压法求各支路电流。
2. 电路如图 2-5-10 所示，试用节点电压法求各支路电流。

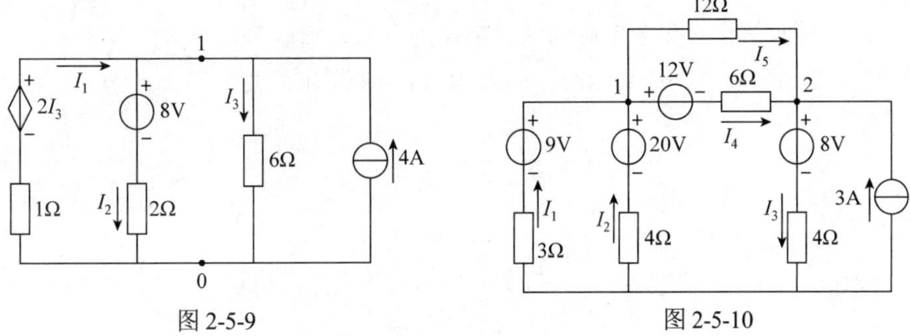

图 2-5-9　　图 2-5-10

2.6 叠加原理与齐次定理

本课任务

1. 理解叠加原理与齐次定理。
2. 熟练运用叠加原理与齐次定理求解、分析电路。

实例链接

一个电路如图 2-6-1 所示，当 S_1 与 S_2 都合于 1 时，测量三个支路电流，记下测量值；当 S_1 与 S_2 都合于 2 时，再测量三个电流值，作好记录；然后将开关 S_1 合于 1，S_2 合于 2 上，重新测量三个电流值。三次测量电流的参考方向不变，如图所示。试比较前两次测量值的代数和与第三次测量值的关系。

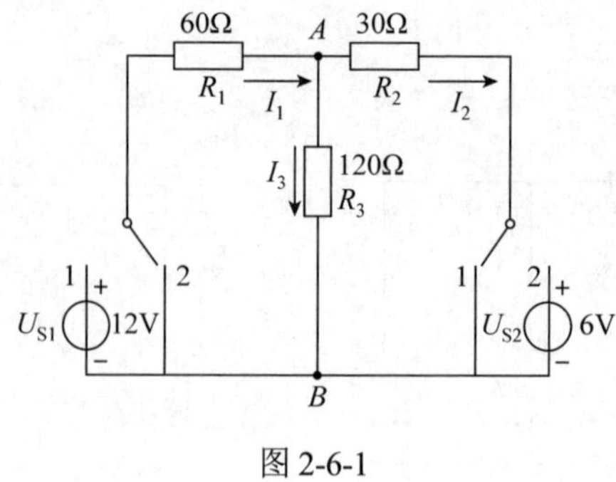

图 2-6-1

任务实施

2.6.1 叠加原理

对同一个电路，可以采用不同的方法去求解，但每一种方法都有自身的方便之处，叠加原理就是一种求解含有多个电源的线性电路的有效方法。

对图 2-6-2(a)所示的无分支电路，由 KVL 可以求得电流为

$$
\begin{aligned}
I &= \frac{E_1 - E_2}{R_1 + R_2 + R_3} \\
&= \frac{E_1}{R_1 + R_2 + R_3} - \frac{E_2}{R_1 + R_2 + R_3} \\
&= I' - I''
\end{aligned}
$$

式中

$$
I' = \frac{E_1}{R_1 + R_2 + R_3}，\quad I'' = \frac{E_2}{R_1 + R_2 + R_3}
$$

I'和 I''分别称为 I 的电流分量。

由上式可知，这个电路的电流可以看成是 E_1 单独作用下和 E_2 单独作用下在电路中产生的电流的合成。结合图 2-6-2(a)及 I'、I''的表达式，可以画出 E_1、E_2 单独作用时的电路图，如图 2-6-2 (b)、(c)所示。

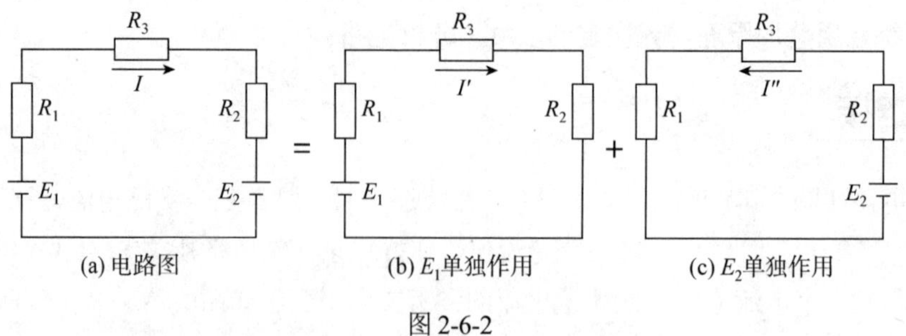

图 2-6-2

将上面的结论推广到一般情况，便得到电路的**叠加原理**：在线性电路中，某一支路的电流(或电压)，等于这个电路中每个电源单独作用下，在该支路产生的电流(或电压)

的代数和。

在应用叠加原理进行计算时，应注意以下几点：

(1) 叠加原理只适用于线性电路中的电压和电流，不能用它来计算功率。

(2) 单一电源单独作用时，不作用的电压源应短路，电流源应开路，但电源的内阻仍要保留。

(3) 求支路的电流(或电压)时，若电流分量的参考方向与支路电流参考方向一致，则电流(或电压)分量取正，反之取负。

(4) 由于受控源不代表外界对电路的激励，所以应用叠加原理时，受控源不单独作用，并且在各独立源单独作用时，受控源应始终保留其中。

例 2.6.1　电路如图 2-6-3(a)所示，已知 $U_{S1}=32V$，$U_{S2}=20V$，$R_1=2\Omega$，$R_2=4\Omega$，$R_3=8\Omega$，应用叠加原理求电路的各支路电流。

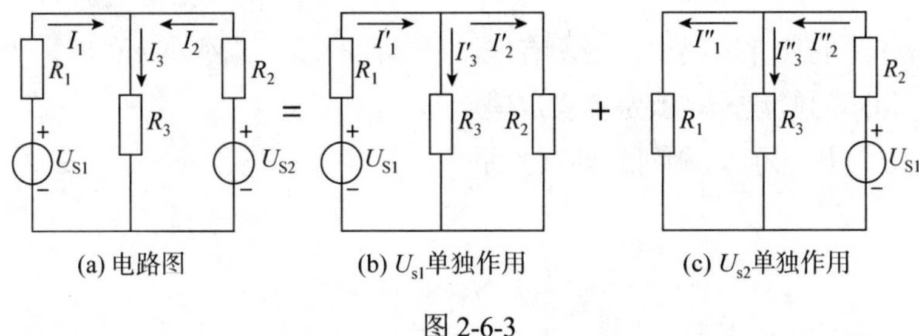

(a) 电路图　　(b) U_{s1}单独作用　　(c) U_{s2}单独作用

图 2-6-3

解： 将图 2-6-3(a)分解，然后分别画出 U_{S1} 和 U_{S2} 单独作用时的电路图并选择各电流分量的参考方向，如图 2-6-3(b)、(c)所示。由图(b)得

$$I_1'=\frac{U_{S1}}{R_1+R_2//R_3}=\frac{48}{7}A$$

$$I_2'=\frac{R_3}{R_2+R_3}I_1'=\frac{8}{8+4}\times\frac{48}{7}A=\frac{32}{7}A$$

$$I_3'=I_1'-I_2'=\frac{16}{7}A$$

由图(c)得

$$I_2''=\frac{U_{S2}}{R_2+R_1//R_3}=\frac{25}{7}A$$

$$I_1''=\frac{R_3}{R_1+R_3}I_2''=\frac{8}{10}\times\frac{25}{7}A=\frac{20}{7}A$$

$$I_3''=I_2''-I_1''=(\frac{25}{7}-\frac{20}{7})A=\frac{5}{7}A$$

由叠加原理得

$$I_1 = I_1' - I_1'' = (\frac{48}{7} - \frac{20}{7})\text{A} = 4\text{A}$$

$$I_2 = I_2'' - I_2' = (\frac{25}{7} - \frac{32}{7})\text{A} = -1\text{A}$$

$$I_3 = I_3' + I_3'' = (\frac{16}{7} + \frac{5}{7})\text{A} = 3\text{A}$$

与用支路电流法求出的结果一致。

由图 2-6-3 可以看到，应用叠加原理解题，有时可以使复杂电路变为简单电路，但并不省事，它的重要性在于表达了线性电路的基本性质。

2.6.2 齐次定理

在独立源作用的线性电路中，当所有的激励都同时增大或缩小 k 倍时，电路的响应也要增大或缩小相同的倍数，这就是齐次定理。

设激励为 x，响应为 y，则对于函数关系

$$y = f(x)$$

当 x 变为 kx 时，有

$$y' = ky = f(kx)$$

线性电路的一个基本性质就是同时满足叠加原理和齐次定理，反之，若一个电路同时满足叠加原理和齐次定理，则该电路也一定是线性电路。

例 2.6.2 电路如图 2-6-4 所示，已知 $U_S = 120\text{V}$，$R_1 = 4\Omega$，$R_2 = 16\Omega$，$R_3 = 14\Omega$，$R_4 = 3\Omega$，$R_5 = 2\Omega$，$R_6 = 4\Omega$，试利用齐次定理求解各支路电流。

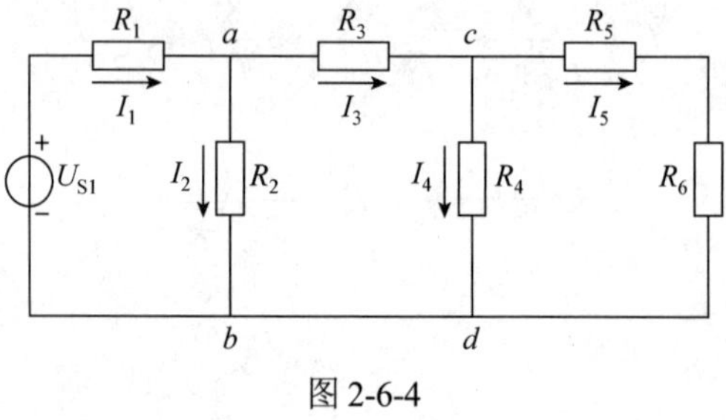

图 2-6-4

解：设电阻 R_5 上的电流为 $I_5' = 1\text{A}$，则电压

$$U_{cd} = 6\text{V}$$

$$I_4' = 2\text{A}$$

由 KCL 得

$$I_3' = I_4' + I_5' = (1+2)\text{A} = 3\text{A}$$

$$I_2' = I_3' = 3\text{A}$$

$$I_1' = I_2' + I_3' = 6\text{A}$$

$$U_S' = I_1R_1 + U_{ab} = (6\times4+16\times3)\text{V} = 72\text{V}$$

实际激励增大的倍数为

$$k = \frac{120}{72} = \frac{5}{3}$$

则各支路电流应相应的增大 5/3 倍，即

$$I_1 = kI_1' = \frac{5}{3}\times6\text{A} = 10\text{A}$$

$$I_2 = kI_2' = \frac{5}{3}\times3\text{A} = 5\text{A}$$

$$I_3 = kI_3' = \frac{5}{3}\times3\text{A} = 5\text{A}$$

$$I_4 = kI_4' = \frac{5}{3}\times2\text{A} = \frac{10}{3}\text{A}$$

$$I_5 = kI_5' = \frac{5}{3}\times1\text{A} = \frac{5}{3}\text{A}$$

应用与实践

对图 2-6-5 所示的电路，利用电压表和电流表进行测量，自己设计表格，将测量数据记录在表格中，验证叠加原理。并用实验数据说明当电流源不作用时，开关 S_2 是应该连接到 1 上还是应该断开？

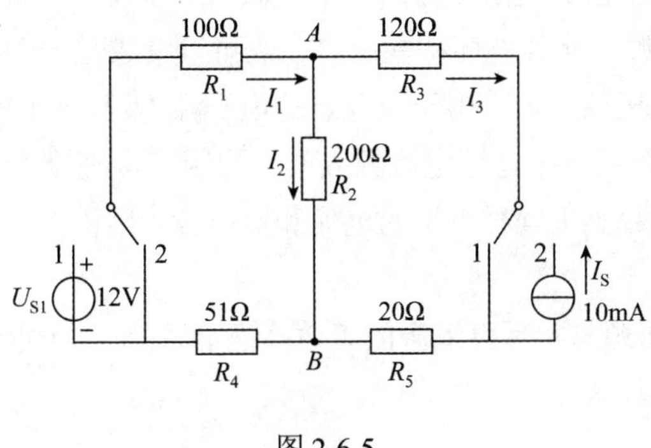

图 2-6-5

同步训练

电路如图 2-6-6 所示，已知 $U_S = 6\text{V}$，$I_s = 9\text{A}$，$R_1 = 1\Omega$，$R_2 = 2\Omega$，试用叠加原理求 R_2 上的电流 I。

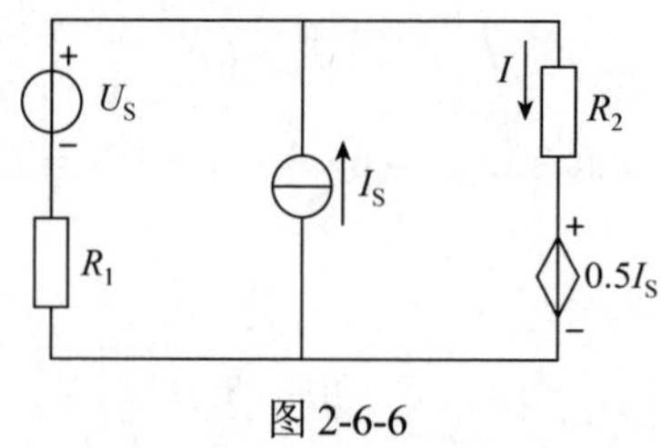

图 2-6-6

实验 3　电压源与电流源的等效变换

1. 实验目的

(1) 掌握电源外特性的测试方法。

(2) 验证电压源与电流源等效变换的条件。

(3) 通过实验理解实际电源的电压源模型与电流源模型等效互换的意义。

2. 原理说明

(1) 一个直流稳压电源在一定的电流范围内，具有很小的内阻。故在实用中，常将它视为一个理想的电压源，即其输出电压不随负载电流而变。其外特性曲线，即其伏安特性曲线$U = f(I)$是一条平行于I轴的直线。一个实用中的恒流源在一定的电压范围内，可视为一个理想的电流源。

(2) 一个实际的电压源(或电流源)，其端电压(或输出电流)不可能不随负载而变，因它具有一定的内阻值。故在实验中，一般用一个小阻值的电阻与稳压源相串联来模拟一个实际的电压源，用一个大阻值的电阻器与恒流源并联，来模拟一个实际的电流源。

(3) 一个实际的电源，就其外部特性而言，既可以看成是一个电压源，又可以看成是一个电流源。若视为电压源，则可用一个理想的电压源U_S与一个电阻R_0串联的组合来表示；若视为电流源，则可用一个理想电流源I_S与一电阻R_0并联的组合来表示。如果这两种电源能向同样大小的负载供出同样大小的电流和端电压，则称这两个电源是等效的，即具有相同的外特性。

图 S3-1 是实际电压源与实际电流源的等效互换示意图。一个电压源与一个电流源等效变换(见图 S3-1)的条件为

$$I_S = \frac{U_S}{R_0}$$

$$R_0' = R_0$$

或

$$U_S = I_S R_0'$$

$$R_0 = R_0'$$

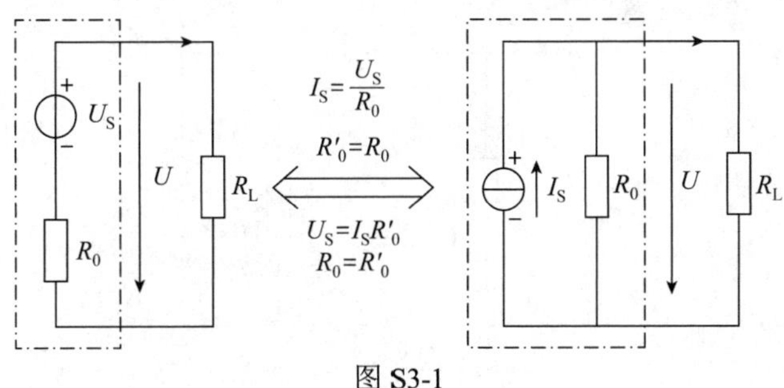

图 S3-1

3. 实验设备

序号	名称	参数要求	数量	单位
1	可调直流稳压电源	0～30V	1	台
2	可调直流恒流源	0～500mA	1	台
3	直流数字电压表	0～200V	1	块
4	直流数字毫安表	0～200mA	1	块
5	万用表	MF60	1	块
6	电阻器	120Ω、200Ω、300Ω、1kΩ	各 1 块	块
7	可调电阻箱	0～99999.9Ω	1	块

4. 实验电路

测稳压电源外特性和测实际电压源外特性的实验电路图分别如图 S3-2、图 S3-3 所示。

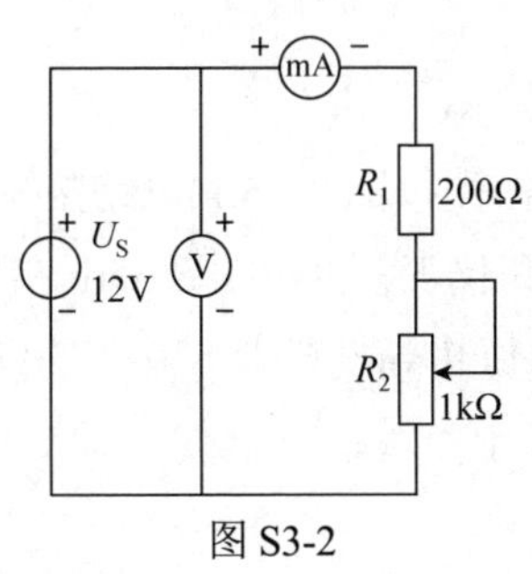

图 S3-2

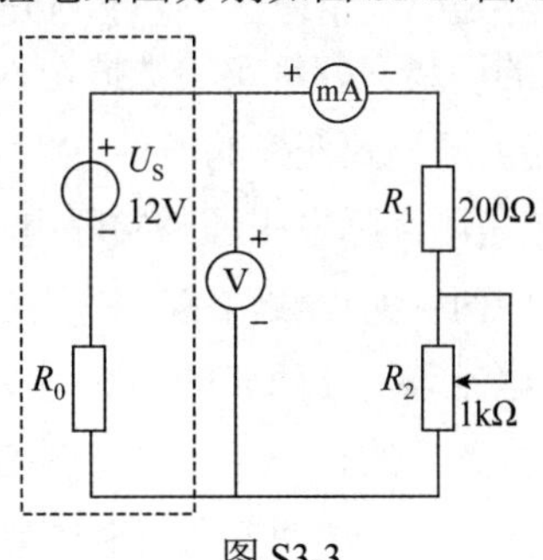

图 S3-3

5. 实验内容

1) 测定直流稳压电源与实际电压源的外特性

(1) 按图 S3-2 接线。取 U_S 为+12V(直流稳压电源)，调节电位器 R_2 令其阻值由大至小变化，将两表的读数记入表 S3-1。

(2) 按图 S3-3 接线，点画线框可模拟为一个实际的电压源。调节电位器 R_2，令其阻值由大至小变化，将两表的读数记入表 S3-2。

表 S3-1　测稳压电源外特性读数

U/V							
I/mA							

表 S3-2　测实际电压源外特性读数

U/V							
I/mA							

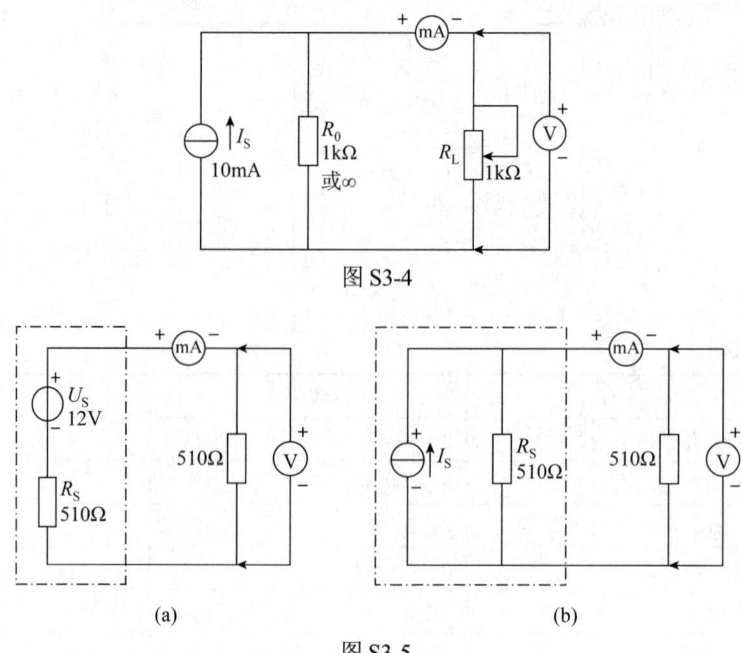

图 S3-4

图 S3-5

2) 测定电流源的外特性

按图 S3-4“测量电流源外特性的电路”接线，I_S 为直流恒流源，调节其输出为 10mA，令 R_0 分别为 1kΩ 和∞(即接入和断开)，调节电位器 R_L(0～1kΩ)，测出这两种情况下的电压表和电流表的读数，并将实验数据记入表 S3-3 中。

3) 测定电源等效变换的条件

图 S3-5 是测实际电压源与实际电流源等效的电路。先按图 S3-5(a)电路接线，在表 S3-4 中记录线路中两表的读数，然后利用图中右侧的元件和仪表，再按图 S3-5(b)接线，调节恒流源的输出电流 I_S，使两表的读数与图 S3-5(a)时的数值相等，在表 S3-4 中记录 I_S 的值，验证等效变换条件的正确性。保持图 S3-5(a)、(b)两图中电源参数不变，按表 S3-4 中的数据改变负载大小，再测两次进行验证。

表 S3-3　测定电流源外特性读数

R_0=1kΩ	R_L/Ω							
	U/V							
	I/mA							
R_0=∞	U/V							
	I/mA							

表 S3-4　测定实际电压源与实际电流源等效读数

图 s3-5(a)			图 s3-5(b)		
R_L /Ω	电流表读数/mA	电压表读数/V	电流表读数/mA	电压表读数/V	I_S
510					
1k					
2.2k					

6. 实验注意事项

(1) 在测电压源外特性时，不要忘记测空载时的电压值，测电流源外特性时，不要忘记测短路时的电流值，注意恒流源负载电压不要超过 20V，负载不要开路。

(2) 换接线路时，必须关闭电源开关。

(3) 直流仪表的接入应注意极性与量程。

7. 预习思考题

(1) 通常直流稳压电源的输出端不允许短路，直流恒流源的输出端不允许开路，为什么？

(2) 电压源与电流源的外特性为什么呈下降变化趋势，稳压源和恒流源的输出在任何负载下是否保持恒定值？

8. 实验报告

(1) 根据实验数据绘出电源的四条外特性曲结，并总结、归纳各类电源的特性。

(2) 从实验结果，验证电源等效变换的条件。

实验 4　戴维南定理及负载获得最大功率的条件验证

1. 实验目的

(1) 验证戴维南定理，加深对该定理的理解，学会戴维南等效参数的计算和测量方法。

(2) 验证负载获得最大功率的条件，并通过实验加深理解内电路、外电路、等效内阻等概念。

2. 原理说明

(1) 任何一个线性含源网络，如果仅研究其中一条支路的电压或电流。则可将电路的其余部分看做是一个有源二端网络(又称含源一端口网络)。

戴维南定理指出：任何一个线性有源网络。总可以用一个电压源与一个电阻的串联来等效代替，此电压源的电动势 U_S 等于这个有源二端网络的开路电压 U_{OC}，其等效内阻 R_0 等于该网络中所有独立源均置零(理想电压源视为短接，理想电流源视为开路)时的等效电阻。

诺顿定理指出：任何一个线性有源网络，总可以用一个电流源与一个电阻的并联组合来等效代替，此电流源的电流 I_S 等于这个有源二端网络的短路电流 I_{SC}，其等效内阻 R_0 定义同戴维南定理。

$U_{OC}(U_S)$和 R_0 或者 I_{SC} (I_S)和 R_0 称为有源二端网络的**等效参数**。

(2) 有源二端网络等效参数的测量方法：

① 开路电压、短路电流法测 R_0。在有源二端网络输出端开路时，用电压表直接测其输出端的开路电压 U_{OC}，然后再将其输出端短路，用电流表测其短路电流 I_{SC}，则等效内阻

$$R_0 = \frac{U_{OC}}{I_{SC}}$$

如果二端网络的内阻很小，若将其输出端口短路则易损坏其内部元件，因此不宜用此法。

② 伏安法测 R_0。用电压表、电流表测出有源二端网络的外特性曲线，如图 S4-1 所示。

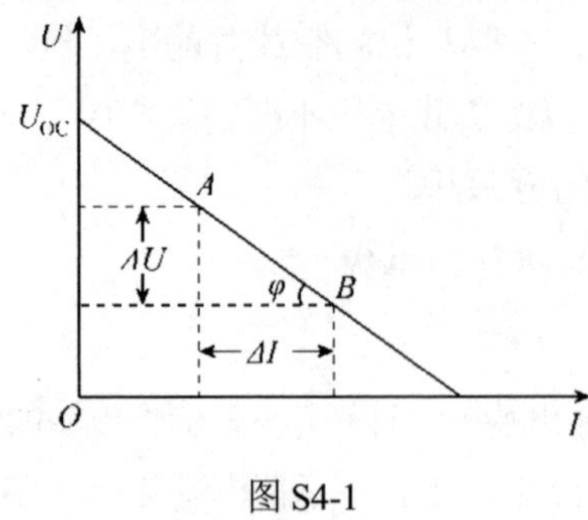

图 S4-1

根据外特性曲线求出斜率 $\tan\varphi$ ，则内阻

$$R_0 = \tan\varphi = \frac{\Delta U}{\Delta I} = \frac{U_{OC}}{I_{SC}}$$

也可以先测量开路电压 U_{OC}，再测量电流为额定值 I_N时的输出端电压值 U_N，则内阻

$$R_0 = \frac{U_{OC} - U_N}{I_N}$$

(3) 半电压法测 R_0。如图 S4-2 所示，当负载电压为被测网络开路电压的一半时，负载电阻(由电阻箱的读数确定)即为被测有源二端网络的等效内阻值。

(4) 零示法测 U_{OC}。在测量具有高内阻有源二端网络的开路电压时，用电压表直接测量会造成较大的误差。为了消除电压表内阻的影响，往往采用零示测量法，如图 S4-3 所示。

零示法测量原理是用一个低内阻的稳压电源与被测有源二端网络进行比较，当稳压电源的输出电压与有源二端网络的开路电压相等时，电压表的读数将为“0”。然后将电路断开，测量此时稳压电源的输出电压，即为被测有源二端网络的开路电压。

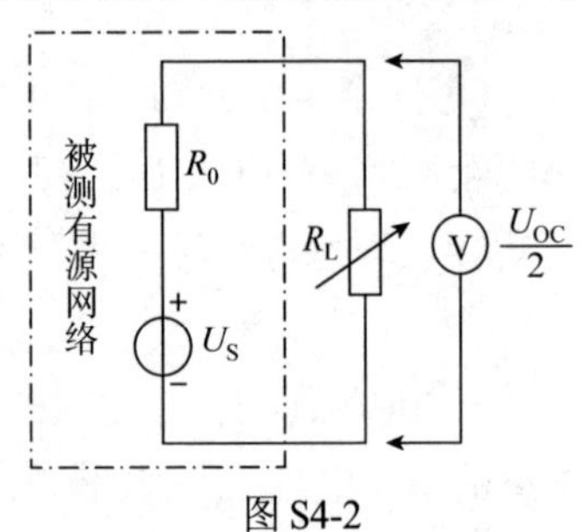

图 S4-2

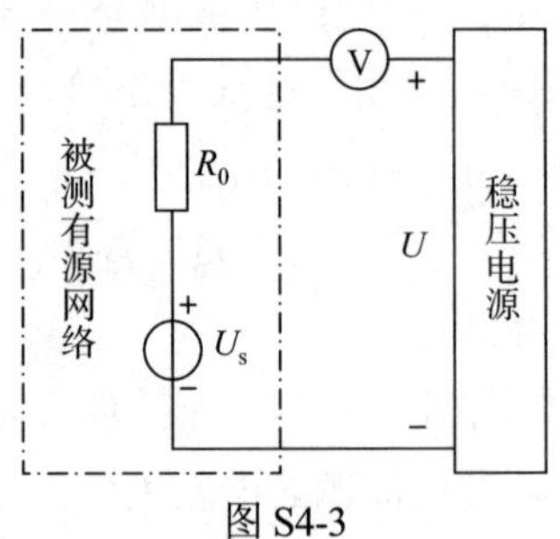

图 S4-3

3. 实验设备

序号	名称	参数要求	数量	单位
1	可调直流稳压电源	0～30V	1	块
2	可调直流恒流源	0～500mA	1	块
3	直流数字电压表	0～200V	1	块
4	直流数字毫安表	0～200mA	1	块

(续表)

序号	名称	参数要求	数量	单位
5	可调电阻箱	0～99999.9Ω	1	个
6	电位器	1kΩ/2W	1	块
7	戴维南定理实验电路板	—	1	块

4. 实验内容

1) 开路短路法测定戴维南等效电路的参数 U_{OC} 和 R_0

按图 S4-4(a)接入稳压电源 $U_S=12V$ 和恒流源 $I_S=10mA$，不接入 R_L。测出 U_{OC} 和短路电流 I_{SC}，并计算出 R_0。(测 U_{OC}，不接入毫安表)。将测量数据填入表 S4-1。

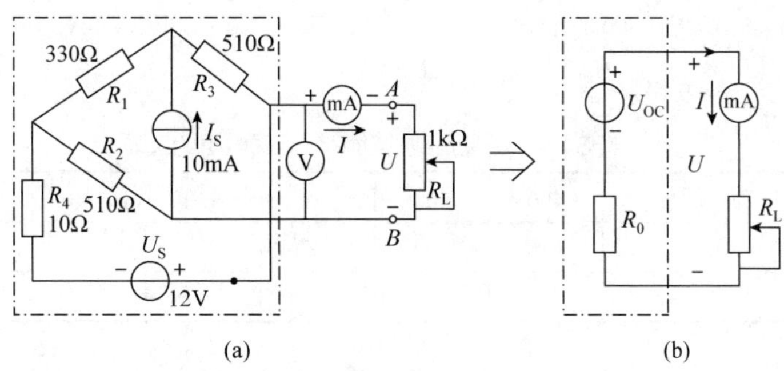

(a)　　　　(b)

图 S4-4

表 S4-1　测开路电压与等效内阻

U_{OC}/V	I_{SC}/mA	$R_0=\dfrac{U_{OC}}{I_{SC}}/\Omega$

2) 负载实验

按图 S4-4(a)接入 R_L。改变 R_L 阻值，测量有源二端网络的外特性曲线。将测量数据填入表 S4-2。

表 S4-2　测有源二端网络的外特性

R_L/Ω	0	10	30	50	80	120	200	400	600
U/V									
I/mA									

3) 验证戴维南定理

根据步骤 1)所得的等效电阻 R_0 和开路电压 U_{OC} 之值，按图 S4-4(b)连接电路，仿照步骤 2)测其外特性，将测量结果填入表 S4-3。根据表 S4-2、表 S4-3 的数据，按图 S4-5 所示，分别做出两个电路的外特性曲线并进行比较，对戴维南定理进行验证。

表 S4-3　测等效电路的外特性

R_L/Ω	0	10	30	50	80	120	200	400	600
U/V									
I/mA									

4) 验证负载获得最大功率的条件

在图 S4-4(a)中，改变负载电阻 R_L 的值，每改变一次，都测量一次负载的功率，将测量值填入表格 S4-4 中，找出最大功率对应的阻值，看该阻值是否与电路的等效内阻相等，从而验证负载获得最大功率的条件。做出负载功率随负载电阻变化的关系曲线。

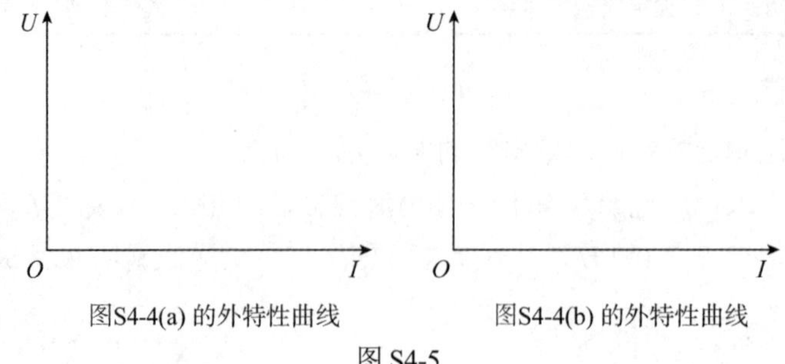

图S4-4(a) 的外特性曲线　　图S4-4(b) 的外特性曲线

图 S4-5

表 S4-4　测量负载的功率与负载电阻的关系

R_L /Ω	0	100	400	500	510	520	530	600	800
U_L /V									
P/W									

5. 实验报告

(1) 根据测量结果，分别绘出实验曲线，验证戴维南定理和负载获得最大功率的条件，并分析产生误差的原因。

(2) 用不同的方法测得的实验参数是否相同，对实验结果有无影响，试加以分析。

(3) 自己总结实验有哪些环节容易出错，写出注意事项。

习题

2.1　电路如图 2-1 所示，求等效电阻 R_{ab}。

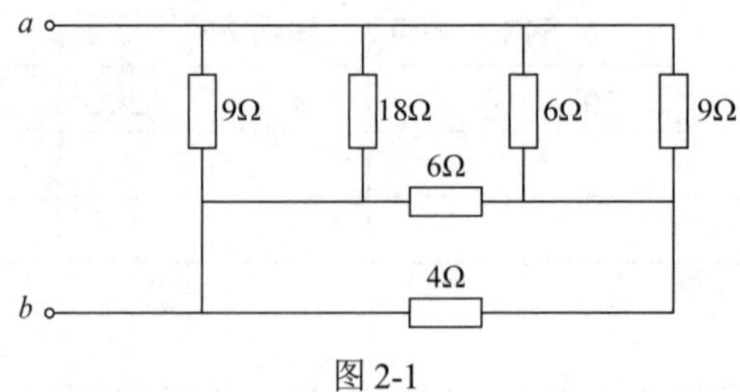

图 2-1

2.2　电路如图 2-2 所示，求等效电阻 R_{ab}。

2.3　电路如图 2-3 所示，求等效电阻 R_{ab}。

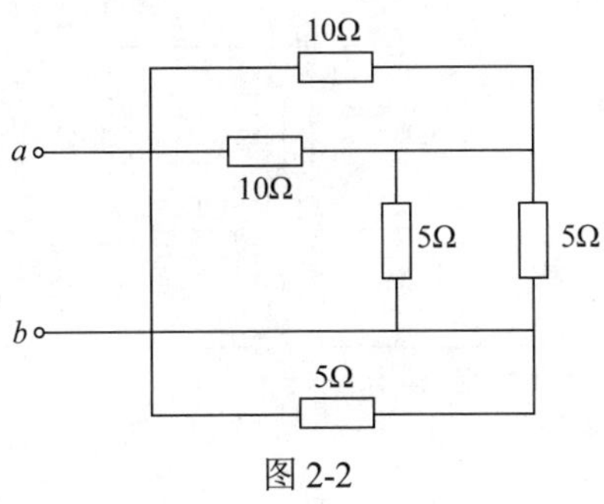

图 2-2

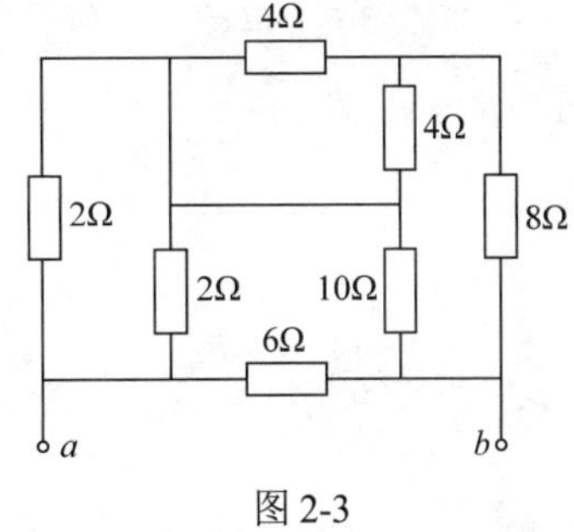

图 2-3

2.4　求图 2-4 所示电路中的电阻 R_{ab}。

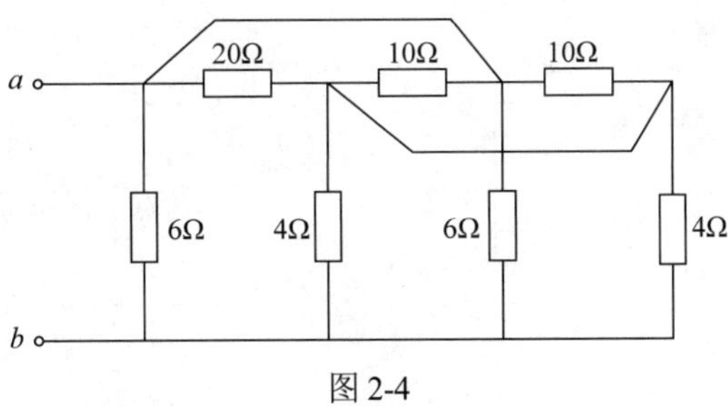

图 2-4

2.5　电路如图 2-5 所示，求等效电阻 R_{ab} 和 R_{cd}。

2.6　求图 2-6 所示电路中的电阻 R_{ab}。

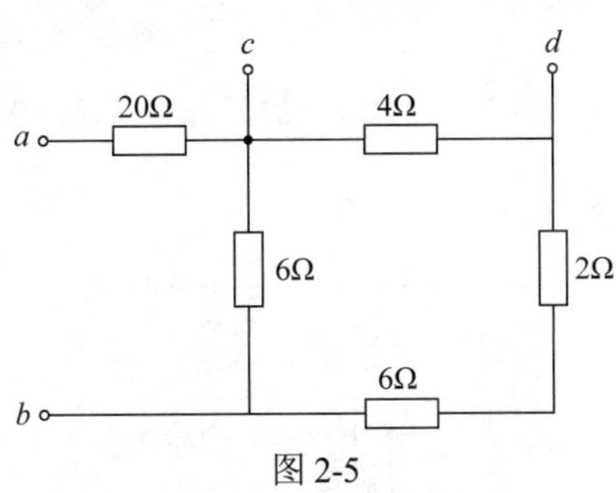

图 2-5

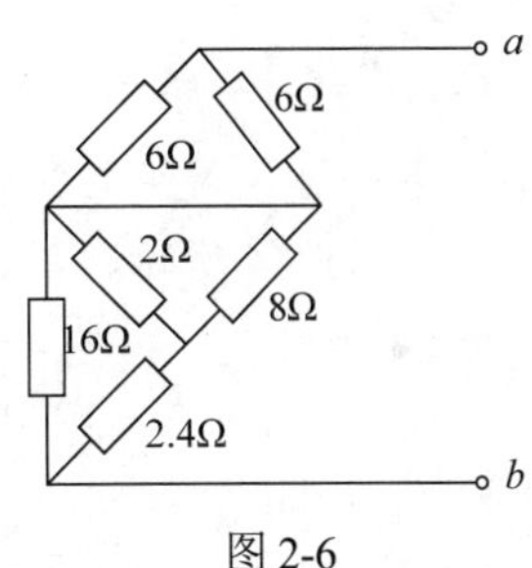

图 2-6

2.7　电路如图 2-7 所示，求电阻 R_{ab}。

2.8　电路如图 2-8 所示，求电阻 R_{ab} 和 R_{ac}。

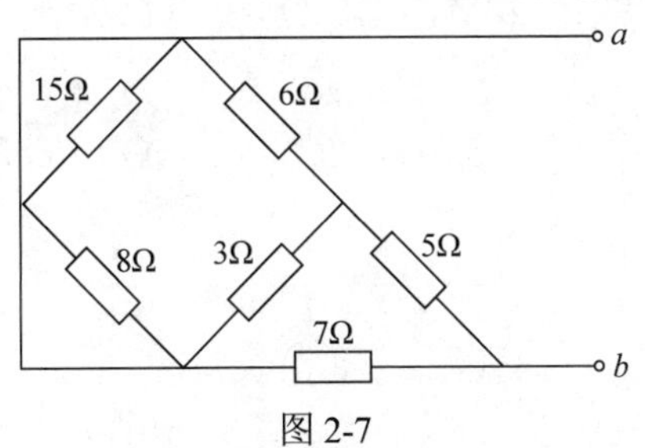

图 2-7

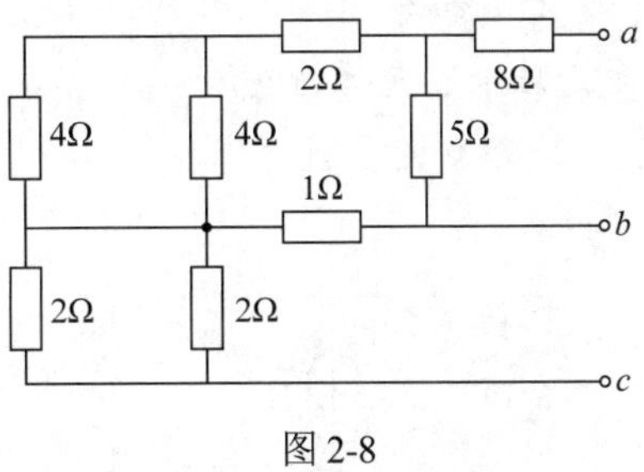

图 2-8

2.9　电路如图 2-9 所示，将表头并上一个电阻 R 后，已改装成 10mA 的电流表，现又在此基础上 10mA 挡改为 50V 的电压挡，试求电阻 R_2 和 R 的阻值各是多少？

2.10 求图 2-10 所示电路的等效电阻 R_{ab}。

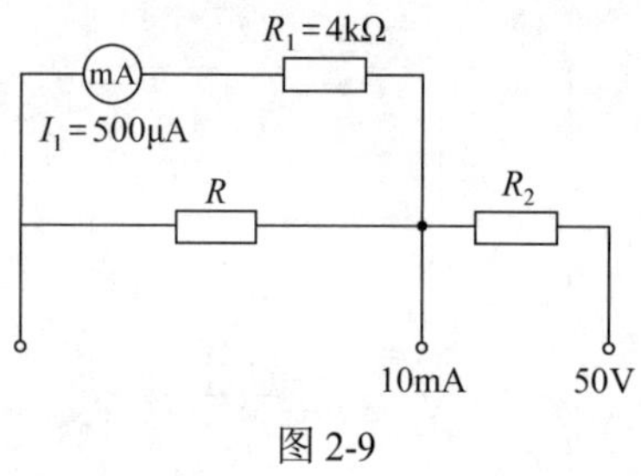

图 2-9

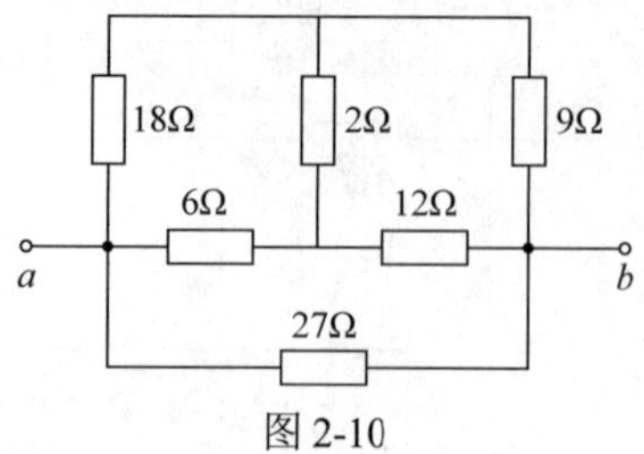

图 2-10

2.11　求图 2-11 所示电路的等效电阻 R_{ab}。

2.12　求图 2-12 所示电路的等效电阻 R_{ab}。

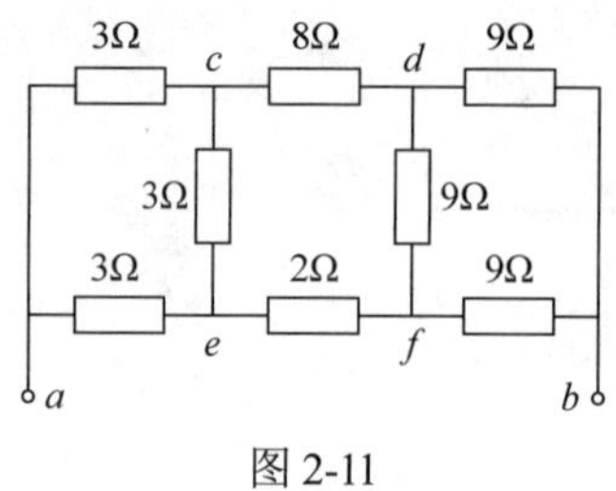

图 2-11

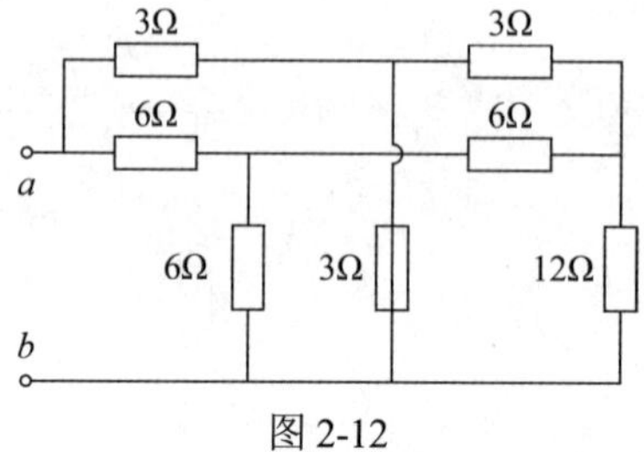

图 2-12

2.13　有源二端网络开路电压 12V，当外接 5Ω 负载电阻时，输出电流 2A，则该网络短路电流是多少？

2.14　一有源二端网络的短路电流为 10A，当外接 8Ω 电阻时，输出电压为 16V，求该网络的开路电压。

2.15　电路如图 2-13 所示，已知 $U_S=12V$，I_S=3A，$R_1=4\Omega$，$R_2=2\Omega$，$R_3=7\Omega$，试用网孔电流法求各有关支路的电流。

2.16　电路如图 2-14 所示，用弥尔曼定理求各支路的电流。

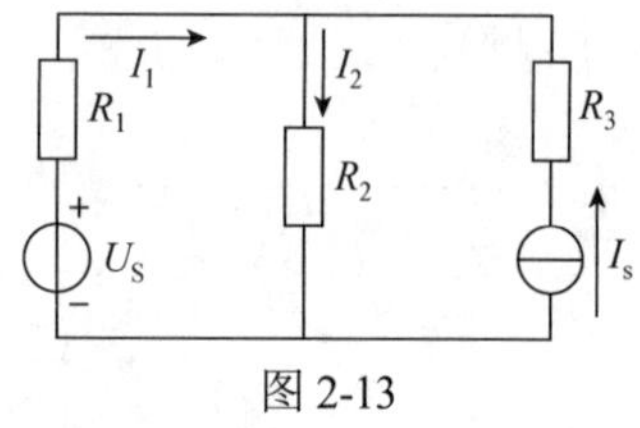

图 2-13

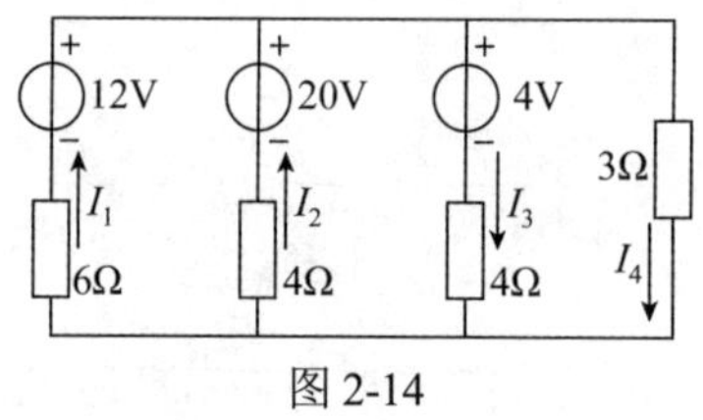

图 2-14

2.17　电路如图 2-15 所示，已知 $U_{S1}=12V$，$U_{S2}=20V$，$R_1=3\Omega$，$R_2=6\Omega$，$R_3=3\Omega$，用弥尔曼定理求各支路的电流。

2.18　电路如图 2-16 所示，已知 $U_{S1}=30V$，$U_{S2}=20V$，$R_1=R_2=5\Omega$，用叠加原理求各支路的电流。

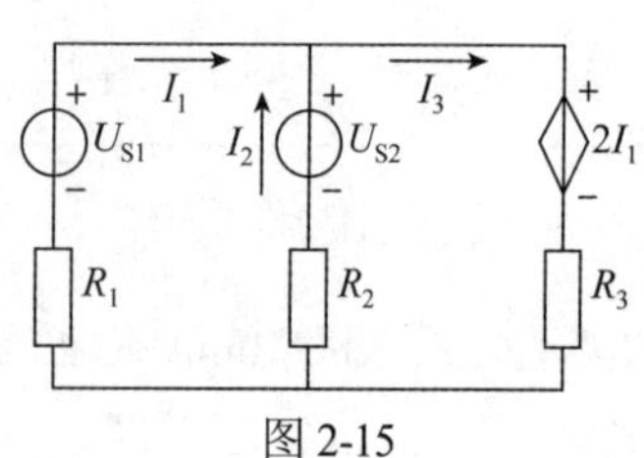

图 2-15

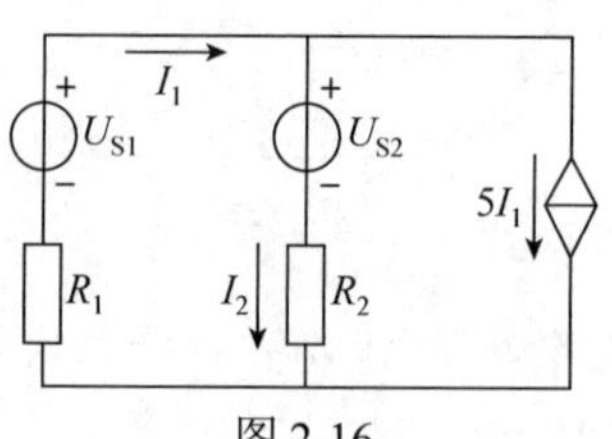

图 2-16

2.19　电路如图 2-17 所示，用戴维南定理求 I。

2.20　电路如图 2-18 所示，用戴维南定理求电流 I。

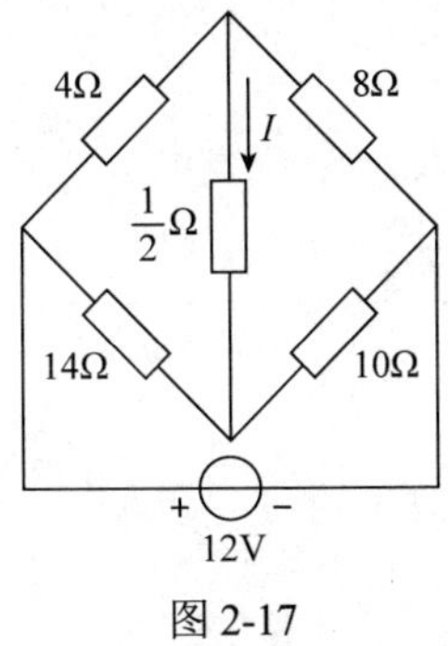

图 2-17

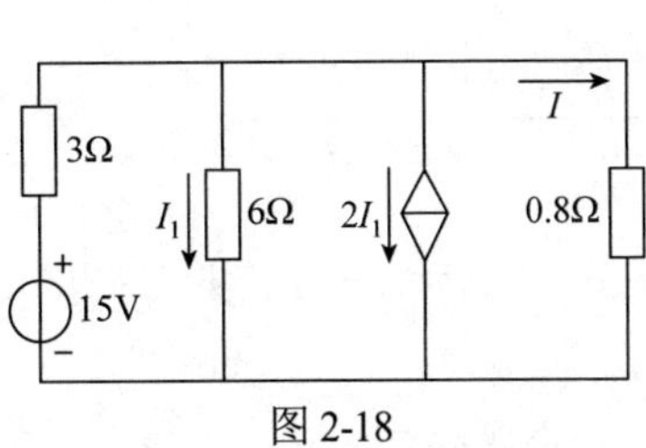

图 2-18

2.21　电路如图2-19 所示，已知 $R_1 = R_3 = 10\,\Omega$，$R_2 = 5\Omega$，试用网孔电流法求解各支路电流。

2.22　电路如图 2-20 所示，已知 $R_1 = 10\Omega$，$R_2 = 20\Omega$，$R_3 = 10\Omega$，$R_4 = 4\Omega$，$R_5 = 5\Omega$，$R_6 = 2\Omega$，$U_{S1} = 50\text{V}$，$U_{S3} = 20\text{V}$，$U_{S6} = 30\text{V}$，试用节点电压法求各支路电流。

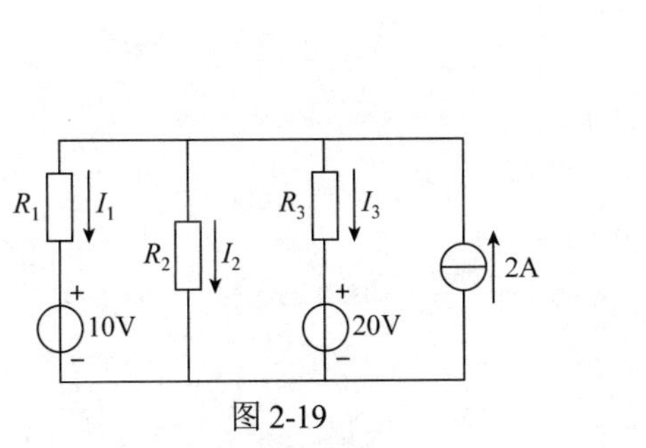

图 2-19

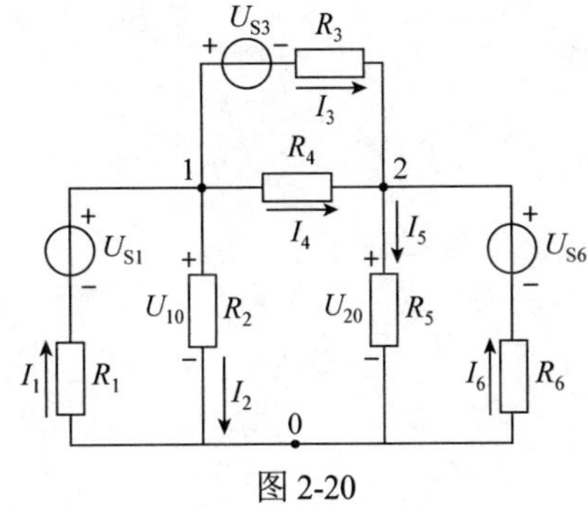

图 2-20

2.23　试用戴维南定理求图 2-21 所示电路中的电压 U_0。

2.24　电路如图 2-22 所示，已知 $R_1 = 1\Omega$，$R_2 = 1\Omega$，$R_3 = 3\Omega$，试用节点电压法求三个支路电流。

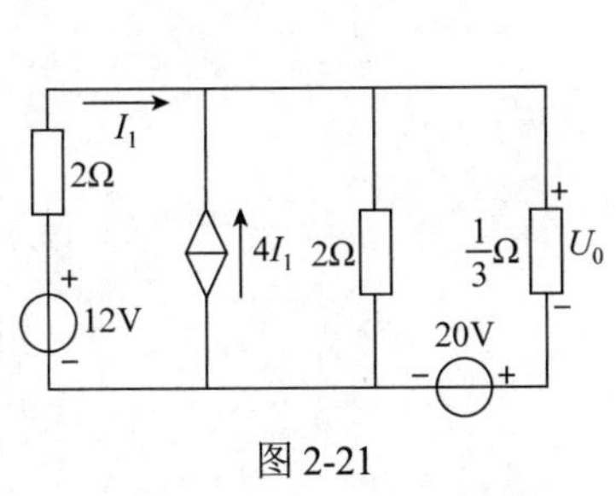

图 2-21

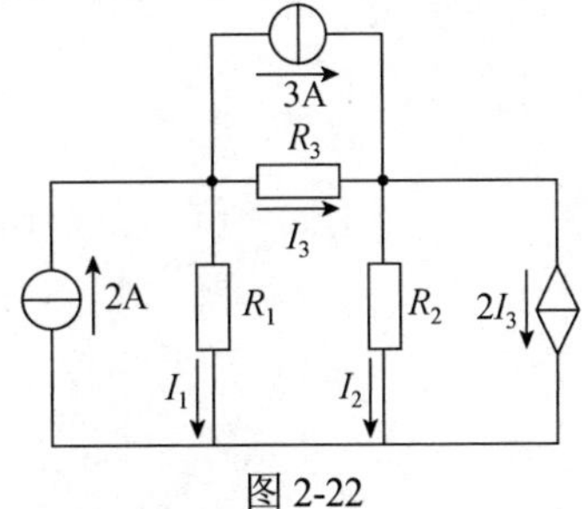

图 2-22

2.25　电路如图 2-23 所示，试用网孔电流法求各支路电流。

2.26　电路如图 2-24 所示，已知 $R_1 = 1\Omega$，$R_2 = 3\Omega$，$U_{S1} = 6\text{V}$，试用叠加原理求图中的电流 I 和电压 U。

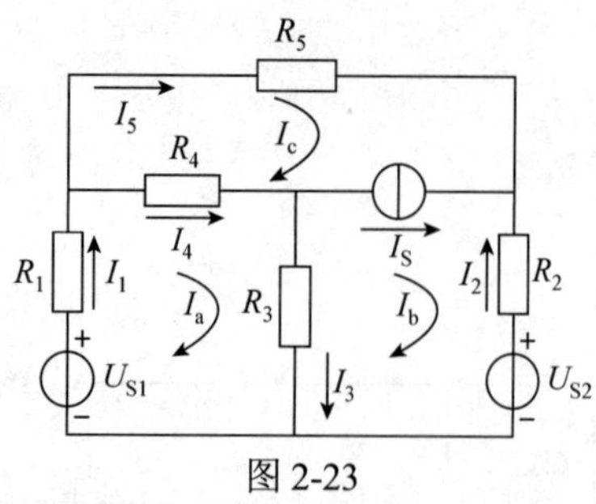

图 2-23

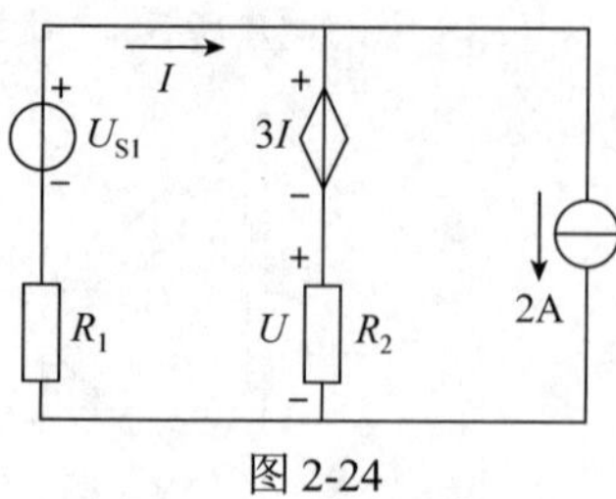

图 2-24

2.27　一个实际电压源，开路电压是 20V，短路电流为 10A，求电源内阻 R_i 和电源电压 U_S。

2.28　一个实际电流源，外接 3Ω 电阻时端电压为 3V，外接 6Ω 电阻时端电压是 4V，求：电流源内阻 R_i 和电流源的电流 I_S。

第3章 正弦交流电路

内容简介

1. 正弦量的基本概念，三要素法表示正弦量。
2. 正弦量的三种表示方法，正弦量的相位差、有效值、平均值计算。
3. 正弦电路的相量分析法、电路的功率计算及提高功率因数的方法。
4. 串联谐振电路、并联谐振电路的条件和特征，谐振电路的分析计算。

3.1 正弦交流电路的基本概念

本课任务

1. 了解正弦量的基本概念，准确利用三要素法表示正弦量。
2. 掌握正弦量的三种表示方法并会计算相位差、有效值、平均值。
3. 会画波形图，并能够根据波形图写出表达式。

实例链接

频率和电压稳定性是衡量电能质量的两个重要指标，世界各国民用交流电的频率主要有两种，即 50Hz 与 60Hz，我国采用的是 50Hz，美国、韩国、加拿大、日本西部地区都采用 60Hz。而世界各国民用电的电压体系却有多种，但主要是 110V 和 220V 交流电压，许多国家的民用电都是 220V，我国的民用电压也是 220V，还有些国家(如日本、美国、俄罗斯、英国、澳大利亚等)的民用电压有不同的等级，有 100V、127V、230V、240V 等。了解世界各国的用电电压、频率及各项指标，对于我们相互学习、交流、引进设备、出国学习与考察等都非常必要。

任务实施

3.1.1 正弦交流电的周期与频率

大小和方向随时间作周期性变化的电动势、电压和电流分别称为交变电动势、交变电压和交变电流，统称**交流电**。在交流电作用下的电路称为**交流电路**。

常用的交流电其电动势、电压和电流是随时间作正弦规律变化的，称为**正弦交流电**。本章仅讨论正弦交流电，以下所称的交流电均指正弦交流电。

若以横坐标表示时间，纵坐标表示电压，则电压随时间的变化规律可用一正弦曲线来表示，如图 3-1-1 所示。

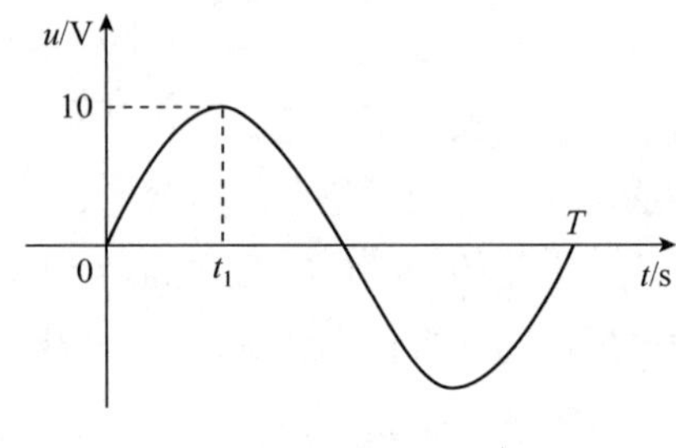

图 3-1-1

交流电循环变化一周所需的时间，称为**周期**，用 T 来表示，周期的单位是秒(s)。交流电在某一瞬间的数值称为**瞬时值**，规定用小写字母来表示，如 i、u、e 分别表示交变电流、电压、电动势的瞬时值。一秒内所含有的周期数称为交流电的**频率**，用 f 来表示，频率的单位是赫[兹](Hz，即周/秒)。由上述定义可知，频率与周期互为倒数，即

$$f=\frac{1}{T} \tag{3-1-1}$$

我国发电厂发出的交流电，其频率均为 50 Hz。这一频率为我国工业用电的标准频率，所以 50 Hz 的交流电又称**工频**交流电。一般交流电动机、照明、电热等设备，都是按照取用 50 Hz 的交流电来设计制造的。但在某些设备中，却需要频率较高的交流电，例如，高频电热所用的频率可达 10^8 Hz，无线电工程上使用的频率约为 10^5~3×10^{10} Hz。这类高频交流电都是用晶体管或电子管振荡器来产生的。世界上还有少数国家的工频为 60 Hz。

3.1.2 正弦量的三要素

正弦量的三要素指它的最大值、角频率和初相。

1. 最大值

图 3-1-1 所示的正弦量经历一个周期的变化时瞬时，值中最大的一个值称为最大值，又称振幅值或峰值。

最大值用大写字母加下角标“m”表示，如 I_m、U_m、E_m 分别表示正弦电流、正弦电压和正弦电动势的最大值。图 3-1-1 所示的正弦交流电压的最大值 10V，可表示为 U_m=10V。

2. 角频率

角频率就是正弦量在单位时间内所经历的电角度。用 ω 表示。由于正弦交流电在一个周期的时间 T 内所经历的电角度是 2π 弧度，所以角频率

$$\omega = \frac{2\pi}{T} = 2\pi f \tag{3-1-2}$$

ω 的单位为弧度/秒，用符号 rad/s 表示。

如果在任意时间 t 内正弦量所经历的电角度是 α，则有

$$\omega = \frac{\alpha}{t}$$

上式表示了角频率 ω 与时间 t 之间的关系。电角度 $\alpha = \omega t$，图 3-1-1 中正弦电压的解析式可写成

$$u = 10\sin\omega t$$

3. 初相

交流发电机所发出的电流、电压都是按正弦规律变化的，所以都可以用正弦函数来表示，例如，一个正弦电压可以表示为

$$u = U_{\mathrm{m}}\sin(\omega t + \psi)$$

上式中的$(\omega t+\psi)$是正弦量随时间变化的电角度，它表示正弦函数随时间变化的状态及变化趋势，称为正弦量的**相位角**，简称**相位**。t=0 时的相位 ψ 称为**初相位**，简称**初相**。

初相 ψ 的单位与 ωt 的单位一样都是弧度，但有时也用度。计算时二者要统一用相同的单位。

初相的数值与记时起点选择有关，记时起点不同，初相就不同。初相可以大于零，也可以小于零。但规定其绝对值不能超过 180° 或 π，即$|\psi|\leqslant\pi$。

例 3.1.1　有三个正弦量分别为，如下所列，试确定三个正弦量的三要素。

(1) $i_1 = 5\sin(314t - \frac{\pi}{2})\mathrm{A}$；

(2) $i_2 = 10\sin(500t + \frac{3\pi}{2})\mathrm{A}$；

(3) $i_3 = -2\sin(314t + \frac{\pi}{2})\mathrm{A}$；

解：

(1) 最大值 I_{1m}=5A，角频率 $\omega_1 = 314\mathrm{rad/s}$，初相 $\psi_1 = -\frac{\pi}{2}$；

(2) $i_2=10\sin(500t+\frac{3\pi}{2})=10\sin(500t+\frac{3\pi}{2}-2\pi)=10\sin(500t-\frac{\pi}{2})\text{A}$，所以最大值 $I_{2m}=10\text{A}$，角频率 $\omega_2=500\text{rad/s}$，初相 $\psi_2=-\frac{\pi}{2}$；

(3) $i_3=-2\sin(314t+\frac{\pi}{2})=2\sin(314t+\frac{\pi}{2}-\pi)=2\sin(314t-\frac{\pi}{2})\text{A}$，所以最大值 $I_{3m}=2\text{A}$，角频率 $\omega_2=314\text{rad/s}$，初相 $\psi_3=-\frac{\pi}{2}$。

例 3.1.2 已知一个正弦电流的三要素为：$I_m=3\text{A}$，角频率 $\omega=314\text{rad/s}$，初相 $\Psi=30°$。试完成：

(1) 写出此电流的正弦量表达式；

(2) 求 $t=0.01\text{s}$ 时的瞬时值；

(3) 画出该正弦函数的波形图。

解：

(1) 瞬时值表达式为

$$i=I_m\sin(\omega t+\psi)=3\sin(314t+30^\circ)\text{A}$$

(2) $t=0.01\text{s}$ 时函数的相位为

$$314t+30^\circ=314\times0.01+30^\circ=100\pi\times0.01+\frac{\pi}{6}=\frac{7\pi}{6}$$

此时电流的瞬时值为

$$i=I_m\sin(\omega t+\psi)=3\sin\frac{7\pi}{6}\text{A}=-3\sin\frac{\pi}{6}\text{A}=-1.5\text{A}$$

(3) 正弦函数 i 的波形图如图 3-1-2 所示。

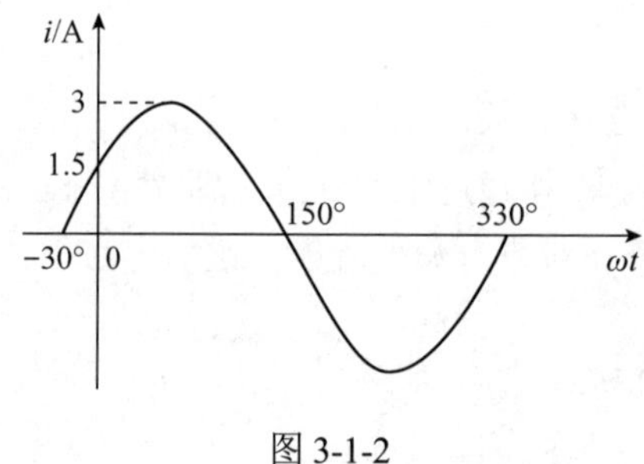

图 3-1-2

3.1.3 相位差计算

两个同频率正弦量的相位之差，称为**相位差**。例如：

$$u_1=U_{m1}\sin(\omega t+\psi_1)$$
$$u_2=U_{m2}\sin(\omega t+\psi_2)$$

则相位差为

$$\varphi_{12}=(\omega t+\psi_1)-(\omega t+\psi_2)=\psi_1-\psi_2$$

可见，虽然正弦量的相位是随时间变化的，但同频率正弦量的相位差不随时间改变，等于它们的初相之差。

因此，相位差的计算公式为

$$\varphi_{12}=\psi_1-\psi_2 \tag{3-1-3}$$

例 3.1.3　在选定的参考方向下，已知两正弦量的解析式为 $u=100\sin(\omega t+240^\circ)$ V，$i=-10\sin\omega t$A，求每个正弦量的振幅值、初相及二者的相位差。

解：

$$u=100\sin(\omega t+240^\circ)\text{V}=100\sin(\omega t+240^\circ-360^\circ)\text{V}=100\sin(\omega t-120^\circ)\text{V}$$

故其振幅值 $U_\text{m}=100\text{V}$，初相 $\psi_u=-120^\circ$；

$$i=-10\sin\omega t\text{A}=10\sin(\omega t+\pi)\text{A}$$

故其振幅值 $I_\text{m}=10\text{A}$，初相 $\psi_i=\pi=180^\circ$；切记不要错认为 $I_\text{m}=-10\text{A}$，I_m是只取绝对值的。

u、i 的相位差为

$$\varphi_{ui}=\psi_u-\psi_i=-120^\circ-180^\circ=-300^\circ$$

因为$|-300^\circ|\geqslant\pi$，所以取 $\varphi_{ui}=-300^\circ+360^\circ=60^\circ$。

例 3.1.4　一个电源频率为 50Hz 的电路中，a、b 两点间的电压为 $u_{ab}=311\sin(\omega t+\frac{\pi}{4})$ V，电压的参考方向为由 a 到 b，求 t=2s 及 $\omega t=\pi$ 时电压的大小、实际方向及相位角。

解：

(1) 当 t=2s 时，有

$$\omega=2\pi f=2\pi\times50\text{rad/s}=100\pi\text{rad/s}=314\text{rad/s}$$

$$u_{ab}=311\sin(100\pi\times2+\frac{\pi}{4})\text{V}=311\sin\frac{\pi}{4}\text{V}=311\times\frac{\sqrt{2}}{2}\text{V}=220\text{V}$$

u_{ab} 为正值，电压的实际方向与参考方向一致，即由 a 到 b；电压的大小为 220V；相位角为 $200\pi+\frac{\pi}{4}$。

(2) 当 $\omega t=\pi$ 时，有

$$u_{ab}=311\sin(\pi+\frac{\pi}{4})\text{V}=311\times(-\frac{\sqrt{2}}{2})\text{V}=-220\text{V}$$

u_{ab} 为负值，说明电压的实际方向为由 b 到 a，其大小为 220V，相位角为 $\pi+\frac{\pi}{4}$。

对两个同频率正弦量的计时起点作相同的改变时，它们的相位和初相也随之改变，但两者之间的相位差始终保持不变。

一个正弦量比另一个正弦量早到达零值或振幅值时，称前者比后者越前，或后者比前者滞后。$\varphi_{12}=\psi_1-\psi_2$ 就是正弦量 1 越前于正弦量 2 的角度，它是一个代数量。对于越前或滞后的角度，规定其绝对值不超过 180°。

当 $\varphi_{12}=0$ 时，两个正弦量将同时到达零值或振幅值，我们称这两个正弦量为**同相**。

当 $\varphi_{12}=\pi$ 时，即一个正弦量达到正的最大值时另一个正弦量到达负的最大值，称这两个正弦量为**反相**。

当 $\varphi_{12}=\dfrac{\pi}{2}$，一个正弦量较另一个正弦量越前 90°，称这两个正弦量为**正交**。

3.1.4 正弦量的有效值和平均值

1. 有效值

正弦交流电的瞬时值是随时间改变的，所以不好用它来计量交流电的大小。那么，用什么量来表示正弦交流电才更确切呢？那就是有效值。

交变电流的有效值是根据其热效应来确定的。若使一交变电流 i 和一直流电流 I 分别通过两个阻值相同的电阻 R，如果在相同的时间 T 内，它们各自在电阻上产生的热量彼此相等，则两个电流的作功能力是等效的，此直流值就称为该交变电流的**有效值**。因此，交变电流的有效值实际上就是在热效应方面同它相当的直流值。

直流电流 I 通过电阻 R，在时间 T 内所产生的热量为

$$Q_{直}=I^2RT$$

而交变电流 i 时刻在改变，设在无限短的时间 dt 内电流的变动极小，可近似认为不变。因此，交变电流 i 通过电阻 R，在时间 dt 内所产生的热量为

$$\mathrm{d}Q_{交}=i^2R\mathrm{d}t$$

取时间 T 等于交流电的周期，一个周期内所产生的热量为

$$Q_{交}=\int_0^T\mathrm{d}Q_{交}=\int_0^T i^2R\mathrm{d}t$$

当 $Q_{直}=Q_{交}$ 时，得

$$I^2RT=R\int_0^T i^2\mathrm{d}t$$

故交变电流的有效值为

$$I=\sqrt{\frac{1}{T}\int_0^T i^2\mathrm{d}t}$$

根据上式，交流电的有效值又称均方根值。

把 $i=I_{\mathrm{m}}\sin\omega t$ 代入上式，即得

$$I=\sqrt{\frac{I_{\mathrm{m}}^2}{T}\int_0^T\sin^2\omega t\mathrm{d}t}$$

因为

$$\begin{aligned}\int_0^T \sin^2 \omega t \mathrm{d}t &= \int_0^T \frac{1-\cos 2\omega t}{2}\mathrm{d}t \\ &= \int_0^T \frac{1}{2}\mathrm{d}t - \int_0^T \frac{1-\cos 2\omega t}{2}\mathrm{d}t \\ &= \frac{T}{2} - 0 = \frac{T}{2}\end{aligned}$$

所以

$$I = \sqrt{\frac{I_{\mathrm{m}}^2}{T}\frac{T}{2}} = \sqrt{\frac{I_{\mathrm{m}}^2}{2}} = \frac{I_{\mathrm{m}}}{\sqrt{2}} = 0.707I_{\mathrm{m}} \tag{3-1-4}$$

由此可见，正弦交流电的有效值等于其最大值的 $1/\sqrt{2}$ 倍或 0.707 倍。

对于正弦电动势、电压也可类似地分别推出它们的有效值与最大值之间的关系：

$$E = \frac{E_{\mathrm{m}}}{\sqrt{2}} = 0.707E_{\mathrm{m}} \tag{3-1-5}$$

$$U = \frac{U_{\mathrm{m}}}{\sqrt{2}} = 0.707U_{\mathrm{m}} \tag{3-1-6}$$

在交流电路中，通常都是计算其有效值。电机、电器等的额定电流、额定电压都用有效值来表示。交流伏特表和安培表的刻度也都是用有效值来表示的。所以交流仪表测得的电流、电压等都是有效值。工程上所说的正弦电流、电压的值指的都是有效值。

2. 平均值

在实际测量与计算中，除了经常用到有效值外，有时还要用到平均值，所以平均值也是正弦交流电的一个重要参数。

正弦量和其他交变量一样，在一个周期内的平均值都为零。所以规定：**正弦量的平均值**就是从零点开始的半个周期内的平均值。该值通常以大写字母加角标 av 来表示。如电流的平均值表示为 I_{av}，电压的平均值表示为 U_{av}。

以交变电流为例，其平均值可由如下公式计算得出

$$I_{\mathrm{av}} = \frac{\int_0^{\frac{T}{2}} i\mathrm{d}t}{T/2} = \frac{2}{T}\int_0^{\frac{T}{2}} i\mathrm{d}t$$

对于正弦电流，设 $i = I_{\mathrm{m}}\sin\omega t$，代入上式，计算可得

$$I_{\mathrm{av}} = \frac{2I_{\mathrm{m}}}{\pi} = 0.637I_{\mathrm{m}} \tag{3-1-7}$$

同样，对于正弦电压和正弦电动势都可以得出一样的结论，即

$$U_{\mathrm{av}} = \frac{2U_{\mathrm{m}}}{\pi} = 0.637U_{\mathrm{m}} \tag{3-1-8}$$

$$E_{av}=\frac{2E_m}{\pi}=0.637E_m \tag{3-1-9}$$

例 3.1.5 一个正弦电压的平均值为 100V，则它的有效值和最大值各为多少？

解：由公式$U_{av}=\frac{2U_m}{\pi}$，可得

$$U_m=\frac{\pi}{2}U_{av}=1.57U_{av}=157\text{V}$$

又由公式$U=\frac{U_m}{\sqrt{2}}$，可得

$$U=\frac{U_m}{\sqrt{2}}=\frac{157}{\sqrt{2}}\text{V}=111.03\text{V}$$

小知识

1. 利用交流仪表进行测量时，仪表测得的都是交流量的有效值，但仪表的直流表头本身只能测量交流量的平均值，因此必须对交流量的有效值和平均值进行转换，然后在表盘上按照有效值进行刻度，这样就可以进行交流量的测量了。交流电压表、交流电流表以及万用表都是按这个原理制成的。

2. 由于各个国家民用电压的等级不同，也就是电压的有效值不同，因此一些用电设备在不同国家和地区不能通用，如果在国外购买的 110V、50Hz 的用电设备，在我国 220V 电压下使用，那就需要购买一个电源适配器，对电压进行转换，然后才可以使用。

同步训练

1. 什么是正弦量的三要素？

2. 有效值为 380V 的正弦电压，其最大值是多少？平均值又是多少？

3. 已知$u=220\sqrt{2}\sin(\omega t+240^\circ)\text{V}$，$i=5\sqrt{2}\sin(\omega t-90^\circ)\text{A}$，求：$u$ 的初相，u 比 i 越前的角度，i 比 u 越前的角度。

4. 已知电路中 a、b 部分的电压是正弦量，其频率 f=50Hz，在选定的电压参考方向由 a 到 b 的情况下，它的解析式为$u_{ab}=100\sin\left(\omega t+\frac{\pi}{6}\right)\text{V}$。求：以下三种情况下电压的大小、实际方向和相位角。

(1) $t=3\text{s}$时；

(2) $\omega t=\pi$时；

(3) $\omega t=\frac{\pi}{2}$时。

3.2 正弦量的相量表示法

本课任务

1. 了解正弦量相量的概念。
2. 能准确利用相量表示正弦量。
3. 会画相量图。

实例链接

正弦交流电路如图 3-2-1 所示，已知两条支路的电流为 $i_1 = 10\sin(\omega t + 30^\circ)\text{A}$，$i_2 = 10\sin(\omega t + 150^\circ)\text{A}$，欲求总电流 i，需要利用三角函数公式进行计算如下：

$$
\begin{aligned}
i &= i_1 + i_2 \\
&= 10\sin(\omega t + 30^\circ)\text{A} + 10\sin(\omega t + 150^\circ)\text{A} \\
&= 10\left[\left(\sin\omega t\cos 30^\circ + \cos\omega t\sin 30^\circ\right) + \left(\sin\omega t\cos 150^\circ + \cos\omega t\sin 150^\circ\right)\right]\text{A} \\
&= 10\left[\left(\sin\omega t \times \frac{\sqrt{3}}{2} + \cos\omega t \times \frac{1}{2}\right) + \left(-\frac{\sqrt{3}}{2}\sin\omega t + \cos\omega t \times \frac{1}{2}\right)\right]\text{A} \\
&= 10\cos\omega t\text{A} \\
&= 10\sin\left(\omega t + 90^\circ\right)\text{A}
\end{aligned}
$$

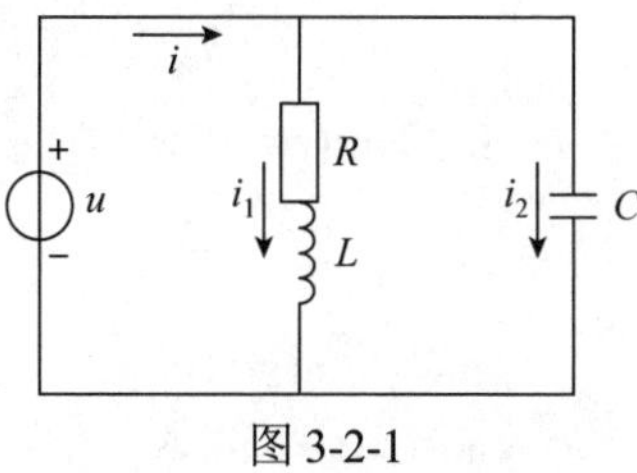

图 3-2-1

由此可见，利用三角函数可以计算正弦量，但计算非常繁琐；虽然也可以用波形图合成的方法进行正弦量的计算，但准确性又得不到保证；因此，还需要寻找一种既方便又准确的正弦量的计算方法。

任务实施

3.2.1 相量的概念

要表示一个矢量，只要表示出其大小和方向即可。同样，要表示一个正弦量，只要表示出正弦量的三个要素即可。

正弦量的三个要素中，角频率 ω 是表示正弦量变化速度的量，在同一个电路中，所有的正弦量角频率都相同，所以角频率 ω 的大小不影响正弦量之间的相位关系，正弦量的相位关系完全由它们的初相决定。因此，在表示正弦量时，只要能表示出其大小和初相两个要素即可。我们把只反映正弦量的两个要素，而隐含着第三个要素的一个旋转矢量称为**相量**。由于相量和正弦量有一一对应的关系，所以完全可以用相量表示正弦量。相量用大写字母上方加一个点来表示，如 $\dot{A}$、$\dot{I}$、$\dot{I}_m$、$\dot{U}$ 等。字母上方的点表示相量是时间的函数，而不是普通的矢量。$\dot{I}$ 为电流的有效值相量，$\dot{I}_m$ 为电流的最大值相量，而 $\dot{U}$ 和 $\dot{U}_m$ 则为电压的有效值相量和最大值相量。

3.2.2 用相量表示正弦量

相量可以反映正弦量的三要素，相量与正弦量之间有一一对应关系，每个正弦量都对应一个相量。对正弦量 $u=U_m\sin(\omega t+\psi)$，可写出其对应的相量如下：

最大值相量

$$\dot{U}_{\rm m}=U_{\rm m}\angle\psi$$

有效值相量

$$\dot{U}=U\angle\psi$$

同样，如果已知一个电流相量为

$$\dot{I}=10\angle30^\circ\,\text{A}$$

则它表示的正弦量为

$$i=10\sqrt{2}\sin(\omega t+30^\circ)\,\text{A}$$

若相量

$$\dot{I}_{\rm m}=2\angle-30^\circ\,\text{A}$$

则它表示的正弦量为

$$i=2\sin(\omega t-30^\circ)\,\text{A}$$

相量只能表示出正弦量三要素中的两个，计算时角频率需另加说明。

3.2.3 相量图

为了计算的方便，经常用图形来表示相量，只有同频率的正弦量其相量才能画在同一复平面上，画在同一复平面上的表示相量的图称为**相量图**。如图 3-2-2 中的(a)、(b)就分别表示了电流 $\dot{I}_{\rm m}=2\angle30^\circ$ 和电压 $\dot{U}=U\angle60^\circ$ 的的相量图。图中坐标轴上的 R_e 和 I_m 表示实轴与虚轴。

有时为了方便，在画相量图时，可以不画虚轴，只画实轴。

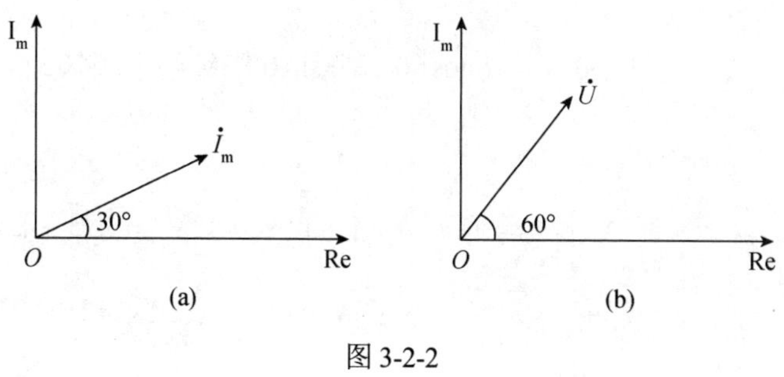

图 3-2-2

例 3.2.1　正弦量$u = 141\sin(\omega t - 60^\circ)$ V，写出该正弦量对应的相量，写出代数式并画出相量图。

解：

$$\dot{U} = 100\angle -60^\circ \text{V}$$

$$= 100\cos(-60^\circ)\text{V} + \text{j}100\sin(-60^\circ)\text{V}$$

$$= 100\times\frac{1}{2} + \text{j}100\times\left(-\frac{\sqrt{3}}{2}\right)\text{V} = (50 - \text{j}50\sqrt{3})\text{V}$$

相量图如图 3-2-3 (a)所示，也可以画成图(b)。

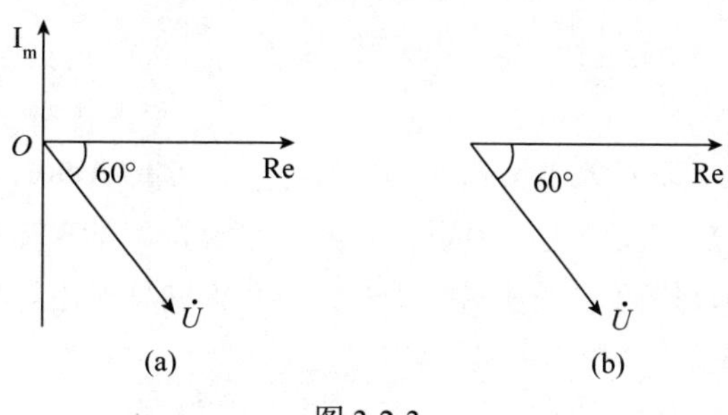

图 3-2-3

例 3.2.2　已知电流的相量和电压的相量为$\dot{I} = (-3 + \text{j}4)\text{A}$，$\dot{U} = (176 + \text{j}132)\text{V}$，求它们对应的正弦量。

解：

(1) 电流的极坐标形式为

$$\dot{I} = (-3 + \text{j}4)\text{A} = \sqrt{3^2 + 4^2}\angle\arctan\frac{4}{-3}\text{A} = 5\angle 126.9^\circ \text{A}$$

$$i = 5\sqrt{2}\sin(\omega t + 126.9^\circ)\text{A}$$

(2) 电压的极坐标形式为

$$\dot{U} = (176 + \text{j}132)\text{V} = \sqrt{176^2 + 132^2}\angle\arctan\frac{132}{176}\text{V} = 220\angle 36.9^\circ \text{V}$$

$$u = 220\sqrt{2}\sin(\omega t + 36.9^\circ)\ \text{V}$$

例 3.2.3　$u_1 = 8\sqrt{2}\sin(\omega t + 60^\circ)\text{V}$，$u_2 = 6\sqrt{2}\sin(\omega t - 30^\circ)\text{V}$，试用相量法求电压$u = u_1 + u_2$。

解：u_1的相量为

$$\dot{U}_1 = 8\angle 60^\circ \text{V} = (8\cos 60^\circ + \text{j}8\sin 60^\circ)\text{V} = (4 + \text{j}4\sqrt{3})\text{V}$$

u_2的相量为

$$\dot{U}_2 = 6\angle -30^\circ \text{V} = \left[6\cos(-30^\circ) + \text{j}6\sin(-30^\circ)\right]\text{V} = (3\sqrt{3} - \text{j}3)\text{V}$$

$$\dot{U} = \dot{U}_1 + \dot{U}_2 = (4 + \text{j}4\sqrt{3} + 3\sqrt{3} - \text{j}3)\text{V} = (9.2 + \text{j}3.9)\text{V} = 10\angle 23^\circ \text{V}$$

所以

$$u = 10\sqrt{2}\sin(\omega t + 23^\circ)\text{V}$$

同步训练

1. 写出相量$\dot{U}_1 = 20\angle 60^\circ \text{V}$、$\dot{U}_2 = 20\angle -30^\circ \text{V}$所对应的正弦量，画出两个电压的相量图。

2. 写出正弦量$u = 60\sin(\omega t + 150^\circ)\text{V}$、$i = 3\sin(\omega t - 120^\circ)\text{A}$ 的相量表达式，画出相量图，并计算二者的相位差。

3. 三个正弦电流分别为$i_1 = 4\sqrt{2}\sin\omega t\text{A}$，$i_2 = 4\sqrt{2}\sin(\omega t + 90^\circ)\text{A}$，$i_3 = 4\sqrt{2}\sin(\omega t + 180^\circ)\text{A}$，试用相量法求$i = i_1 + i_2 + i_3$，并画出相量图。

小知识

物理学中的矢量是指既有大小又有方向的量，又称向量(vector)，通常用带箭头的线段表示。如位移、速度、加速度、力、力矩、动量、冲量等，都是矢量。常见的向量运算有加法、点积(内积)和叉积(外积)。而相量除了有大小和方向外，还与时间有关，因此常用来表示正弦量。

3.3 单一元件电路

本课任务

1. 了解电阻、电感、电容三个元件在正弦交流电路中的作用。
2. 掌握电阻、电感、电容三个元件在正弦交流电路中的伏安关系、相量关系。
3. 掌握三个元件在正弦交流电路中的能量和功率的特点并能熟练计算。

实例链接

一个普通的台灯的亮度是可以调节的，调节亮度的方法有多种，如串联电阻、串联电感、串联电容都可以改变灯的亮度，但是通过调电阻、调电感、调电容改变灯的亮度，其节能效果是不同的，从节能的角度看，通过串联电感或串联电容来调节灯的亮度更合理。

通过本课内容的学习，就会明白这一点。

任务实施

3.3.1　电阻元件电路

1. 电阻元件上电压与电流的关系

我们已经知道，在直流电路中，电阻元件上电压与电流的关系满足欧姆定律，那么在交流电路中电阻元件上电压和电流的关系又如何呢？从每一瞬时看，二者的关系仍然满足欧姆定律。

设电压与电流的方向为关联参考方向，如图 3-3-1 所示，则电压和电流的关系式为

$$i_R = \frac{u_R}{R} \tag{3-3-1}$$

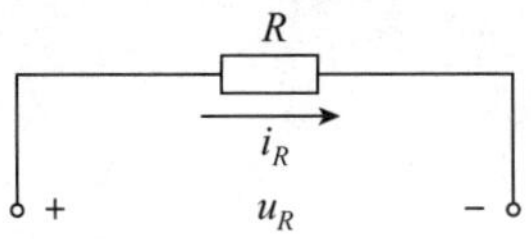

图 3-3-1

当电压与电流的方向为非关联参考方向时，二者的关系为

$$i_R = -\frac{u_R}{R}$$

如设

$$u_R = U_{Rm} \sin \omega t$$

则

$$i_R = \frac{u_R}{R} = \frac{U_{Rm}}{R} \sin \omega t = I_{Rm} \sin \omega t$$

即

$$i_R = I_{Rm} \sin \omega t$$

可见，u_R 和 i_R 是同一频率的正弦量，而且在关联参考方向下同相位。

电阻上的电流对应的相量为

$$\dot{I}_R = I_R \angle 0^\circ$$

电阻上的电压对应的相量为

$$\dot{U}_R = RI_R \angle 0^\circ = R\dot{I}_R$$

即

$$\dot{U}_R = R\dot{I}_R \tag{3-3-2}$$

式(3-3-2)即为相量形式的欧姆定律。它包含了两个内容：

(1) 电压相量$\dot{U}_R$与电流相量$\dot{I}_R$同相位。

(2) 电压与电流的大小关系为$U_R = RI_R$。

例 3.3.1 已知 10Ω 电阻上通过的电流为$i_R = 2\sqrt{2}\sin(\omega t+90^\circ)\text{A}$，求电压 u_R及电流、电压的有效值，画出电流、电压的正弦曲线。

解：

$$I_R = 2\,\text{A}$$

$$U_R = RI_R = 10\times 2\text{V} = 20\text{V}$$

$$U_{R\text{m}} = 20\sqrt{2}\,\text{V}$$

$$u_R = 20\sqrt{2}\sin(\omega t+90^\circ)\,\text{V}$$

电流与电压的正弦曲线如图 3-3-2 所示。

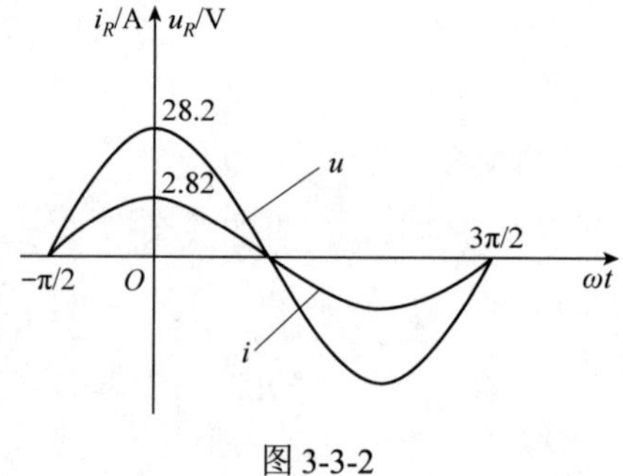

图 3-3-2

2. 电阻元件的功率

电阻元件的功率有瞬时功率和平均功率两种。

任一瞬时，电阻上电压的瞬时值与电流的瞬时值的乘积，称为电阻元件的**瞬时功率**。用小写字母 p 来表示。

在关联参考方向下，瞬时功率的表达式为

$$p = ui \tag{3-3-3}$$

若$u_R = U_{R\text{m}}\sin\omega t$，$i_R = I_{R\text{m}}\sin\omega t$，则

$$p = ui = U_{R\text{m}}\sin\omega t I_{R\text{m}}\sin\omega t = U_{R\text{m}}I_{R\text{m}}\sin^2\omega t$$

$$= U_{R\text{m}}I_{R\text{m}}\frac{1-\cos 2\omega t}{2} = UI(1-\cos 2\omega t)$$

所谓**平均功率**就是瞬时功率在一个周期内的平均值，用大写字母 P 来表示。其表达式为

$$P=\frac{1}{T}\int_0^T p\mathrm{d}t=\frac{1}{T}\int_0^T ui\mathrm{d}t$$

将前式代入积分可得

$$P=\frac{1}{T}\int_0^T UI(1-\cos 2\omega t)\mathrm{d}t=UI \tag{3-3-4}$$

可见，电阻元件的平均功率等于电压与电流有效值的乘积。

根据电阻上电压与电流的有效值关系，平均功率的公式可写为

$$P=UI=I^2R=\frac{U^2}{R} \tag{3-3-5}$$

3.3.2　电感元件电路

若把线圈的电阻略去不计，则线圈就仅含有电感，这种线圈被认为是纯电感元件。当把它与电源接通后，就组成一个电感电路。必须指出，实际上线圈总是有些电阻的，但是，我们研究这种纯电感元件的目的，是为了重点了解电感在交流电路中的作用，并为今后进一步分析串联、并联等交流电路打好基础。

1. 电感元件上电压与电流的关系

如图 3-3-3 中(a)所示，一电感元件 L 外接正弦电压 u 时，电感元件中就会有电流 i_L 通过。选择 i_L、u_L、e_L 的参考方向一致，如图 3-3-3(a)所示。

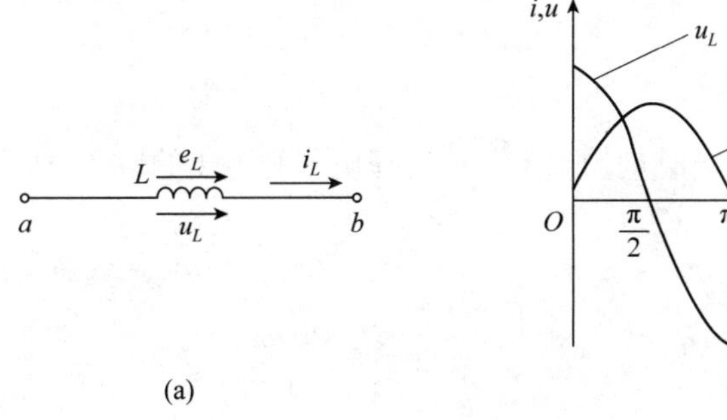

(a)　　(b)

图 3-3-3

则有

$$u_L=-e_L=L\frac{\mathrm{d}i_L}{\mathrm{d}t}$$

设电流 $i_L=I_{L\mathrm{m}}\sin(\omega t+\psi_i)$，则有

$$\begin{aligned}u_L&=L\frac{\mathrm{d}i_L}{\mathrm{d}t}=L\frac{\mathrm{d}}{\mathrm{d}t}[I_{L\mathrm{m}}\sin(\omega t+\psi_i)]\\&=\omega LI_{Lm}\cos(\omega t+\psi_i)\\&=\omega LI_{L\mathrm{m}}\sin\left(\omega t+\psi_i+\frac{\pi}{2}\right)\\&=U_{L\mathrm{m}}\sin(\omega t+\psi_u)\end{aligned}$$

即

$$u_L = U_{Lm}\sin(\omega t+\psi_u) \tag{3-3-6}$$

电流、电压对应的相量分别为

$$\dot{I}_L = I_L\angle\psi_i$$

$$\dot{U}_L = \omega L I_L\angle\psi_i + 90^\circ = \mathrm{j}\omega L I_L\angle\psi_i = \mathrm{j}\omega L\dot{I}_L = \mathrm{j}X_L\dot{I}_L$$

即

$$\dot{U}_L = \mathrm{j}X_L\dot{I}_L \tag{3-3-7}$$

式中：$X_L = \omega L = 2\pi f L$，称为感抗，单位为欧(Ω)。

式(3-3-7)的相量关系式包含了如下两个关系:

电感元件上电压、电流的大小关系为

$$U_{Lm} = X_L I_{Lm}，\ U_L = X_L I_L \tag{3-3-8}$$

电压、电流的相位关系为

$$\psi_u = \psi_i + \frac{\pi}{2} \tag{3-3-9}$$

可以看出电感上电压较电流越前 90°，或者说电流滞后电压 90°。共波形图如图 3-3-3(b)所示。

2. 电感元件的功率

1) 瞬时功率

瞬时功率就是电感元件在某一时刻的功率。在选择电流与电压的参考方向一致时，电感元件瞬时功率为

$$\begin{aligned} p_L = u_L i_L &= U_{Lm}\sin\left(\omega t+\frac{\pi}{2}\right)I_{Lm}\sin\omega t \\ &= U_{Lm}I_{Lm}\cos\omega t\sin\omega t = \frac{1}{2}U_{Lm}I_{Lm}\sin 2\omega t \\ &= U_L I_L\sin 2\omega t \end{aligned}$$

上式说明：电感元件的瞬时功率 P_L 也是随时间变化的正弦函数，其频率为电源频率的两倍。瞬时功率为正值时，电感元件把电源的能量储存在自身的磁场中；瞬时功率为负值时，则其把磁场储存的能量仍归还给电源。因而在电感元件中没有能量损耗，这一点从平均功率也可以看出。

2) 平均功率

平均功率为

$$P_L = \frac{1}{T}\int_0^T p_L \mathrm{d}t = \frac{1}{T}\int_0^T u_L i_L \mathrm{d}t = \frac{1}{T}\int_0^T U_L I_L\sin 2\omega t\mathrm{d}t = 0$$

由此可以看出，电感元件是储能元件，而不是耗能元件。

3) 无功功率

电感元件瞬时功率的最大值称为电感元件的**无功功率**，以 Q_L 表示，用来衡量电源与电感元件间的能量交换的最大速率。

无功功率公式为

$$Q_L = U_L I_L = I_L^2 X_L = \frac{U_L^2}{X_L} \tag{3-3-10}$$

无功功率的单位为乏[尔]，符号 Var。

3. 电感元件中储存的磁场能量

已知电感两端电压为

$$u_L = L\frac{\mathrm{d}i_L}{\mathrm{d}t}$$

电感元件吸收的瞬时功率为

$$p_{\mathrm{L}} = u_L i_L = L i_L \frac{\mathrm{d}i_L}{\mathrm{d}t}$$

电流从零上升到某一值时，电源供给的能量就储存在磁场中，其能量为

$$W_L = \int_0^t p_L \mathrm{d}t = \int_0^t u_L i_L \mathrm{d}t = \int_0^{i_L} L i_L \mathrm{d}i_L = \frac{1}{2} L i_L^2$$

所以磁场能量为

$$W_L = \frac{1}{2} L i_L^2 \tag{3-3-11}$$

磁场能量的单位为焦[耳](J)。

例 3.3.2　已知通过 L=0.2H 电感线圈的电流 $i=2\sqrt{2}\sin(314t+60^\circ)$A，求电感的端电压、线圈的无功功率 Q_{L} 和线圈储存的最大磁场能量 $W_{L\mathrm{m}}$，并画出相量图。

解：

$X_L = \omega L = 314 \times 0.2\Omega = 62.8\Omega$；

$\dot{I}_L = I_L \angle \Psi_i = 2\angle 60^\circ \mathrm{A}$；

$\dot{U}_L = \mathrm{j}X_L \dot{I}_L = \mathrm{j}62.8 \times 2\angle 60^\circ \mathrm{V} = 125.6\angle 150^\circ \mathrm{V}$；

$u_L = 125.6\sqrt{2}\sin(314t + 150^\circ)\mathrm{V}$；

$Q_L = U_L I_L = 125.6 \times 2\mathrm{var} = 251.2\mathrm{var}$。

线圈储存的最大磁场能量为

$$W_{L\mathrm{m}} = \frac{1}{2} L I_{L\mathrm{m}}^2 = \frac{1}{2} \times 0.2 \times \left(2\sqrt{2}\right)^2 \mathrm{J} = 0.8\mathrm{J}$$

相量图如图 3-3-4 所示。

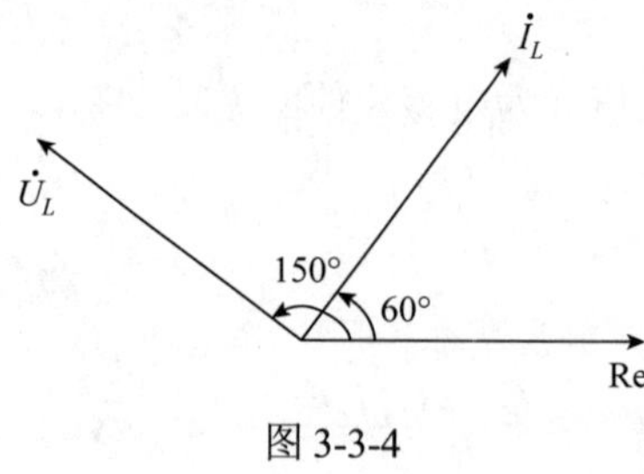

图 3-3-4

3.3.3 电容元件电路

1. 电容元件上电压与电流的关系

如图 3-3-5(a)所示，选定 u_C、i_C 的参考方向一致，设外接正弦交流电压为

$$u_C = U_{Cm}\sin(\omega t+\psi_u)$$

则电路中电流为

$$\begin{aligned} i_C &= C\frac{\mathrm{d}u_C}{\mathrm{d}t} = C\frac{\mathrm{d}}{\mathrm{d}t}[U_{Cm}\sin(\omega t+\psi_u)] \\ &= U_{Cm}\omega C\cos(\omega t+\psi_u) = U_{Cm}\omega C\sin\left(\omega t+\psi_u+\frac{\pi}{2}\right) \end{aligned}$$

即

$$i_C = I_{Cm}\sin(\omega t+\psi_i)$$

$$I_{Cm} = U_{Cm}\omega C = \frac{U_{Cm}}{X_C}$$

或

$$I = \frac{U_C}{X_C} \tag{3-3-12}$$

式(3-3-12)中：$X_C = \frac{1}{\omega C} = \frac{1}{2\pi f C}$，称为容抗，单位为 Ω。

电压与电流的相位关系：可以看出 u_C、i_C 为同频率正弦量，在关联方向下，i_C 比 u_C 超前 90°，相关波形图如图 3-3-5(b)所示。

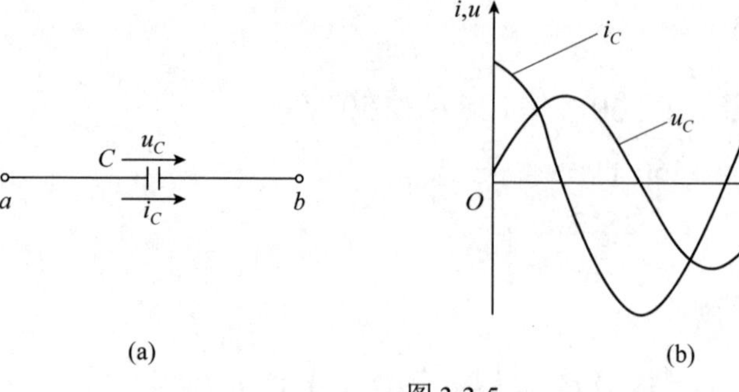

(a) (b)

图 3-3-5

$$\psi_i = \psi_u + \frac{\pi}{2} \tag{3-3-13}$$

将电流、电压用相量表示有

$$\dot{U}_C = U_C \angle \psi_u$$

$$\dot{I}_C = \omega C U_C \angle\left(\Psi_u + \frac{\pi}{2}\right) = \mathrm{j}\omega C \dot{U}_C = \mathrm{j}\frac{\dot{U}_C}{X_C}$$

即

$$\dot{U}_C = -\mathrm{j}X_C \dot{I}_C \tag{3-3-14}$$

式(3-3-14)即为电容元件上电压与电流的相量关系式。它既包含了电容元件上电压与电流的有效值关系 $U_C=I_CX_C$，又包含了电流越前电压 $\frac{\pi}{2}$ 的关系。

2. 电容元件的功率

1) 瞬时功率

选定 U_C、I_C 参考方向一致，则电容元件吸收的瞬时功率为

$$p_C = u_C i_C = U_{Cm}\sin\omega t \times I_{Cm}\sin\left(\omega t + \frac{\pi}{2}\right)$$

计算可得

$$p_C = U_C I_C \sin 2\omega t \tag{3-3-15}$$

由式(3-3-15)看出，电容元件的瞬时功率也是随时间而变化的正弦函数，其频率为电源频率的两倍。

2) 平均功率

电容元件在一周期内的平均功率为

$$P_C = \frac{1}{T}\int_0^T p_c \mathrm{d}t = \frac{1}{T}\int_0^T u_C i_C \mathrm{d}t = \frac{1}{T}\int_0^T U_C I_C \sin 2\omega t \mathrm{d}t = 0 \tag{3-3-16}$$

平均功率为零，说明电容元件不消耗电能。电容与电源之间只存在着能量的相互转换。

3) 无功功率

电容元件瞬时功率的最大值表示电源与电容间能量交换的最大速率，称为无功功率，以 Q_C 表示。电容元件的无功功率一般取负值，以表示与感性无功功率的区别。所以

$$Q_C = -U_C I_C = -I_C^2 X_C = -\frac{U_C^2}{X_C} \tag{3-3-17}$$

Q_C 的单位为乏(var)。

3. 电容元件中储存的电场能量

在 U_C、I_C 参考方向一致的情况下有

$$i_C = C\frac{\mathrm{d}u_C}{\mathrm{d}t}$$

而

$$p_C = u_C i_C = Cu_C\frac{\mathrm{d}u_C}{\mathrm{d}t}$$

当电容上的电压从零上升到 u_C 时，电源供给电容的能量即储存在电场中的能量为

$$W_C = \int_0^t p_C \mathrm{d}t = \int_0^{u_C} Cu_C \mathrm{d}u_C = \frac{1}{2}Cu_C^2$$

即

$$W_C = \frac{1}{2}Cu_C^2 \tag{3-3-18}$$

例 3.3.3 流过 50μF 电容的电流为 $i = 141\sin(300t + 60^\circ)\text{mA}$，试求电容元件两端的电压 u_C，功率 P_C、Q_C 及其储存的最大电场能量 W_{Cm}，并绘出相量图。

解： 选定 u_C 的参考方向与 i_C 的参考方向一致，由于

$$\begin{aligned}\dot{I}_C &= 100\times10^{-3}\angle60^\circ\,\text{A} = 0.1\angle60^\circ\,\text{A}\\ X_C &= \frac{1}{\omega C} = \frac{1}{300\times50\times10^{-6}}\Omega = 66.7\Omega\\ \dot{U}_C &= -\text{j}X_C\dot{I}_C = -\text{j}66.7\times0.1\angle60^\circ\,\text{V}\\ &= 66.7\angle-90^\circ\times0.1\angle60^\circ\,\text{V}\\ &= 6.67\angle-30^\circ\,\text{V}\end{aligned}$$

所以

$$u_C = 6.67\sqrt{2}\sin(300t - 30^\circ)\text{V}$$

有功功率为

$$P_C = 0\text{W}$$

无功功率为

$$Q_C = -U_C I_C = -6.67\times0.1\text{var} = -0.667\text{var}$$

储存的最大电场能量为

$$\begin{aligned}W_{\text{Cm}} &= \frac{1}{2}CU_{\text{Cm}}^2\\ &= \frac{1}{2}\times50\times10^{-6}\times(6.67\sqrt{2})^2\,\text{J}\\ &= 2.2\times10^{-3}\,\text{J}\end{aligned}$$

相量图如图 3-3-6 所示。

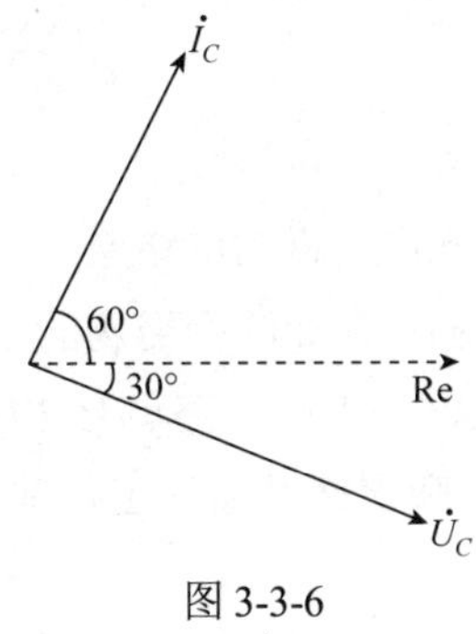

图 3-3-6

应用与实践

旧型荧光灯照明电路中的镇流器就是一个铁心电感，这个电感在荧光灯启动时要产生较大的感应电压，与电源电压叠加使荧光灯启动，在电路正常工作时，镇流器还起到分压的作用，分走一部分电源电压，使荧光灯管两端得到低于电源电压的工作电压，由于镇流器的线圈电阻较小，所以工作时耗能也较少。

利用电容的容抗降压，可以对电风扇进行调速。电感和电容还经常用于调频、调谐电路中。

同步训练

1. 一个电阻元件的端电压为$u_R=100\sqrt{2}\sin(\omega t+30^{\circ})\text{V}$，平均功率为$P=50\text{W}$。求：(1)电阻 R；(2)电流的瞬时值表达式 i_R；(3)画出相量图。

2. 将一个 0.5H 的电感接于电压$U=220\text{V}$，频率为 f=50Hz 的正弦交流电源上，求感抗 X_L 和电流的有效值 I。若电压的初相为零，试画出相量图。

3. 一个电感元件的端电压$u_L=220\sqrt{2}\sin(314t-30^{\circ})\text{V}$，$X_L=20\Omega$，求电流 i_L、储能 W_L 及无功功率 Q_L，并画出相量图。

4. 一个 30μF 的电容元件，通过它的电流为$i_C=4\sqrt{2}\sin(500t-130^{\circ})\text{A}$，求电容上电压 u_C 的解析式，并画出相量图。

5. 已知 X_C=100Ω，$u_C=300\sqrt{2}\sin(500t+100^{\circ})\text{V}$，求 i_C 及无功功率 Q_C。

3.4 *RLC* 串联电路

本课任务

1. 掌握 *RLC* 串联电路的分析计算方法。
2. 掌握 *RLC* 串联电路的相量分析法及功率、能量的计算。
3. 学会判断电路的性质。

实例链接

图 3-4-1 所示为某款洗衣机脱水电动机的电路原理图，其中的电容是启动电容，它与电动机的线圈串联，起到改变电流相位从而改变磁场的相位使电动机启动的作用，由于电动机的线圈本身有电阻存在，所以，该串联支路就是 *RLC* 串联电路，这样的电路在实际生活和工作中随处可见。那么该串联支路是如何工作的呢？通过本节的学习，我们将学会分析这样的问题。

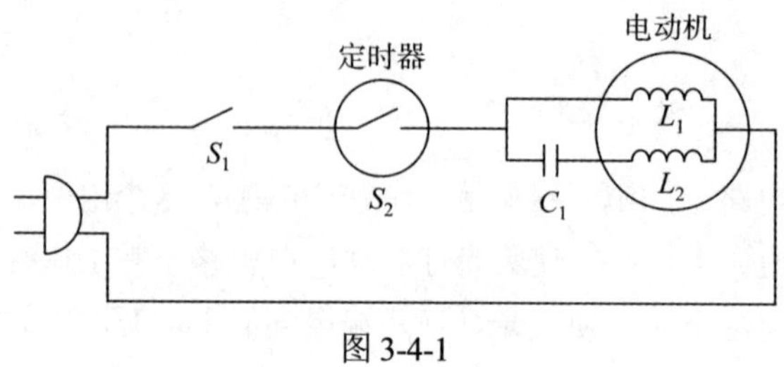

图 3-4-1

任务实施

3.4.1 *RLC* 串联电路中电压与电流的关系

RLC 串联电路的相量模型如图 3-4-2 所示，按习惯选定有关各量的参考方向为关联参考方向，如图所示。

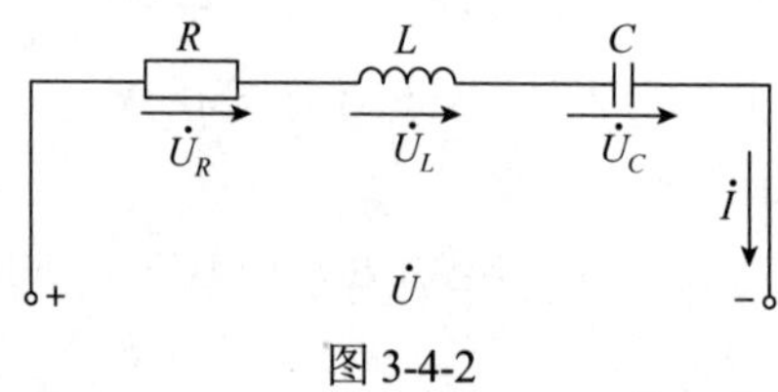

图 3-4-2

以电流为参考量，设电路中电流为$i = I_m \sin\omega t$，则各对应量的相量为

$$\dot{I} = I\angle 0^\circ$$

$$\dot{U}_R = R\dot{I}$$

$$\dot{U}_L = \mathrm{j}X_L\dot{I}$$

$$\dot{U}_C = -\mathrm{j}X_C\dot{I}$$

根据 KVL 得

$$\dot{U} = \dot{U}_R + \dot{U}_L + \dot{U}_C = R\dot{I} + \mathrm{j}X_L\dot{I} - \mathrm{j}X_C\dot{I}$$
$$= \left(R + \mathrm{j}X_L - \mathrm{j}X_C\right)\dot{I} = Z\dot{I}$$

即

$$\dot{U} = \dot{Z}\dot{I} \tag{3-4-1}$$

式(3-4-1)就是串联电路相量形式的欧姆定律。式中：

$Z = R + \mathrm{j}(X_L - X_C) = R + \mathrm{j}X = |Z|\angle\varphi$，称为**复阻抗**；

$|Z| = \sqrt{R^2 + (X_L - X_C)^2}$ 是复数阻抗的模，称为**阻抗**；

$\varphi = \arctan\dfrac{X}{R} = \arctan\dfrac{X_L - X_C}{R}$，称为**阻抗角**，也就是电压超前电流的角度；

$X = X_L - X_C$，称为串联电路的**电抗**，X 可为正，也可为负。

3.4.2　*RLC* 串联电路的性质

根据串联元件的参数不同，串联电路的性质可分为以下三种情况。

1. 感性电路

当 $X_L > X_C$，即 $X > 0$ 时，阻抗角 φ 为正值，电路呈感性，此时电路中电压超前电流，$U_L > U_C$，此时无功功率 $Q > 0$，其相量图如图 3-4-3(a)所示。

2. 容性电路

当 $X_L < X_C$，即 $X < 0$ 时，φ 为负值，电路呈容性，此时电路中电流超前电压，$U_L < U_C$，此时无功功率 $Q < 0$，其相量图如图 3-4-3(b)所示。

3. 电阻性电路

当 $X_L = X_C$，即 $X = 0$ 时，$U_L = U_C$，$\varphi = 0$，电路呈电阻性，电压与电流同相。此时无功功率 $Q = 0$，其相量图如图 3-4-3(c)所示。

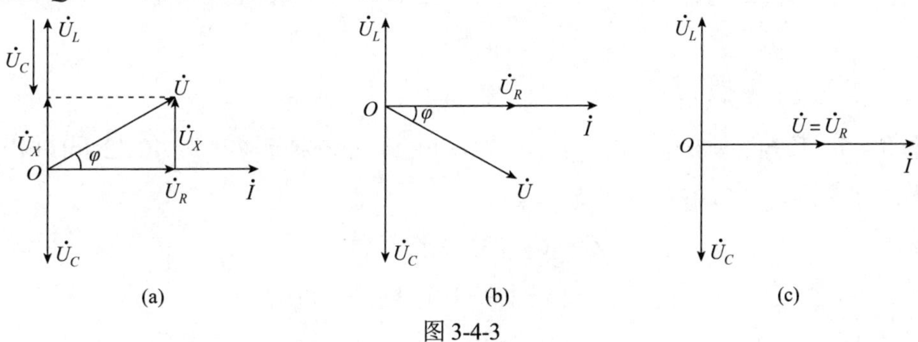

图 3-4-3

3.4.3　*RLC* 串联电路的功率

1. 有功功率

$$P = UI\cos\varphi = U_R I = I^2 R \tag{3-4-2}$$

2. 无功功率

$$Q = UI\sin\varphi = U_X I = I^2 X \qquad (3\text{-}4\text{-}3)$$

式中：$U_X = U_L - U_C$。

3. 视在功率

$$S = UI = \sqrt{P^2 + Q^2} \qquad (3\text{-}4\text{-}4)$$

3.4.4 三个三角形

上面的推导涉及到了三个关系式：

$$U = \sqrt{U_R^{\ 2} + (U_L - U_C)^2} = \sqrt{U_R^{\ 2} + U_X^{\ 2}}$$

$$|Z| = \sqrt{R^2 + X^2}$$

$$S = \sqrt{P^2 + Q^2}$$

将这三个关系式分别用三角形表示，如图3-4-4所示，这三个三角形分别称为电压三角形、阻抗三角形和功率三角形，其中角φ都是阻抗角(请思考三个三角形对应边长之间的关系)。

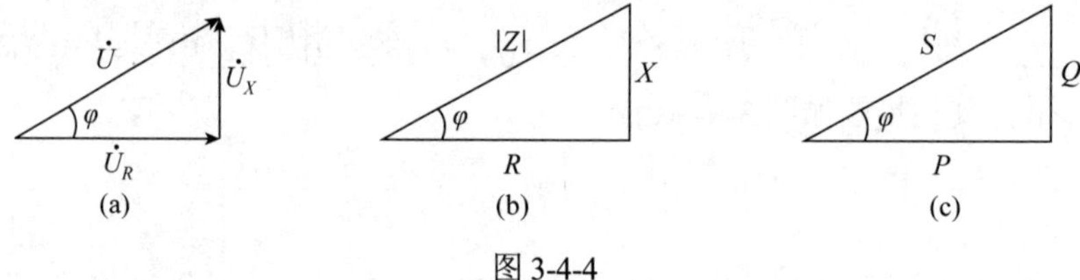

图3-4-4

例 3.4.1 已知$R = 8\Omega$，$X_L = 4\Omega$，$X_C = 10\Omega$，串联接于电压u=$40\sqrt{2}\sin(t+120^\circ)$V的电源上，求$Z$、$i$及功率$P$、$Q$、$S$。

解：

$$\begin{aligned} Z &= R + \mathrm{j}(X_L - X_C) \\ &= [8 + \mathrm{j}(4 - 10)]\Omega = (8 - \mathrm{j}6)\Omega \\ &= 10\angle -36.9^\circ\,\Omega \end{aligned}$$

$$\dot{I} = \frac{\dot{U}}{Z} = \frac{40\angle 120^\circ}{10\angle -36.9^\circ} = 4\angle 156.9^\circ\,\mathrm{A}$$

所以i=$4\sqrt{2}\sin(\omega t+156.9^\circ)$。

有功功率为

$$P = UI\cos\varphi = 40\times 4\cos(-36.9^\circ)\mathrm{W} = 128\mathrm{W}$$

无功功率为

$$Q = UI\sin\varphi = 40 \times 4\sin(-36.9^{\circ})\ \text{var} = -96\text{var}$$

视在功率为

$$S = UI = 40 \times 4\text{V}\cdot\text{A} = 160\text{V}\cdot\text{A}$$

例 3.4.2　已知电阻 $R = 30\Omega$，电感 $L = 382\text{mH}$，电容 C=40μF 组成的串联电路，接于电源电压为 $u=220\sqrt{2}\sin(314t+100^{\circ})$V 的电源两端，试求 Z、$\dot{I}$、$\dot{U}_R$、$\dot{U}_L$、$\dot{U}_C$ 并画出相量图。

解：按习惯选定 u、i、u_R、u_L、u_C 参考方向一致，则

$$Z = R + \text{j}(X_L - X_C) = \left[30 + \text{j}\left(314 \times 0.382 - \frac{1}{314 \times 40 \times 10^{-6}}\right)\right]\Omega$$

$$= \left[30 + \text{j}(120 - 80)\right]\Omega = (30 + \text{j}40)\Omega = 50\angle 53.1^{\circ}\Omega$$

又

$$\dot{U} = 220\angle 100^{\circ}\text{V}$$

则

$$\dot{I} = \frac{\dot{U}}{Z} = \frac{220\angle 100^{\circ}}{50\angle 53.1^{\circ}}\text{A} = 4.4\angle 46.9^{\circ}\text{A}$$

$$\dot{U}_R = R\dot{I}_R = 30 \times 4.4\angle 46.9^{\circ}\text{V} = 132\angle 46.9^{\circ}\text{V}$$

$$\dot{U}_L = \text{j}X_L\dot{I} = 120\angle 90^{\circ} \times 4.4\angle 46.9^{\circ} = 528\angle 136.9^{\circ}\text{V}$$

$$\dot{U}_C = -\text{j}X_C\dot{I} = 80\angle -90^{\circ} \times 4.4\angle 46.9^{\circ} = 352\angle -43.1^{\circ}\text{V}$$

相量图如图 3-4-5 所示。

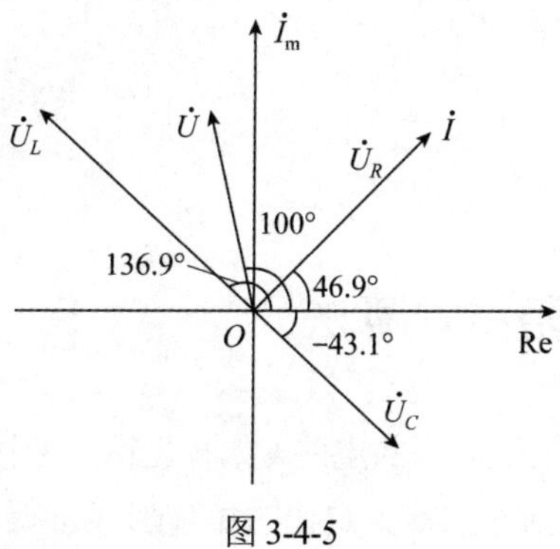

图 3-4-5

同步训练

1. 一个 RLC 串联电路中 R=400Ω，L=0.2H，C=2000μF，通过的电流是 $i = 2\sin1000t$A。

求电路的端电压及有功、无功和视在功率。

2. 为测定一个线圈的参数 L 和 R，将其与一个电阻 R'串联，接到频率 $f=50\text{Hz}$ 的正弦电源上，如图 3-4-6 所示，电源电压为 $U=50\text{V}$，此时测得 R' 两端的电压 $U_1=20\text{V}$，线圈两端电压 $U_2=40\text{V}$，且电路中的电流 $I=1\text{A}$，求线圈的电感 L 和电阻 R，并计算线圈的无功功率 Q。

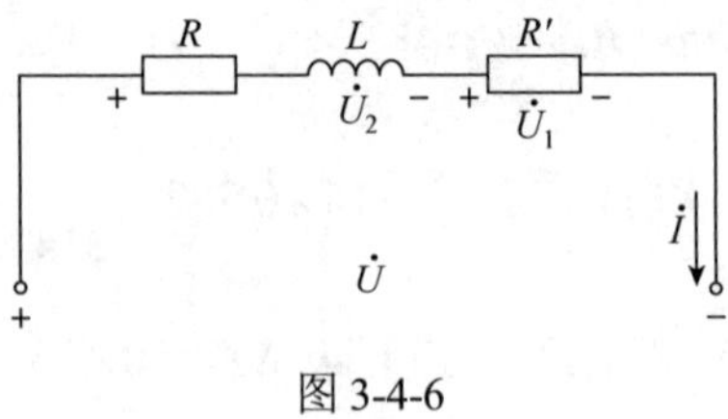

图 3-4-6

3.5 并联电路的计算

本课任务

1. 掌握 RLC 并联电路的分析计算方法。
2. 熟练掌握并联电路的相量分析法。

实例链接

实际生产生活中我们经常使用 RLC 并联电路，我们的家用电器中也大量使用着并联电路。例如，当我们走进学校或工厂的配电室的时候，会看到在配电柜上连接着许多移相电容器，这是为什么呢？因为我们使用的电路大多数都是感性电路，其等效电路都是 RL 串联电路，要节约电能，就要对这种电路并联一定的电容器或电容性元件，以改变电流与电压的相位差，提高电路的功率因数，到达节约电能的目的。这些都需要学会并联电路的分析与计算。

任务实施

3.5.1 并联电路的复阻抗计算法

图3-5-1(a)所示为两个复阻抗并联的电路，如果把两个复阻抗等效成一个复阻抗，则可得图 3-5-1(b)所示的电路。根据基尔霍夫定律的相量形式可得

$$\dot{I}=\dot{I}_1+\dot{I}_2=\frac{\dot{U}}{Z_1}+\frac{\dot{U}}{Z_2}=\dot{U}\left(\frac{1}{Z_1}+\frac{1}{Z_2}\right)$$

而在图 3-5-1(b)所示的电路中有

$$\dot{I}=\frac{\dot{U}}{Z}$$

比较两式可得

$$\frac{1}{Z}=\frac{1}{Z_1}+\frac{1}{Z_2} \tag{3-5-1}$$

即两个复阻抗并联的等效复阻抗为

$$Z=\frac{Z_1Z_2}{Z_1+Z_2} \tag{3-5-2}$$

同样，当多个复阻抗并联时有

$$\frac{1}{Z}=\sum_k\frac{1}{Z_k} \tag{3-5-3}$$

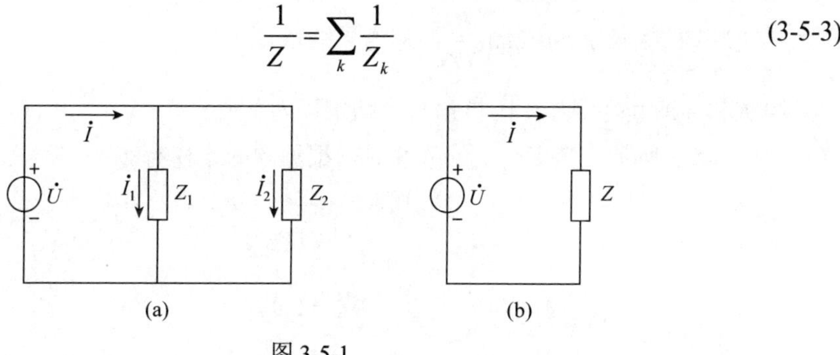

图 3-5-1

例 3.5.1　已知两个复阻抗 $Z_1=(3+\mathrm{j}4)\Omega$，$Z_2=(10+\mathrm{j}10)\Omega$，并联后接于电源电压为 $u=220\sqrt{2}\sin(314t+30^{\circ})\mathrm{V}$ 的电源上，电路如图 3-5-1(a)所示，试求其等效复阻抗 Z、支路电流 $\dot{I}_1$、$\dot{I}_2$ 和总电流 $\dot{I}$。

解：

$$\dot{U}=220\angle 30^{\circ}\ \mathrm{V}$$

$$Z_1=(3+\mathrm{j}4)\Omega=5\angle 53.1^{\circ}\ \Omega$$

$$Z_2=(10+\mathrm{j}10)\Omega=10\sqrt{2}\angle 45^{\circ}\ \Omega$$

$$\dot{I}_1=\frac{\dot{U}}{Z_1}=\frac{220\angle 30^{\circ}}{5\angle 53.1^{\circ}}\mathrm{A}=44\angle -23.1^{\circ}\ \mathrm{A}=(40.5-\mathrm{j}17.3)\mathrm{A}$$

$$\dot{I}_2=\frac{\dot{U}}{Z_2}=\frac{220\angle 30^{\circ}}{10\sqrt{2}\angle 45^{\circ}}\mathrm{A}=(11\sqrt{2}\angle -15^{\circ})\mathrm{A}=(15-\mathrm{j}4)\mathrm{A}$$

$$\dot{I}=\dot{I}_1+\dot{I}_2=(40.5-\mathrm{j}17.3+15-\mathrm{j}4)\mathrm{A}=(55.5-\mathrm{j}21.3)\mathrm{A}=59.4\angle -21^{\circ}\ \mathrm{A}$$

$$Z=\frac{\dot{U}}{\dot{I}}=\frac{220\angle 30^{\circ}}{59.4\angle -21^{\circ}}\Omega=3.7\angle 51^{\circ}\ \Omega$$

3.5.2 并联电路的复导纳计算法

利用式(3-5-3)可以计算多个复阻抗并联时的等效复阻抗，但是计算比较麻烦，因此在计算分析并联电路时，即常引入复导纳计算法。复导纳就是复阻抗的倒数，通常用 Y 来表示，单位是西[门子](S)。

$$Y = \frac{1}{Z} \tag{3-5-4}$$

令 $Z = R + \mathrm{j}X$，则

$$Y = \frac{1}{R + \mathrm{j}X} = \frac{R - \mathrm{j}X}{R^2 + X^2} = \frac{R}{|Z|^2} + \mathrm{j}\frac{-X}{|Z|^2} = G + \mathrm{j}B = |Y|\angle\varphi' \tag{3-5-5}$$

式中：Y 的实部 $G = \dfrac{R}{|Z|^2}$ 称为电导；Y 的虚部 $B = \dfrac{-X}{|Z|^2}$ 称为电纳；Y 的模 $|Y| = \sqrt{G^2 + B^2}$ 称为导纳；Y 的幅角 $\varphi' = \arctan\dfrac{B}{G}$，称为导纳角。

阻抗和导纳互为倒数，阻抗角与导纳角互为负值。

如图 3-5-2 所示，当多个支路并联时，根据欧姆定律有

$$\dot{I}_1 = \dot{U} Y_1$$

$$\dot{I}_2 = \dot{U} Y_2$$

$$\vdots$$

$$\dot{I}_n = \dot{U} Y_n \dot{U}$$

$$\dot{I} = \dot{I}_1 + \dot{I}_2 + \cdots + \dot{I}_n = \dot{U}(Y_1 + Y_2 + \cdots + Y_n) = \dot{U} Y$$

$$Y = Y_1 + Y_2 + \cdots + Y_n = G_1 + \mathrm{j}B_1 + G_2 + \mathrm{j}B_2 + \cdots + G_n + \mathrm{j}B_n = G + \mathrm{j}B$$

式中：

$$G = G_1 + G_2 + \cdots + G_n = \sum_{k=1}^{n} G_k$$

$$B = B_1 + B_2 + \cdots + B_n = \sum_{k=1}^{n} B_k$$

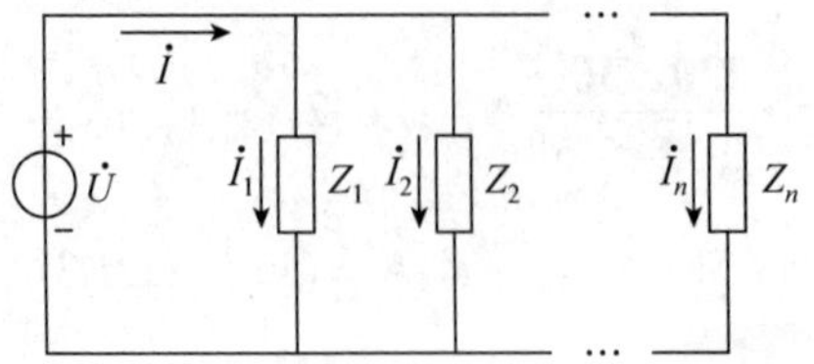

图 3-5-2

例 3.5.2 电路如图 3-5-3 所示，R=10Ω，L=0.25H，C=50μF，电源电压为 $u = 10\sqrt{2}\sin 1000t$ V，求并联支路的等效复导纳和总电流 i。

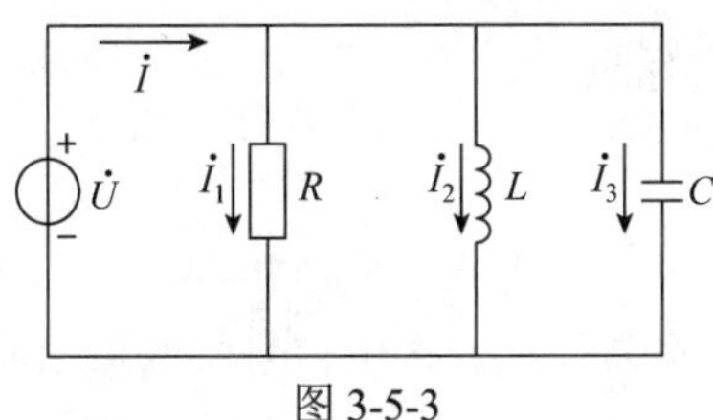

图 3-5-3

解：

$$Y_1 = G_1 = \frac{1}{R} = 0.1\text{S}$$

$$Y_2 = \frac{1}{\text{j}\omega L} = -\text{j}\frac{1}{10^4 \times 0.25 \times 10^{-3}}\text{S} = -\text{j}0.4\text{S}$$

$$Y_3 = \text{j}\omega C = \text{j} \times 10^4 \times 50 \times 10^{-6}\text{S} = \text{j}0.5\text{S}$$

$$Y = Y_1 + Y_2 + Y_3 = (0.1 + \text{j}0.5 - \text{j}0.4)\text{S} = (0.1 + \text{j}0.1)\text{S} = 0.141\angle 45^\circ \text{S}$$

$$\dot{I} = Y\dot{U} = 0.141\angle 45^\circ \times 10\angle 0^\circ \text{A} = 1.41\angle 45^\circ \text{A}$$

$$i = 2\sin(10000t + 45^\circ)\text{A}$$

同步训练

1. 电路如图 3-5-4 所示，$R_1 = 40\Omega$，$R_2 = 40\Omega$，$\text{R}_3 = 60\Omega$，$L = 42.9$ mH，$C = 17.8\mu\text{F}$ 电源电压为 $u = 311\sin 700t$ V，求：(1)各支路电流及总电流；(2)电路的有功功率、无功功率、视在功率。

2. 图 3-5-5 所示的电路中，R_1=30Ω，R_2=100Ω，L=1mH，C=0.1μF，电流 $i_2 = 2\sqrt{2}\sin(10^5 t + 60^\circ)\text{A}$，求电路的等效复阻抗 Z 及电源电压 u。

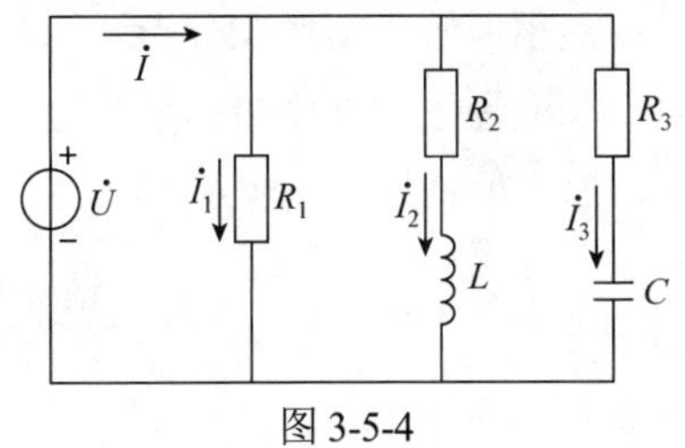

图 3-5-4

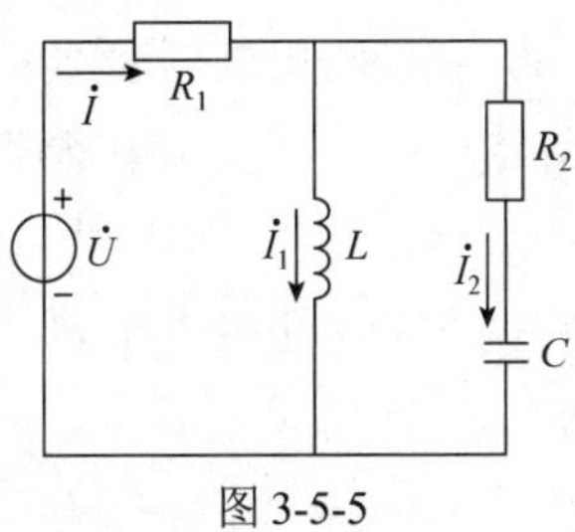

图 3-5-5

3. 某无源二端网络的端电压是 $u = 100\sin(100t + 30^\circ)\text{V}$，通过的电流为 $i = 2\sin(100t + 60^\circ)\text{A}$，求该网络的等效复阻抗和复导纳。

3.6 串联谐振电路

本课任务

1. 掌握串联谐振的条件和特征。
2. 学会串联谐振电路的分析计算。

3. 了解串联谐振电路的实际应用。

实例链接

在电子和无线电工程中，经常要从许多电信号中选取出我们所需要的电信号，而同时把不需要的电信号加以抑制或滤出。为此就需要有一个选择电路，即谐振电路。另一方面，在电力工程中，有可能由于电路中出现谐振而产生某些危害，如造成过电压或过电流。因此，对谐振电路的研究，无论是从利用方面，还是从限制其危害方面来看，都有着重要意义。

任务实施

3.6.1 串联谐振的定义和条件

在电阻、电感、电容串联的电路中，当电路端电压和电流同相时，电路呈电阻性，电路的这种状态称为**串联谐振**。

先做一个简单的实验：如图 3-6-1 所示，将三个元件 R、L 和 C 与一个小灯泡 H 串联，接在频率可调的正弦交流电源上，并保持电源电压不变。

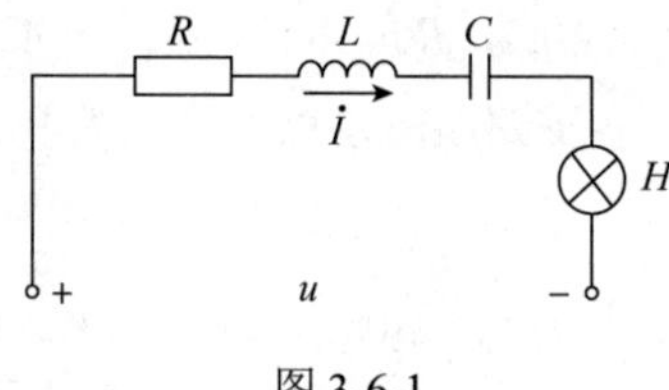

图 3-6-1

实验时，我们将电源频率逐渐由小调大，发现小灯泡也慢慢由暗变亮。当达到某一频率时，小灯泡最亮，而当频率继续增加时，又会发现小灯泡慢慢由亮变暗。小灯泡亮度随频率改变而变化，意味着电路中的电流随频率而变化，怎么解释这个现象呢？

在电路两端加上正弦电压 U，根据欧姆定律有

$$I = \frac{U}{|Z|}$$

式中：

$$|Z| = \sqrt{R^2 + (X_L - X_C)^2} = \sqrt{R^2 + \left(\omega L - \frac{U}{\omega C}\right)^2}$$

ωL 和 $\dfrac{1}{\omega C}$ 都是频率的函数，当频率较低时，容抗大而感抗小，阻抗 $|Z|$ 较大，电流较小；当频率较高时，感抗大而容抗小，阻抗 $|Z|$ 也较大，电流也较小；但在这两个频率之间，总会有某一频率，在这个频率时，容抗和感抗恰好相等，这时阻抗最小且为纯电阻，所以电流最大并且与端电压同相，这就发生了串联谐振。

根据上述分析，串联谐振的条件为

$$X_L = X_C$$

即

$$\omega_0 L = \frac{1}{\omega_0 C}$$

$$\omega_0 = \frac{1}{\sqrt{LC}} \tag{3-6-1}$$

$$f_0 = \frac{1}{2\pi\sqrt{LC}} \tag{3-6-2}$$

式中：ω_0 称为**谐振角频率**；f_0 称为**谐振频率**。可见，当电路的参数 L 和 C 一定时，谐振频率也就确定了。如果电源的频率一定，可以通过调节 L 或 C 的大小来实现谐振。

3.6.2　串联谐振的特点

(1) 串联谐振时，$X_L = X_C$，故谐振时电路的阻抗大小为$|Z_0| = R$，其值最小，且为纯电阻。

(2) 串联谐振时，因阻抗最小，在电源电压 U 一定时，电流最大，其值为

$$I_0 = \frac{U}{|Z_0|} = \frac{U}{R}$$

由于电路呈纯电阻性，故电流与电源电压同相，其相位差 $\varphi=0$。

(3) 串联谐振时，电阻两端电压等于总电压，电感和电容两端的电压相等，其大小为总电压的 Q 倍，即

$$U_R = I_0 R = \frac{U}{R} R = U$$

$$U_{L0} = I_0 X_L = \frac{\omega_0 L}{R} U = \frac{1}{\omega_0 CR} U = I_0 X_C = U_{C0} = QU$$

式中：Q 称为串联谐振电路的**品质因数**，其值为

$$Q = \frac{\omega_0 L}{R} = \frac{1}{\omega_0 CR} \tag{3-6-3}$$

谐振电路中的品质因数，一般可达 100 左右，可见，电感和电容上的电压比电源电压大很多倍，故串联谐振又称**电压谐振**。线圈的电阻越小，电路消耗的能量也越小，就表示电路品质好，品质因数高；线圈的电感越大，储存的能量也就越多，而损耗保持一定时，同样也说明电路品质好，品质因数高。所以在电子技术中，由于外来信号微弱，常常利用串联谐振来获得一个与信号电压频率相同但大很多倍的电压。

(4) 串联谐振时，电路的电抗为零，感抗和容抗相等，称为谐振电路的**特性阻抗**。即

$$\omega_0=\frac{1}{\sqrt{LC}}$$

$$\omega_0 L=\frac{1}{\sqrt{LC}}L=\sqrt{\frac{L}{C}}$$

$$\frac{1}{\omega_0 C}=\frac{1}{\frac{1}{\sqrt{LC}}C}=\sqrt{\frac{L}{C}}$$

$$\omega_0 L=\frac{1}{\omega_0 C}=\sqrt{\frac{L}{C}}=\rho \tag{3-6-4}$$

(5) 串联谐振时，电能仅供给电路中电阻消耗，电源与电路间不发生能量转换，而电感与电容间进行着磁场能量和电场能量的转换。电感和电容上储存的能量总和为一常数。即

$$W_L+W_C=\frac{1}{2}LI_{\mathrm{m0}}^2=\frac{1}{2}CU_{\mathrm{Cm0}}^2 \tag{3-6-5}$$

例 3.6.1 RLC 串联电路，接于电压为 3V 的正弦交流电源上，已知 R=20Ω，L=2mH，C=320pF，试求谐振频率 f_0、谐振角频率 ω_0、谐振电流 I_0 及电路的品质因数 Q。谐振时电感上电压 U_{L0} 和电容上的电压 U_{C0} 各是多少？

解：

$$\omega_0=\frac{1}{\sqrt{LC}}=\frac{1}{\sqrt{2\times10^{-3}\times320\times10^{-12}}}\text{rad/s}=1.25\times10^6\text{rad/s}$$

$$f_0=\frac{1}{2\pi\sqrt{LC}}=\frac{1.25\times10^6}{2\pi}\mathrm{H_Z}=19.9\times10^4\mathrm{H_Z}=199\text{kHz}$$

$$I_0=\frac{U}{Z_0}=\frac{U}{R}=\frac{3}{20}\text{A}=0.15\text{A}$$

$$Q=\frac{\omega_0 L}{R}=\frac{1.25\times10^6\times2\times10^{-3}}{20}=125$$

$$U_{L0}=QU=125\times3\text{V}=375\text{V}$$

$$U_{C0}=U_{L0}=375\text{V}$$

3.6.3 谐振电路的选择性

由上面的分析可以看出，串联揩振电路具有“选频”的本领。如果一个谐振电路，能

够比较有效地从邻近的不同频率中选择出所需要的频率，而相邻的不需要的频率对它产生的干扰影响很小，我们就说这个谐振电路的选择性好，也就是说它具有较强的选择信号的能力。

如果以频率 f(或 ω)作为自变量，把回路电流 I 作为它的函数，绘成函数曲线，就得到图 3-6-2 所示的谐振曲线。显然，谐振曲线越陡，选择性越好。那么谐振电路选择性的好坏由什么因素决定呢？

在 RLC 串联电路中，设端电压为 U，阻抗为$|Z|$，则

$$I=\frac{U}{|Z|}=\frac{U}{\sqrt{R^2+\left(\omega L-\dfrac{1}{\omega C}\right)^2}}$$

$$=\frac{U}{\sqrt{R^2+\left(\dfrac{\omega}{\omega_0}\omega_0 L-\dfrac{\omega_0}{\omega_0}\dfrac{1}{\omega_0 C}\right)^2}}$$

$$=\frac{U}{\sqrt{R^2+(\omega_0 L)^2\left(\dfrac{\omega}{\omega_0}-\dfrac{\omega_0}{\omega}\right)^2}}$$

$$=\frac{U}{R\sqrt{1+\dfrac{(\omega_0 L)^2}{R^2}\left(\dfrac{\omega}{\omega_0}-\dfrac{\omega_0}{\omega}\right)^2}}$$

式中：$\dfrac{\omega_0 L}{R}=Q$，$\dfrac{U}{R}=I_0$，所以

$$I=\frac{I_0}{\sqrt{1+Q^2\left(\dfrac{\omega}{\omega_0}-\dfrac{\omega_0}{\omega}\right)^2}} \tag{3-6-6}$$

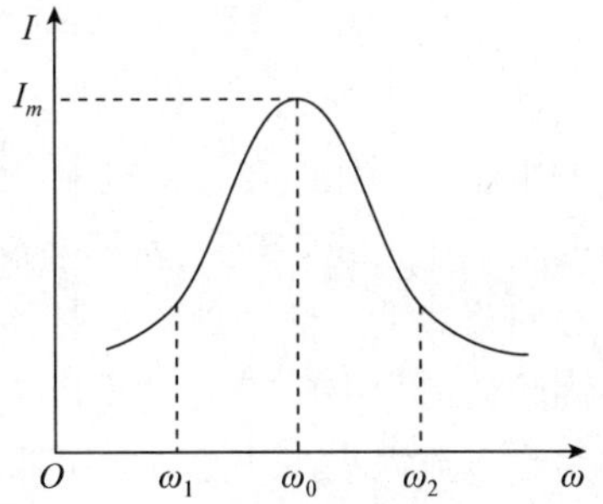

图 3-6-2

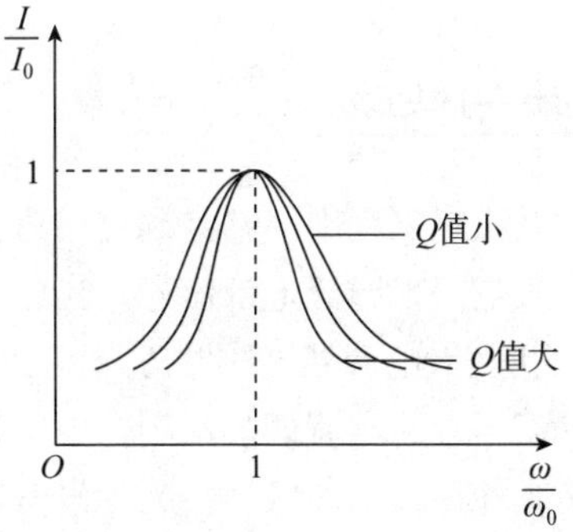

图 3-6-3

从式(3-6-6)中可看出，电流对频率的变化关系与品质因数有关，式(3-6-6)还可以改写成以下形式：

$$\frac{I}{I_0}=\frac{1}{\sqrt{1+Q^2\left(\dfrac{\omega}{\omega_0}-\dfrac{\omega_0}{\omega}\right)^2}} \tag{3-6-7}$$

从而可画出 I/I_0 随 ω/ω_0 的变化曲线，如图 3-6-3 所示。可看出 Q 值越大，在一定的频率偏离下，电流衰减得越厉害，其谐振曲线越陡。因此，在电子技术中，常用品质因数 Q 值的大小或高低来体现选择性的好坏。

在谐振电路中，Q 值是不是越高越好呢？对这个问题要进行全面分析。在电子技术上，所传输的信号往往不是具有单一频率的信号，而是包含着一个频率范围，称为频带。例如，广播电台播放的音乐节目，频带宽度可达十几千赫。为了保证收音机不失真地重现原来的节目，就要求调谐回路具有足够宽的频带。若 Q 值过高，就会使一部分需要传输的频率被抑制掉，造成信号失真。

事实上，要想在规定的频带内，使信号电流都等于谐振电流 I_0 是不可能的。在电子技术上规定，当回路外加电压的幅值不变时，电路中产生的电流不小于谐振值的 $1/\sqrt{2}$ 倍的一段频率范围，称为谐振电路的**通频带**，简称**带宽**。通频带用 B 或 Δf 表示，即 $B=\Delta f=f_2-f_1$。式中 f_1、f_2 是通频带低端和高端频率，如图 3-6-4 所示。

可以证明：

$$B=\frac{f_0}{Q} \tag{3-6-8}$$

由以上分析可看出，增大谐振电路的品质因数 Q，可以提高电路的选择性，但却使通频带变窄了，接收的信号就容易失真，所以两者是矛盾的。在实际应用中，如何处理这两者关系，需要对具体问题具体分析，可以有所侧重，也可以两者兼顾。

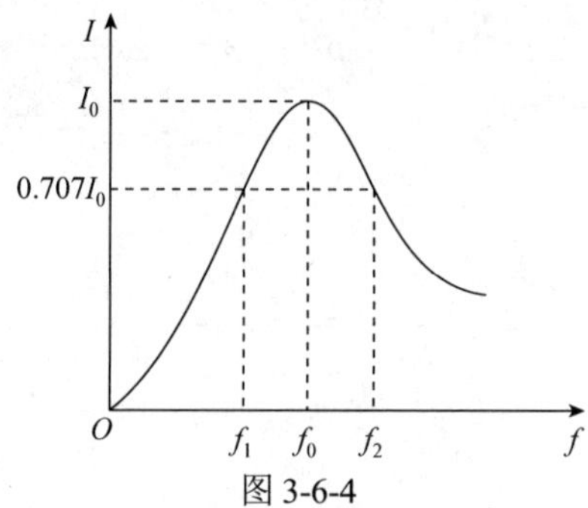

图 3-6-4

应用与实践

在无线电工程中，常常利用串联谐振以获得较高的电压。例如，在收音机中，常利用串联谐振电路来选择电台信号，当各种不同频率信号的电波在天线上产生感应电流时，如图 3-6-5 所示，电流经过线圈 L_1 感应到线圈 L_2。如果 L_2C 回路对某一信号频率发生谐振时，回路中该信号的电流最大，则在电容器两端产生一个高于该信号电压 Q 倍的电压 U_{C0}，而对于其他各种频率的信号，因为没有发生谐振，在回路中电流很小，从而被电路抑制掉。所以，我们可以改变电容器的电容 C，来改变回路的谐振频率以选择所需要的电台信号。

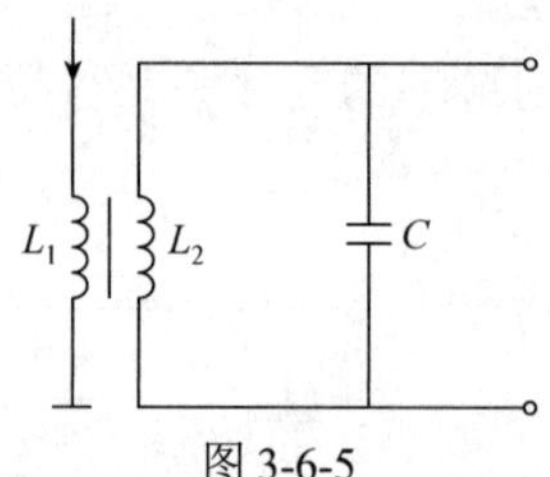

图 3-6-5

同步训练

1. 串联谐振的条件是什么？串联谐振的特点有哪些？

2. R、L、C 串联接于 2V 的交流电源上，已知 R=10Ω，Q=100，求谐振阻抗 Z_0、谐振电流 I_0 及谐振时各元件上的电压 U_{R0}、U_{L0}、U_{C0}。

3. 已知串联谐振电路谐振时电阻上的电压为 2V，电感上的电压为 200V，R=10Ω，L=0.1H，求谐振电流 I_0、品质因数 Q、谐振频率 f_0 及谐振角频率 ω_0。

4. 一个 R=50Ω、L=4mH 的线圈与一个 C=160pF 的电容相串联，接到有效值为 25V 而频率可调的正弦交流电源上，求谐振频率 f_0、谐振电流 I_0 和电容上电压 U_{C0}。

3.7 并联谐振电路

本课任务

1. 理解并联谐振电路的特点。
2. 掌握并联谐振电路分析计算方法。
3. 了解并联谐振电路的应用。

实例链接

并联谐振电路在实际生活中有着广泛的应用，在无线电电子技术中经常采用并联谐振电路来进行选频。图 3-7-1(a)所示为一个放大电路，当把电路中的电阻 R_C 用 LC 并联电路代替后，就变成一个具有选频特性的放大电路，替代后电路如图 3-7-1(b)所示，在谐振频率下放大倍数将提高，该种频率的信号得到较好的放大，从而起到选频作用。

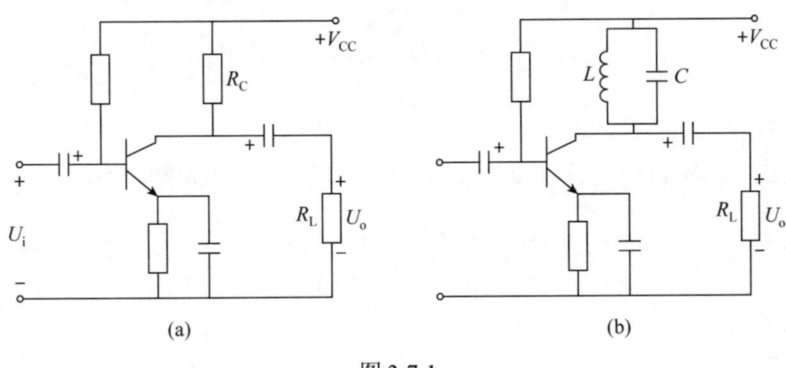

图 3-7-1

任务实施

由于串联谐振时电路的阻抗最小，因此串联谐振电路适合于低内阻信号源，而对于高内阻的信号源，则应该采用并联谐振电路。工程上最常见的并联谐振电路就是由电容和电感线圈构成的并联电路，其电路模型如图 3-7-2 所示。

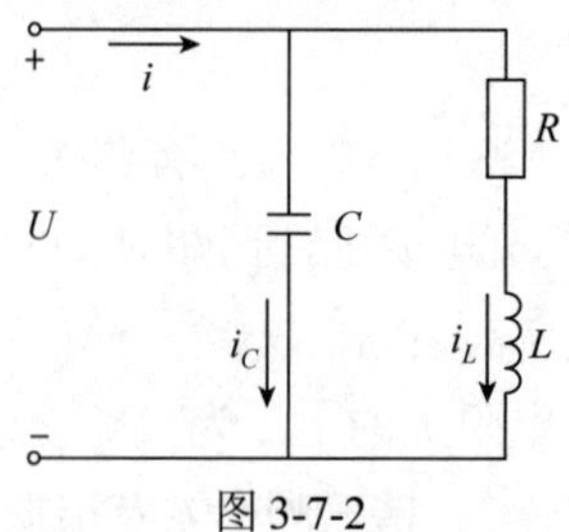

图 3-7-2

3.7.1 并联谐振的条件

由图 3-7-2 可知，电路的导纳为

$$
\begin{aligned}
Y &= Y_1 + Y_2 = \mathrm{j}\omega C + \frac{1}{R+\mathrm{j}\omega L} \\
&= \frac{R}{R^2+(\omega L)^2} + \mathrm{j}\left[\omega C - \frac{\omega L}{R^2+(\omega L)^2}\right] \\
&= G + \mathrm{j}B
\end{aligned}
$$

式中：实部电导为

$$G = \frac{R}{R^2+(\omega L)^2}$$

虚部电纳为

$$B = \omega C - \frac{\omega L}{R^2+(\omega L)^2}$$

要使电路谐振，就要使 Y 的虚部 $B=0$，即

$$\omega C - \frac{\omega L}{R^2+(\omega L)^2} = 0$$

或写成

$$\omega C = \frac{\omega L}{R^2+(\omega L)^2} \tag{3-7-1}$$

式(3-7-1)就是并联谐振的条件，由此式可解得并联电路的谐振角频率为

$$\omega_0 = \sqrt{\frac{L-CR^2}{L^2C}} = \frac{1}{\sqrt{LC}}\sqrt{1-\frac{CR^2}{L}} \tag{3-7-2}$$

谐振频率为

$$f_0 = \frac{1}{2\pi}\sqrt{\frac{L-CR^2}{L^2C}} = \frac{1}{2\pi\sqrt{LC}}\sqrt{1-\frac{CR^2}{L}} \tag{3-7-3}$$

可见，谐振频率是由 R、L、C 三个参数共同决定的，三个参数必须满足：

$$1-\frac{CR^2}{L}>0$$

即

$$R<\sqrt{\frac{L}{C}}$$

否则谐振频率为虚数，电路不能谐振。

根据实际情况，当 $R \ll \omega_0 L$ 时，$Q \gg 1$，谐振频率和角频率可简化为

$$\omega_0=\frac{1}{\sqrt{LC}} \tag{3-7-4}$$

$$f_0=\frac{1}{2\pi\sqrt{LC}} \tag{3-7-5}$$

在实际的电子电路中，一般都能满足 $Q \gg 1$，因此可直接采用式(3-7-4)和式(3-7-5)计算谐振频率和角频率。

3.7.2　并联谐振的特点

(1) 并联谐振的品质因数为谐振时感纳或容纳与电导之比，这一点与串联谐振不同，但可以推出相同的表达式。即

$$Q=\frac{\dfrac{\omega_0 L}{R^2+(\omega_0 L)^2}}{\dfrac{R}{R^2+(\omega_0 L)^2}}=\frac{\omega_0 L}{R}=\frac{1}{\omega_0 CR} \tag{3-7-6}$$

特性阻抗为

$$\rho=\omega_0 L=\frac{1}{\omega_0 C}=\sqrt{\frac{L}{C}} \tag{3-7-7}$$

(2) 并联谐振时，导纳为

$$Y_0=G=\frac{R}{R^2+(\omega L)^2} \tag{3-7-8}$$

阻抗为

$$Z_0=\frac{1}{G}=\frac{R^2+(\omega_0 L)^2}{R}\approx\frac{(\omega_0 L)^2}{R}=Q\omega_0 L=Q\rho=\frac{L}{RC} \tag{3-7-9}$$

此时导纳的模最小，阻抗的模最大，电路特性呈现为电阻性，回路的端电压与电流同相。当输入的信号源为恒流源时，并联回路的端电压最大。

(3) 并联谐振时，在 $Q \gg 1$ 的条件下，两个支路的电流为

$$\dot{I}_{L0}=\frac{\dot{U}_0}{R+\mathrm{j}\omega_0 L}\approx\frac{\dot{U}_0}{\mathrm{j}\omega_0 L}=-\mathrm{j}Q\dot{I}_0 \tag{3-7-10}$$

$$\dot{I}_{c0} = \mathrm{j}\omega_0 C\dot{U}_0 = \mathrm{j}Q\dot{I}_0 \tag{3-7-11}$$

可见两个支路电流的大小近似相等，等于总电流的 Q 倍，因此并联谐振又称**电流谐振**。两个电流的方向近似相反，电容支路的电流与电压成 90°的夹角，但电感支路的电流与电压的夹角 $\varphi_L < 90^\circ$，其相量图如图 3-7-3 所示，从相量图可以看出，电感支路的电流略大于电容支路的电流，两者与总电流的关系的准确表达式为

$$\dot{I}_0 = \dot{I}_{L0} + \dot{I}_{c_0} \tag{3-7-12}$$

$$I_0 = \sqrt{I_{L0}^2 - I_{C0}^2} \tag{3-7-13}$$

由于 I_0 比两个支路电流小得多，实际计算时可按公式 $I_{L0} = I_{c0} \approx QI_0$ 进行近似计算。

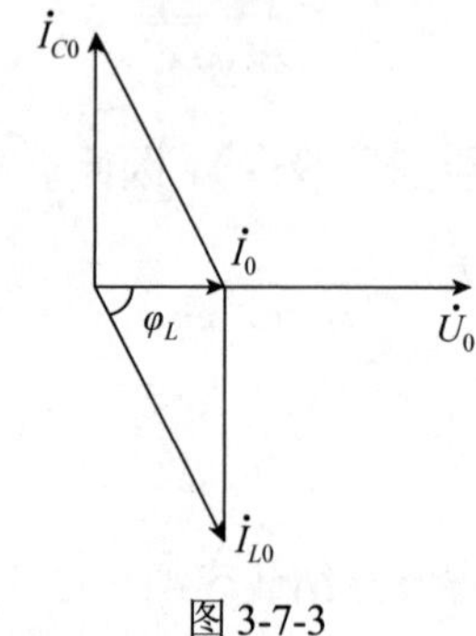

图 3-7-3

3.7.3　并联谐振的频率特性

对图 3-7-2 所示的并联电路，如果电源为恒流源 I_S，则电路端电压为

$$\dot{U} = \dot{I}_s \times Z = \dot{I}_s \times \frac{\frac{1}{\mathrm{j}\omega C}(R + \mathrm{j}\omega L)}{R + \mathrm{j}\left(\omega L - \frac{1}{\omega C}\right)}$$

$$\approx \dot{I}_s \times \frac{\overline{\mathrm{j}\omega C}\mathrm{j}\omega L}{R + \mathrm{j}\left(\omega L - \frac{1}{\omega C}\right)} = \dot{I}_s \times \frac{\frac{L}{CR}}{1 + \mathrm{j}Q\left(\frac{\omega}{\omega_0} - \frac{\omega_0}{\omega}\right)}$$

$$= \frac{\dot{U}}{1 + \mathrm{j}Q\left(\frac{\omega}{\omega_0} - \frac{\omega_0}{\omega}\right)}$$

$$\frac{\dot{U}}{U_0} = \frac{1}{1 + \mathrm{j}Q\left(\frac{\omega}{\omega_0} - \frac{\omega_0}{\omega}\right)}$$

$$\frac{U}{U_0} = \frac{1}{\sqrt{1 + Q^2\left(\frac{\omega}{\omega_0} - \frac{\omega_0}{\omega}\right)^2}} \tag{3-7-14}$$

由式(3-7-14)可得与串联谐振相似的谐振曲线，从谐振曲线上可得出通频带、品质因数跟谐振频率的关系式与串联谐振相同。

例 3.7.1　电路如图 3-7-4 所示，已知 $R=10\Omega$, $L=100\mu\text{H}$, $C=100\text{pF}$，接于电流 I_S=1mA 的恒流源上，试求谐振角频率 ω_0、谐振频率 f_0、谐振阻抗 Z_0、支路电流 I_{L0} 和 I_{C0} 及并联回路的端电压 U_0。

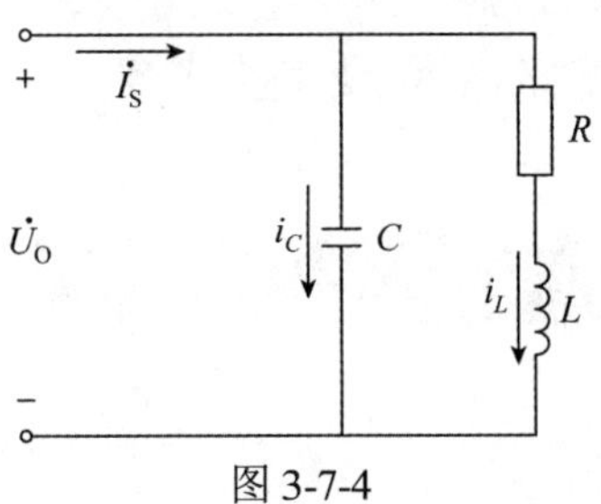

图 3-7-4

解：

$$\omega_0=\frac{1}{\sqrt{LC}}=\frac{1}{\sqrt{100\times10^{-6}\times100\times10^{-12}}}\text{rad/s}=10^7\text{rad/s};$$

$$f_0=\frac{1}{2\pi\sqrt{LC}}=\frac{10^7}{2\pi}\text{Hz}=1.6\times10^6\text{Hz}=1.6\text{MHz};$$

$$Z_0=\frac{L}{CR}=\frac{100\times10^{-6}}{100\times10^{-12}\times10}\Omega=10^5\Omega=100\text{k}\Omega;$$

$$Q=\frac{\rho}{R}=\frac{\sqrt{\frac{L}{C}}}{R}=\frac{\sqrt{\frac{100\times10^{-6}}{100\times10^{-12}}}}{10}=100。$$

$$I_{L0}=I_{C0}=QI_0=100\times1\text{mA}=100\text{mA}=0.1\text{A}$$

$$U_0=I_0\times|Z_0|=1\times10^{-3}\times10^5\text{V}=100\text{V}$$

应用与实践

图 3-7-5 所示为一个滤波器电路，它能够阻止某个频率的谐波信号通过至负载 R_L，同时能够使某个频率的谐波信号顺利地通过，它就是利用了谐振的原理工作的。

比如基波不能通过，表示电路中某一局部电路对基波产生谐振而导致断路，由图可见，当 L_1 和 C 并联电路对基波发生并联谐振时，其谐振阻抗为无穷大，从而导致对基波断路。如果使 3 次谐波信号能够顺利通过，相当于 3 次谐波信号直接加到负载 R_L 上，表示 L_1、C 并联再和 L_2 串联的组合对 3 次谐波信号发生了谐振，这时谐振阻抗为零，该组合相当于短路。

请自行设计电容值和基波信号的角频率，并求解电感 L_1 和 L_2。

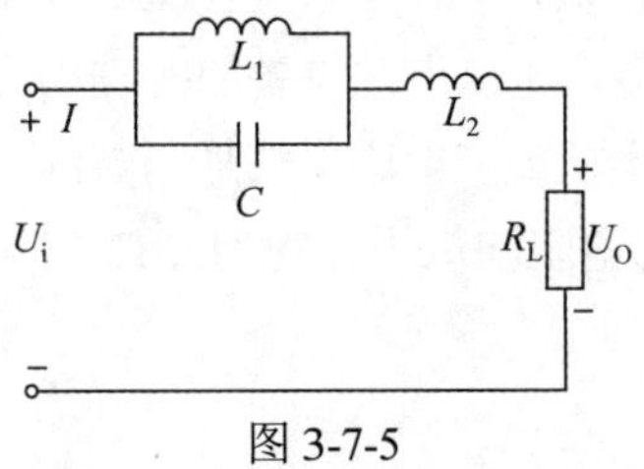

图 3-7-5

同步训练

1. 并联电路如图 3-7-4 所示，R=5Ω，L=200mH，C=0.2μF，试求电路的谐振角频率 ω_0、谐振频率 f_0、谐振阻抗 Z_0 及品质因数 Q。

2. 一个电阻为 10Ω 的电感线圈，与电容接成并联谐振电路，品质因数 Q=100，如果再并上一个 100kΩ 的电阻，电路的品质因数将变成多少？

3.8 功率因数的提高

本课任务

1. 掌握提高功率因数的意义。
2. 学会提高功率因数的方法并能够利用相量图进行电路功率因数的分析。

实例链接

某报纸曾经刊登过一则消息：某工厂年产值不足 100 万元，由于用电功率因数未达标，被罚款 10 万元。更值得深思的是，该厂的厂长觉得既没有偷电，也没有漏电，也按时缴纳了电费，为什么还要被罚款呢？问题就出在了该厂领导不懂技术，不知道国家对企业用电的功率因数是有要求的，不知道自己用电时给国家造成了电能的浪费，所以才造成被罚的后果。可见，提高功率因数意义重大。

任务实施

3.8.1 提高电路功率因数的意义

功率因数的大小影响着电路的有功出力，实际电路中，有许多功率因数很低，需要人为进行调节。电力系统中的大多数负载是感性负载，由于感性负载需要一定的无功功率建立交变的磁场才能正常工作，所以它们的功率因数低，如异步电动机在空载时的功率因数仅为 0.2～0.3。负载的功率因数低会造成以下不良后果：

首先，电源设备的有功出力不能充分利用。电源设备的额定电压和额定电流是一定的，它的额定容量 $S_e = U_e I_e$ 也是一定的。在额定容量下运行的电源设备，若负载的功率因数低，电源发出的有功功率 $P = S_e\cos\varphi$ 就少，由 $S_e = \sqrt{P^2 + Q^2}$ 可知电源的无功功率就多，即电源与负载间交换而不消耗的能量多，所以电源设备的有功出力没有充分利用。

其次，这使供电线路的功率损耗和电压降增加。若线路输送的有功功率为 P(kW)，线路的额定电压为 U(kW)，线路的电阻和电抗分别为 R(Ω)和 X(Ω)，负载的功率因数为 $\cos\varphi$，由 $P=UI\cos\varphi$ 可得线路电流为

$$I = \frac{P}{U\cos\varphi}$$

线路的功率损耗 ΔP 为

$$\Delta P = I^2 R = \frac{P^2}{U^2\cos^2\varphi}R \tag{3-8-1}$$

线路的电压降为

$$\Delta U = I\sqrt{R^2+X^2} = \frac{P}{U\cos\varphi}\sqrt{R^2+X^2} \tag{3-8-2}$$

对于给定的线路，其 R、X 是定值，当以一定的电压输送一定的有功功率时，若负载的 $\cos\varphi$ 低，由式(3-8-1)和式(3-8-2)可知，线路的有功功率损耗增加，线路的电压降也增加，造成有功电能的浪费和负载端电压降低。

由此看到，提高用户的功率因数，一方面可使电源设备的容量充分利用，另一方面可减小线路的功率损耗和线路上的电压降，使用户的用电质量得到提高，因此具有重要的经济和技术意义。这就是**提高功率因数的意义**所在。

3.8.2　并联电容提高线路的功率因数

图 3-8-1(a)所示为一个感性电路并联电容后的电路。并联电容之前线路的电流 i 就是流经感性负载的电流 i_1，即 $i=i_1$。整个电路的功率因数就是感性负载的功率因数 $\cos\varphi$。若电源的角频率为 ω，则 R、L 串联电路的阻抗 $|Z_1|=\sqrt{R^2+(\omega L)^2}$，电路的功率因数 $\cos\varphi_1=\dfrac{R}{|Z_1|}$。以端电压 $\dot{U}$ 为参考相量，其相量图如图 3-8-1(b)所示。

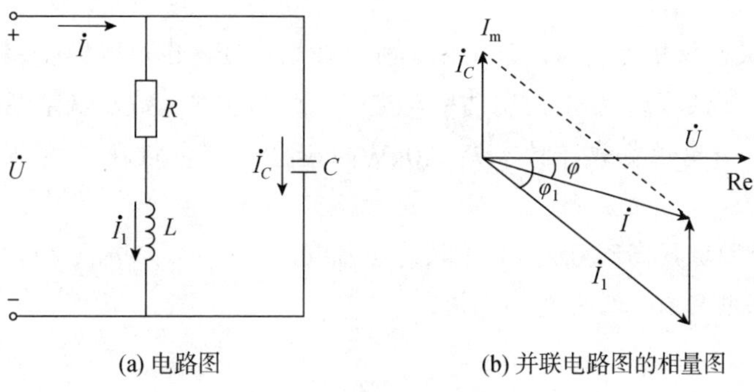

(a) 电路图　　　　(b) 并联电路图的相量图

图 3-8-1

并联电容后，由于端电压和感性负载参数未变，故 Z_1、$\cos\varphi_1$、I_1 都不变。电容支路的容抗 $X_C=\dfrac{1}{\omega C}$，电流 $I_C=\dfrac{U}{X_C}$，且 $\dot{I}_C$ 超前 $\dot{U}$ 为 90°，其相量图如图 3-8-1(b)所示。由图可见，线路的总电流 i 减小了，整个电路的功率因数由原来的 $\cos\varphi_1$ 提高到 $\cos\varphi$。这是因为电感和电容的性质是相反的，在未并联电容前，电感所需的无功功率完全由电源提供，因此线路的电流大；并联电容后，电感的一部分无功功率由电容就地提供，电源提供的无功功率减小，线路的电流也就减小了。提高电路功率因数的电容器，称为补偿电容器。

把线路的功率因数由$\cos\varphi_1$提高到$\cos\varphi$，感性负载所需并联的电容值，可从图 3-8-1(b)中求出。

并联电容后，对 R、L 串联支路，有功功率$P=UI_1\cos\varphi_1$，所以

$$I_1=\frac{P}{U\cos\varphi_1}$$

对整个电路，有功功率$P=UI\cos\varphi$，所以

$$I=\frac{P}{U\cos\varphi}$$

将I和I_1的表达式变形得

$$I\sin\varphi=\frac{P}{U}\tan\varphi$$

$$I_1\sin\varphi_1=\frac{P}{U}\tan\varphi_1$$

$$I_C=I_1\sin\varphi_1-I\sin\varphi=\frac{P}{U}(\tan\varphi_1-\tan\varphi)$$

由电路图得

$$I_C=\frac{U}{X_C}=U\omega C=2\pi fCU$$

代入上式并化简得电容值为

$$C=\frac{P}{2\pi fU^2}(\tan\varphi_1-\tan\varphi) \tag{3-8-3}$$

补偿电容器又称移相电容器，它可以单独装在用户处，也可以集中装于变电站内。变电站装的调相器，也是为了补偿无功功率，提高电路的功率因数及调整线路电压。

例 3.8.1 有一感性负载，功率$P=10\text{kW}$, $\cos\varphi_1=0.5$，接在工频 220V 电源上。试完成:

(1) 若将功率因数提高到 0.9，求并联的电容值。

(2) 比较并联电容前、后电路的电流。

解:

(1) 未并联电容前，$\cos\varphi_1=0.5$，$\varphi_1=60^\circ$，$\tan\varphi_1=1.73$；并联电容后，$\cos\varphi=0.9$，$\varphi=25.6^\circ$，$\tan\varphi=0.48$；由式(3-8-3)得

$$\begin{aligned}C&=\frac{P}{2\pi fU^2}(\tan\varphi_1-\tan\varphi)\\&=\frac{10\times10^3}{314\times220^2}(1.73-0.48)\,\text{F}\\&=8.2\times10^{-4}\,\text{F}=820\,\mu\text{F}\end{aligned}$$

(2) 未并联电容前电路电流为

$$I_1 = \frac{P}{U\cos\varphi_1} = \frac{10\times 10^3}{220\times 0.5}\text{A} = 91\text{A}$$

并联电容后，线路电流为

$$I = \frac{P}{U\cos\varphi} = \frac{10\times 10^3}{220\times 0.9}\text{A} = 50.5\text{A}$$

可见线路电流减小了许多。

应用与实践

我们实际生活中的许多用电设备都是电感性的，使用时都需要对功率因数进行改善，最早的荧光灯电路，每个家庭的电路上都并联一个小电容，目的就是提高功率因数，但现在已经由供电部门统一调整了。比如一个机关、学校、厂矿等都有自己的配电室，配电室配备有有功功率表、无功功率表，还有功率因数表，功率因数表就负责监测整个用电单位的功率因数，当功率因数低于国家标准时，就必须并联电容器或连接调相器来提高功率因数。

假如某工厂有一台三相变压器，容量为 320kVA，该厂原有负载 210kW，功率因数为 0.69(感性)，请问此变压器能否满足需求？该厂发展了，负载需增加到 260kW，如果变压器不变，功率因数需提高到多大？需并联多大的电容？如果功率因数保持不变，则变压器的容量不能小于多少？试分析两种做法的优缺点。

同步训练

1. 感性负载提高功率因数的方法是什么？写出其计算公式。
2. 对感性负载为什么不用串联电容的方法来提高功率因数。
3. 有一个感性负载，接于 220V、50Hz 的电源上，功率为 8kW，并联一个 300μF 的电容后，功率因数提高到 0.8，求此负载原来的功率因数。

实验 5　交流电路 *R*、*L*、*C* 元件阻抗频率特性的测定

1. 实验目的

(1) 验证电阻、感抗、容抗与频率的关系，测定 R–f、X_L–f 及 X_C–f 特性曲线。

(2) 加深理解 R、L、C 元件端电压与电流间的相位关系。

2. 原理说明

(1) 在正弦交变信号作用下，R、L、C 电路元件在电路中的抗流作用与信号的频率有关，它们的阻抗频率特性 R–f，X_L–f，X_C–f 曲线如图 S5-1 所示。

(2) 三个元件阻抗频率特性的测量电路如图 S5-2 所示。图中的 r 是提供回路电流用的标准小电阻，由于 r 的阻值远小于被测元件的阻抗值，故其 u_r 很低，可忽略不计，

因此可以认为 AB 之间的电压就是被测元件 R、L 或 C 两端的电压，流过被测元件的电流则可由 r 两端的电压 u_r 除以 r 所得。

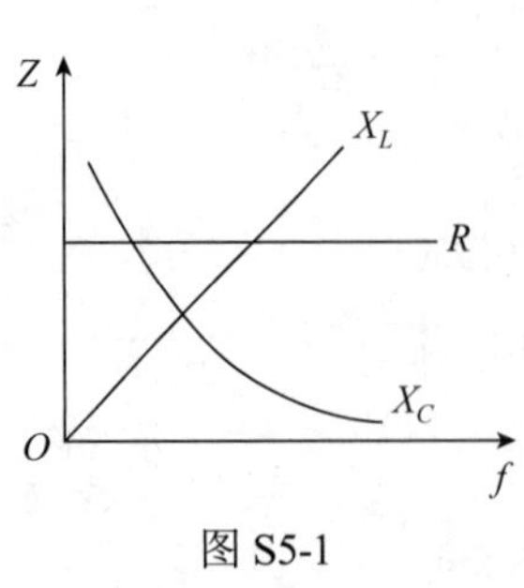

图 S5-1

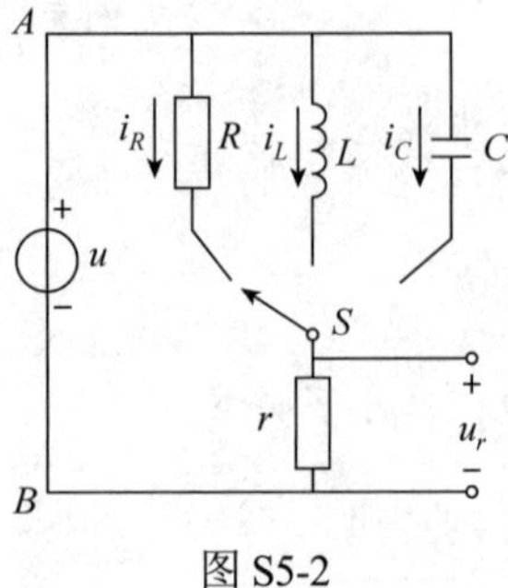

图 S5-2

若用双踪示波器同时观察 r 与被测元件两端的电压，即会展现出被测元件两端的电压和流过该元件电流的波形，从而可在荧光屏上测出电压与电流的幅值及它们之间的相位差。

① 将元件 R、L、C 串联或并联相接，也可用同样的方法测得 $Z_{串}$与 $Z_{并}$的阻抗频率特性 Z−f，根据电压、电流的相位差可判断 $Z_{串}$或 $Z_{并}$是感性还是容性负载。

② 元件的阻抗角(即相位差 φ)随输入信号的频率变化而改变，将各个不同频率下的相位差画在以频率 f 为横坐标、阻抗角 φ 为纵坐标的坐标纸上，并用光滑的曲线连接这些点，即得到阻抗角的特性曲线。用双踪示波器测量阻抗角的方法如图 S5-3 所示，从荧光屏上数得一个周期占 n 格，相位差占 m 格，则实际的相位差 φ(阻抗角)为

$$\varphi = m \times \frac{360^{\circ}}{n}$$

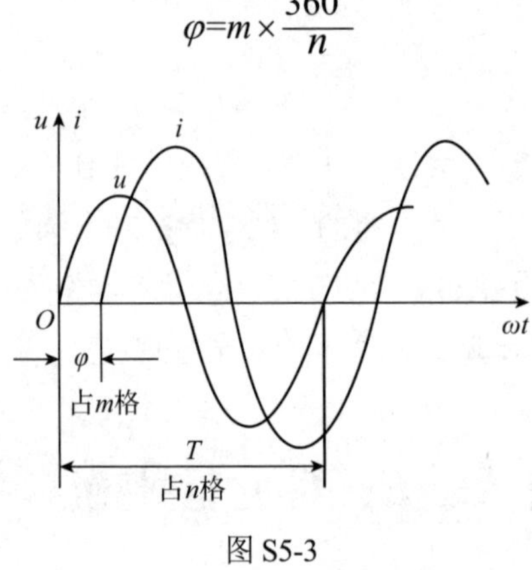

图 S5-3

3. 实验设备

序号	名称	参数要求	数量	单位
1	低频信号发生器	10Hz～1MHz，0～10V	1	台
2	交流毫伏表	0～600V	1	块
3	双踪示波器	0～100MH，灵敏度 1mV/div	1	台
4	频率计	10Hz～10MHz 分段	1	块
5	实验元件	10Ω、1kΩ 电阻，1μF 电容，1H 电感	1	个

4. 实验内容

(1) 测量 R、L、C 元件的阻抗频率特性。通过电缆线将低频信号发生器输出的正弦信号接至图 S5-2 所示的电路，作为激励源 U，并用交流毫伏表测量，使激励电压的有效值为 $U=3\text{V}$，并保持不变。

使信号源的输出频率从 200Hz 逐渐增至 5kHz(用频率计测量)，并使开关 S 分别接通 R、L、C 三个元件，用交流毫伏表测量 U_r，并计算各频率点时的 I_R和I_L和 I_C（即 $\dfrac{U_r}{r}$）以及 $R=\dfrac{U}{I_R}$、$X_L=\dfrac{U}{I_L}$、$X_C=\dfrac{U}{I_C}$ 的值。将测量及计算结果分别填入表 S5-1、表 S5-2、表 S5-3 中。

注意：在接通 C 测试时，信号源的频率应控制在 200～2500Hz 之间。

(2) 用双踪示波器观察在不同频率下各元件阻抗角的变化情况，按图 S5-3 记录 n 和 m，算出 φ，填入表 S5-1、表 S5-2、表 S5-3 中。

(3) 测量 R、L、C 元件串联的阻抗频率特性。自行设计电路和表格，测量 R、L、C 元件串联电路的阻抗频率特性并填表。

表 S5-1　测电阻元件的阻抗频率特性

f/Hz	200	600	1000	1500	2000	2500	3000	4000	5000
U_r/V									
$I_R=\dfrac{U_r}{r}$/mA									
$R=\dfrac{U}{I_R}$/Ω									
n/格									
m/格									
φ/(°)									
$U=3\text{V}$，$r=10\Omega$									

表 S5-2　测电感元件的阻抗频率特性

f/Hz	200	600	1000	1500	2000	2500	3000	4000	5000
U_r/V									
$I_L=\dfrac{U_r}{r}$/mA									
$X_L=\dfrac{U}{I_L}$/Ω									
n/格									
m/格									
φ/(°)									
$U=3\text{V}$，$r=10\Omega$									

表 S5-3 测电容元件的阻抗频率特性

f/Hz	200	400	600	1000	1200	1600	2000	2200	2500
U_r /V									
$I_C=\frac{U_r}{r}$ /mA									
$X_C=\frac{U}{I_C}$ /Ω									
n/格									
m/格									
φ/(°)									
$U=3$V， $r=10\,\Omega$									

5. 实验注意事项

(1) 交流毫伏表属于高阻抗电表，测量前必须先调零。

(2) 测 φ 时，示波器的“V/div”和“t/div”的微调旋钮应旋至“校准位置”。

6. 预习思考题

测量 R、L、C 各个元件的阻抗角时，为什么要与它们串联一个小电阻？可否用一个小电感或大电容代替？为什么？

7. 实验报告

(1) 根据实验数据，在方格纸上绘制 R、L、C 三个元件的阻抗频率特性曲线，从中可得出什么结论？

(2) 根据实验数据，在方格纸上绘制 R、L、C 三个元件串联的阻抗角频率特性曲线，并总结、归纳出结论。

实验 6 谐振电路的研究

1. 实验目的

(1) 学习用实验方法绘制 R、L、C 串联电路及并联电路的幅频特性曲线。

(2) 加深理解电路发生谐振的条件、特点。

(3) 掌握电路品质因数(电路 Q 值)的物理意义及其测定方法。

2. 原理说明

(1) 在图 S6-1 所示的 R、L、C 串联电路中，当正弦交流信号源的频率 f 改变时，电路中的感抗、容抗随之而变，电路中的电流也随 f 而变。取电阻器 R 上的电压 U_o 作为响应，当输入电压 U_i 的幅值维持不变时，在不同频率的信号激励下，测出 U_o 之值，然后以 f_0 为横坐标，以 U_o/U_i 为纵坐标(因 U_i 不变，故也可直接以 U_o 或 I 为纵坐标)，绘出光滑的曲线，即**幅频特性曲线**，又称谐振曲线，如图 S6-2 所示。

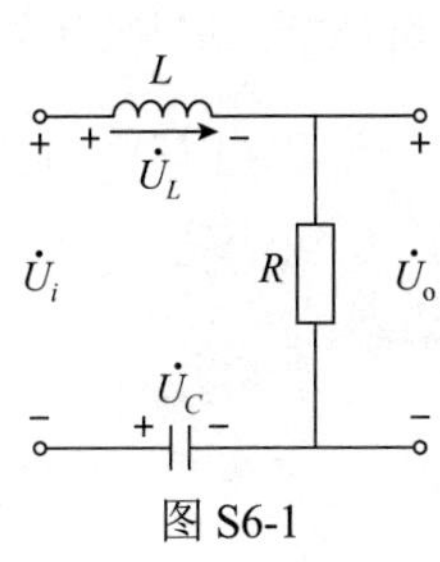

图 S6-1

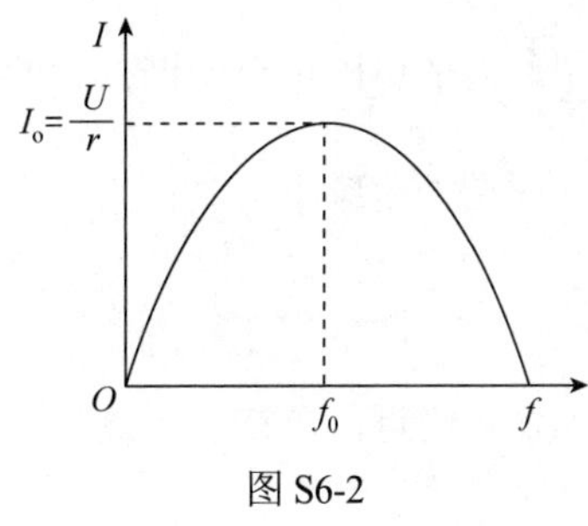

图 S6-2

(2) 在 $f = f_0 = \dfrac{1}{2\pi\sqrt{LC}}$ 处，幅频特性曲线尖峰所在的频率点称为谐振频率。此时 $X_L = X_C$，电路呈纯阻性，电路阻抗的模最小。在输入电压 U_i 为定值时，电路中的电流达到最大值，且与输入电压 $\dot{U}_i$ 同相位。从理论上讲，此时 $U_i = U_R = U_o$，$U_L = U_C = QU_i$，Q 称为电路的品质因数。

(3) 电路品质因数 Q 值的两种测量方法。一种方法是根据公式 $Q = \dfrac{U_L}{U_o} = \dfrac{U_C}{U_o}$ 测定，U_C 与 U_L 分别为谐振时电容器 C 和电感线圈 L 上的电压；另一种方法是通过测量谐振曲线的通频带宽度 $\Delta f = f_2 - f_1$，再根据 $Q = \dfrac{f_0}{f_2 - f_1}$ 求出 Q 值。式中 f_0 为谐振频率，f_2 和 f_1 为通频带的上下界的频率，即输出电压的幅度下降到最大值的 0.707 时的上、下频率点。Q 值越大，曲线越尖锐，通频带越窄，电路的选择性越好。在恒压源供电时，电路的品质因数、选择性与通频带只决定于电路本身的参数，而与信号源无关。

(4) 由线圈与电容器并联而成的正弦交流电路，等效电路如图 S6-3 所示。

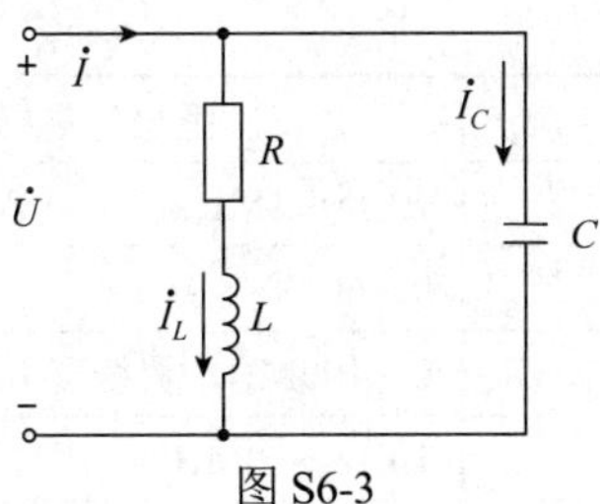

图 S6-3

由电容器的电纳与线圈的电纳相等的关系可以推出并联谐振角频率

$$\omega_0 = \frac{1}{\sqrt{LC}}\sqrt{1 - \frac{CR^2}{L}}$$

或并联谐振频率

$$f_0 = \frac{1}{2\pi\sqrt{LC}}\sqrt{1 - \frac{CR^2}{L}}$$

如果线圈的电阻远小于谐振时的感抗，即$r \ll \omega_0 L$，或者说线圈的品质因数$Q=\dfrac{\omega_0 L}{r}$颇高，则并联谐振角频率

$$\omega_0 \approx \frac{1}{\sqrt{LC}}$$

并且在谐振点附近，电路的等效阻抗

$$|Z| = \frac{\dfrac{L}{C}}{\sqrt{r^2 + \left(\omega L - \dfrac{1}{\omega C}\right)^2}}$$

因此，在谐振点附近，等效阻抗的频率特性$Z(f)$曲线的形状和串联谐振电路的电流$I(f)$曲线的形状相似，在谐振时达到最大值，从而当电路输入端电压的有效值不变时，总电流的有效值将在谐振点变为最小，如图 S6-4 所示。

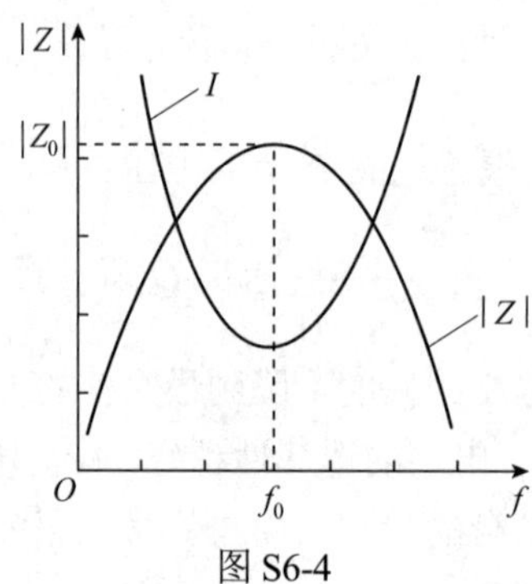

图 S6-4

3. 实验设备

序号	名称	型号与规格	数量	单位
1	低频函数信号发生器	10Hz～1MHz，0～10V	1	台
2	交流毫伏表	0～600V	1	块
3	双踪示波器	0～100MH，灵敏度 ImV/div	1	台
4	频率计	10Hz～10MHz	1	块
5	谐振电路实验板	R=200Ω，1kΩ，L=30mH C=0.01μF	1	个

4. 实验内容

(1) 按图 S6-5 连接测量电路。先选用C_1、R_1，并用交流毫伏表测电压、用示波器监视信号源输出，同时监视电压与电流的相位关系。令信号源输出电压U_i=6V，并保持不变。

(2) 找出电路的谐振频率f_0。其方法是，将毫伏表接在 R(200Ω)两端，令信号源的频率由小逐渐变大(注意要维持信号源的输出幅度不变)，当U_o的读数为最大时，读得频率计上的频率即为串联电路的谐振频率f_0，并测量U_C与U_L之值(注意及时更换毫伏表的量限)。

(3) 在谐振点两侧，按频率递增或递减，依次各取七个测量点，逐点测出U_o、U_L、U_C的值，将数据记入表 S6-1。

(4) 重新选择电容值，使 C=2400pF，重复得步骤(2)、(3)的测量过程，将数据记入

表 S6-2。

(5) 测量并联谐振曲线$I(f)$。按图 S6-6 接好电路，保持电路输入端电压为 6V 不变，改变电源频率，注意合理取点，测量相应R_1两端电压读数，当读数最小时的频率值就是并联谐振频率f_0。

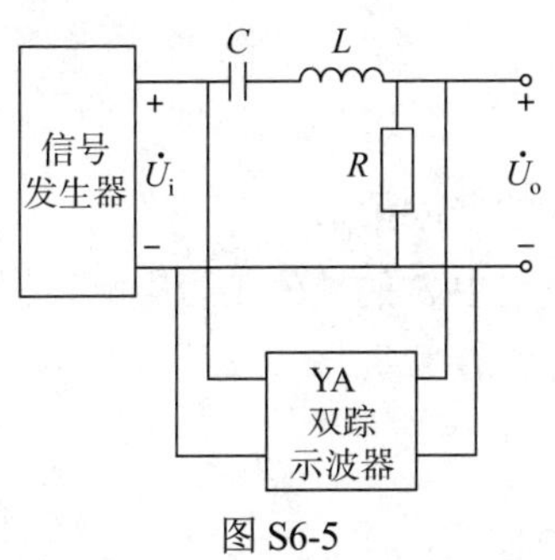

图 S6-5

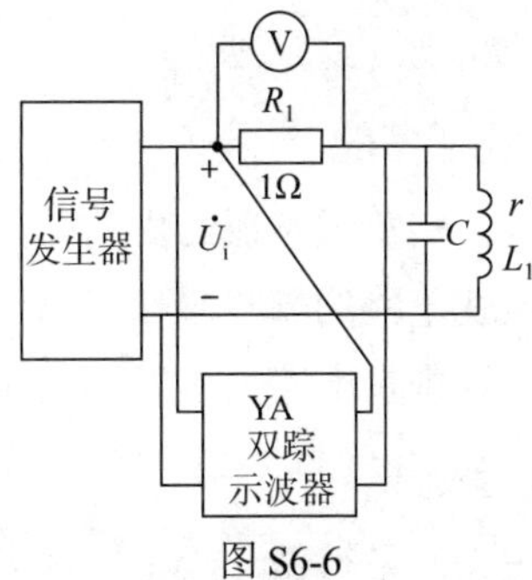

图 S6-6

此外，每改变一次频率，均应调节信号发生器的输出电压，使电路的端电压保持定值，然后测量记录U_{R1}的值。将测量值填入表 S6-3。

表 S6-1　测量串联谐振曲线读数

f_0/kHz								$f_0=$							
U_o/V															
I/mA															
I/I_o															
U_L/V															
U_C/V															
$U_i=3$V，C=6800pF，R=510Ω，$f_0=$　　，$f_2-f_1=$　　，$Q=$															

表 S6-2　测量串联谐振曲线读数

f_0/kHz								$f_0=$							
U_o/V															
I/mA															
I/I_o															
U_L/V															
U_C/V															
$U_i=3$V，C=2400pF，R=510kΩ，$f_0=$　　，$f_2-f_1=$　　，$Q=$															

表 S6-3　测量并联谐振曲线续数

f_0/kHz								$f_0=$							
U_{R1}/V															
I/mA															
I/I_o															
$U_i=3$V，C=6800pF，R=1kΩ，$f_0=$　　，$f_2-f_1=$　　，$Q=$															

5. 实验注意事项

(1) 测试频率点的选择应在靠近谐振频率附近多取几点。在变 X 频率测试前，应调整信号输出幅度(用示波器监视输出幅度)，使其维持在6V。

(2) 测量 U_C 和 U_L 数值前，应将毫伏表的量限改大，而且在测量 U_L 与 U_C 时毫伏表的“+”端应接 C 与 L 的公共点，其接地端应分别触及 L 和 C 的近地端。

(3) 实验中，信号源的外壳应与毫伏表的外壳绝缘(不共地)。如能用浮地式交流毫伏表测量，则效果更佳。

6. 预习思考题

(1) 根据实验线路板给出的元件参数值，估算电路的谐振频率。

(2) 改变电路的哪些参数可以使电路发生谐振？电路中 R 的数值是否影响谐振频率？

(3) 如何判别电路是否发生谐振？测试谐振点的方案有哪些？

7. 实验报告

(1) 根据测量数据，绘出不同 Q 值时三条幅频特性曲线，即

$$U_{\mathrm{o}} = f(f),\quad U_L = f(f),\ U_C = f(f)$$

(2) 绘出串联谐振和并联谐振的谐振曲线。

实验 7 荧光灯安装及功率因数提高

1. 实验目的

(1) 了解荧光灯的工作原理。

(2) 验证正弦电路中的基尔霍夫定律。

(3) 验证提高功率因数的方法和效果。

(4) 熟练掌握荧光灯的安装方法。

2. 实验原理

(1) 一个简单的荧光灯电路由灯管、启动器和镇流器组成。荧光灯的内壁涂有一层荧光物质，管的两端各有一个电极，管内抽成真空后，充以氩气和少量的汞。它的启辉电压是400~500V。起辉后管压降只有80V左右，因此荧光灯不能直接接在220V电源上使用。启动器相当于一个自动开关。它是由一个充气二极管和一个电容组成的，二极管中的一个电极是双金属片，另一个电极是固定片，两个电极离的很近，当有电压加在二极管两端时，双金属片两极之间的气体导电，双金属片受热膨胀，发生弯曲，使两极接通，灯管中的灯丝通电加热，二极管两端接通后，由于接触电阻很小，热损耗为几乎零，故不再发热，这时双金属片变冷，当冷到一定程度时，双金属片恢复原来状态，使两极分开。启动器中电容器两端消除两极断开时产生的火花，以防干扰无线电设备。

镇流器是一个带铁心的电感线圈，在二极管电极断开瞬间电路中的电流突然变化到零，由楞次定律可知，由电感线圈产生自感电势阻碍电流的变化，其自感电势的方向与电路中的电流方向一致，因此它与电路中的电压迭加产生一个高压，使管内气体加速电离，离子碰撞荧光物质使灯管发光。这时电源通过镇流器和灯管构成回路，进入工作状态。荧光灯启辉后，镇流器在电路中起到降压和限流作用。

(2) 单相正弦交流电路中，用交流电流表测得各支路的电流值，用交流电压表测得回路各元件两端的电压值，它们之间的关系满足相量形式的基尔霍夫定律，即 $\sum I=0$ 和 $\sum U=0$。荧光灯线路如图 S7-1 所示，图中 A 是日光灯管，L 是镇流器，S 是辉光启动器，C 是补偿电容器，用以改善电路的功率因数($\cos\varphi$)值。一般的荧光灯电路可以看成是一个 *RL* 串联电路，其功率因数由 *R* 和 *L* 的值决定，当并联补偿电容器后，电路的功率因数可以得到提高，且负载的工作状态不受影响。

3. 实验设备

序号	名称	参数要求	数量	单位
1	交流电压表	0～450V	1	块
2	交流电流表	0～5V	1	块
3	功率表	0～300W	1	块
4	自耦调压器	0～400V	1	台
5	镇流器	与 40W 灯管配用	1	个
6	启辉器	～200V	1	个
7	荧光灯灯管	40W	1	个
8	电容器	1μF　2.2μF　4.7μF/500V	各 1	个

4. 实验内容

1) 荧光灯线路接线与测量

按图 S7-1 连接线路(并联电容器前的测量电路)，经指导教师检查合格后接通实验台电源，调节自耦调压器，使其输出电压缓慢增大，直到荧光灯刚启辉点亮为止，记下电表的指示值。然后将电压调至 220V，测量电流 *I*，电压 U、U_L、U_A 和功率 *P* 等值，画出如图 S7-3 所示的电压的相量图；根据余弦定理公式，由相量图可得 $\cos\varphi=\dfrac{U^2+U_A^2-U_L^2}{2UU_A}$；求出功率因数 $\cos\varphi$ 及功率 P。将测量数据和计算值记入表 S7-1 中。

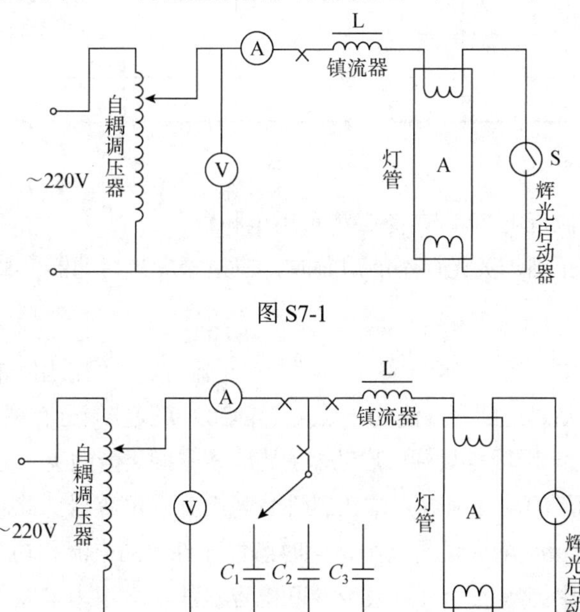

图 S7-1

图 S7-2

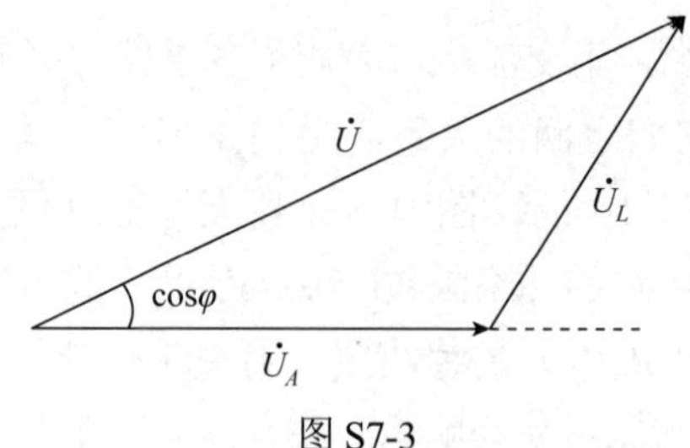

图 S7-3

表 S7-1　并联电容前的测量值与计算值

	测量数值					计算值		
电路状态	I/A	U/V	U_A/V	U_L/V	P/W	r/Ω	cosφ	P/W
启辉值								
正常值								

2) 并联电容后电路功率因数的改善

按图 S7-2(并联电容器后的测量电路)组成实验线路。经指导老师检查合格后，接通实验台电源，将自耦调压器的输出调至 220V，记录电流表、电压表读数。通过一只电流表和三个电流插座分别测得三条支路的电流，改变电容值，进行三次重复测量，将测量值记入表格 S7-2 中。根据表 S7-1 中的数据，由公式 $P = UI\cos\varphi$ 求出负载的实际功率 P，记入表 S7-2 中，再由公式 $\cos\varphi' = \dfrac{P}{UI'}$ 求出并联电容后的功率因数 $\cos\varphi'$，将计算数据记入表 S7-2 中。

表 S7-2　并联电容后的测量值与计算值

电容/μF	测量数值					计算值		
	U/V	I'/A	I_C/A	I_C/A	P/W	P/W	UI'/V・A	cosφ′
1								
2.2								
4.7								

5. 实习注意事项

(1) 本实验用交流市电 220V，务必注意用电和人身安全。

(2) 线路连接要正确，荧光灯不能启辉时，应检查辉光启动器及其接触是否良好。

6. 预习思考题

(1) 在日常生活中，当荧光灯上缺少了辉光启动器时，人们常用一根导线将辉光启动器的两端短接一下，然后迅速断开，使荧光灯点亮(DG09 实验挂箱上有短接按扭，可用它代替辉光启动器做下一试验)或用一只辉光启动器去点亮多只同类型的荧光灯，这是为什么？

(2) 为了改善电路的功率因数，常在感性负载上并联电容器，此时增加了一条电流支路，试问电路的总电流是增大还是减小，此时感性元件上的电流和功率是否改变？

(3) 提高线路功率因数为什么只采用并联电容器法，而不用串联法？所并连的电容器是否越大越好？

7. 实习报告要求

(1) 完成数据表格中的计算，进行必要的误差分析。

(2) 根据实验数据，分别绘出并联电容器后的电压、电流的相量图，填入图 S7-4 中，并验证相量形式的基尔霍夫定律。

(3) 讨论改善电路功率因数的意义和方法。

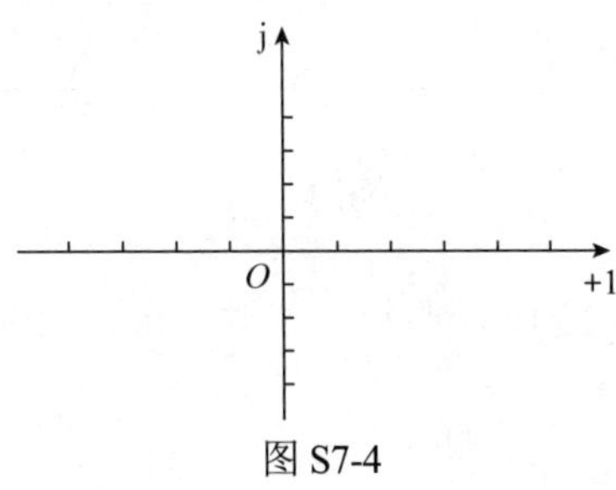

图 S7-4

习题

3.1　在一定参考方向下，电流表达式为 $i = 10\sin(\omega t + 30^\circ)\text{A}$，若改变参考方向，则电流初相应变为多少？

3.2　$i_1 = 10\sqrt{2}\sin(\omega t + 30^\circ)\text{A}$，$i_2 = 10\sqrt{2}\sin(\omega t + 150^\circ)\text{A}$，求 $i_1 + i_2$，并用相量图验证计算结果。

3.3　*RL* 串联电路，U_R=U_L，求此电路的功率因数 λ。

3.4　*RC* 串联电路，R=2X_C，则电路的功率因数 λ 为多少？

3.5　电流 $i = 20\sqrt{2}\sin(1000t - 75^\circ)\text{A}$，通过电感时 $X_L = 2\Omega$，求电感无功功率 Q_L 和电感上储存的最大磁场能量 W_{Lm}。

3.6　*RLC* 串联电路，电源电压 $u_S = 20\sin(1000t + 30^\circ)\text{A}$，$R = 10\Omega$，$L = 0.5\text{H}$，欲使电路谐振，则 *C* 的值需为多少？

3.7　*RLC* 串联电路，若 *L* 变为原来的 8 倍，*C* 变为原来的多少倍电路才能仍谐振？

3.8　*RLC* 串联电路处于谐振状态，如果此时增大电阻，则电路将变为什么性质？

3.9　写出正弦量 $u = 100\sin(\omega t - 80^\circ)\text{V}$，$i = 2\sqrt{2}\sin(\omega t + 120^\circ)\text{A}$ 的相量表达式，并画出相量图。

3.10　两个正弦电流的有效值为 $I_1 = 10\text{A}$，$I_2 = 5\text{A}$，试求两个电流的相位差为多大时，$i_1 + i_2$ 最大，何时 $i_1 + i_2$ 最小，其值各为多少？画图加以说明。

3.11　已知一个正弦量的三要素为 $U_m = 100\text{V}$，角频率 $\omega = 314\text{rad/s}$，初相 $\psi = -60^\circ$，试写出其正弦量表达式并画出正弦函数图像。

3.12　已知正弦电流 $i_A = -2\sqrt{2}\sin(314t - 210^\circ)\text{A}$，$i_B = 10\sin(314t + 120^\circ)\text{A}$，指出它们的最大值、有效值、初相、角频率、周期及两个正弦量的相位差。

3.13　一只电容器能承受 300V 的直流电压，能否把它接到有效值为 220V 的正弦交流电源上使用？为什么？

3.14　一个正弦电流经过全波整流后的波形如图 3-1 所示，试问其整流后的有效值、平均值与原正弦电流的值是否相同？为什么？

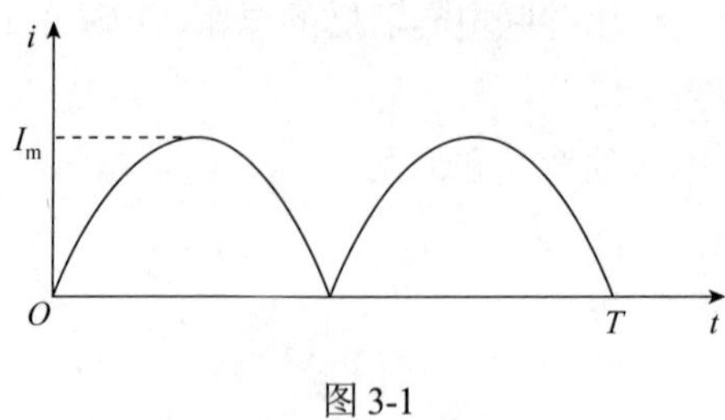

图 3-1

3.15　工频正弦电压$U_m = 200\text{V}$，已知$t = 0$时，$u = 100\text{V}$，试写出此电压的瞬时值表达式及相量式。

3.16　将下列复数写成极坐标式。

(1) $A = -3 + \text{j}4$　　(2) $B = 6 - \text{j}6$　　(3) $C = 16 + \text{j}12$

3.17　将下列复数写成代数式。

(1) $A = 20\angle 90^\circ$　　(2) $B = 220\angle -120^\circ$　　(3) $C = 60\angle 180^\circ$

3.18　若选电容上的电压和电流的参考方向相反，电容的电流还超前电压 90° 吗？试加以分析说明。

3.19　正弦交流电路中，电感元件和电容元件对电流的阻碍作用用什么参数表示？与频率有什么关系？试加以解释。

3.20　一个 0.6H 的电感，通过的电流为$i = 2\sqrt{2}\sin(200t + 60^\circ)\,\text{A}$，求感抗 X、储能 W 及功率 P、Q。

3.21　一个电感元件的端电压$u_L = 220\sqrt{2}\sin(314t - 30^\circ)\,\text{V}$，$X_L = 20\,\Omega$，求电流 i、最大储能W_m及无功功率 Q，画出相量图。

3.22　流过一个电容的电流为 $i = 5\sqrt{2}\sin(300t+30)\text{A}$，电容端电压的有效值为 400V，试求电容元件的容抗 X_C、电容 C、功率 P、Q 及储存的最大电场能量 W_{Cm}。

3.23　R、L 串联接于$u = 220\sin\omega t\text{V}$的电源上，$R$=11Ω，功率因数为$\sqrt{2}/2$，求 I、Z。

3.24　一个 RC 串联电路，R=20Ω，功率因数为$\cos\varphi = \sqrt{2}/2$，电源电压为$u = 100\sin\omega t\text{V}$，求$Z$、$C$、$i$、$u_C$。

3.25　RC 串联电路，X_C=173Ω，欲使电压 u_R 超前总电压 u 达 30°，则 R 应为多大？

3.26　RLC 串联电路，R=10Ω，X_L=15Ω，$u_C = 10\sin(314t - 60^\circ)\text{V}$，$i$=2sin(314t+30°)A，求总电压 u。

3.27　已知 R、L、C 组成的串联电路，接在$u = 141\sin(\omega t + 3(20\,\text{V}$ 的电源上，其电流$i = 2\sqrt{2}\sin(\omega t + 80^\circ)\,\text{A}$，求复阻抗 Z、有功功率 P、无功功率 Q 及视在功率 S。

3.28　已知 R、L、C 组成的串联电路，电阻$R = 30\Omega$，感抗$X_L = 60\Omega$，容抗$X_C = 20\Omega$，接于电源电压$u = 220\sqrt{2}\sin(314t + 30^\circ)\,\text{V}$的电源两端，试求 Z、$\dot{I}$、$\dot{U}_R$、$\dot{U}_L$、$\dot{U}_C$并画相量图。判断电路的性质。

3.29　R、L、C 组成的串联电路，U_R=10V，U_L=40V，U_C=30V，R=10Ω，求 U、I、P、Z 并判断电路的性质。

3.30　*RLC* 串联电路，谐振时 $\dot{U}_{C0}=50\angle-60^\circ$，$R=10\Omega$，$Q=50$，求 I_0。

3.31　某 1000W 的负载，端电压为 220V，功率因数为 0.6，现欲将功率因数提高到 0.9，问需并联多大的电容。

3.32　电路如图 3-2 所示，$R=10\Omega$，$X_L=8\Omega$，当 S 断开或闭合时，电流表的读数不变，试求 X_C 。

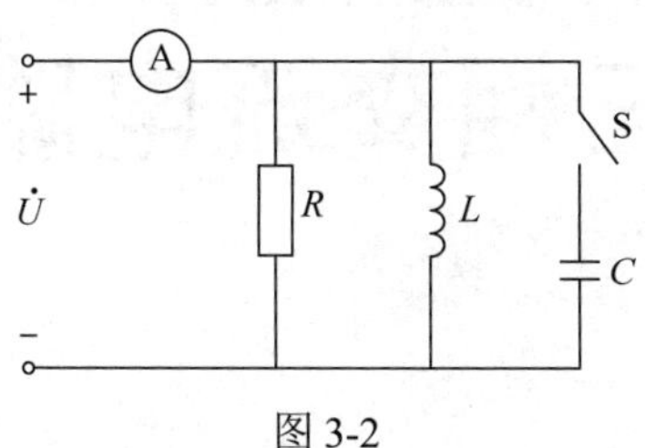

图 3-2

3.33　两个复阻抗 $Z_1=3+\text{j}3$，$Z_2=3-\text{j}4$，求两者串联和并联时的等效复阻抗和复导纳。

3.34　一个 R=25Ω、L=2.5mH 的线圈，与一个 C=500pF 的电容并联，试求电路的谐振角频率 ω_0、谐振频率 f_0、谐振阻抗 Z_0 及品质因数 Q。

3.35　*RLC* 串联电路，R=2Ω，L=0.1H，C=10μF，若电源电压为 U_S=1V，试求:

(1) 谐振角频率 ω_0;

(2) 电路的品质因数 Q;

(3) 谐振电流 I_0;

(4) 谐振时电感上的电压 U_{L0}。

3.36　有一个感性负载功率为 4kW，功率因数为 0.5，并联在 220V、50Hz 的电源上，求此时电路的电流。如果要把功率因数提高到 0.9，需并联多大的电容？

第 4 章

三相交流电路

内容简介

1. 三相正弦交流电、对称三相正弦交流电的概念。
2. 三相电路的几种不同连接方式及其电压、电流的特点。
3. 对称三相电路的电流、电压及功率的分析计算。
4. 不对称三相电路的分析计算。

4.1 三相电源

本课任务

1. 理解三相电源的构成及基本概念。
2. 掌握三相电源的连接方式。
3. 理解什么是对称三相电源及线电压与相电压的关系。

实例链接

我国电网的输电方式主要是三相输电，因为发电厂发出的都是三相电，三相电具有便于生产、便于输送、运行稳定、使用方便、便于维护以及经济和高效等优点，三相电路在生产、生活中应用都非常广泛。

图4-1-1为常见的三相输变电线路示意图。

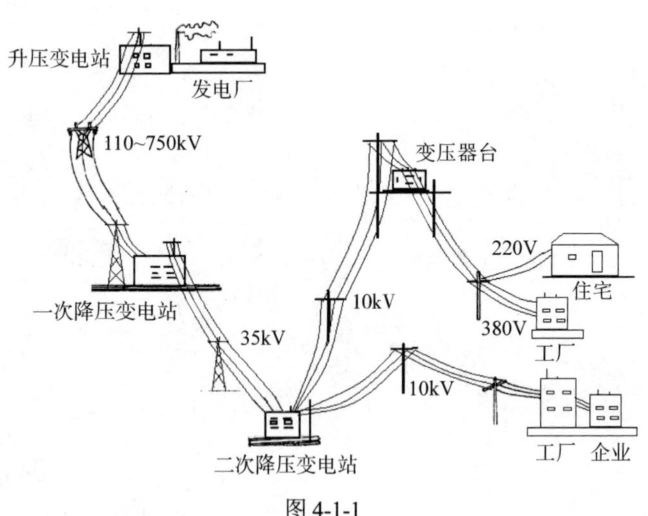

图 4-1-1

任务实施

4.1.1　三相电源的构成

在一个发电机上同时产生三个有效值相等、频率相同、相位互差 120°的正弦电压，这样的电源就是**三相交流电源**，其电动势称为**三相交流电动势**，采用三相交流电源供电的体系称为**三相制电源**。

目前，我国广泛使用三相制方式供电，通常我们使用的单相正弦交流电多数也是从三相制电源获得的。

1. 三相交流电动势的产生

单相发电机含有一个绕组，运行时产生一个感应电动势，而三相发电机含有三个绕组，运行时每个绕组都相当于一个电源，所以，三个绕组同时感应出三个电动势，这三个电动势的大小及相位关系由三个绕组的空间关系决定。

图 4-1-2 为一个三相发电机的示意图，各相绕组的首端分别以 U_1、V_1、W_1 标记，尾端分别以 U_2、V_2、W_2 标记，则 U_1U_2 绕组称为 **A 相**，它产生的电动势记为 e_A，绕组 V_1V_2 称为 **B 相**，它产生的电动势记为 e_B，绕组 W_1W_2 称为 **C 相**，它产生的电动势记为 e_C。若三个绕组的匝数、尺寸等参数都相同，且空间上互相对称，即三相绕组的首端或尾端互差 120°角，选择合适的计时起点，则它们产生的三相电动势可表示如下：

$$e_A = E_m \sin \omega t$$

$$e_B = E_m \sin(\omega t - 120^\circ)$$

$$e_C = E_m \sin(\omega t - 240^\circ) = E_m \sin(\omega t + 120^\circ)$$

它们有效值相等、频率相同、相位互差 120°，称为**对称三相电动势**。其对应的正弦电压为

$$u_A = U_{Am} \sin \omega t = U_m \sin \omega t$$

$$u_B = U_{Bm} \sin(\omega t - 120^\circ) = U_m \sin(\omega t - 120^\circ)$$

$$u_C = U_{Cm} \sin(\omega t - 240^\circ) = U_{Cm} \sin(\omega t + 120^\circ) = U_m \sin(\omega t + 120^\circ)$$

可见：u_B 滞后 u_A 120°，u_C 滞后 u_B 120°，u_C 滞后 u_A 240°；或者说超前 u_A 120°。其正弦曲线如图 4-1-3 所示。

2. 对称三相电源

将上述三个正弦电压用相量表示可得

$$\begin{cases} \dot{U}_A = U\angle 0^\circ \\ \dot{U}_B = U\angle -120^\circ \\ \dot{U}_C = U\angle 120^\circ \end{cases} \tag{4-1-1}$$

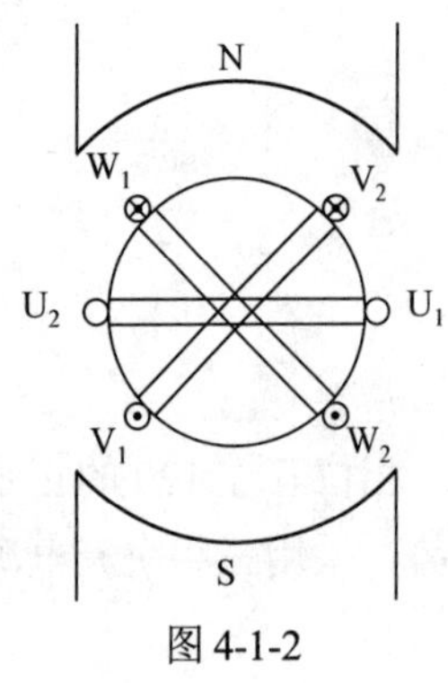

图 4-1-2

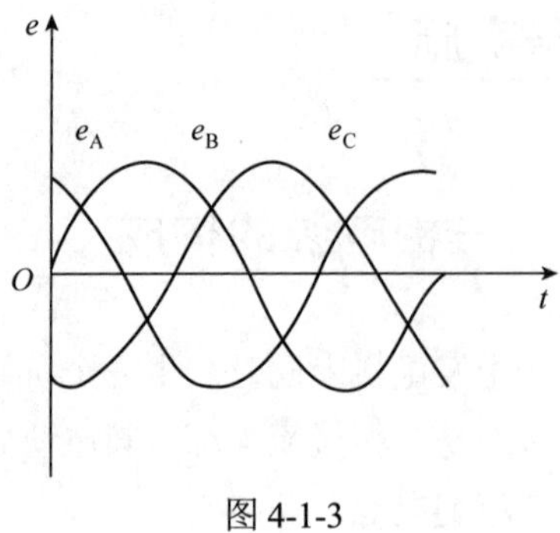

图 4-1-3

由于三相电压对称，所以有

$$u_A + u_B + u_C = 0$$

$$\dot{U}_A + \dot{U}_B + \dot{U}_C = 0$$

把能产生上述对称三相正弦电压的电源称为**对称三相电源**。

对称三相正弦电压达到最大值或零值的顺序称为相序，上述 B 相滞后于 A 相、C 相滞后于 B 相的顺序称为正相序，简称**正序**，反之则称为负相序，简称**负序**。一般的三相电源都是正序对称的，即 A→B→C→A。工程上通常以黄、绿、红三种颜色分别表示 A、B、C 三相。

例 4.1.1 $\dot{U}_A$、$\dot{U}_B$、$\dot{U}_C$ 为三相正序对称的电源电压，$\dot{U}_A = 220\angle 60^\circ \text{V}$，试写出 $\dot{U}_B$、$\dot{U}_C$ 以及各电压的瞬时值表达式。

解：由式(4-1-1)得

$$\dot{U}_B = \dot{U}_A \angle -120^\circ = 220\angle 60^\circ - 120^\circ = 220\angle -60^\circ \text{V}$$

$$\dot{U}_C = \dot{U}_A \angle 120^\circ = 220\angle 60^\circ + 120^\circ = 220\angle 180^\circ \text{V}$$

各电压对应的瞬时值表达式为

$$u_A = 220\sqrt{2}\sin(\omega t + 60^\circ)\text{V}$$

$$u_B = 220\sqrt{2}\sin(\omega t - 60^\circ)\text{V}$$

$$u_C = 220\sqrt{2}\sin(\omega t + 180^\circ)\text{V}$$

4.1.2 三相电源的连接

三相发电机的三相绕组每一相都是一个独立的电源，可以接上负载作为不相连的三个单相电路，但是实际上三相电源都不是作为独立电源对外供电的，而是按一定方式连接后对外供电，通常三相绕组有两种连接方式，即星形连接和三角形连接。

1. 三相电源的星形连接

将三相绕组的尾端 U_2、V_2、W_2 连在一起，作为一个公共点，首端分别引出一条线，这样的连接方式称为**星形连接**，用符号表示为**Y连接**。其中的公共点称为**中点**或**零点**，从中点引出的一条线称为**中线**，从每相的首端引出的线称为**端线**或**相线**。星形连接如图 4-1-4 所示。

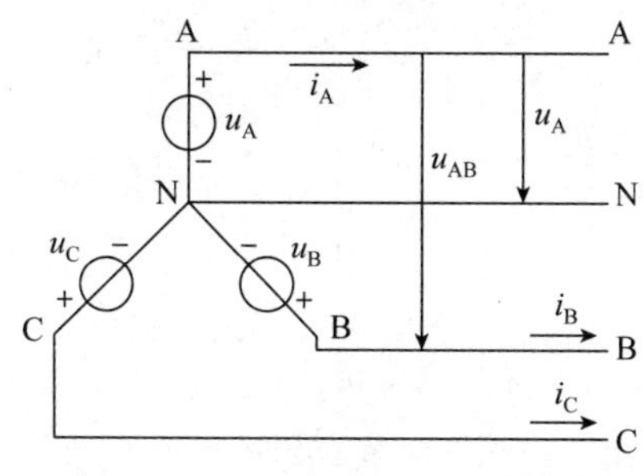

图 4-1-4

三相电源为星形连接时，共有四条引出线，一条中线和三条端线，电源的这种连接称为**三相四线制**，若三相绕组连接时只有三条端线而没有中线，则称为**三相三线制**。图 4-1-4 的连接方式就是三相四线制。这种连接方式有两种输出电压，一种是每相绕组两端的电压，也就是端线到中线的电压，称为**相电压**，分别以 u_A、u_B、u_C 来表示，相电压的参考方向一般由绕组的首端指向尾端。对于对称三相电源，通常用 U_P 来表示相电压的有效值。另一种电压就是端线与端线之间的电压，称为**线电压**，分别用符号 u_{AB}、u_{BC}、u_{CA} 来表示，线电压的参考方向与角标所示是一致的，对于对称三相电源，通常用 U_L 来表示线电压的有效值。图 4-1-4 中标出了相电压 u_A 和线电压 u_{AB} 的参考方向。

由图 4-1-4 可知，星形连接时的线电流就是通过每相绕组的相电流，所以星形连接只有一组电流，用 i_A、i_B、i_C 表示，其参考方向为由电源端指向负载端，如图 4-1-4 所示。那么星形连接时线电压与相电压又有什么关系呢？

根据基尔霍夫电压定律可得

$$u_{AB} = u_A - u_B$$

$$u_{BC} = u_B - u_C$$

$$u_{CA} = u_C - u_A$$

用相量表示为

$$\dot{U}_{AB} = \dot{U}_A - \dot{U}_B$$

$$\dot{U}_{BC} = \dot{U}_{BC} - \dot{U}_C$$

$$\dot{U}_{CA} = \dot{U}_C - \dot{U}_A$$

对于对称三相电压，可作相量图如图 4-1-5 所示，由相量图可得

$$U_{AB} = \sqrt{3}U_A$$

$$U_{BC} = \sqrt{3}U_B$$

$$U_{CA} = \sqrt{3}U_C$$

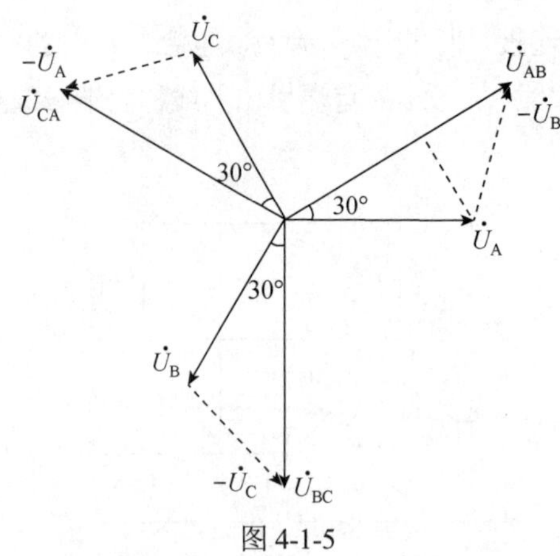

图 4-1-5

由图 4-1-5 还可以看出，每个线电压都超前相应的相电压 30°，所以线电压与相电压的相量关系可表示为

$$\begin{cases} \dot{U}_{AB} = \sqrt{3}\dot{U}_A \angle 30^\circ \\ \dot{U}_{BC} = \sqrt{3}\dot{U}_B \angle 30^\circ \\ \dot{U}_{CA} = \sqrt{3}\dot{U}_C \angle 30^\circ \end{cases} \tag{4-1-2}$$

由式(4-1-2)可以看出，线电压大小等于相电压的$\sqrt{3}$倍，大小关系用公式可表示为

$$U_L = \sqrt{3}U_P \tag{4-1-3}$$

例 4.1.2 对称三相丫连接的电源，已知 A 相电压为 220V，初相为 0°，写出其他两个相电压及三个线电压的相量式。

解：

$$\dot{U}_A = 220\angle 0^\circ V$$

$$\dot{U}_B = \dot{U}_A \angle -120^\circ = 220\angle -120^\circ V$$

$$\dot{U}_C = \dot{U}_A \angle 120^\circ = 220\angle 120^\circ V$$

由式(4-1-2)得

$$\dot{U}_{AB} = \sqrt{3}\dot{U}_A \angle 30^\circ = \sqrt{3} \times 220\angle 30^\circ \text{ V} = 380\angle 30^\circ \text{ V}$$

$$\dot{U}_{BC} = \sqrt{3}\dot{U}_B \angle 30^\circ = 380\angle -90^\circ \text{ V}$$

$$\dot{U}_{CA} = \sqrt{3}\dot{U}_C \angle 30^\circ = 380\angle 150^\circ \text{ V}$$

2. 三相电源的三角形连接

三角形连接就是把三相绕组首尾相连，构成一个三角形，三个连接点就是三角形的三个顶点，从三角形的三个顶点引出三条端线与负载相连，这种连接方式称为**三角形连接**，或表示为**△连接**，如图 4-1-6 所示。

由于三角形连接的电源没有中点，所以三角形连接时只有三根端线而没有中线，只能接成三相三线制，而线电压就等于相电压。那么线电流与相电流的关系如何呢？

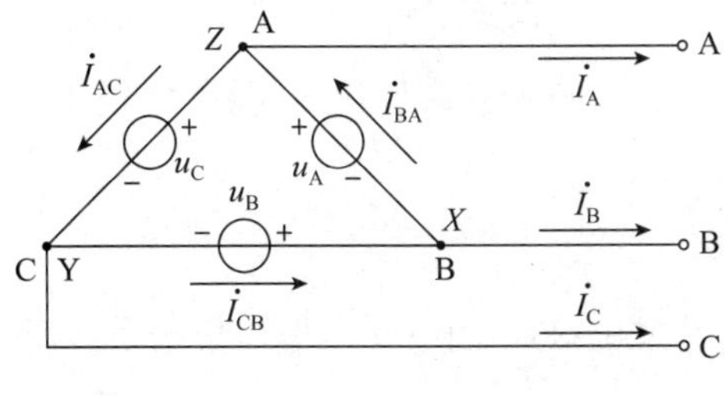

图 4-1-6

由图 4-1-6，根据基尔霍夫定律可得电源上相电流和线电流的关系如下：

$$\begin{cases} \dot{I}_A = \dot{I}_{BA} - \dot{I}_{AC} \\ \dot{I}_B = \dot{I}_{CB} - \dot{I}_{BA} \\ \dot{I}_C = \dot{I}_{AC} - \dot{I}_{CB} \end{cases} \tag{4-1-4}$$

三相电源只有在对称时才做三角形连接，因为此时三相电压之和为 0，三相绕组连成的闭合回路中的电流为 0。如果连接时误把一相绕组接反，则三相电压之和不再为 0 并且会较大，因此会在三角形回路中产生很大的环行电流，会把三相绕组烧坏。为保证电源设备的安全，三相绕组做三角形连接时，需事先通电测试，检查无误后方可使用。

应用与实践

常见的交流输电方式是三相输电，除三相输电外还有多相输电，多相交流输电技术是指相数多于 3 相，如 4 相、6 相、12 相等的输电技术。这种输电系统的优点是在线路输送同样的功率下，可节省线路走廊和占地面积，使输电线路更加紧凑。

同步训练

1. 一组负序对称的三相电压，$u_C = 100\sin(\omega t + 100^\circ)$ V，试写出三相的相量式及 A、B 相的正弦量表达式。

2. 一组正序对称的三相电动势，$e_A = 100\sin\omega t$V，试求当 $t=\dfrac{T}{4}$ 时 e_A、e_B、e_C 的值各是多少？

3. 对称三相△连接电源，每相电压为 220V，阻抗为 3Ω，若连接时有一相接反，则电源回路中将会产生多大的环形电流？

4.2 三相负载

本课任务

1. 理解三相负载的两种连接方式。

2. 掌握三相负载两种连接时的线电压与相电压、线电流与相电流的关系并会用相量图进行分析计算。

3. 学会实际三相电路负载的连接，掌握负载的对称性分析。

实例链接

我国民用电一般都是用 220/380V 的电源供电，根据负载所需电压的不同，可以将负载连接成星形和三角形两种不同的形式，图 4-2-1 为一个三相电路负载连接方式示意图，负载 Z_1 承受的电压为 220V，负载 Z_2 承受的电压为 380V，家庭照明用电灯所用电压都是 220V，所以都接成负载 Z_1 的星形连接方式，而工厂的一些需要 380V 电压的用电设备一般都接成负载 Z_2 的三角形连接方式。

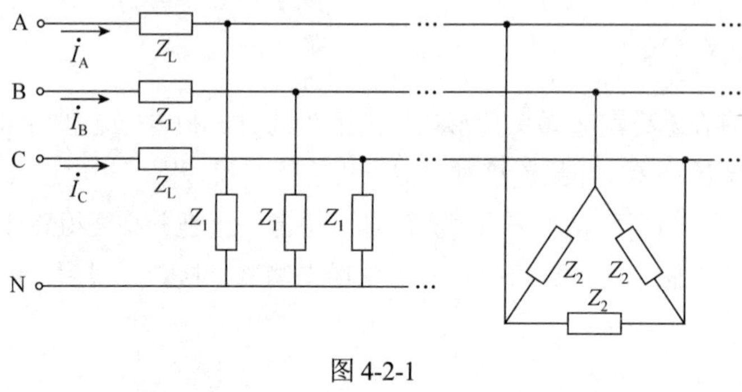

图 4-2-1

任务实施

4.2.1 三相负载的星形连接

把三相负载的一端连在一起，另一端分别与三相电源的端线相连，这种连接方式就称为负载的**星形连接**，如图 4-2-2 所示。其中三个负载相连的一点，称为负载的中性点，用 N′来表示。当电源和负载都做成星形连接时，可以用一条导线把电源的中点和负载的中点连接起来，这条导线就是中线(零线)。电源和负载都做成星形连接时，可以接中线，接成三相四线制，用符号 $\curlyvee_0-\curlyvee_0$ 表示，也可以不接中线，接成三相三线制，用符号 $\curlyvee-\curlyvee$ 表示。电源和负载都做星形连接时，一般都要接中线，这种连接也是最常用的连接方式，图 4-2-2 所示即为 $\curlyvee_0-\curlyvee_0$ 连接的电路。

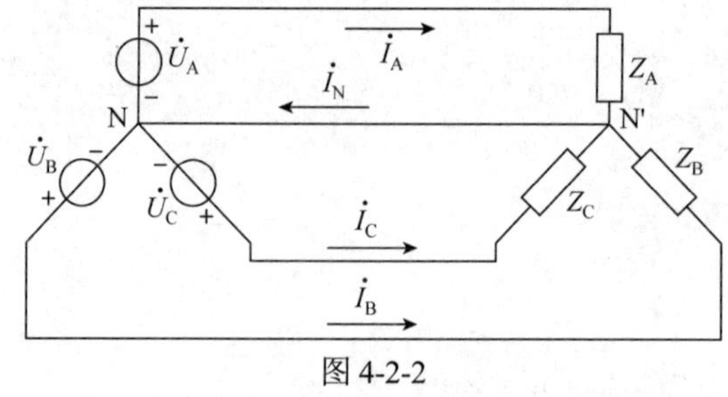

图 4-2-2

从图 4-2-2 中可以看出，每相负载两端的电压就是其对应相电源的相电压，因此，各相的相电流可以很方便地计算出来，该电流也就是电路的线电流。其计算公式如下：

$$\begin{cases} \dot{I}_A = \dfrac{\dot{U}_A}{Z_A} \\ \dot{I}_B = \dfrac{\dot{U}_B}{Z_B} \\ \dot{I}_C = \dfrac{\dot{U}_C}{Z_C} \end{cases} \tag{4-2-1}$$

中线电流可由 KCL 得出：

$$\dot{I}_N = \dot{I}_A + \dot{I}_B + \dot{I}_C$$

由于三相电压总是对称的，若三相负载也对称，即 $Z_A = Z_B = Z_C = Z$，则这样的电路称为**对称三相电路**。此时三个线电流的有效值相等，若用 I_L 表示线电流的有效值，用 I_P 表示相电流的有效值，则 $I_L = I_P = I_A = I_B = I_C$，计算可以简化为

$$\begin{cases} \dot{I}_A = \dfrac{\dot{U}_A}{Z_A} = \dfrac{\dot{U}_A}{Z} = I_A\angle\psi_A = I_L\angle\psi_A \\ \dot{I}_B = I_L\angle(\psi_A - 120^\circ) \\ \dot{I}_C = I_L\angle(\psi_A + 120^\circ) \end{cases} \tag{4-2-2}$$

$$\dot{I}_N = \dot{I}_A + \dot{I}_B + \dot{I}_C = 0 \tag{4-2-3}$$

例 4.2.1　三相四线制电路中，对称相电压 $\dot{U}_A = 220\angle 0^\circ\,\text{V}$。三相负载为 $Z_A = (8 + \text{j}6)\Omega$，$Z_B = 20\Omega$，$Z_C = (3 + \text{j}4)\Omega$，试求各相电流。

解：

$$\dot{I}_A = \frac{\dot{U}_A}{Z_A} = \frac{220\angle 0^\circ}{8 + \text{j}6}\text{A} = \frac{220\angle 0^\circ}{10\angle 36.9^\circ}\text{A} = 22\angle -36.9^\circ\,\text{A};$$

$$\dot{I}_B = \frac{\dot{U}_B}{Z_B} = \frac{\dot{U}_A\angle -120^\circ}{20}\text{A} = \frac{220\angle -120^\circ}{20}\text{A} = 11\angle -120^\circ\,\text{A};$$

$$\dot{I}_C = \frac{\dot{U}_C}{Z_C} = \frac{\dot{U}_A\angle 120^\circ}{3 + \text{j}4} = \frac{220\angle 120^\circ}{5\angle 53.1^\circ}\text{A} = 44\angle 66.9^\circ\,\text{A}。$$

例 4.2.2　对称三相四线制电路中，负载复阻抗 $Z = (10 + \text{j}10)\Omega$，相电流 $\dot{I}_A = 4\angle 30^\circ\,\text{A}$，试求相电压和线电压的相量式。

解：

$$\dot{U}_A = \dot{I}_A Z = 4\angle 30^\circ \times (10 + \text{j}10)\text{V} = 40\sqrt{2}\angle 75^\circ\,\text{V};$$

$\dot{U}_B = \dot{U}_A \angle -120^\circ = 40\sqrt{2}\angle -45^\circ \text{A}$；

$\dot{U}_C = \dot{U}_A \angle 120^\circ = 40\sqrt{2}\angle 195^\circ \text{A} = 40\sqrt{2}\angle -165^\circ \text{A}$；

$\dot{U}_{AB} = \sqrt{3}\dot{U}_A \angle 30^\circ = 40\sqrt{6}\angle 105^\circ \text{A}$；

$\dot{U}_{BC} = \dot{U}_{AB} \angle -120^\circ = 40\sqrt{6}\angle -15^\circ \text{A}$；

$\dot{U}_{CA} = \dot{U}_{AB} \angle 120^\circ = 40\sqrt{6}\angle 225^\circ \text{A} = 40\sqrt{6}\angle -135^\circ \text{A}$。

4.2.2 三相负载的三角形连接

把三相负载依次相连，接成一个闭合回路，在连接点处分别引出三条线与电源的端线相连，负载的这种连接方式称为**三角形连接**，如图 4-2-3 所示。负载做三角形连接时，没有中线，所以不论电源怎样连接，都接成三相三线制。

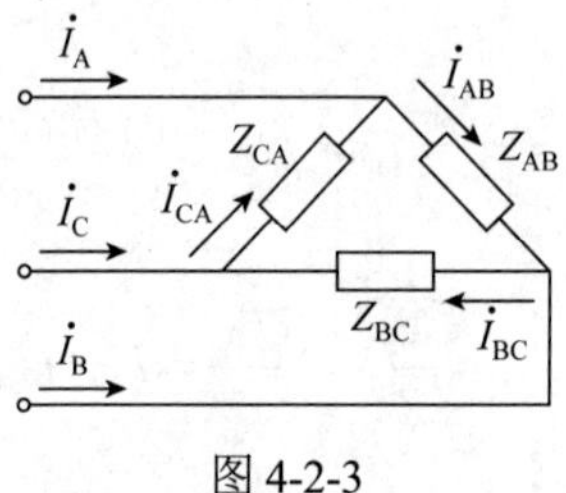

图 4-2-3

负载作三角形连接时，由于每相负载都接在电源的两根端线之间，所以，负载的相电压就是线电压，即

$$U_P = U_L$$

各相负载的相电流为

$$\begin{cases} \dot{I}_{AB} = \dfrac{\dot{U}_{AB}}{Z_{AB}} \\ \dot{I}_{BC} = \dfrac{\dot{U}_{BC}}{Z_{BC}} \\ \dot{I}_{CA} = \dfrac{\dot{U}_{CA}}{Z_{CA}} \end{cases} \tag{4-2-4}$$

电路的线电流可根据基尔霍夫电流定律求出：

$$\begin{cases} \dot{I}_A = \dot{I}_{AB} - \dot{I}_{CA} \\ I_B = \dot{I}_{BC} - \dot{I}_{AB} \\ I_c = \dot{I}_{CA} - \dot{I}_{BC} \end{cases} \tag{4-2-5}$$

如果负载对称，即 $Z_A = Z_B = Z_C = Z$，则三个相电流和三个线电流都对称，其相量关

系如图 4-2-4 所示。由相量图可得，线电流等于相电流的$\sqrt{3}$倍，即

$$I_{L}=\sqrt{3}I_{P} \tag{4-2-6}$$

线电流与相电流的相量关系为

$$\begin{cases}\dot{I}_{A}=\sqrt{3}\,\dot{I}_{AB}\angle-30^{\circ}\\ \dot{I}_{B}=\sqrt{3}\,\dot{I}_{BC}\angle-30^{\circ}\\ \dot{I}_{C}=\sqrt{3}\,\dot{I}_{CA}\angle-30^{\circ}\end{cases} \tag{4-2-7}$$

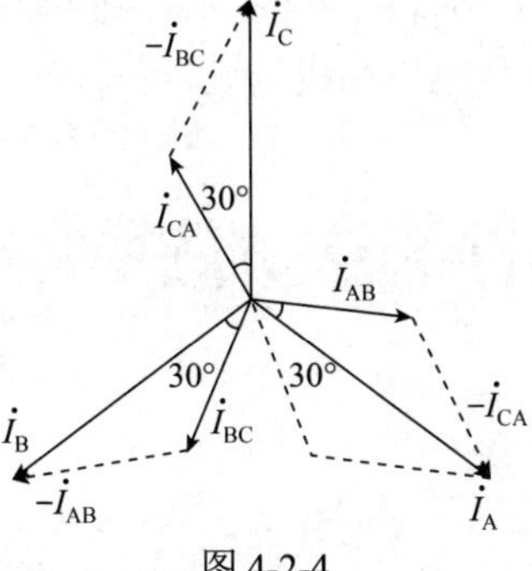

图 4-2-4

为了计算方便，可以只计算一个相电流或线电流，而其他电流可由对称关系得出。

例 4.2.3　对称三相电路，负载为三角形连接，每相复阻抗为$Z=10\angle50^{\circ}$，线电压大小为 220V，若以u_{AB}为参考量，求其他各线电流及相电流的相量式。

解：

设$\dot{U}_{AB}=220\angle0^{\circ}\,\text{V}$，则$\dot{I}_{AB}=\dfrac{\dot{U}_{AB}}{Z}=\dfrac{220\angle0^{\circ}}{10\angle50^{\circ}}\text{A}=22\angle-50^{\circ}\,\text{A}$

由对称关系得

$$\dot{I}_{BC}=\dot{I}_{AB}\angle-120^{\circ}=22\angle-170^{\circ}\,\text{A}$$

$$\dot{I}_{CA}=\dot{I}_{AB}\angle120^{\circ}=22\angle70^{\circ}\,\text{A}$$

由式(4-2-7)可得

$$\dot{I}_{A}=\sqrt{3}\,\dot{I}_{AB}\angle-30^{\circ}=22\sqrt{3}\angle-80^{\circ}\,\text{A}=38\angle-80^{\circ}\,\text{A}$$

由对称关系得

$$\dot{I}_{B}=\dot{I}_{A}\angle-120^{\circ}=22\sqrt{3}\angle-200^{\circ}\,\text{A}=22\sqrt{3}\angle160^{\circ}\,\text{A}=38\angle160^{\circ}\,\text{A}$$

$$I_{C}=\dot{I}_{A}\angle120^{\circ}=22\sqrt{3}\angle40^{\circ}\,\text{A}=38\angle40^{\circ}\,\text{A}$$

应用与实践

某住宅楼共有六层，照明用电灯每两层分成一组，在一次电灯突然发生故障时，发现第二组和第三组所有电灯都突然暗下来，而第一组电灯亮度不变，试问这是什么原因？这个楼的电灯是如何连接的？同时发现，第三组的电灯比第二组的电灯还暗些，这又是什么

原因呢？试利用我们学过的知识进行分析。

同步训练

1. 三相四线制电路中，相电压$U_P = 220V$，各相负载为纯电阻负载，$R_A = 5\Omega$，$R_B = 10\Omega$，$R_C = 4\Omega$，求负载的相电流和线电压。

2. 对称三相电路，负载做星形连接，每相阻抗为$Z = (10 + j10)\Omega$，电源线电压为380V，试以A相相电压为参考量，写出线电流的相量式。

3. 三相负载做三角形连接，$Z_{AB} = 10\Omega$，$Z_{BC} = j10\Omega$，$Z_{CA} = (3 + j4)\Omega$，接于线电压为380V的电源上，求负载的各相电流和线电流。

4.3 对称三相电路的分析与计算

本课任务

1. 学会对称三相电路的分析计算。
2. 掌握对称三相电路的不同连接方式及特点。
3. 学会三相电路功率的测量。

实例链接

如果要在某六层楼的建筑中安装荧光灯和白炽灯混合照明，需装150盏40W的荧光灯，$\cos\varphi_1 = 0.5$，再安装90盏60W白炽灯，$\cos\varphi_2 = 1$，其额定电压都是220V，由380V/220V的电网供电。试分配其负载并指出应如何接入电网。这种情况下，线路电流为多少？这是日常生活中经常遇到的问题，通过对称三相电路的学习就可以顺利解决此问题。

任务实施

4.3.1 Y_0－Y_0连接与Y－Y连接的电路

多数的三相电路的输电线路都比较长，因此其阻抗不可以忽略，分析计算电路时都需要给予考虑，图4-3-1所示即为常见的Y_0－Y_0连接的电路，其中Z_L为每相供电线路的阻抗，Z_N为中线的阻抗。

由于电路的对称性，三个相电流对称，中线上的电流仍然为0，中线阻抗Z_N两端的电压为0，即$U_{NN'} = 0$，所以，计算相电流时不需考虑Z_N，相电流可以由式(4-3-1)计算得出：

$$\dot{I}_A = \frac{\dot{U}_A}{Z + Z_L} \tag{4-3-1}$$

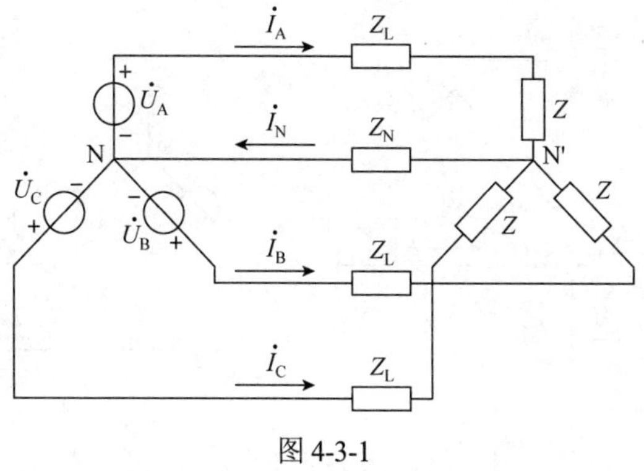

图 4-3-1

其他两相电流可由对称关系得出：

$$\dot{I}_B = \dot{I}_A \angle -120^\circ$$

$$\dot{I}_C = \dot{I}_A \angle 120^\circ$$

对于Y－Y连接的电路，虽然没有中线，但由于电源的中点 N 与负载的中点 N′ 等电位，所以各电流的计算与$Y_0 - Y_0$连接完全相同。

4.3.2　△–Y、Y–△、△–△连接的电路

对于△－Y 连接的电路，首先要对△连接的电源按照线电压与相电压的关系等效变换为Y形连接的电源，其他计算与 $Y_0 - Y_0$ 连接电路的计算一致。

对于 Y–△ 连接的电路，需将三角形连接的负载按阻抗的△－Y 变换公式等效变换为 Y 形连接的负载，然后按 $Y_0 - Y_0$ 连接计算相电流，再根据线电流与相电流的关系由式(4-2-7)求出各线电流。

对于△－△ 连接的电路，需将三角形连接的负载按阻抗的△－Y 变换公式等效变换为Y 连接的负载，把△连接的电源按照线电压与相电压的关系等效变换为 Y 形连接的电源，然后按 $Y_0 - Y_0$ 连接计算相电流，再根据线电流与相电流的关系由式(4-2-7)求出各线电流。

例 4.3.1　有一对称三相 Y–△ 连接的电路如图 4-3-2(a)所示，每相负载阻抗为 $Z = (30 + \text{j}30)\Omega$，每相线路阻抗 $Z_L = (1 + \text{j})\Omega$，相电压 $u_A = 220\sqrt{2}\sin\omega t\text{V}$，试求负载的相电流及线电流。

解：将△连接的负载等效变换为 Y 连接的负载，如图 4-3-2(b)所示，其中

$$Z_Y = \frac{1}{3}Z = \frac{1}{3}(30 + \text{j}30)\Omega = (10 + \text{j}10)\Omega$$

则线电流为

$$\dot{I}_A = \frac{\dot{U}_A}{Z_Y + Z_L} = \frac{220\angle 0^\circ}{10 + \text{j}10 + 1 + \text{j}}\text{A} = \frac{220\angle 0^\circ}{11\sqrt{2}\angle 45^\circ}\text{A}$$
$$= 10\sqrt{2}\angle -45^\circ\text{A} = 14.1\angle -45^\circ\text{A}$$

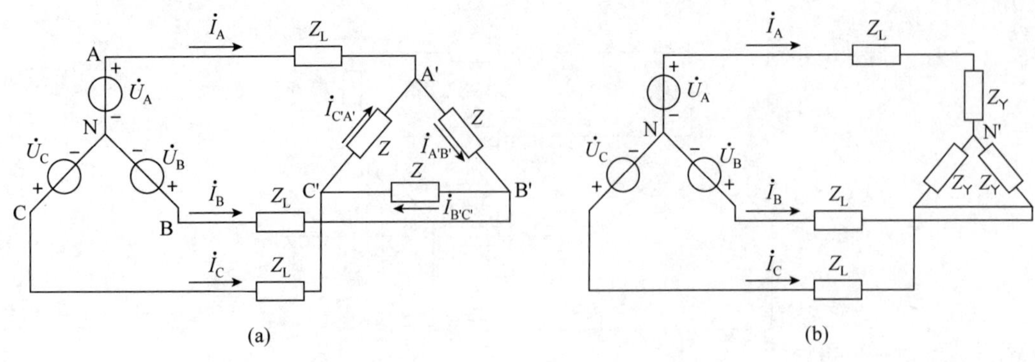

图 4-3-2

根据对称关系得

$$\dot{I}_B = \dot{I}_A \angle -120^\circ = 14.1\angle -165^\circ \text{ A}$$

$$\dot{I}_C = \dot{I}_A \angle 120^\circ = 14.1\angle 75^\circ \text{ A}$$

由式(4-2-7)可得

$$\dot{I}_{A'B'} = \frac{1}{\sqrt{3}}\dot{I}_A \angle 30^\circ = \frac{1}{\sqrt{3}} \times 14.1\angle -45^\circ + 30^\circ \text{ A} = 8.16\angle -15^\circ \text{ A}$$

由对称关系得

$$\dot{I}_{B'C'} = \dot{I}_{A'B'} \angle -120^\circ = 8.16\angle -135^\circ \text{ A}$$

$$\dot{I}_{C'A'} = \dot{I}_{A'B'} \angle 120^\circ = 8.16\angle 105^\circ \text{ A}$$

4.3.3 三相电路的功率计算

1. 有功功率

三相电路的有功功率为

$$P = P_A + P_B + P_C = U_A I_A \cos\varphi_A + U_B I_B \cos\varphi_B + U_C I_C \cos\varphi_C \tag{4-3-2}$$

式中：φ_A、φ_B、φ_C 分别为 A、B、C 三相的相电压和相电流的相位差。

电路对称时，$U_A = U_B = U_C = U_P$，$I_A = I_B = I_C = I_P$，$\varphi_A = \varphi_B = \varphi_C = \varphi$，所以各相负载的功率相等，此时有

$$P = 3U_P I_P \cos\varphi = \sqrt{3}U_L I_L \cos\varphi \tag{4-3-3}$$

2. 无功功率

三相电路的无功功率为

$$Q = Q_A + Q_B + Q_C = U_A I_A \sin\varphi_A + U_B I_B \sin\varphi_B + U_C I_C \sin\varphi_C \tag{4-3-4}$$

当电路对称时有

$$Q = 3U_P I_P \sin\varphi = \sqrt{3}U_L I_L \sin\varphi \tag{4-3-5}$$

3. 视在功率

三相电路的视在功率为

$$S = \sqrt{P^2 + Q^2} = 3U_P I_P = \sqrt{3} U_L I_L \tag{4-3-6}$$

4. 三相电路的功率因数

三相电路的功率因数为

$$\lambda = \cos\varphi = \frac{P}{S} \tag{4-3-7}$$

电路对称时，该功率因数就等于每相负载的功率因数。

例 4.3.2　有一个三相对称纯电阻负载，每相电阻 R=22Ω，电源线电压为 380V。试问：

(1) 负载做星形连接时，三相总功率是多少？

(2) 负载做三角形连接时，消耗的功率又是多少？

解：

(1) 负载做星形连接时，相电流为

$$I_P = I_L = \frac{U_P}{R} = \frac{\frac{U_L}{\sqrt{3}}}{R} = \frac{\frac{380}{\sqrt{3}}}{22}\text{A} = 10\text{A}$$

三相总功率为

$$\begin{aligned} P &= \sqrt{3} U_L I_L \cos\varphi \\ &= \sqrt{3} \times 380 \times 10 \times 1\text{W} = 6582\text{W} = 6.58\text{kW} \end{aligned}$$

(2) 负载做三角形连接时，相电流为

$$I_P = \frac{U_P}{R} = \frac{U_L}{R} = \frac{380}{22}\text{A} = 17.3\text{A}$$

三相总功率为

$$\begin{aligned} P &= 3U_P I_P \cos\varphi \\ &= 3 \times 380 \times 17.3 \times 1\text{W} = 19\,722\text{W} = 19.7\text{kW} \end{aligned}$$

4.3.4　三相电路功率的测量

三相电路功率的测量一般有两种方法，即两表法和三表法。对三相四线制电路，采用三表法；对三相三线制电路，采用两表法。

1. 用三功率表法测量三相四线制电路的功率

三功率表(对称互特表)法的接线方式如图 4-3-3 所示。三块表的电流线圈分别串联在各相线上(国家标准中用 L_1、L_2、L_3 分别表示三角相线)，用以测量各相电流，三个电压线圈分别并联在相线与中线之间，用以测量各相的相电压，所以各表所指示的就是各相的功率，若分别用 W_A、W_B、W_C 测量 A、B、C 三相的功率，则三块表的读数之和就是三相的总功率，即

$$P = P_A + P_B + P_C \tag{4-3-8}$$

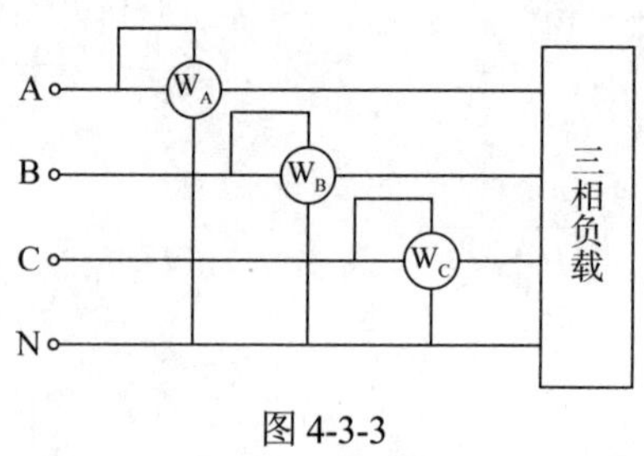

图 4-3-3

2. 两表法测量三相三线制电路的功率

对三相三线制电路，采用两表法时的接线方式如图 4-3-4 所示，两个电流线圈分别串联在 A 相和 B 相上，用以测量 i_A 和 i_B 两个线电流，而电压线圈分别并联在端线 A、C 与 B、C 之间，用以测量两个线电压 u_{AC} 与 u_{BC}。由下面的推导可知，两个功率表 W_1、W_2 的读数的代数和就是三相电路的总功率。

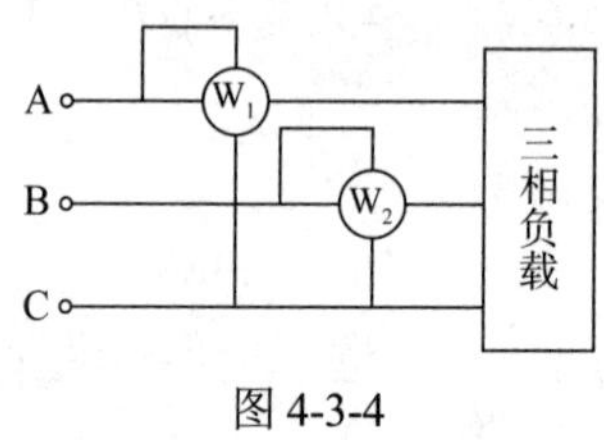

图 4-3-4

两表法测量时的三相总功率为

$$P = P_A + P_B + P_C = u_A i_A + u_B i_B + u_C i_C$$

对三相三线制电路，无论电路是否对称，都有

$$i_A + i_B + i_C = 0$$

所以可得

$$\begin{aligned} p &= u_A i_A + u_B i_B - u_C (i_A + i_B) \\ &= (u_A - u_C) i_A + (u_B - u_C) i_B = u_{AC} i_A + u_{BC} i_B \end{aligned}$$

对上述瞬时功率在一个周期内取平均值，得总有功功率为

$$P = \frac{1}{T}\int_0^T (u_{AC} i_A + u_{BC} i_B)\mathrm{d}t = U_{AC} I_A \cos\varphi_1 + U_{BC} I_B \cos\varphi_2$$

上式右端的两项分别是两个块功率表 W_1、W_2 的读数，其代数和就是三相电路的总有功功率。但要注意，两表的读数可能都为正，也可能有一块表的读数为负，计算时要考虑正负取代数和。实际测量时当一块表的指针偏转方向错误时，应将两电流接线对调，该表的读数就取负值。

应用与实践

两表法和三表法都可以测量三相电路的功率，但它们的适用范围和意义有所不同。两表法适用于三相三线制对称和不对称电路，特例是可以用于对称三相四线制电路(共 A、共 B 和共 C 接法)；三表法则适用于对称和不对称的三相四线制电路，特例是可用于 Y 形连接时中线引出的三相三线制电路(共 N 接法)。三表法在共 N 接法时，每块表的读数都为对应相负载的功率，有明确的物理意义，它们分别表示对应相负载的功率；而两表法接线时，每块表的读数并无实际的物理意义，两块表读数的代数和才表示三相电路的平均功率。

试在实验室连接两个不同的三相电路，分别用两表法和三表法测量该三相电路功率，比较两种测量的优、缺点。若电路为对称三相四线制电路，是否可以用一块功率表测出任意一相的功率再乘以 3 的方法来计算三相总功率？通过测量加以分析。

同步训练

1. 三相负载做三角形连接，电源线电压为 380V，消耗功率 $P = 7.5\text{kW}$ ，功率因数 $\lambda = 0.8$ ，试求负载的线电流和相电流。

2. 对称三相电路，负载做星形连接，每相负载阻抗为 $Z = (10 + \text{j}14)\Omega$，每条线路阻抗为 $Z_\text{L} = (2 + \text{j}2)\Omega$ ，线电压 $u_\text{AB} = 380\sqrt{2}\sin\omega t\text{V}$ ，求负载各相电流。

3. 有一对称三相 Y－△连接的电路，每相负载阻抗为 $Z = (33 + \text{j}42)\Omega$，每相线路阻抗为 $Z_\text{L} = (1 + \text{j}2)\Omega$ ，相电压 $u_\text{A}=220\sqrt{2}\sin\omega t\text{V}$ ，试求负载的相电流及线电流。

4.4 不对称三相电路的分析

本课任务

1. 学会不对称三相电路的分析计算。
2. 掌握不对称三相电路应用。

实例链接

在家庭用的照明电路中有时会遇到这样的情况，正常点亮的白炽灯突然变得很暗，灯丝发红，亮度明显低于正常工作时的亮度，这种情况多数都是由于原来对称的三相电路突然变得不对称造成的，比如某一相断路。如图 4-4-1 所示，当三相负载对称时，三块电流表的读数都相同，三组电灯亮度也相同；但当由于某种原因引起某相断路时，剩余两组电灯的亮度就会降低，而且会出现亮度不同(负载不对称)的情况。学完本节内容后请给予分析。

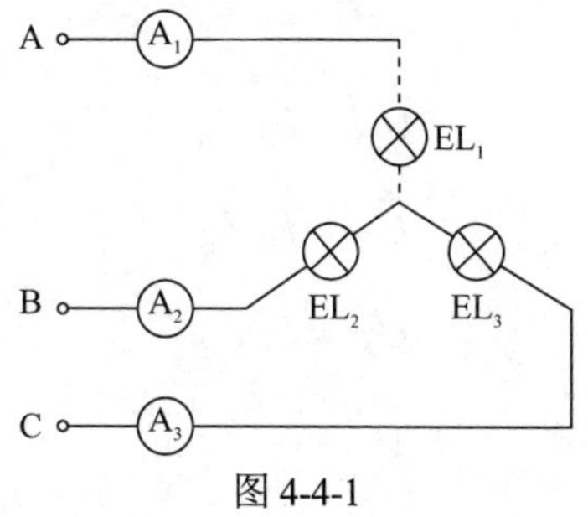

图 4-4-1

任务实施

4.4.1 不对称 Y_0-Y_0 连接的电路

图 4-4-2 所示即为不对称 Y_0-Y_0 连接的电路，该电路是一个具有两个节点的电路，用节点电压法分析比较方便。

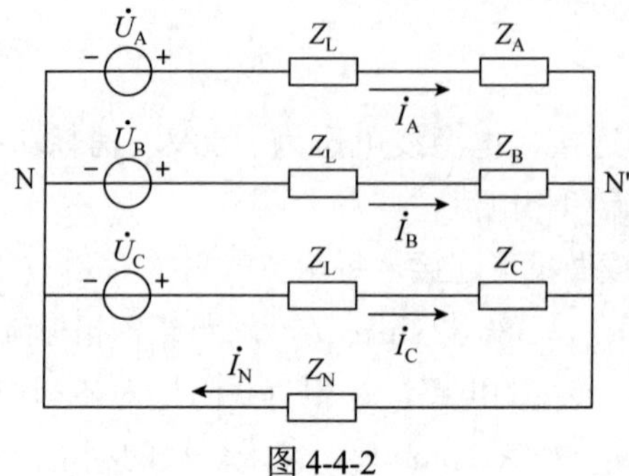

图 4-4-2

一般求解方法如下：

$$\dot{U}_{N'N}=\frac{\dfrac{\dot{U}_A}{Z_A+Z_L}+\dfrac{\dot{U}_B}{Z_B+Z_L}+\dfrac{\dot{U}_C}{Z_C+Z_L}}{\dfrac{1}{Z_A+Z_L}+\dfrac{1}{Z_B+Z_L}+\dfrac{1}{Z_C+Z_L}+\dfrac{1}{Z_N}} \tag{4-4-1}$$

各负载的相电流为

$$\begin{cases}\dot{I}_A=\dfrac{\dot{U}_A-\dot{U}_{N'N}}{Z_A+Z_L}\\ \dot{I}_B=\dfrac{\dot{U}_B-\dot{U}_{N'N}}{Z_B+Z_L}\\ \dot{I}_C=\dfrac{\dot{U}_C-\dot{U}_{N'N}}{Z_C+Z_L}\\ \dot{I}_N=\dfrac{\dot{U}_{N'N}}{Z_N}\end{cases} \tag{4-2-2}$$

各负载的相电压为

$$\dot{U}_A=\dot{I}_A Z_A$$

$$\dot{U}_B=\dot{I}_B Z_B$$

$$\dot{U}_C=\dot{I}_C Z_C$$

4.4.2　不对称 Y -△连接的电路

图 4-4-3(a)所示为不对称 Y -△连接的电路，计算时，需先将三角形负载等效变换为星形负载，如图 4-4-3(b)所示，然后可按 Y_0-Y_0 电路求解，由式(4-4-1)和式(4-4-2)求出节点电压和各线电流，再根据 KCL 由下式求出负载的相电流，由相电流求出相电压。

各相负载的相电流可由下面公式导出

$$\dot{I}_A=\dot{I}_{AB}-\dot{I}_{CA}$$

$$\dot{I}_B=\dot{I}_{BC}-\dot{I}_{AB}$$

$$\dot{I}_C=\dot{I}_{CA}-\dot{I}_{BC}$$

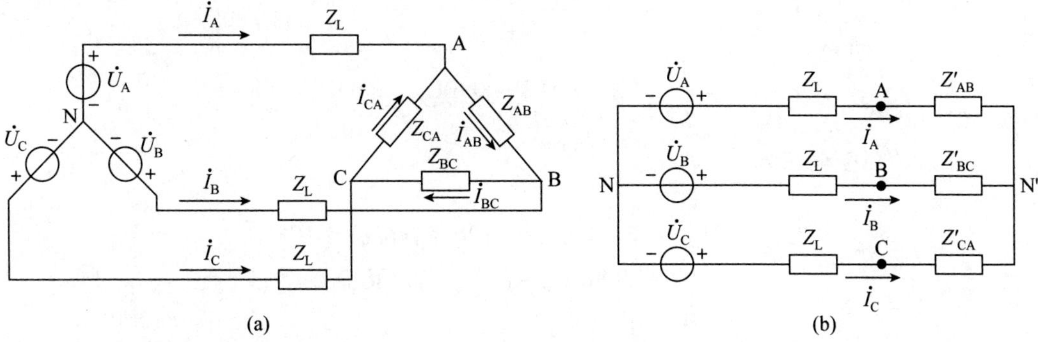

图 4-4-3

负载相电压为

$$\dot{U}_{AB}=\dot{I}_{AB}Z_{AB}$$

$$\dot{U}_{BC}=\dot{I}_{BC}Z_{BC}$$

$$\dot{U}_{CA}=\dot{I}_{AC}Z_{CA}$$

例 4.4.1　图 4-4-4 所示为一个用于测定三相电源相序的电路，由一个电容和两个相同的电阻组成星形负载，且 $\frac{1}{\omega C}=R$，试说明其测定相序的原理。

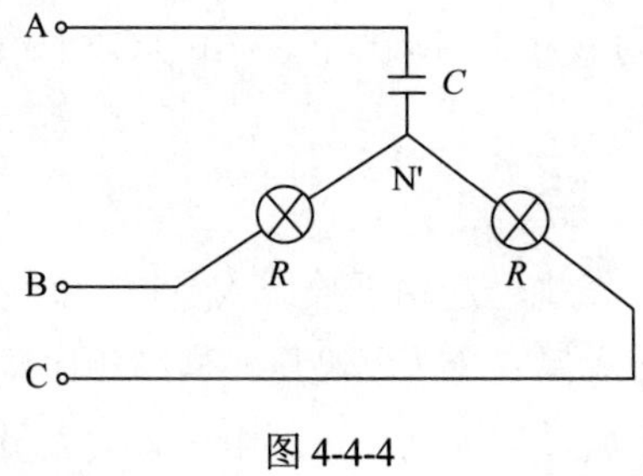

图 4-4-4

解：设电源相电压为

$$\dot{U}_A=U_p\angle 0^\circ$$

则由式(4-4-1)可得

$$\dot{U}_{\mathrm{N'N}}=\frac{\dfrac{\dot{U}_{\mathrm{A}}}{Z_{\mathrm{A}}}+\dfrac{\dot{U}_{\mathrm{B}}}{Z_{\mathrm{B}}}+\dfrac{\dot{U}_{\mathrm{C}}}{Z_{\mathrm{C}}}}{\dfrac{1}{Z_{\mathrm{A}}}+\dfrac{1}{Z_{\mathrm{B}}}+\dfrac{1}{Z_{\mathrm{C}}}}$$

$$=\frac{\dfrac{U_{\mathrm{p}}\angle 0^{\circ}}{\dfrac{1}{\mathrm{j}\omega C}}+\dfrac{U_{\mathrm{p}}\angle -120^{\circ}}{R}+\dfrac{U_{\mathrm{p}}\angle 120^{\circ}}{R}}{\mathrm{j}\omega C+\dfrac{1}{R}+\dfrac{1}{R}}$$

$$=\frac{\mathrm{j}U_{\mathrm{P}}\angle 0^{\circ}+U_{\mathrm{P}}\angle -120^{\circ}+U_{\mathrm{P}}\angle 120^{\circ}}{\mathrm{j}+2}$$

$$=\frac{\mathrm{j}-1}{\mathrm{j}+2}U_{\mathrm{P}}=(-0.2+\mathrm{j}0.6)U_{\mathrm{P}}=0.63U_{\mathrm{P}}\angle 108.4^{\circ}$$

B 相灯泡所受电压为

$$\begin{aligned}\dot{U}_{\mathrm{BN'}}&=\dot{U}_{\mathrm{B}}-\dot{U}_{\mathrm{N'N}}=U_{\mathrm{P}}\angle -120^{\circ}-0.63U_{\mathrm{P}}\angle 108.4^{\circ}\\&=(-0.5-\mathrm{j}0.86)U_{\mathrm{P}}-(-0.2+\mathrm{j}0.6)U_{\mathrm{P}}\\&=(-0.3-\mathrm{j}1.46)U_{\mathrm{P}}\\&=1.5U_{\mathrm{P}}\angle -101.4^{\circ}\end{aligned}$$

同理可求得 C 相灯泡的电压为

$$\begin{aligned}\dot{U}_{\mathrm{CN'}}&=\dot{U}_{\mathrm{C}}-\dot{U}_{\mathrm{N'N}}\\&=U_{\mathrm{p}}\angle 120^{\circ}-0.63U_{\mathrm{p}}\angle 108.4^{\circ}\\&=(-0.5+\mathrm{j}0.86)U_{\mathrm{p}}-(-0.2+\mathrm{j}0.6)U_{\mathrm{p}}\\&=(-0.3+\mathrm{j}0.26)U_{\mathrm{p}}\\&=0.4U_{\mathrm{p}}\angle 138.4^{\circ}\end{aligned}$$

由计算可知，$U_{\mathrm{BN'}}=1.5U_{\mathrm{P}}>U_{\mathrm{CN'}}=0.4U_{\mathrm{P}}$，因而 B 相灯较亮，C 相灯较暗，若以电容相为 A 相，则灯较亮的一相为 B 相，灯较暗的一相为 C 相，相序便可以确定。

应用与实践

1999 年 12 月 15 日，某厂发生一起由于检修人员擅自扩大检修范围，工作结束后又未按有关规定认真核对相序，造成保安变压器高压侧电缆相序接反的事故。

事故发生后，按照“三不放过”原则，该厂组织有关人员进行了认真分析，发现在事故发生的前两天，检修人员刚对保安变压器进行了一次小修。经过对参与检修工作人员的调查，他们曾趁检修保安变压器时，将保安变压器高压侧电缆一并检修，且在检修过程中，将保安变压器高压侧电缆从保安变压器本体拆掉。在拆除电缆之前，未按规定将三相电缆与所对应的保安变压器接线柱分别做记号，检修结束后恢复接线时，三相电缆与接线柱的连接仅按“黄、绿、红”色标分别一致的原则恢复。工作结束时未按规定对保安变压器核对相序，也未将此情况向运行值班人员交代。得到这一信息后，技术人员怀疑检修人员在恢复保安变压器接线时，将电缆相序接反，通过核查，确定保安变压器高压侧电缆 A、B 两相相序接反。可见，准确确定相序非常重要。

同步训练

1. 按图 4-4-5 所示连接电路，取线电压为 220V，分别使三组负载对称、接近对称、不对称，观察三组电灯的亮度，并观察三块电流表的读数；让第三组负载断路，再观察另外两组电灯的亮度和三块电流表的读数，结合所学知识进行分析。

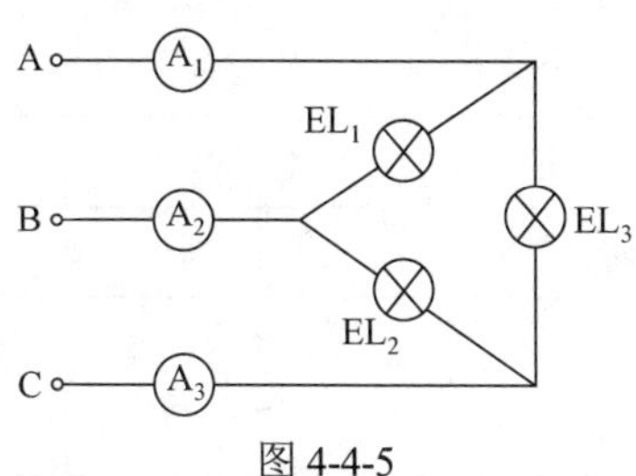

图 4-4-5

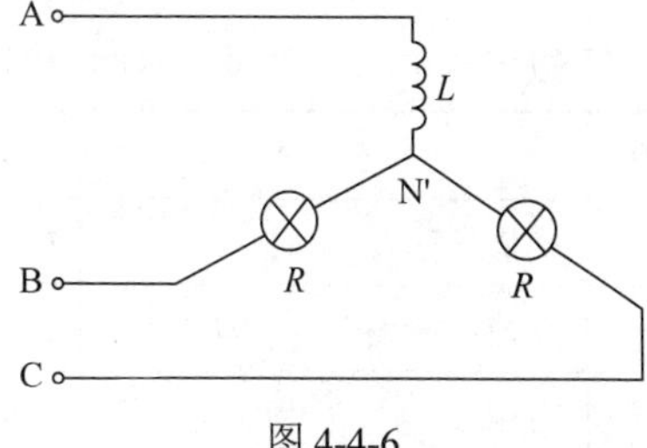

图 4-4-6

2. 简述 Y_0-Y_0 连接的不对称电路计算方法。

3. 不对称 Y_0-Y_0 连接的电路，若中线阻抗为 0，如何计算负载相电压？

4. 图 4-4-6 所示为一感性示相器电路，电源线电压为 380V，在任意指定的 A 相上接入电感 L，另外两相上接入两个相同的白炽灯，并使电感的感抗与两个白炽灯的电阻(R)相等。试通过计算，说明 B 相和 C 相与灯泡亮度的关系。

实验 8　三相交流电路电压、电流的测量

1. 实验目的

(1) 掌握三相负载做星形连接、三角形连接的方法。

(2) 验证负载在两种接法下线、相电压及线、相电流之间的关系。

(3) 充分理解三相四线供电系统中中线的作用。

2. 原理说明

(1) 三相负载可接成星形(Y)或三角形(△)。当三相对称负载做 Y 形连接时，线电压 U_L 是相电压 U_P 的 $\sqrt{3}$ 倍。线电流 U_L 等于相电流 I_P，即

$$U_L=\sqrt{3}U_P$$
$$I_L=I_P$$

在这种情况下，流过中线的电流 $I_o=0$，所以可以省去中线。

当对称三相负载做△形连接时，有

$$I_L = \sqrt{3} I_P$$

$$U_L = U_P$$

(2) 不对称三相负载做Y连接时，必须采用三相四线制接法，即 $Y_0 - Y_0$ 接法。而且中线必须牢固连接，以保证三相不对称负载的每相电压维持对称不变。

倘若中线断开，会导致三相负载电压不对称，致使负载轻的一相的相电压过高，使负载遭受损坏；负载重的一相的相电压又过低，使负载不能正常工作，尤其是对于三相照明负载，无条件地一律采用 $Y_0 - Y_0$ 接法。

(3) 当不对称负载做△形连接时，I_L 与 I_P 不存在对称关系，但只要电源的线电压 U_L 对称，加在三相负载上的电压仍是对称，对各相负载工作没有影响。

3. 实验设备

序号	名称	参数要求	数量	单位
1	交流电压表	0～500V	1	块
2	交流电流表	0～5A	1	块
3	万用表	MF60	1	块
4	三相自耦调压器	0～430V	1	台
5	三相灯组负载	220V，15W 白炽灯	9	个

4. 实验内容

1) 三相负载星形连接(三相四线制供电)

按图 S8-1 连接实验电路，即三相白炽灯组负载经三相自耦调压器接通三相对称电源。将三相调压器的旋柄置于输出为 0 的位置(即逆时针旋到底)，经指导教师检查合格后，方可开启实验台电源，然后调节调压器的输出，使输出的三相线电压为 220V。按下述完成各项实验：分别测量三相负载的线电压、相电压、线电流、相电流、中线电流、电源与负载中点间的电压；将所测得的数据记入表 S8-1 中，并观察各相灯组白炽亮暗变化和亮度，特别要注意观察中线的作用。

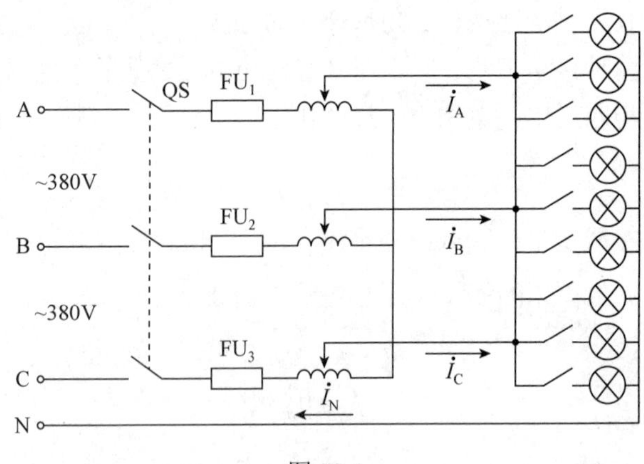

图 S8-1

表 S8-1

测量项目		白炽灯盏数			线电流 / A			线电压 / V			相电压 / V			中线电流	中点电压
		A相	B相	C相	I_A	I_B	I_C	U_{AB}	U_{BC}	U_{CA}	U_A	U_B	U_C	I_0/A	U_{NO}/ V
负载情况	Y_0接法 平衡负载	3	3	3											
	Y接法 平衡负载	3	3	3											
	Y_0接法 不平衡负载	1	2	3											
	Y接法 不平衡负载	1	2	3											
	Y_0接法 B 相断开	1		3											
	Y接法 B 相断开	1		3											
	Y接法 B 相断开	3		3											
	Y接法 B 相短路	1		3											

2) 负载三角形连接(三相三线制供电)

按图 S8-2 改接线路，经指导教师检查合格后接通三相电源，并调节调压器，使其输出线电压为 220V，并按表 S8-2 所列的内容进行测试。

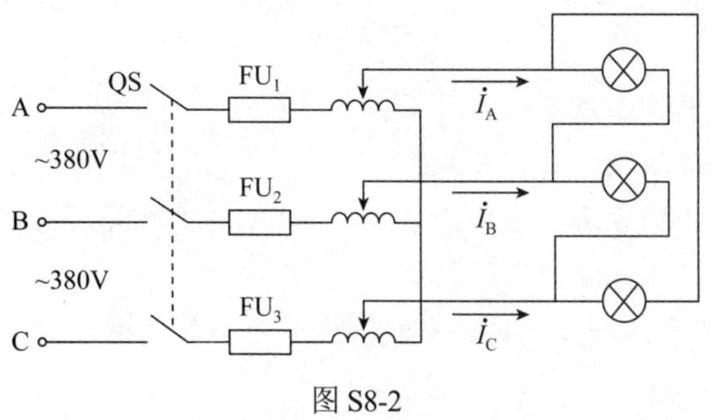

图 S8-2

表 S8-2

测量项目		电灯盏数			线电压=相电压/V			线电流/A			相电流/A		
		A–B 相	B–C 相	C–A 相	U_{AB}	U_{BC}	U_{CA}	I_A	I_B	I_C	I_{AB}	I_{BC}	I_{CA}
负载情况	三相平衡	3	3	3									
	三相不平衡	1	2	3									

5. 实验注意事项

(1) 本实验采用三相交流市电，线电压为 380V，应穿绝缘鞋进实验室。为了实验中人身的安全，本实验中将线电压调为220V，降低了实验的危险性，同时学生的测量数据更具有特点。实验时要注意人身安全，不可触及导电部件，防止意外事故发生。

(2) 每次接线完毕，同组同学应检查一遍，然后由指导教师检查后，方可接通电源，必须严格遵守先断电、再接线、后通电；先断电、后拆线的实验操作原则。

(3) 星形负载做短路实验时，必须首先断开中线，以免发生短路事故。

(4) 为避免烧坏白炽灯，DG08 实验挂箱内设有过压保护装置。当任一相电压大于245V时，即声光报警并断路器断电。因此，在做 Y 接不平衡负载或缺相实验时，所加线电压应以最高相电压小于240V。

6. 预习思考题

(1) 三相负载根据什么条件做星形或三角形连接？

(2) 复习三相交流电路有关内容，试分析三相星形连接不对称负载在无中线情况下，当某相负载开路或短路时会出现什么情况？如果接上中线，情况又如何？

(3) 此实验中为什么要通过三相调压器将380V的市电线电压降为220V的线电压使用？

7. 实验报告

(1) 由实验测得的数据验证对称三相电路中的电压及电流的$\sqrt{3}$关系。

(2) 用实验数据和观察到的现象，总结三相四线供电系统中中线的作用。

(3) 不对称三角形连接的负载，能否正常工作？实验是否能证明这一点？

(4) 根据不对称负载三角形连接时的相电流值做量图，并求出线电流值，然后与实验得的线电流做比较并加以分析。

习题

4.1 什么是对称三相正弦量及对称三相电路？

4.2 什么是三相四线制、三相三线制？

4.3 简述测定相序的方法。在确定B、C相之前，A相是否可以任选？

4.4 简述不对称三相电路的求解思路。

4.5 对称三相 Y 连接和△连接的负载，线电压与相电压、线电流与相电流在大小和相位上各是什么关系？

4.6 三角形连接的负载，电源电压对称时，负载的相电压就对称，此时，负载的相电流也对称吗？

4.7 对称三相电源做星形连接，若$\dot{U}_A = 220\angle 0^\circ \text{V}$，求$\dot{U}_B$和$\dot{U}_{BC}$。

4.8 $Y_0 - Y_0$连接的电路，线电压$U_L = 380\text{V}$，三相负载分别为$Z_A = 10\Omega$，$Z_B = \text{j}10\Omega$，$Z_C = (10 + \text{j}10)\Omega$，试求各相电流$I_A$、$I_B$、$I_C$。

4.9 对称Y－Y连接的电路，相电流$I_P = 10\text{A}$，三相总功率$P = 300\text{W}$，负载为纯电阻，求线电压U_L。

4.10 对称Y－△连接的电路，每相负载$Z = (20 + \text{j}20)\Omega$，线电流$I_L = 10\text{A}$，试求线电压$U_L$和电源相电压$U_P$。

4.11　对称三相电路，每相负载 $Z=(6+\mathrm{j}8)\Omega$，则三相负载的功率因数是多少？

4.12　有一组正序对称三相电压，其最大值为 300V，试以 A 相为参考，写出相量式和瞬时值表达式，并画出相量图。

4.13　对称三相丫连接电源，已知线电压为 100V，试以 A 相相电压为参考，写出各线电压和相电压的相量式，并画出相量图。

4.14　对称三相电路做丫−△连接，电源相电压是 110V，每相负载的阻抗是 $Z=(30+\mathrm{j}40)\Omega$，求三相总功率。

4.15　对称三相电源如图 4-1 所示，电压表 V_1 的读数是 380V，则电压表 V_2、V_3 的读数各是多少？

4.16　三相四线制电路如图 4-2 所示，电压表的读数为 380V，$Z_A=10\Omega$，$Z_B=20\Omega$，$Z_C=40\Omega$，则三个电流表的读数各为多少？

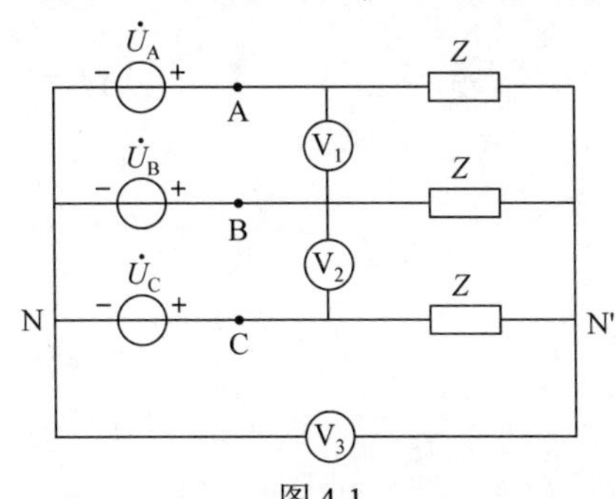

图 4-1

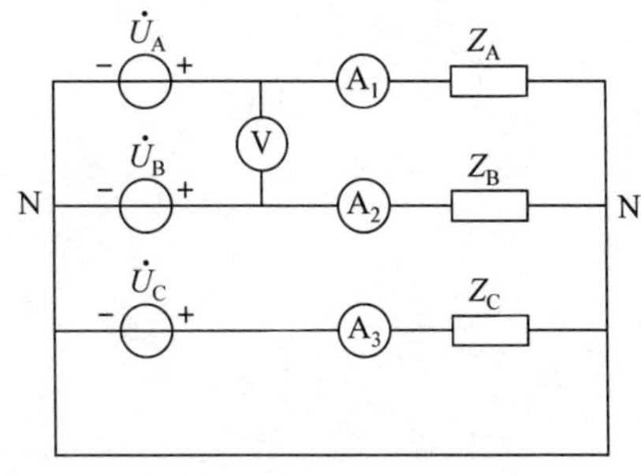

图 4-2

4.17　对称三相四线制电路中，已知 $u_A=220\sin(\omega t+30^\circ)\mathrm{V}$，负载 $Z=11\angle 30^\circ\Omega$，试求各相电压、线电压及相电流的相量式。

4.18　对称三相电路做丫−△连接，已知 $\dot{U}_A=110\angle 0^\circ\mathrm{V}$，每相负载 $Z=(12+\mathrm{j}16)\Omega$，求三个线电流的相量式及三相总功率 P。

4.19　一个丫−丫连接的对称三相电路，每相负载阻抗为 $Z=(10+\mathrm{j}16)\Omega$，每条线路阻抗 $Z_L=2\Omega$，电源 A 相电压 $u_A=220\sqrt{2}\sin\omega t\mathrm{V}$，求各负载相电流及三相负载的有功功率、无功功率和视在功率。

4.20　对称三相负载的线电压为 220V，线电流为 20A，负载的功率为 5000W，求负载的功率因数。

4.21　$丫_0-丫_0$ 连连接的三相电路，电源线电压为 380V，每相负载 $Z=22\Omega$。求：

(1) 负载的相电压、相电流；

(2) 中线电流；

(3) A 相断开时 B、C 相的相电流、相电压。

4.22　一个丫−丫连连接的对称三相电路，每相负载阻抗为 $Z=(7+\mathrm{j}6)\Omega$，每条线路阻抗 $Z_L=1\Omega$，电源 C 相电压 $u_C=220\sqrt{2}\sin\omega t\mathrm{V}$，求各负载相电流及三相负载的有功功率、无功功率和视在功率。

4.23　三相四线制电路，负载做星形连接，$Z_A=20\Omega$，$Z_B=\mathrm{j}10\Omega$，$Z_C=(4+\mathrm{j}4)\Omega$，接于线电压为 380V 的电源上，求各负载的相电压、相电流及三相总功率 P。

4.24　对称三相电路如图 4-3 所示，电源电压 $u_A=220\sqrt{2}\sin\omega t\mathrm{V}$，$Z_L=2\Omega$，$Z_1=(8+\mathrm{j}16)\Omega$，$Z_2=(24+\mathrm{j}48)\Omega$，求三相电路的线电流和各相负载的线电流及相电流。

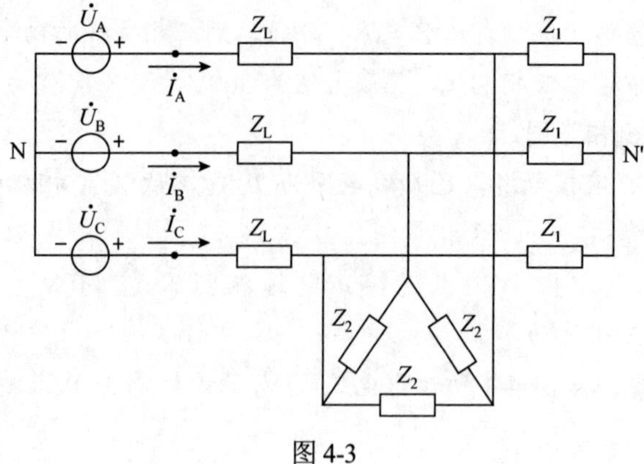
$\dot{U}_A$
$\dot{U}_B$
$\dot{U}_C$
$\dot{I}_A$
$\dot{I}_B$
$\dot{I}_C$
Z_L
Z_L
Z_L
Z_1
Z_1
Z_1
Z_2
Z_2
Z_2
N
N'

图 4-3

第 5 章 动态电路

内容简介

1. 换路定律与阶跃函数的概念。
2. 初始值计算，直流激励下一阶电路的零输入响应与零状态响应计算。
3. 三要素法求解一阶电路。
4. 阶跃响应的计算及二阶电路的零输入响应计算。

5.1 换路定律及初始值计算

本课任务

1. 理解换路定律并学会其应用。
2. 学会动态电路初始值的分析计算。

实例链接

电路如图 5-1-1 所示，三只相同的电灯 EL_1～EL_3，分别与 R、L、C 串联(选择合适的 L、C 值)，然后再并联在一起接入电路，当开关 S 与 1 接通时，可以看到 EL_3 立刻点亮，EL_2 则逐渐变亮，然后亮度稳定下来，而 EL_1 开始最亮，然后逐渐变暗到最后熄灭。而当开关 S 与 1 断开而与 2 接通后，EL_3 会立即熄灭，EL_2 会逐渐熄灭，而原来不亮的 EL_1 也要亮一下然后逐渐熄灭。为什么会出现这种现象呢？

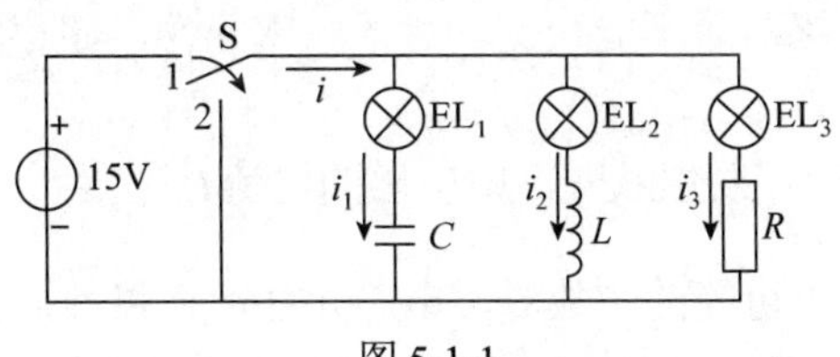

图 5-1-1

任务实施

5.1.1 动态电路的过渡过程

电路的状态分为稳态和暂态两种。电路从一种稳定状态到另一种稳定状态所经历的中间过程，称为电路的**过渡过程**，又称**暂态过程**。例如，教室中的荧光灯照明电路，开关未闭合时，电灯是熄灭的，这是一种稳定状态；开关闭合后，电灯点亮并且亮度要逐渐稳定下来，当电灯的亮度稳定后，照明电路又进入了一种新的稳态。而电灯从不亮到亮度稳定要经过一段时间，这段时间里电路的参数在发生变化，这个过程就是荧光灯照明电路所经历的过渡过程。

电路在什么情况下才能产生过渡过程呢？图 5-1-1 电路的实验现象已经告诉了我们。这一现象说明，与电阻串联的电灯没有经历过渡过程，而与电感和电容串联的电灯经历了一个过渡过程。这说明过渡过程的产生与电感、电容这两个储能元件有关，这两个储能元件称为动态元件，含有动态元件的电路称为**动态电路**。

从上面的现象可以看到，含有动态元件的动态电路，在开关动作时产生了过渡过程，如果没有开关的切换，电路的稳态始终不会被破坏。一般把电路的接通、切换、短路、断路、外部干扰、电路参数的改变及电源的变化等称为**换路**。引起电路过渡过程的原因有两个：第一，电路中必须含有动态元件；第二，电路发生换路。在实际的电力系统中，当甩负荷、增负荷、发生短路或断路事故以及有外部干扰时，都有可能产生过渡过程，造成一定的过电压和过电流，危及设备的安全运行。另一方面，过渡过程可加以利用，如在数字电子电路中，利用电容的充放电过程实现脉冲的产生和变换。

过渡过程中，电路的电流、电压都遵循一些特定的规律。

5.1.2 换路定律

因为电路不能提供无穷大的能量，无论是电感元件还是电容元件，其能量的变化都需要时间，即能量的变化都是渐变而不能跃变。反映到电路上，就是电路发生换路时，电感元件和电容元件的能量必须进行重新的转移和分配。

对于电容元件，储存的电场能量为$W_C=\frac{1}{2}Cu_C^2$，其电流表达式为$i_C=C\frac{\mathrm{d}u_C}{\mathrm{d}t}$，若能量 W_C 发生跃变，则电容电压 u_C 也发生跃变，从而需要电流 i_C 为无穷大，这是不可能的。所以电容元件的电压在换路前后不能跃变。对于电感元件，储存的磁场能量为$W_L=\frac{1}{2}Li_L^2$，其端电压为$u_L=L\frac{\mathrm{d}i_L}{\mathrm{d}t}$，若 W_L 发生跃变，则电感的电流 i_L 也要跃变，这就需要电感元件的端电压为无穷大，这也是不可能的。故对于电感元件，换路前后其电流不能发生跃变。将上面的两种情况归纳起来即得：电路在换路前后的瞬间，电容的端电压和电感上的电流都保持一致而不能发生跃变，这一结论就称为**换路定律**。设过渡过程以换路开始瞬间为计时起点，记为$t=0$，换路前的最后一个时刻记为$t=0_-$，换路后的最初一个时刻记为$t=0_+$。实际上0_-、0、0_+为同一个时刻，在时间上并没有区别，只是用来表示电路的状态不同。换路前流过电感的电流表示为$i_L(0_-)$，电容两端的电压为$u_C(0_-)$；换路后瞬间流过电感的电流为$i_L(0_+)$，电容两端的电压为$u_C(0_+)$，则换路定律可表示为

$$\begin{cases} i_L(0_+)=i_L(0_-) \\ u_C(0_+)=u_C(0_-) \end{cases} \tag{5-1-1}$$

换路定律只适合上面两个量的计算，电路中的其他量都可以跃变。

5.1.3 初始值的计算

电路换路后电压或电流初始时刻的瞬时值，称为过渡过程的初始值，如$u_L(0_+)$、$u_C(0_+)$、$u_R(0_+)$、$i_L(0_+)$、$i_C(0_+)$、$i_R(0_+)$。分析过渡过程，一般都选换路开始瞬间为计时起点。

初始值的计算，以换路定律为基础，计算步骤如下：

(1) 确定换路前稳态电路的电容电压或电感电流值，即$u_C(0_-)$、$i_L(0_-)$。

(2) 根据式(5-1-1)求换路后瞬间过渡过程的初始值$u_C(0_+)$、$i_L(0_+)$。

(3) 利用KVL、KCL及欧姆定律求其他量的初始值。

例5.1.1 电路如图5-1-2所示，$R_1=R_2=2\Omega$，$U_S=4V$，$t=0$时开关S闭合，求各元件上电流、电压的初始值。

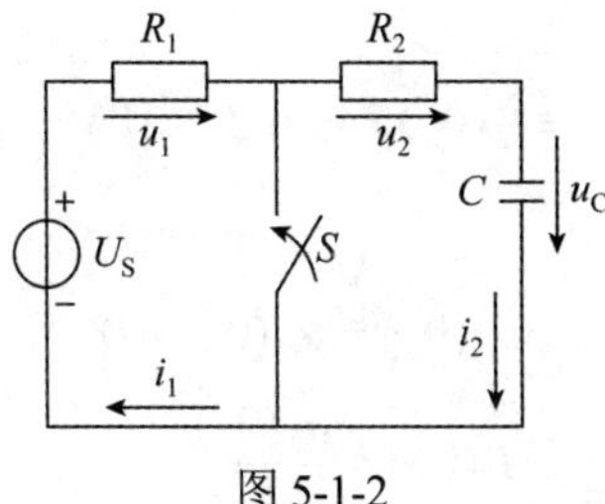

图5-1-2

解：先求$u_C(0_-)$。S闭合前，R_1、R_2、C和电压源组成闭合回路，电容具有隔直流作用，相当于开路，所以有

$$u_C(0_-)=4V$$

再求$u_C(0_+)$。S闭合后，根据换路定律，由式(5-1-1)得

$$u_C(0_+)=u_C(0_-)=4V$$

然后求其他量的初始值。根据KVL得

$$u_1(0_+)=4V$$

$$u_2(0_+)=-u_C(0_+)=-4V$$

由欧姆定律得

$$i_C(0_+)=i_2(0_+)=\frac{u_2(0_+)}{R_2}=-\frac{4}{2}A=-2A$$

$$i_1(0_+)=\frac{u_1(0_+)}{R_1}=\frac{4}{2}\text{A}=2\text{A}$$

例 5.1.2 如图 5-1-3 所示电路中，$R_1=10\Omega$，$R_2=30\Omega$，$L=0.2\text{H}$，$t=0$ 时 S 闭合，求各元件上电流、电压的初始值。

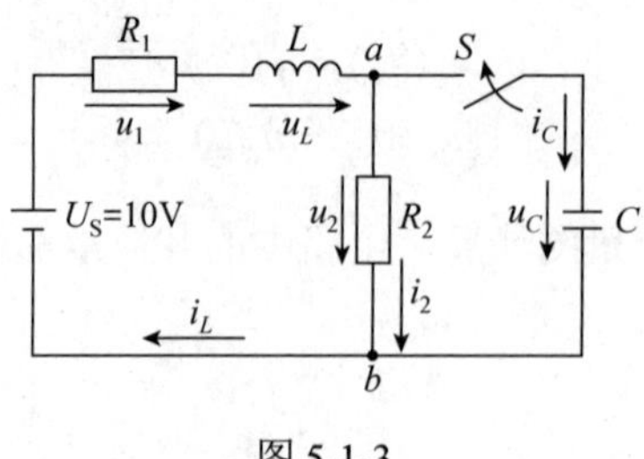

图 5-1-3

解：S 闭合前，电路处于稳态，电感 L 相当于短路，电容 C 未接入电路，所以

$$u_C(0_-)=0$$

$$i_L(0_-)=\frac{U_S}{R_1+R_2}=\frac{10}{10+30}\text{A}=0.25\text{A}$$

S 闭合后，由式(5-1-1)得

$$u_C(0_+)=u_C(0_-)=0\text{V}$$

$$i_L(0_+)=i_L(0_-)=0.25\text{A}$$

由欧姆定律得

$$u_1(0_+)=i_L(0_+)R_1=0.25\times10\text{V}=2.5\text{V}$$

R_2 与 C 并联，故得

$$u_2(0_+)=u_C(0_+)=0$$

$$i_2(0_+)=\frac{u_2(0_+)}{R_2}=0$$

对节点 a 有

$$i_L(0_+)-i_C(0_+)-i_2(0_+)=0$$

所以

$$i_C(0_+)=0.25\text{A}$$

对由 U_S、R_1、L、R_2 组成的网孔，由 KVL 得

$$-U_S+u_1(0_+)+u_L(0_+)+u_2(0_+)=0$$

所以

$$u_L(0_+)=7.5\text{V}$$

同步训练

1. 什么是过渡过程？其产生的条件是什么？

2. 什么是换路定律？其表达式是什么？适合于哪些量？

3. 电路如图 5-1-4 所示，$t=0$ 时 S 闭合，求开关闭合后各量的初始值。

4. 电路如图 5-1-5 所示，$R_1=10\Omega$，$R_2=2\Omega$，$R_3=4\Omega$，$E=10\text{V}$，$t=0$ 时 S 由 1 合于 2，求开关闭合后各量的初始值。

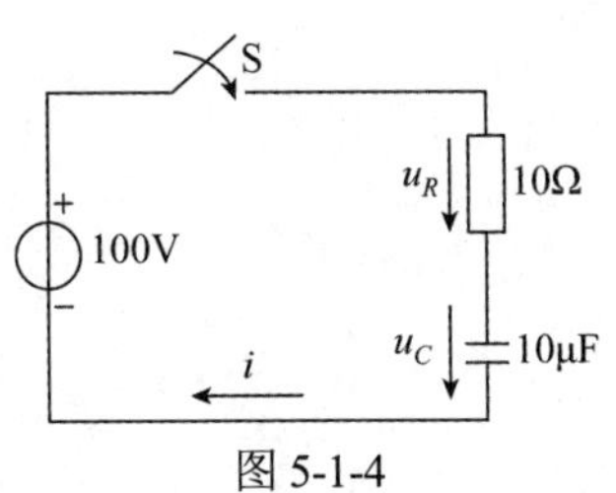

图 5-1-4

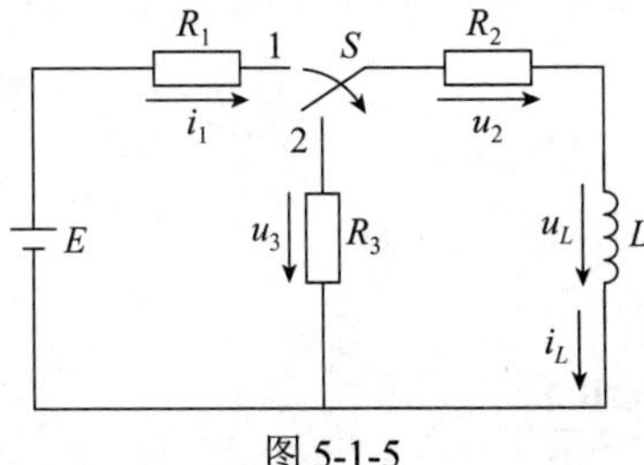

图 5-1-5

5.2 直流激励下一阶电路的零输入响应

本课任务

1. 学会直流激励下 *RL* 和 *RC* 电路的零输入响应分析计算。

2. 学会画动态响应曲线，明确时间常数的物理意义和几何意义。

实例链接

RL 电路暂态过程在变压器短路试验中，在电力系统的负荷增减过程中，都有着广泛的应用。

任务实施

只含一种储能元件的电路，由于描述电路状态的方程是一阶微分方程，因此称为**一阶电路**。如由电阻和一个或几个电容元件组成的电路，就是一阶电路。电路在没有信号输入的情况下，靠初始储能所引起的响应称为**零输入响应**。

5.2.1 *RC* 电路的零输入响应

RC 串联电路如图 5-2-1(a)所示，S 与 1 闭合已久，电路处于稳态。$t=0$ 时，S 由 1 合于 2，此时 R 与 C 构成串联电路，与电源脱离，外界对电路没有输入，如图 5-2-1 (b)所示，这时电路的响应就是零输入响应，它是由电容的初始储能引起的。

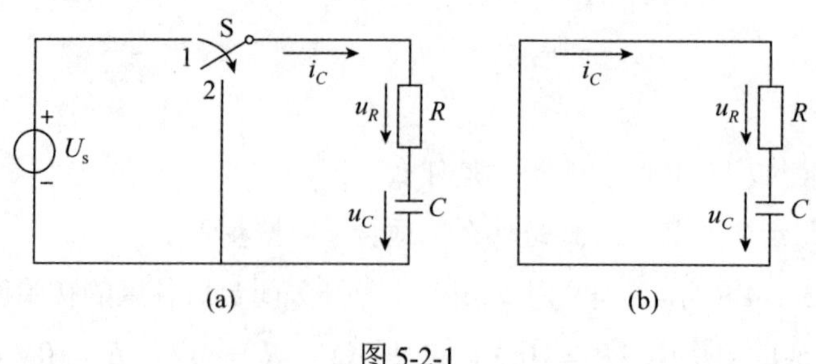

图 5-2-1

图 5-2-1(b)电路中，电压与电流的关系可由 KVL 确定。在图示的参考方向下，有

$$u_R + u_C = 0$$

即

$$Ri_C + u_C = 0$$

将$i_C = C\dfrac{\mathrm{d}u_C}{\mathrm{d}t}$代入上式得

$$RC\frac{\mathrm{d}u_C}{\mathrm{d}t} + u_C = 0$$

这就是求解电路的一阶微分方程。

设电容上电压的初始值为$u_C(0_+)$，则方程的解为

$$u_C = u_C(0_+)\mathrm{e}^{-\frac{t}{RC}}$$

$$u_R = -u_C = -u_C(0_+)\mathrm{e}^{-\frac{t}{RC}}$$

$$i_C = \frac{u_R}{R} = -\frac{u_C}{R} = -\frac{u_C(0_+)\mathrm{e}^{-\frac{t}{RC}}}{R} = -\frac{u_C(0_+)}{R}\mathrm{e}^{-\frac{t}{RC}}$$

电压、电流的变化曲线如图 5-2-2 所示。曲线变化的快慢，由 R 和 C 的值决定，R 与 C 的乘积大小可以反映过渡过程的快慢，称为**时间常数**，用符号 τ 表示，单位为 s。即

$$\tau = RC \tag{5-2-1}$$

式中 R、C 都是等效值。电阻元件的等效值就是从电容元件两端看进去的戴维南等效电阻，电容元件的等效值就是直接相连的多个电容的并联或串联的等效值。将时间常数 τ 代入上面的u_C、i_C公式，得 RC 电路的零输入响应表达式为

$$u_C = u_C(0_+)\mathrm{e}^{-\frac{t}{\tau}} \tag{5-2-2}$$

$$i_C = -\frac{u_C(0_+)}{R}\mathrm{e}^{-\frac{t}{\tau}} \tag{5-2-3}$$

例 5.2.1 在图 5-2-1(a)所示的电路中，$U_S = 20\mathrm{V}, R = 1\mathrm{k\Omega}, C = 200\mathrm{\mu F}$，求电路的零输入响应。

解：

$$u_C(0_+) = u_C(0_-) = U_S = 20\mathrm{V}$$

$$\tau = RC = 1\,000 \times 200 \times 10^{-6}\text{s} = 0.2\text{s}$$

由式(5-2-2)及式(5-2-3)得

$$u_C = u_C(0_+)\text{e}^{-\frac{t}{\tau}} = 20\text{e}^{-\frac{t}{0.2}}\text{V} = 20\text{e}^{-5t}\ \text{V}$$

$$u_R = -u_C = -20\text{e}^{-5t}\ \text{V}$$

$$i_C = \frac{u_R}{R} = -\frac{u_C}{R} = -\frac{u_C(0_+)}{R}\text{e}^{-\frac{t}{\tau}} = -\frac{20}{1\,000}\text{e}^{-5t}\text{V} = -0.02\text{e}^{-5t}\ \text{A}$$

响应曲线如图 5-2-3 所示。

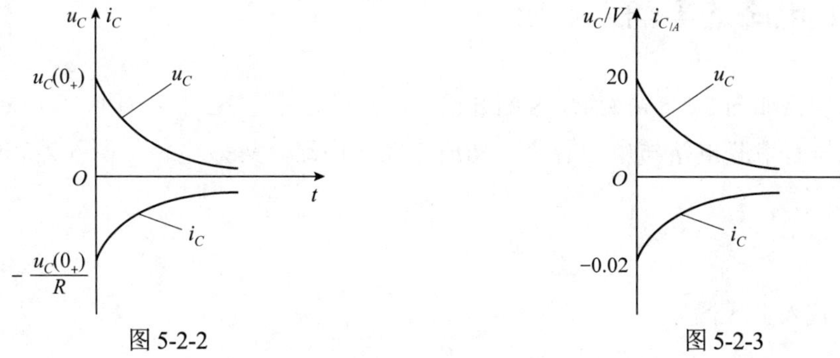

图 5-2-2　　　　图 5-2-3

例 5.2.2　图 5-2-4 所示的电路中，$U_S = 38\text{V}$，$R_1 = 10\Omega$，$R_2 = 3\Omega$，$R_3 = 6\Omega$，$C = 200\mu\text{F}$，开关 S 闭合之前电路已经处于稳态，$t = 0$ 时 S 闭合。求 $t \geqslant 0$ 时电压、电流的响应 u_C、i_C、i_2 和 i_3。

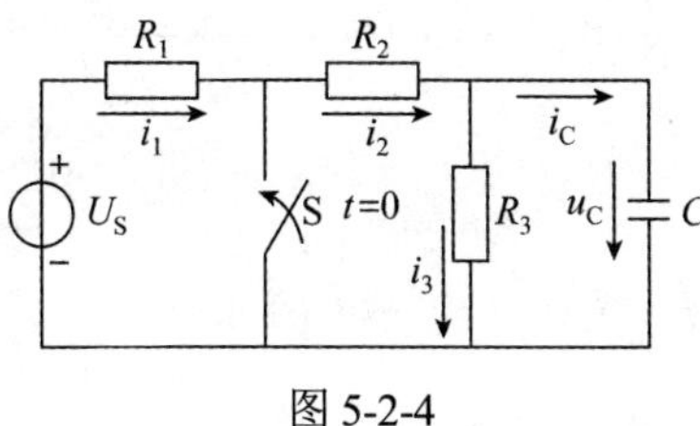

图 5-2-4

解：

$$i_C(0_-) = 0$$

$$u_C(0_-) = \frac{U_S}{R_1 + R_2 + R_3}R_3 = \frac{38}{10+3+6} \times 6\text{V} = 12\text{V}$$

由换路定律得

$$u_C(0_+) = u_C(0_-) = 12\ \text{V}$$

$$i_2(0_+) = -\frac{u_C(0_+)}{R_2} = -\frac{12}{3}\text{A} = -4\text{A}$$

$$i_3(0_+) = \frac{u_C(0_+)}{R_3} = \frac{12}{6}\text{A} = 2\text{A}$$

由 KCL 得

$$i_C(0_+) = i_2(0_+) - i_3(0_+) = -4 - 2\text{A} = -6\text{A}$$

$$\tau = RC = \frac{R_3 R_2}{R_2 + R_3} C = 2 \times 200 \times 10^{-6}\text{s} = 4 \times 10^{-4}\text{s}$$

$$u_C = u_C(0_+)\text{e}^{-\frac{t}{\tau}} = 12\text{e}^{-\frac{t}{4\times10^{-4}}}\text{V} = 12\text{e}^{-2500t}\text{V}$$

$$i_C = i_C(0_+)\text{e}^{-\frac{t}{\tau}} = -6\text{e}^{-\frac{t}{4\times10^{-4}}}\text{A} = -6\text{e}^{-2500t}\text{A}$$

$$i_2 = i_2(0_+)\text{e}^{-\frac{t}{\tau}} = -4\text{e}^{-2500t}\text{A}$$

$$i_3 = i_3(0_+)\text{e}^{-\frac{t}{\tau}} = 2\text{e}^{-2500t}\text{A}$$

5.2.2 *RL* 电路的零输入响应

RL 串联电路如图 5-2-5(a)所示，S 断开已久，电路处于稳态。$t = 0$ 时，S 由断开到闭合，此时 R 与 L 串联电路与电源脱离，构成零输入电路，等效电路如图 5-2-5(b)所示。

由 KVL 可得

$$Ri_L + u_L = 0$$

将 $u_L = L\frac{\text{d}i_L}{\text{d}t}$ 代入上式得

$$\frac{L}{R}\frac{\text{d}i_L}{\text{d}t} + i_L = 0$$

电路的初始条件为

$$i_L(0_+) = i_L(0_-) = \frac{U_S}{R_1 + R}$$

微分方程的解为

$$i_L = i_L(0_+)\text{e}^{-\frac{R}{L}t} = i_L(0_+)\text{e}^{-\frac{t}{\tau}} \tag{5-2-4}$$

$$u_L = L\frac{\text{d}i_L}{\text{d}t} = -Ri_L(0_+)\text{e}^{-\frac{R}{L}t} = -Ri_L(0_+)\text{e}^{-\frac{t}{\tau}} \tag{5-2-5}$$

式中：$\frac{L}{R}$ 是 *RL* 电路的时间常数，即

$$\tau = \frac{L}{R} \tag{5-2-6}$$

该响应的变化曲线如图 5-2-5(c)所示。

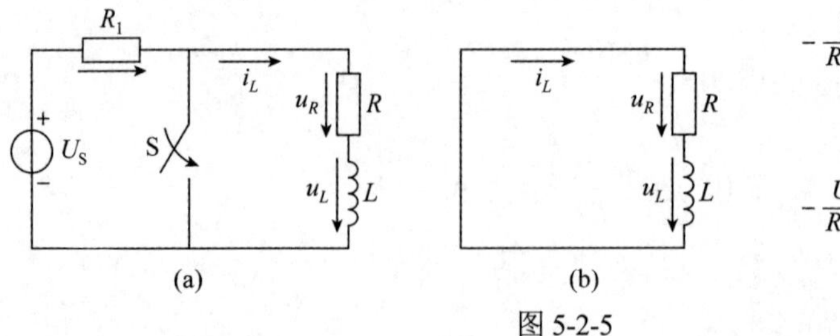

图 5-2-5

例 5.2.3　电路如图 5-2-6(a)所示，已知$U_S = 36V$，$R = 6\Omega$，$R_1 = 3\Omega$，$L = 0.09H$，电路原来处于稳态，$t = 0$时 S 由 1 合到 2，求换路后的零输入响应，并画出响应曲线。

解：由换路定律得

$$i_L(0_+) = i_L(0_-) = \frac{U_S}{R} = 6A$$

$$u_L(0_+) = -i_L(0_+)(R + R_1) = -\frac{R + R_1}{R}U_S = -54V$$

$$u_R(0_+) = Ri_L(0_+) = U_S = 36V$$

$$u_1(0_+) = -R_1 i_L(0_+) = -18V$$

电路的时间常数

$$\tau = \frac{L}{R + R_1} = 0.01s$$

由式(5-2-4)得

$$i_L = i_L(0_+)e^{\frac{t}{\tau}} = 6e^{-\frac{t}{0.01}}A = 6e^{-100t}A$$

$$u_L = u_L(0_+)e^{\frac{t}{\tau}} = -54e^{-100t}V$$

u_L、i_L的变化曲线如图 5-2-6(b)、(c)所示。

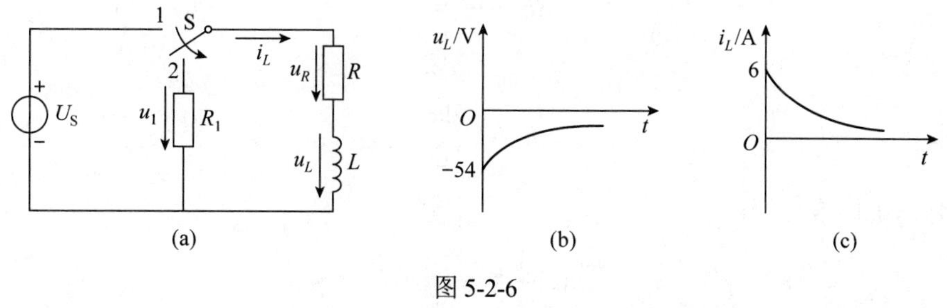

图 5-2-6

同步训练

1. 什么是一阶电路？什么是零输入响应？
2. *RL* 电路中电感上电流和 *RC* 电路中电容电压的零输入响应表达式各是什么？
3. *RL* 电路和 *RC* 电路的时间常数表达式及物理意义各是什么？
4. 电路如图 5-2-7 所示，$t = 0$时，S 断开，求换路后电路的一阶响应u_C和i_C。

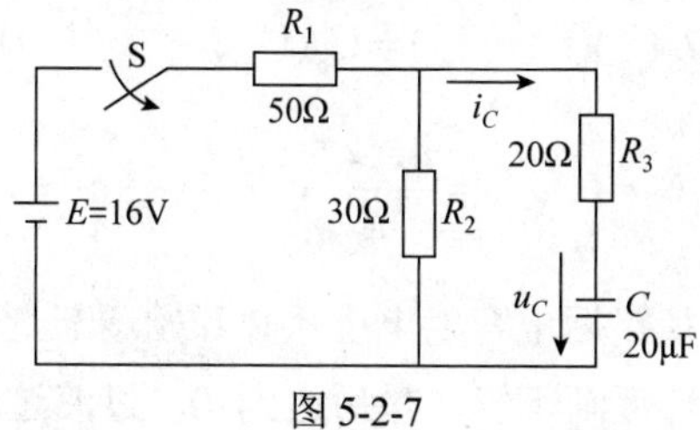

图 5-2-7

5.3 直流激励下一阶电路的零状态响应

本课任务

1. 理解一阶电路的零状态响应。
2. 学会直流激励下 RL 和 RC 电路的零状态响应分析计算。

任务实施

零状态是指电路中的储能元件无初始储能，其初始值为 0 的状态。此时电路的响应是由外部的激励引起的，这种响应称为**零状态响应**。

5.3.1 *RC* 电路的零状态响应

RC 电路如图 5-3-1 所示，开关 S 原来是断开的，电容未充过电，$t=0$ 时 S 闭合，换路后电路的零状态响应可由一阶微分方程求得。

S 闭合后，由 KVL 可得

$$Ri_C + u_C = U_S$$

电容的伏安关系式为

$$i_C = C\frac{\mathrm{d}u_C}{\mathrm{d}t}$$

将此式代入上面方程得

$$RC\frac{\mathrm{d}u_C}{\mathrm{d}t} + u_C = U_S$$

电容上电压的初始值为

$$u_C(0_+) = u_C(0_-) = 0$$

过渡过程结束后，电路进入新的稳态，用 $u_C(\infty)$表示电容上电压的稳态值，则有

$$u_C(\infty) = U_S$$

在初始值和稳态值确定的情况下，解上面微分方程可得

$$u_C = u_C(\infty)(1-\mathrm{e}^{-\frac{t}{RC}}) = U_S(1-\mathrm{e}^{-\frac{t}{RC}}) = U_S(1-\mathrm{e}^{-\frac{t}{\tau}}) \tag{5-3-1}$$

$$i_C = C\frac{\mathrm{d}u_C}{\mathrm{d}t} = \frac{u_C(\infty)}{R}\mathrm{e}^{-\frac{t}{RC}} = \frac{U_S}{R}\mathrm{e}^{-\frac{t}{\tau}} \tag{5-3-2}$$

从方程的解可以看出，换路后电容上电压从 0 开始逐渐上升，最后达到稳态值。而电容上的电流则从初始的最大值逐渐下降，最后达到 0，过渡过程结束。电压、电流的变化

曲线如图 5-3-2 所示。

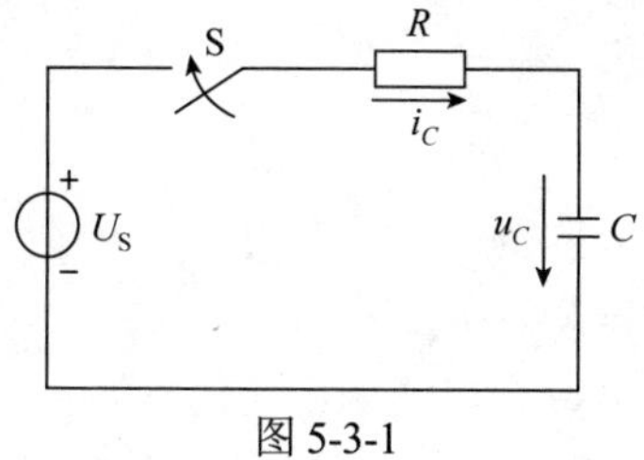

图 5-3-1

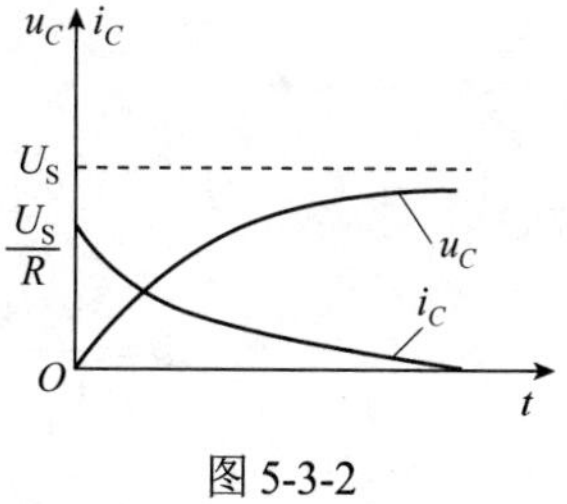

图 5-3-2

例 5.3.1 电路如图 5-3-1 所示，已知$U_S=8\text{V}$，$R=10\Omega$，$C=50\mu\text{F}$，求开关 S 闭合后各电压、电流随时间变化的规律。

解： S 未闭合时有

$$u_C(0_-)=0$$

S 闭合时，由换路定律得

$$u_C(0_+)=u_C(0_-)=0$$

电路重新进入稳态后有

$$u_C(\infty)=U_S=8\text{V}$$

电路的时间常数为

$$\tau=RC=10\times50\times10^{-6}\text{s}=5\times10^{-4}\text{s}$$

由式(5-3-1)及式(5-3-2)得

$$u_C=u_C(\infty)(1-\mathrm{e}^{-\frac{t}{\tau}})=8(1-\mathrm{e}^{-\frac{t}{5\times10^{-4}}})\text{V}=8(1-\mathrm{e}^{-2000t})\text{V}$$

$$i_C=\frac{u_C(\infty)}{R}\mathrm{e}^{-\frac{t}{\tau}}=0.8\mathrm{e}^{-2000t}\text{A}$$

$$u_R=Ri_C=8\mathrm{e}^{-2000t}\text{V}$$

例 5.3.2 图 5-3-3(a)所示的电路中，$i_S=6\text{A}$，$R_1=2\Omega$，$R_2=4\Omega$，$C=500\mu\text{F}$，开关 S 闭合之前电路已经处于稳态，$t=0$ 时 S 闭合，求 $t\geqslant0$ 时电压、电流的响应 u_C 和 i_C 。

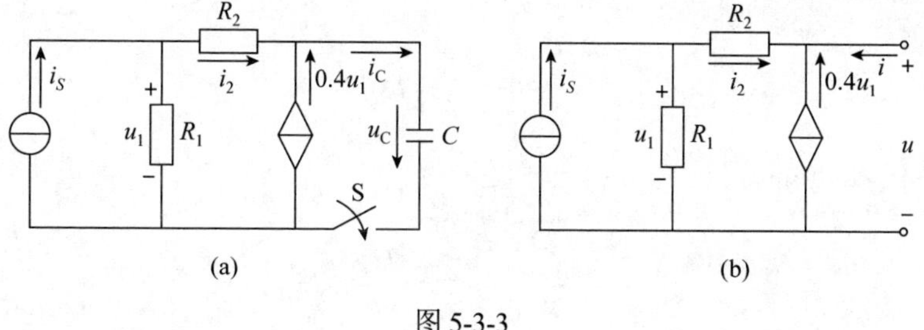

图 5-3-3

解： 将电容支路断开，得开路二端网络如图5-3-3(b)所示，采用外加电压法，求二端网络的等效支路，由 KCL 和 KVL 得

$$u=-R_2 i_2+u_1$$
$$i_2=-(i+0.4u_1)$$
$$u_1=R_1(i_S-i_2)$$

将上面三式联立求解可得

$$u=\frac{R_1+R_2}{1-0.4R_1}i+\frac{R_1(1+0.4R_2)i_S}{1-0.4R_1}=R_{eq}i+u_{oc}$$

式中:

$$R_{eq}=\frac{R_1+R_2}{1-0.4R_1}=30\Omega$$

$$u_{oc}=\frac{R_1(1+0.4R_2)i_S}{1-0.4R_1}=156V$$

得等效电路如图 5-3-4 所示，由等效电路得

$$\tau=R_{eq}C=30\times500\times10^{-6}\,s=1.5\times10^{-2}\,s$$

$$u_C(\infty)=u_{oc}=156V$$

$$u_C=u_C(\infty)(1-e^{-\frac{t}{\tau}})=156(1-e^{-\frac{t}{1.5\times10^{-2}}})\,V$$

$$i_C=\frac{u_C(\infty)}{R_{eq}}e^{-\frac{t}{\tau}}=5.2e^{-\frac{t}{1.5\times10^{-2}}}\,A$$

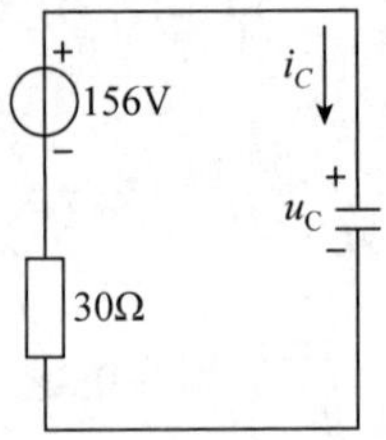

图 5-3-4

5.3.2 *RL* 电路的零状态响应

RL 串联电路如图 5-3-5 所示，开关 S 闭合前，电感上无储能，S 闭合后，由 KVL 建立微分方程得

$$Ri_L+u_L=U_S$$

将 $u_L=L\frac{di_L}{dt}$ 代入上式，得

$$\frac{L}{R}\frac{di_L}{dt}+i_L=\frac{U_S}{R}$$

由换路定律可知

$$i_L(0_+)=i_L(0_-)=0$$

电路重新进入稳态后，电感对直流相当于短路，因此有

$$i_L(\infty)=\frac{U_S}{R}$$

$$u_L(\infty)=0$$

电路的时间常数为

$$\tau=\frac{L}{R}$$

解微分方程得

$$i_L=i_L(\infty)(1-e^{-\frac{R}{L}t})=i_L(\infty)(1-e^{-\frac{t}{\tau}})=\frac{U_S}{R}(1-e^{-\frac{t}{\tau}}) \tag{5-3-3}$$

$$u_L=L\frac{di_L}{dt}=U_S e^{-\frac{R}{L}t}=U_S e^{-\frac{t}{\tau}} \tag{5-3-4}$$

u_L 和 i_L 的变化曲线如图 5-3-6 所示，可见两个量也是按指数规律变化的。

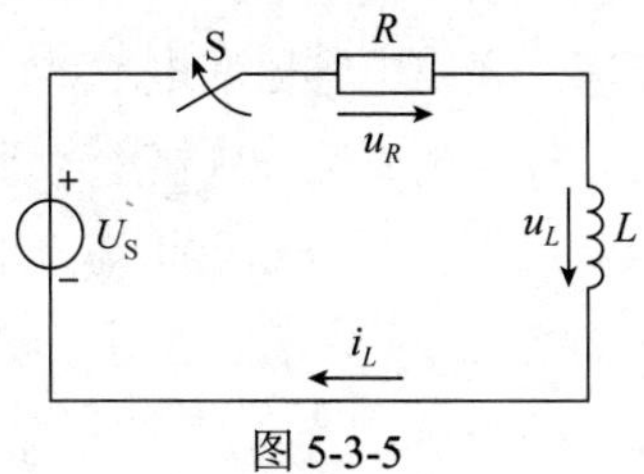

图 5-3-5

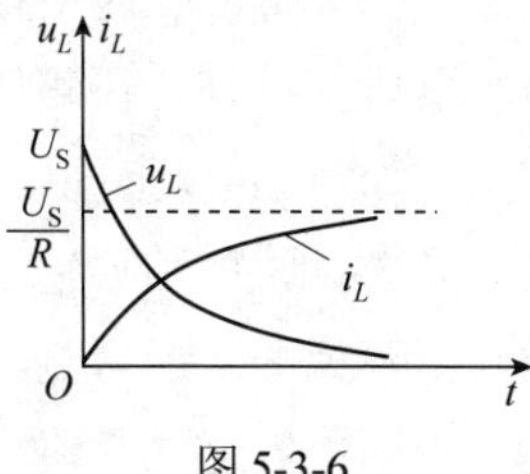

图 5-3-6

例 5.3.3　在图 5-3-5 所示的电路中，$U_S=20V$，$R=50\Omega$，$L=0.05H$，求一阶响应的表达式 u_L、i_L 及 u_R。

解：电感上原来没有能量储存，换路前电流为 0。由换路定律可得

$$i_L(0_+)=i_L(0_-)=0$$

换路后，经过一段时间，电路进入新的稳态，此时电感元件对于直流电源相当于短路，由此可得稳态时电感上的电流值为

$$i_L(\infty)=\frac{U_S}{R}=\frac{20}{50}A=0.4A$$

时间常数为

$$\tau=\frac{L}{R}=\frac{0.05}{50}s=0.001s$$

由式(5-3-3)和式(5-3-4)得

$$i_L=i_L(\infty)(1-e^{-\frac{t}{\tau}})=0.4(1-e^{-\frac{t}{0.001}})A=0.4(1-e^{-1000t})A$$

$$u_L=L\frac{di_L}{dt}=U_S e^{-\frac{t}{\tau}}=20e^{-\frac{t}{\tau}}V=20e^{-1000t}V$$

$$u_R=U_S-u_L=20(1-e^{-1000t})V$$

各个量的变化曲线如图 5-3-7 所示。

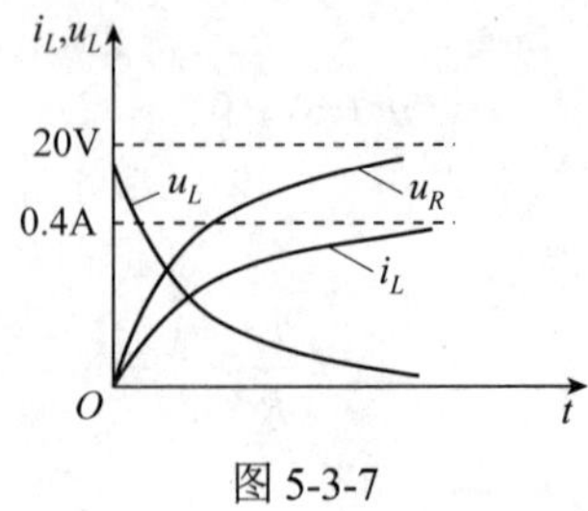

图 5-3-7

应用与实践

利用电容器充放电时的过渡过程，可以进行电容器的质量鉴别。用万用电表的欧姆挡(R×10k 或 R×1k 挡，视电容器的容量而定)，当两表笔分别接触电容器的两根引线时，表针首先沿顺时针方向向右摆动，然后又慢慢地向左回归至∞位置的附近，此过程为电容器的充放电过程。当表针静止时所指的电阻值就是该电容器的漏电电阻 R。如果漏电电阻较大，说明电容器质量良好。在测量中如表针距无穷大较远，表明电容器漏电严重，不能使用。检测容量为 6800pF 以上的电容器时，用 R×10k 挡，红、黑表笔分别接电容器的两根引线，在表笔接通的瞬间，应能见到表针有一个很小的摆动过程。如若未看清表针的摆动，可将红、黑表笔互换一次后再测，此时表针的摆动幅度应略大一些，若在上述检测过程中表针无摆动，说明电容器已断路。

若表针向右摆动一个很大的角度，且表针停在那里不动，即没有回归现象，说明电容器已被击穿或严重漏电。

上述检验电容器质量的方法，就是利用了过渡过程。

同步训练

1. 电路如图 5-3-8 所示，$U_S = 12V$，$R_1 = 20\Omega$，$R = 10\Omega$，$L = 0.6H$，$t = 0$ 时开关 S 由闭合到断开，求换路后 u_L、u_R 及 i_L 的响应表达式。

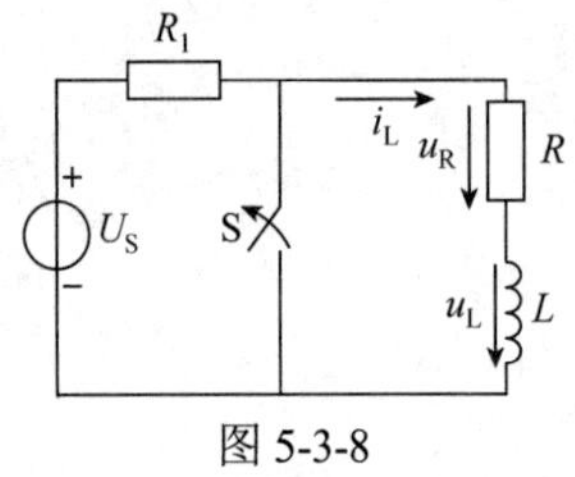

图 5-3-8

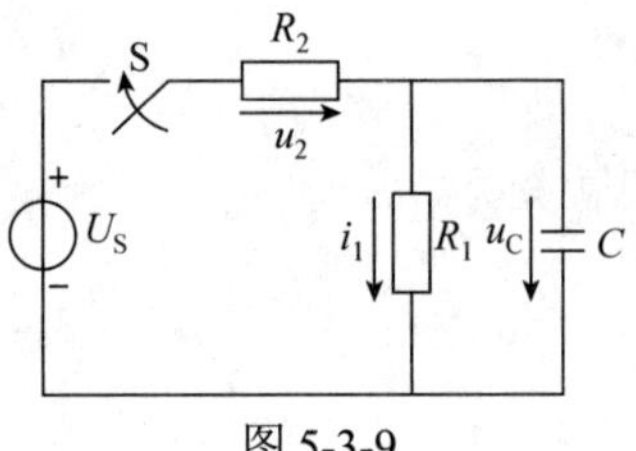

图 5-3-9

2. 电路如图 5-3-9 所示，已知 $R_1 = R_2 = 50\Omega$，$U_S = 6V$，$C = 400\mu F$，电路原为稳态，$t = 0$ 时 S 闭合，求 u_C、u_2、i_1 的表达式。

5.4 求解一阶电路的三要素法

本课任务

1. 理解一阶电路的三要素法。
2. 熟练运用一阶电路的三要素法求解电路。

理论知识

5.4.1　三要素法的含义

通过一阶电路的零输入和零状态响应的分析计算，可以发现有三个量非常重要，那就是初始值 $f(0_+)$、稳态值 $f(\infty)$ 和时间常数 τ，一阶响应 $f(t)$ 主要由 $f(\infty)$、$f(0_+)$ 和 τ 三个量决定，这三个量称为一阶电路的**三要素**。求出这三个量，就可以较快地找到求解一阶电路的规律。由三要素直接求出一阶电路的响应 $f(t)$ 即 u、i 随时间变化的规律，这种方法称为**三要素法**。

直流电路产生过渡过程时，电路中的电流、电压是随时间变化的，其变化规律的一般表达式用三要素表示可写成如下形式：

$$f(t)=f(\infty)+\left[f(0_+)-f(\infty)\right]\mathrm{e}^{-\frac{t}{\tau}}\ (t\geqslant 0) \tag{5-4-1}$$

式中：$f(t)$ 表示在过渡过程中待求量的变化规律；$f(0_+)$ 是待求量的初始值；$f(\infty)$ 是电路重新进入新的稳态后，待求量的稳态值；τ 是电路的时间常数，对 RC 电路 $\tau=RC$，对 RL 电路 $\tau=\dfrac{L}{R}$。

计算时间常数时，公式中的 L 和 C 的值是多个同一种元件的等效值，电阻 R 是换路后的电路中从储能元件两端看进去的等效电阻值。

将式(5-4-1)改写为

$$f(t)=f(\infty)+\left[f(0_+)-f(\infty)\right]\mathrm{e}^{-\frac{t}{\tau}}=f'(t)+f''(t) \tag{5-4-2}$$

式中：$f'(t)=f(\infty)$ 称为 $f(t)$ 的**稳态分量**；$f''(t)=\left[f(0_+)-f(\infty)\right]\mathrm{e}^{-\frac{t}{\tau}}$ 称为 $f(t)$ 的**暂态分量**。

当 $t=0_+$ 时

$$f''(0_+)=f(0_+)-f(\infty)$$

当 $t=\tau$ 时

$$f''(\tau)=\left[f(0_+)-f(\infty)\right]\mathrm{e}^{-1}=36.8\%f''(0_+)$$

可见，经 $t=\tau$ 的时间后，$f''(t)$ 衰减为它的初始值 $f''(0_+)$ 的 36.8%，同样可求出 $t=2\tau$、$3\tau\cdots$ 时的 $f''(t)/f''(0_+)$ 的百分比，如表5-4-1 所列。从理论上讲，电路的过渡过程所需时间 t 为 ∞，但从表 5-4-1 可知，当经历 3τ～5τ 的时间后，过渡过程就基本结束了。

τ 值大，则 $f''(t)$变化慢，过渡过程长；τ 值小，则 $f''(t)$变化快，过渡过程短。图 5-4-1 所示为取三种不同 τ 时的 $f(t)$曲线，显示了 τ 值的物理意义。图中 $\tau_1<\tau_2<\tau_3$。从图中可以看出，$\tau=\tau_1$ 时，曲线变化最快，过渡过程最短，可见 τ 是衡量过渡过程时间长短的物理量。

表 5-4-1　暂态分量的衰减与时间常数的关系

经历的时间 t	0	τ	2τ	3τ	4τ	5τ	∞
$\dfrac{f''(t)}{f''(0_+)}/\%$	100	36.8	13.5	5	1.8	0.7	0

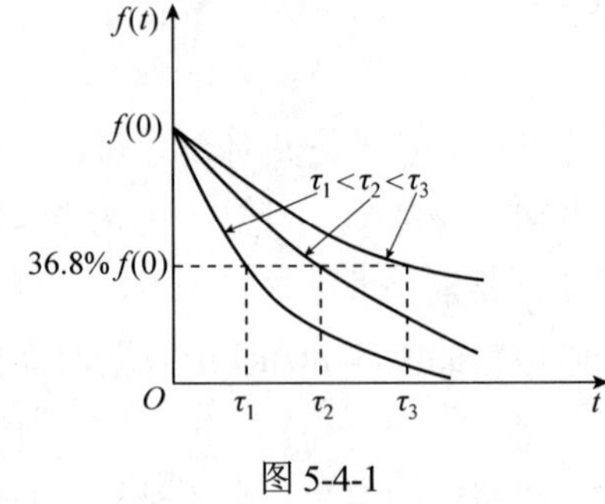

图 5-4-1

5.4.2　三要素法的应用

下面，通过一些具体例题来熟悉三要素法的应用。

例 5.4.1　电路如图 5-4-2 所示，$R_1=12\Omega$，$R_2=4\Omega$，$C=500\mu\text{F}$，$U_S=8\text{V}$，求开关 S 闭合后的 $u_C(t),u_2(t),i_1(t),i(t)$。

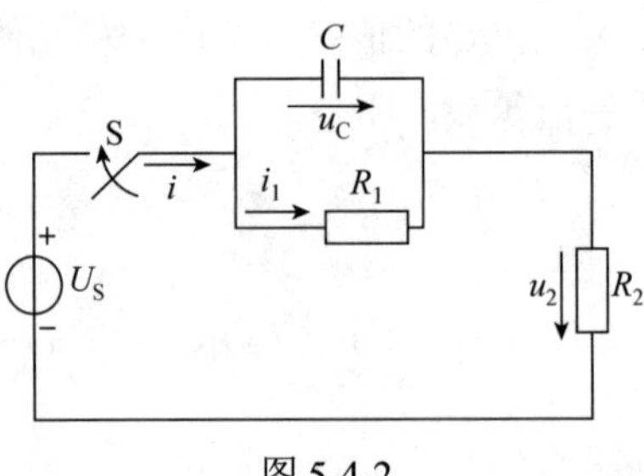

图 5-4-2

解： S 未闭合时，$u_C(0_-)=0$。S 闭合后，由换路定律 $u_C(0_+)=u_C(0_-)=0$ 得

$$i_1(0_+)=\frac{u_C(0_+)}{R_1}=0$$

由 KVL

$$u_C(0_+) + u_2(0_+) = U_S$$

得

$$u_2(0_+) = U_S = 8\text{V}$$

$$i(0_+) = \frac{u_2(0_+)}{R_2} = \frac{8}{4}\text{A} = 2\text{A}$$

电路重新进入稳态后，电容相当于开路，故有

$$u_C(\infty) = \frac{R_1}{R_1 + R_2}U_S = \frac{12}{12+4} \times 8\text{V} = 6\text{V}$$

由 KVL

$$u_C(\infty) + u_2(\infty) = U_S$$

得

$$u_2(\infty) = 2\text{V}$$

$$i(\infty) = \frac{u_2(\infty)}{R_2} = \frac{2}{4}\text{A} = 0.5\text{A}$$

$$i_1(\infty) = i(\infty) = 0.5\text{A}$$

下面求电路的时间常数 τ。

图 5-4-2 所示电路并不是 RC 串联电路，要应用戴维南定理对电路进行化简。断开电容 C，从电容两端看进去的有源二端网络的等效内阻 R_0 为

$$R_0 = R_1 // R_2 = \frac{12 \times 4}{12+4}\Omega = 3\,\Omega$$

则

$$\tau = R_0 C = 3 \times 500 \times 10^{-6}\text{s} = 1.5 \times 10^{-3}\text{s}$$

由三要素公式得

$$u_C(t) = u_C(\infty) + [u_C(0_+) - u_C(\infty)]\text{e}^{-\frac{t}{\tau}} = 6(1 - \text{e}^{-\frac{t}{1.5\times10^{-3}}})\text{V}$$

$$i_1(t) = i_1(\infty) + [i_1(0_+) - i_1(\infty)]\text{e}^{-\frac{t}{\tau}} = 0.5(1 - \text{e}^{-\frac{t}{1.5\times10^{-3}}})\text{A}$$

$$u_2(t) = u_2(\infty) + [u_2(0_+) - u_2(\infty)]\text{e}^{-\frac{t}{\tau}} = 2 + 6\text{e}^{-\frac{t}{1.5\times10^{-3}}}\text{V}$$

$$i(t) = i(\infty) + [i(0_+) - i(\infty)]\text{e}^{-\frac{t}{\tau}} = 0.5 + 1.5\text{e}^{-\frac{t}{1.5\times10^{-3}}}\text{A}$$

$u_C(t)$、$u_2(t)$、$i_1(t)$、$i(t)$ 的变化曲线如图 5-4-3 所示。

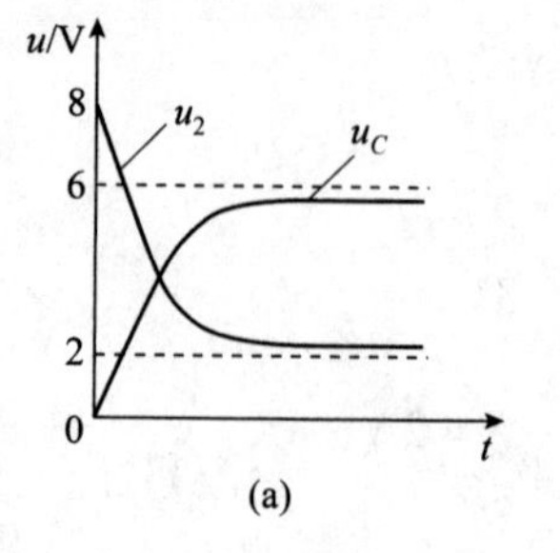

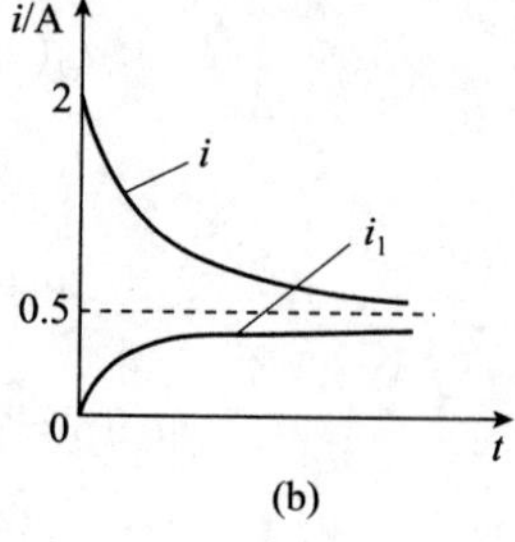

图 5-4-3

例 5.4.2 电路如图 5-4-4 所示，求 S 断开后 i_L 的变化规律及 u_L 出现的最大电压。

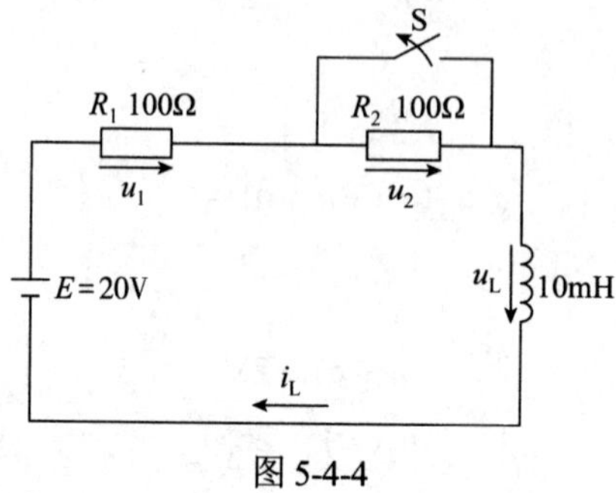

图 5-4-4

解：S 闭合时，R_2 被短路

$$i_L(0_-)=\frac{E}{R_1}=\frac{20}{100}=0.2\text{A}$$

S 断开时，由换路定律得

$$i_L(0_+)=i_L(0_-)=0.2\text{A}$$

由欧姆定律得

$$u_1(0_+)=i_L(0_+)R_1=0.2\times100\text{V}=20\text{V}$$

$$u_2(0_+)=i_L(0_+)R_2=0.2\times100\text{V}=20\text{V}$$

由 KVL 得

$$u_L(0_+)+u_1(0_+)+u_2(0_+)=E$$

所以

$$u_L(0_+)=E-u_1(0_+)-u_2(0_+)=-20\text{V}$$

电路重新进入稳态后

$$i_L(\infty)=\frac{E}{R_1+R_2}=\frac{20}{200}\text{A}=0.1\text{A}$$

$$u_L(\infty)=0$$

电路的时间常数

$$\tau = \frac{L}{R_1 + R_2} = 5 \times 10^{-5}\text{s}$$

所以

$$i_L(t) = 0.1 + (0.2 - 0.1)\text{e}^{-\frac{t}{5\times10^{-5}}}\text{A} = 0.1(1 + \text{e}^{-20\,000t})\text{A}$$

$$u_L(t) = -20\text{e}^{-20\,000t}\ \text{V}$$

由上式可见，当 t=0 时，$|u_L(t)|$最大，其值为$|u_{Lm}|$=20V。

例 5.4.3 电路如图 5-4-5(a)所示，C=1F。当 t<0 时，开关 S 是闭合的，电路已处于稳态。当 t=0 时，开关 S 断开。求 $t\geqslant0$ 时的$u_C(t)$。

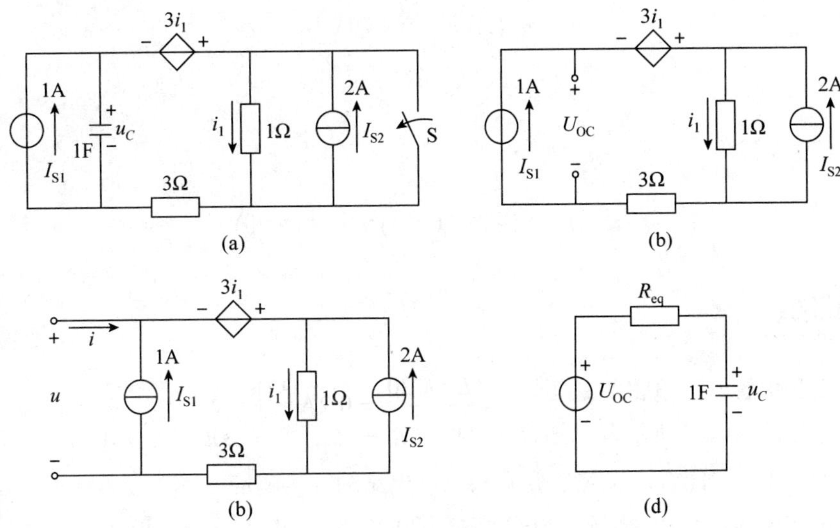

图 5-4-5

解： 由于电路中包含受控源，计算起来一般比较复杂，所以应尽可能利用等效的手段进行简化。换路后电路中含有受控源，并且所求的响应为电容上的电压。所以，可将除电容外的其余部分用其戴维南等效电路替代，从而得到换路后的等效电路。

首先根据换路前的电路求出$u_C(0_-)$。由于当$t=0_-$时电路处于直流稳态，开关 S 闭合，所以，电容视为开路，而 i_1=0，故受控电压源 $3i_1$=0 视为短路，因此可求得

$$u_C(0_-) = 3I_{S1} = 3\text{V}$$

由换路定律有

$$u_C(0_+) = u_C(0_-) = 3\text{V}$$

求开路电压的电路如图 5-4-5(b)所示，列 KVL 和 KCL 方程得

$$U_{oc} = -3i_1 + i_1 + 3I_{S1} = -2i_1 + 3$$
$$i_1 = I_{S1} + I_{S2} = 1\text{A} + 2\text{A} = 3\text{A}$$

解得

$$U_{oc} = -3\text{V}$$

利用外施电压法计算等效电阻，电路如图 5-4-5(c)所示，列方程有

$$u = -3i_1 + i_1 + 3(i_1 - I_{S2}) = i_1 - 3I_{S2} = i_1 - 6$$

$$i + I_{S1} + I_{S2} - i_1 = 0$$

解上面两个方程得

$$u = i - 3$$

由此式得等效电阻为

$$R_{eq} = 1\Omega$$

等效电路如图 5-4-5(d)所示。

因此

$$u_C(\infty) = U_{oc} = -3V$$

$$\tau = R_{eq} \times C = 1s$$

代入三要素公式得

$$u_C(t) = (-3 + 6e^{-t})V \qquad (t \geqslant 0)$$

同步训练

1. 什么是求解一阶电路的三要素法？三要素的含义是什么？

2. 电路如图 5-4-6 所示，已知$U_S = 24V$，$R_1 = 4\Omega$，$R_2 = 20\Omega$，$L = 0.08H$，电路处于稳态，$t = 0$ 时开关 S 闭合，试用三要素法求解电路的一阶响应。

3. 电路如图 5-4-7 所示，$R_1 = 30\Omega$，$R_2 = 20\Omega$，$R_3 = 60\Omega$，$C = 250\mu F$，试用三要素法求解电路的一阶响应。

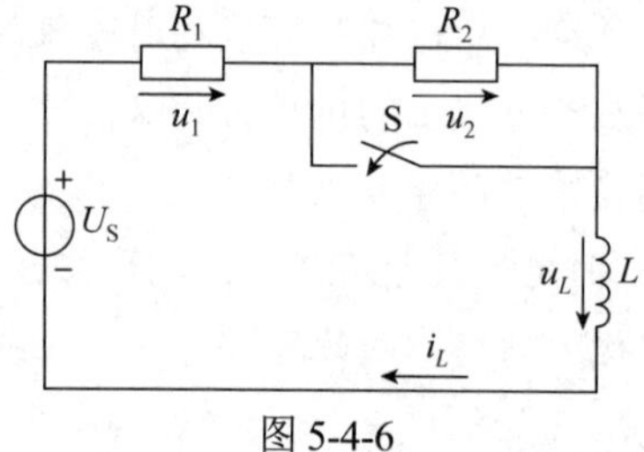

图 5-4-6

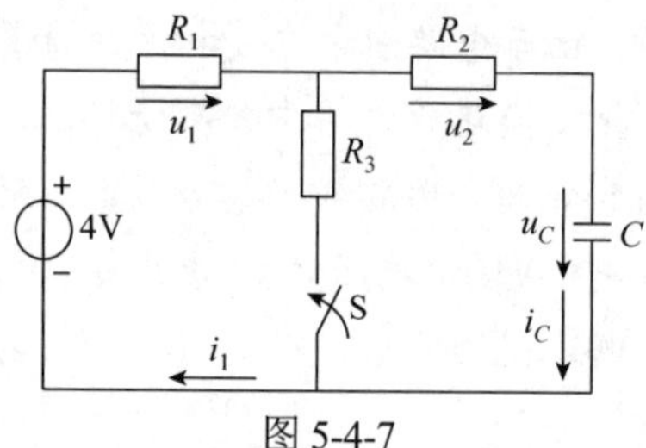

图 5-4-7

5.5 阶跃函数和阶跃响应

本课任务

1. 理解阶跃函数和阶跃响应的概念。

2. 掌握阶跃函数的应用。

任务实施

5.5.1　阶跃函数

最基本的阶跃函数是单位阶跃函数，定义如下：

$$\varepsilon(t)=\begin{cases}0 & (t\leqslant 0_-)\\ 1 & (t\geqslant 0_+)\end{cases} \tag{5-5-1}$$

该函数的图像如图 5-5-1(a)所示。函数的值在 $t<0$ 时恒等于 0，在 $t>0$ 时恒等于 1，在 $t=0$，函数发生了大小为一个单位的跃变，因此，阶跃函数是非连续函数。

将单位阶跃函数乘以任意常数 K，则可以得到阶跃值为 K 个单位的阶跃函数，这就是一般意义上的阶跃函数，其表达式为

$$K\varepsilon(t)=\begin{cases}0 & (t\leqslant 0_-)\\ K & (t\geqslant 0_+)\end{cases} \tag{5-5-2}$$

图像如图 5-5-1 (b)所示。

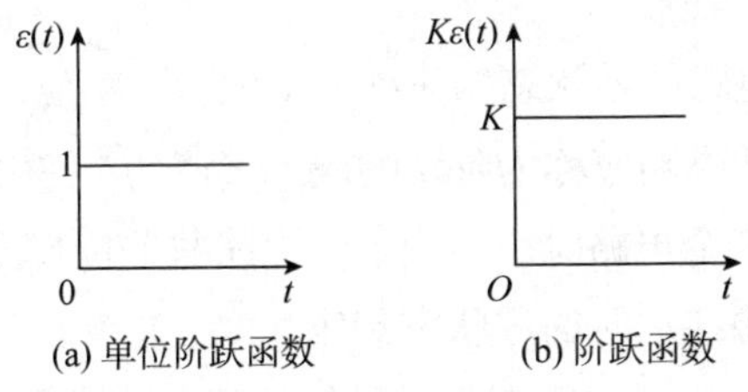

(a) 单位阶跃函数　　(b) 阶跃函数

图 5-5-1

单位阶跃函数的跃变是发生在 $t=0$ 的时刻，如果一个阶跃函数的跃变发生在任意时刻 t_0，则该函数称为延时阶跃函数。延时单位阶跃函数的表达式为

$$\varepsilon(t-t_0)=\begin{cases}0 & (t\leqslant t_{0-})\\ 1 & (t\geqslant t_{0+})\end{cases} \tag{5-5-3}$$

延时阶跃函数的表达式为

$$K\varepsilon(t-t_0)=\begin{cases}0 & (t\leqslant t_{0-})\\ K & (t\geqslant t_{0+})\end{cases} \tag{5-5-4}$$

延时单位阶跃函数和延时阶跃函数的图像分别如图 5-5-2(a)和(b)所示。

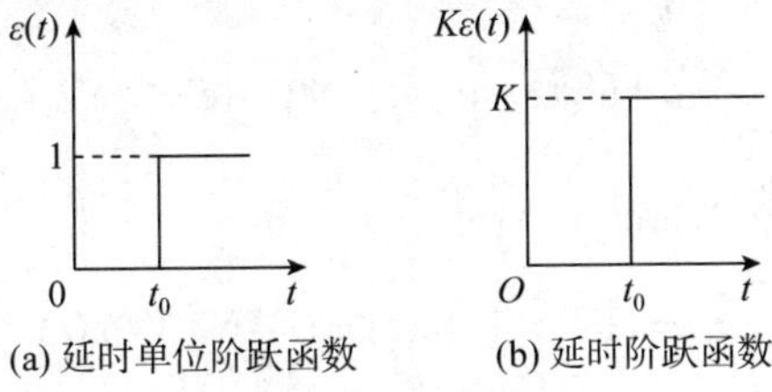

(a) 延时单位阶跃函数　　(b) 延时阶跃函数

图 5-5-2

利用单位阶跃函数和延时单位阶跃函数可以方便地表示许多函数。如图 5-5-3(a)、(b)所示的矩形脉冲信号便可以用两个阶跃函数 $\varepsilon(t)$ 和 $\varepsilon(t-t_0)$ 的叠加来表示。

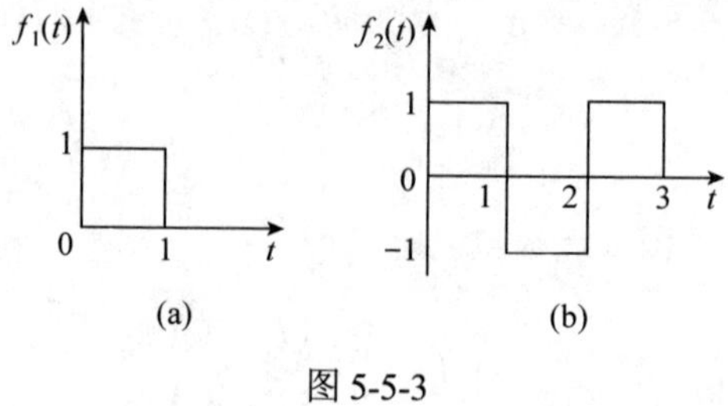

图 5-5-3

图 5-5-3(a)中的函数可表示为

$$f_1(t)=\varepsilon(t)-\varepsilon(t-1)$$

图 5-5-3(b)中的函数可表示为

$$f_2(t)=\varepsilon(t)-2\varepsilon(t-1)+2\varepsilon(t-2)-\varepsilon(t-3)$$

5.5.2 阶跃响应

单位阶跃信号 $\varepsilon(t)$ 对电路的零状态响应称为单位阶跃响应，用符号 S(t)表示。任意阶跃信号 $U_0\varepsilon(t)$ 对电路的零状态响应称为阶跃响应，其值为 $U_0\,\mathrm{S}(t)$。

单位阶跃函数作用于某个电路时，相当于该电路与单位直流电源接通，此时电路的阶跃响应就是与单位直流电源接通时的零状态响应。

图5-5-4(a)所示的电路，表示电路在零时刻与外部电源接通，如果用阶跃函数的激励来表示，可表示为图 5-5-4(b)所示的电路。

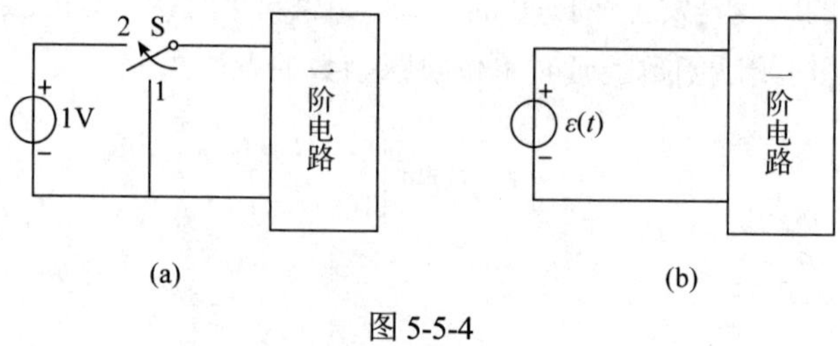

图 5-5-4

单位阶跃响应的计算与 5.3 节的零状态响应计算方法相同，只要把电路的输入 $u_S(t)$改为单位阶跃函数 $\varepsilon(t)$即可。

例如，图 5-3-1 所示的电路的零状态响应为

$$u_C=U_S\left(1-\mathrm{e}^{-\frac{t}{\tau}}\right)=8(1-\mathrm{e}^{-2000t})\mathrm{V}$$

电路的单位阶跃响应则为

$$u_C=\left(1-\mathrm{e}^{-\frac{t}{\tau}}\right)\varepsilon(t)=(1-\mathrm{e}^{-2000t})\varepsilon(t)$$

如果单位阶跃函数是在某个时刻 t_0 加上的，则还需要把上式中的时刻改为$(t-t_0)$，即表达式为

$$u_C = (1 - e^{-\frac{t-t_0}{\tau}})\varepsilon(t - t_0) = (1 - e^{-2000(t-t_0)})\varepsilon(t - t_0)$$

例 5.5.1 电路如图 5-5-5(a)所示，电阻 R=1Ω，电感 L=1H；电源电压 u_S 的波形如图 5-5-5(b)所示。试求 $i(t)$并画 $i(t)$的波形。

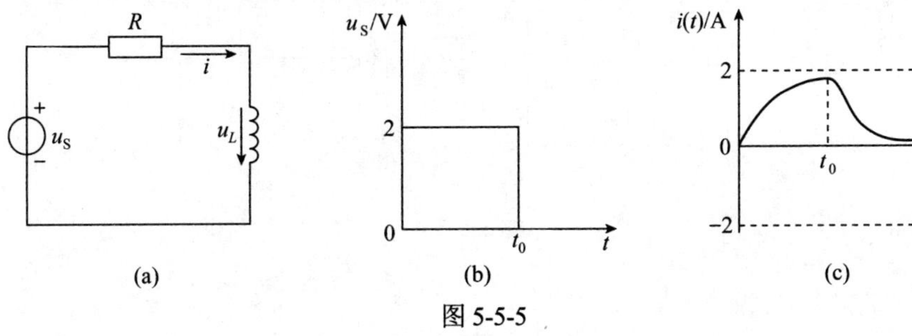

图 5-5-5

解：电路的激励可表示为

$$u_S(t) = 2\varepsilon(t) - 2\varepsilon(t - t_0)$$

时间常数为

$$\tau = \frac{L}{R} = \frac{1}{1}\text{s} = 1\,\text{s}$$

由 $2\varepsilon(t)$ 引起的响应为

$$i'(t) = 2(1 - e^{-t})\varepsilon(t)\text{A}$$

由 $2\varepsilon(t - t_0)$ 引起的响应为

$$i''(t) = 2\left[1 - e^{-(t-t_0)}\right]\varepsilon(t - t_0)\,\text{A}$$

叠加可得电路的响应为

$$i(t) = i'(t) - i''(t) = \left\{2(1 - e^{-t})\varepsilon(t) - 2\left[1 - e^{-(t-t_0)}\right]\varepsilon(t - t_0)\right\}\text{A}$$

波形如图 5-5-5(c)所示。

同步训练

1. 电路如图 5-5-6(a)所示；电流源的波形如图 5-5-6(b)所示，$R_1 = 1\Omega$，$R_2 = 1\Omega$，$R_3 = 2\Omega$，$L = 1\text{H}$。求电流 i_L(t)的零状态响应。

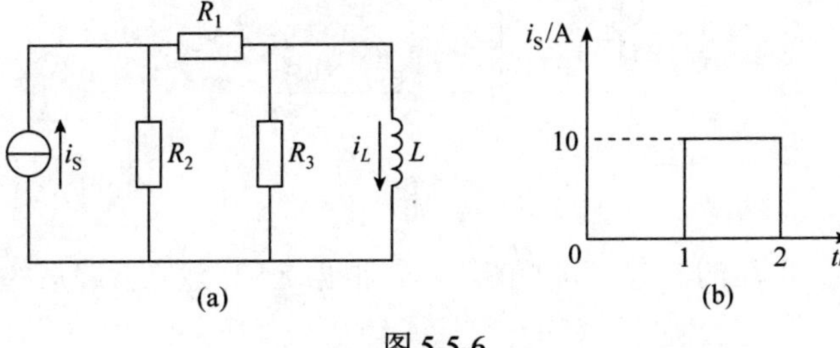

图 5-5-6

2．电路如图 5-5-7(a)所示，电源电压的波形如图 5-5-7(b)所示，$R_1=3\Omega$，$R_2=6\Omega$，$R_3=2\Omega$，$R_4=4\Omega$，$C=1\text{F}$，求电流 $i_C(t)$ 的零状态响应。

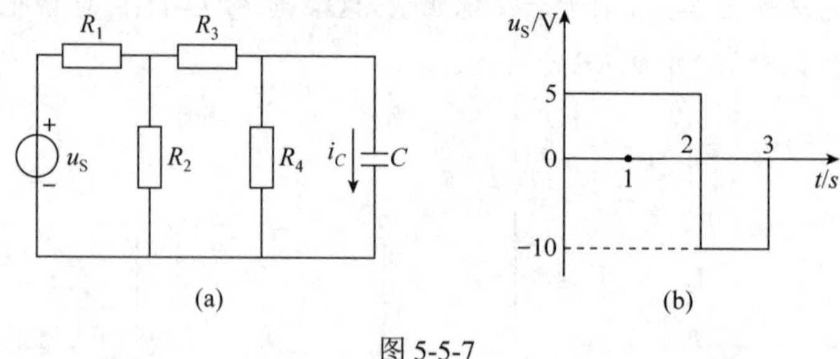

图 5-5-7

5.6 二阶电路的零输入响应

本课任务

1. 理解二阶电路的概念与特点。
2. 掌握二阶电路的零输入响应的分析计算。

任务实施

含有 L 和 C 两个独立动态元件的电路，描述其响应的方程是二阶线性常微分方程，这样的电路称为二阶电路。

5.6.1 *RLC* 串联电路的零输入响应

图 5-6-1 所示是 *RLC* 串联电路，开关 S 原来与 1 接通，电路处于稳态，t=0 时，将开关 S 从 1 合于 2，此时的电路是一个典型的 *RLC* 串联的二阶电路，电路的响应是零输入响应。

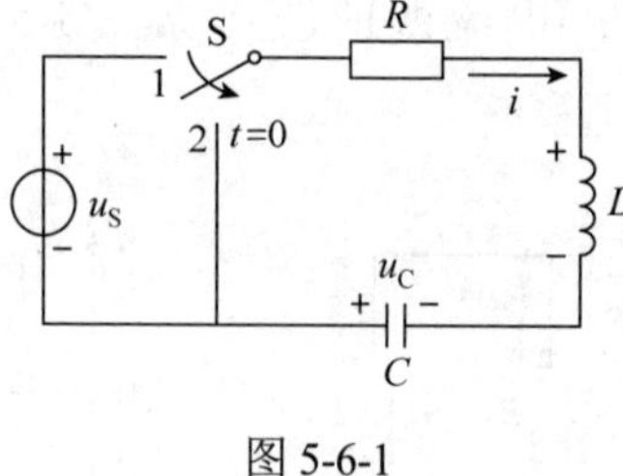

图 5-6-1

回路中各电压、电流的参考方向如图所示，根据 KVL 建立换路后的回路方程得

$$u_R+u_L-u_C=0$$

即

$$Ri + u_L - u_C = 0$$

因为

$$i = -C\frac{du_C}{dt}$$

$$u_L = L\frac{di}{dt} = -LC\frac{d^2u_C}{dt^2}$$

代入可得

$$LC\frac{d^2u_C}{dt^2} + RC\frac{du_C}{dt} + u_C = 0 \tag{5-6-1}$$

式(5-6-1)即是求解零输入响应的二阶微分方程，它是一个常系数、二阶、线性、齐次微分方程。

令齐次微分方程的解为

$$u_C = Ae^{pt}$$

则

$$\frac{du_C}{dt} = pAe^{pt}$$

$$\frac{d^2u_C}{dt^2} = p^2Ae^{pt}$$

代入式(5-6-1)可得特征方程为

$$LCp^2 + RCp + 1 = 0 \tag{5-6-2}$$

解得方程的特征根为

$$p_{1,2} = -\frac{R}{2L} \pm \sqrt{\left(\frac{R}{2L}\right)^2 - \frac{1}{LC}} \tag{5-6-3}$$

令

$$p_1 = -\frac{R}{2L} + \sqrt{\left(\frac{R}{2L}\right)^2 - \frac{1}{LC}}$$

$$p_2 = -\frac{R}{2L} - \sqrt{\left(\frac{R}{2L}\right)^2 - \frac{1}{LC}}$$

由于方程有两个特征根，可设方程的通解为

$$u_C = A_1e^{p_1t} + A_2e^{p_2t} \tag{5-6-4}$$

式中：A_1和A_2为积分常数，由电路的初始条件确定。

$t=0$时，式(5-6-4)变为

$$u_C(0_+) = A_1 + A_2 \tag{5-6-5}$$

$$\frac{\mathrm{d}u_C}{\mathrm{d}t}\Big|_{t=0} = p_1 A_1 + p_2 A_2 \tag{5-6-6}$$

$$\frac{\mathrm{d}u_C}{\mathrm{d}t}\Big|_{t=0} = -\frac{i(0_+)}{C} \tag{5-6-7}$$

根据电路的初始条件

$$u_C(0_+) = u_C(0_-) = U_0$$
$$i(0_+) = i_L(0_+) = i_L(0_-) = 0$$

得

$$\begin{cases} A_1 + A_2 = U_0 \\ p_1 A_1 + p_2 A_2 = 0 \end{cases} \tag{5-6-8}$$

解方程组得

$$A_1 = \frac{p_2 U_0}{p_2 - p_1}$$
$$A_2 = \frac{p_1 U_0}{p_2 - p_1}$$

将上面两个常数代入式(5-6-4)，可得微分方程的解为

$$u_C = \frac{U_0}{p_2 - p_1}\left(p_2 \mathrm{e}^{p_1 t} - p_1 \mathrm{e}^{p_2 t}\right) \tag{5-6-9}$$

$$i = -C\frac{\mathrm{d}u_C}{\mathrm{d}t} = -\frac{CU_0 p_1 p_2}{p_2 - p_1}\left(\mathrm{e}^{p_1 t} - \mathrm{e}^{p_2 t}\right) = -\frac{U_0}{L\left(p_2 - p_1\right)}\left(\mathrm{e}^{p_1 t} - \mathrm{e}^{p_2 t}\right) \tag{5-6-10}$$

$$u_L = L\frac{\mathrm{d}i}{\mathrm{d}t} = -\frac{U_0}{p_2 - p_1}\left(p_1 \mathrm{e}^{p_1 t} - p_2 \mathrm{e}^{p_2 t}\right) \tag{5-6-11}$$

5.6.2 零输入响应的三种情况分析

(1) $\left(\frac{R}{2L}\right)^2 > \frac{1}{LC}$ 即 $R > 2\sqrt{\frac{L}{C}}$ 时，方程有两个不同的实根，都为负值。电容上的电压由大到小，单调衰减，此时的放电过程又称非振荡放电。电流的变化是由零到大再到零，电感上的电压则是由最大到负值再到零。该响应的变化曲线如图 5-6-2 所示。图中 t_m 是电流最大值发生的时刻，其值为 $t_\mathrm{m} = \frac{1}{p_1 - p_2}\ln\frac{p_2}{p_1}$ 。

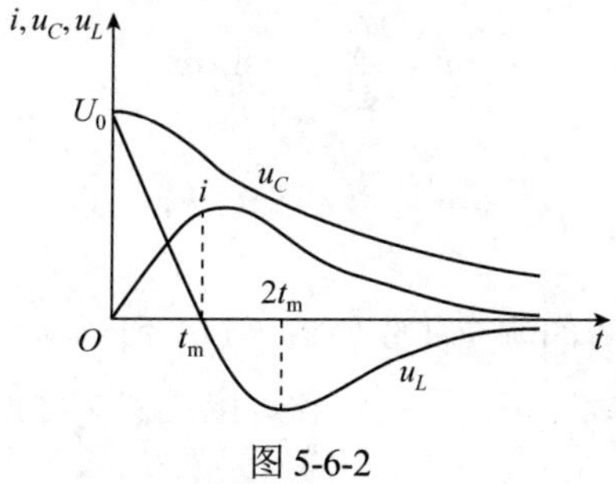

图 5-6-2

(2) $\left(\frac{R}{2L}\right)^2<\frac{1}{LC}$ 即 $R<2\sqrt{\frac{L}{C}}$ 时，方程有一对共轭复根，即

$$p_1=-\frac{R}{2L}+\mathrm{j}\sqrt{\frac{1}{LC}-\left(\frac{R}{2L}\right)^2}\text{，}\quad p_2=-\frac{R}{2L}-\mathrm{j}\sqrt{\frac{1}{LC}-\left(\frac{R}{2L}\right)^2}$$

令 $\alpha=\frac{R}{2L}$、$\omega_0=\frac{1}{\sqrt{LC}}$、$\omega=\sqrt{\omega_0^2-\alpha^2}$，可得

$$p_1=-\alpha+\mathrm{j}\omega$$

$$p_2=-\alpha-\mathrm{j}\omega$$

由于 α、ω_0、ω 三者构成直角三角形关系，设 α 与 ω_0 的夹角为 β，则四个量的关系如图 5-6-3 所示，且有

$$\alpha=\omega_0\cos\beta\text{，}\quad\omega=\omega_0\sin\beta$$

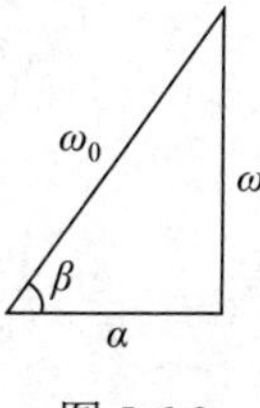

图 5-6-3

又根据欧拉公式 $\mathrm{e}^{\mathrm{j}\beta}=\cos\beta+\mathrm{j}\sin\beta$，可得

$$p_1=-\omega_0\mathrm{e}^{-\mathrm{j}\beta}$$

$$p_2=-\omega_0\mathrm{e}^{\mathrm{j}\beta}$$

则电压、电流响应为

$$\begin{aligned}u_C&=\frac{U_0}{p_2-p_1}\left(p_2\mathrm{e}^{p_1t}-p_1\mathrm{e}^{p_2t}\right)\\&=\frac{U_0}{-\mathrm{j}2\omega}\left[-\omega_0\mathrm{e}^{\mathrm{j}\beta}\mathrm{e}^{(-\alpha+\mathrm{j}\omega)t}+\omega_0\mathrm{e}^{-\mathrm{j}\beta}\mathrm{e}^{(-\alpha-\mathrm{j}\omega)t}\right]\\&=\frac{U_0\omega_0}{\mathrm{j}2\omega}\mathrm{e}^{-\alpha t}\left[\mathrm{e}^{\mathrm{j}(\omega t+\beta)}-\mathrm{e}^{-\mathrm{j}(\omega t+\beta)}\right]=\frac{U_0\omega_0}{\omega}\mathrm{e}^{-\alpha t}\sin(\omega t+\beta)\end{aligned}\tag{5-6-12}$$

$$i = \frac{U_0}{\omega L} e^{-\alpha t} \sin \omega t \tag{5-6-13}$$

$$u_L = -\frac{U_0 \omega_0}{\omega} e^{-\alpha t} \sin(\omega t - \beta) \tag{5-6-14}$$

电容上的电压和流经电流的响应曲线如图 5-6-4 所示，可见电流和电容上的电压都是以振荡的形式衰减并最后达到零值。因此，该放电过程又称振荡放电。

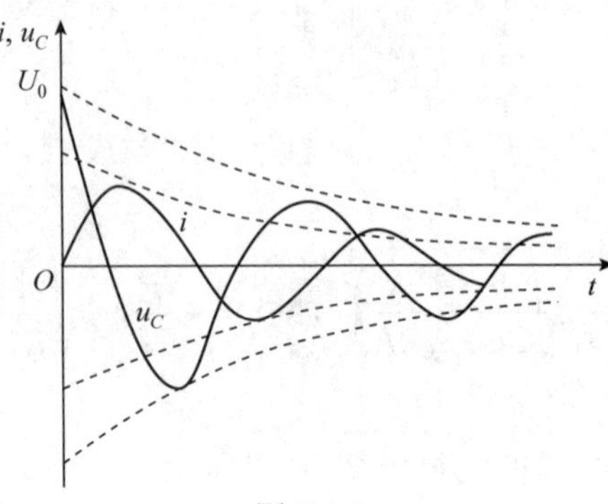

图 5-6-4

(3) $\left(\frac{R}{2L}\right)^2 = \frac{1}{LC}$ 即 $R = 2\sqrt{\frac{L}{C}}$ 时，方程有两个相同的实根，都为负值，即

$$p_1 = p_2 = -\frac{R}{2L} = -\alpha$$

此时，由式(5-6-13)可得

$$i = \frac{U_0}{\omega L} e^{-\alpha t} \sin \omega t \Big|_{\omega \to 0} = \frac{U_0}{L} t e^{-\alpha t} \frac{\sin \omega t}{\omega t} \Big|_{\omega \to 0} = \frac{U_0}{L} t e^{-\alpha t} \tag{5-6-15}$$

电容上的电压为

$$\begin{aligned} u_C &= \frac{1}{C}\int_0^t (-i)\mathrm{d}t + U_0 = -\frac{U_0}{LC}\int_0^t t e^{-\alpha t}\mathrm{d}t + U_0 \\ &= \frac{U_0}{LC\alpha^2} e^{-\alpha t}(\alpha t + 1)\Big|_0^t + U_0 = U_0 e^{-\alpha t}(\alpha t + 1) \end{aligned} \tag{5-6-16}$$

该放电过程处于振荡放电与非振荡放电之间，称为临界放电。$R = 2\sqrt{\frac{L}{C}}$ 称为临界电阻。如果 R=0，则放电是等幅振荡，又称无阻尼振荡。

实验 9 RC 一阶电路的响应测试

1. 实验目的

(1) 测定 RC 一阶电路的零输入响应、零状态响应及完全响应。

(2) 掌握有关微分电路和积分电路的概念。

(3) 进一步学会用示波器观测波形。

2. 原理说明

(1) 动态电络的过渡过程是十分短暂的单次变化过程。要用普通示波器观察过渡过程和测量有关的参数，就必须使这种单次变化的过程重复出现。为此利用信号发生器输出的方波来模拟阶跃激励信号，即利用方波输出的上升沿作为零状态响应的正阶跃激励信号；利用方波的下降沿作为零输入响应的负阶跃激励信号。只要选择方波的重复周期远大于电路的时间常数 τ，那么电路在这样的方波序列脉冲信号的激励下，它的响应和直流电路接通与断开的过渡过程是基本相同的。

(2) 图 S9-1 所示电路的 RC 一阶电路的零输入响应和零状态响应分别按指数规律衰减和增长，其变化的快慢决定于电路的时间常数 τ。

根据一阶微分方程的求解得知：

$$U_C = U_{\mathrm{m}}\mathrm{e}^{-\frac{\tau}{RC}} = U_{\mathrm{m}}\mathrm{e}^{-\frac{\tau}{t}}$$

当 $t=\tau$ 时，$U_C(\tau)=0.368U_{\mathrm{m}}$。此时所对应的时间就等于 τ。亦可用零状态响应波形增加到 $0.632U_{\mathrm{m}}$ 所对应的时间测得，如图 S9-2 所示。

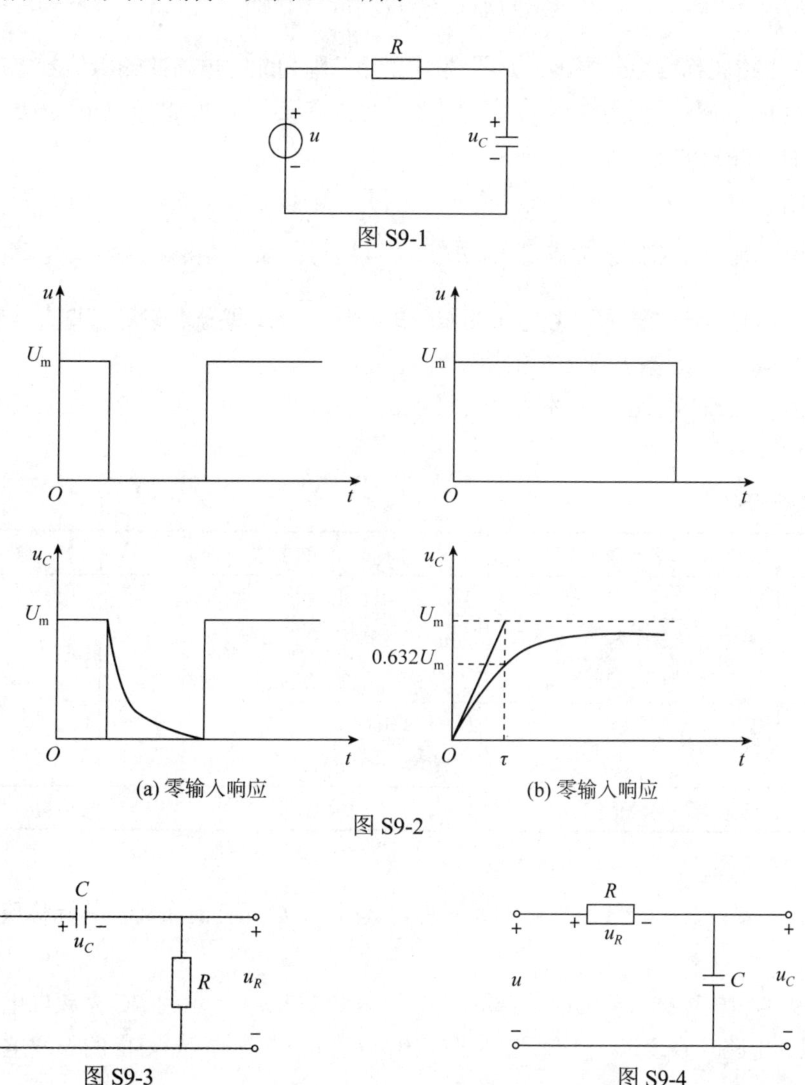

图 S9-1

图 S9-2

图 S9-3

图 S9-4

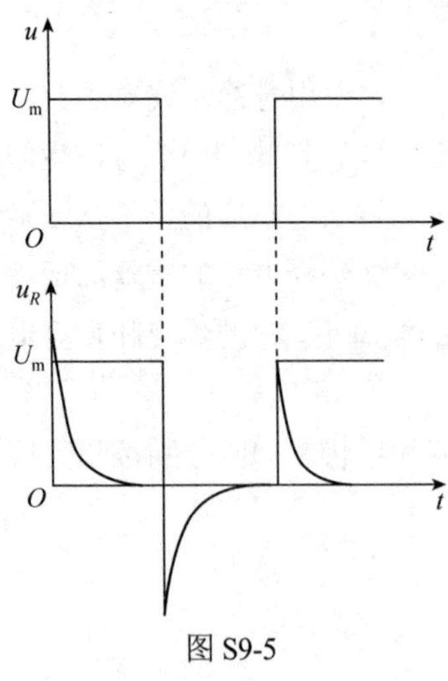

图 S9-5

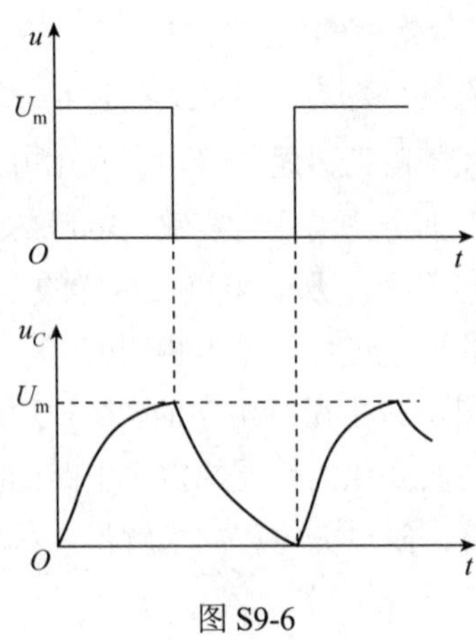

图 S9-6

(3) 微分电路(图 S9-3)和积分电路(图 S9-4)是 *RC* 一阶电路中较典型的电路，它对电路元件参数和输入信号的周期有着特定的要求。一个简单的 *RC* 串联电路，在方波序列脉冲的重复激励下，当满足$\tau = RC \ll \dfrac{T}{2}$时($T$为方波脉冲的周期)，且由 *R* 两端的电压作为响应输出，则该电路就称为微分电路，如图 S9-3 所示，因为此时电路的输出信号电压与输入信号电压的微分成正比。利用微分电路可以将方波转变成尖脉冲，波形如图 S9-5 所示。当 *R* 或 *C* 改变时，输出波形将随之改变。

若将图 S9-3 中的 *R* 与 *C* 位置调换一下，得如图 S9-4 所示的电路，由 *C* 两端的电压作为响应输出，且当电路的参数满足$\tau = RC \gg \dfrac{T}{2}$，则该 *RC* 电路称为**积分电路**；因为此时电路的输出信号电压与输入信号电压的积分成正比。利用积分电路可以将方波转变成三角波，如图 S9-6 所示。当 *R* 或 *C* 变化时，输出波形将随之改变。

从输入输出波形来看，上述两个电路均起着波形变换的作用，请在实验过程仔细观察与记录。

3. 实验设备

序　号	名　称	参数要求	数　量	单　位
1	函数信号发生器	1Hz～1MHz 20mV～20V 三角波、方波、正弦波、脉冲波等	1	台
2	双踪示波器	0～100MHz 灵敏度 1mV/div	1	台
3	动态电路实验板		1	块

4. 实验内容

(1) 首先要熟悉实验线路板上的元器件，认清 *R*、*C* 元件的布局及其标称值，各开关的通断位置等。

(2) 从电路板上选 R=10kΩ，C=6800pF 组成如图 S9-4 所示的 *RC* 充放电电路。该电路为一个积分电路，U_i为脉冲信号发生器输出的$U_m = 1.5\text{V}$、f=1kHz 的方波电压信号，并通过两根同轴电缆，将激励源U_i和响应U_C的信号分别连至示波器的两个输入口Y_A和Y_B。这时可在示波器的屏幕上观察到激励与响应的变化规律，请测算出时间常数τ，并用方格纸按 1:1 的比例描绘波形。少量地改变电容值或电阻值，定性地观察对响应的影响，记录观察到的现象。

(3) 令 R=10kΩ，C=0.1μF，观察并描绘响应的波形，继续增大 C 的值，定性地观察对响应的影响。

(4) 令 C=0.01μF，R=100Ω，组成图 S9-3 所示的微分电路。在同样的方波激励信号(U_m=1.5V，f=1kHz)作用下，观测并描绘激励与响应的波形。

增减 R 的值，定性地观察对响应的影响，并做记录。当 R 增至 1MΩ 时，输入输出波形有何本质上的区别？

5. 实验注意事项

(1) 调节电子仪器各旋钮时，动作不要过快、过快 过猛。实验前，须熟读双踪示波器的使用说明书。观察双踪时，要特别注意相应开关、旋钮的操作与调节。

(2) 信号源的接地端与示波器的接地端要连在一起 (称共地)，以防外界干扰而影响测量的准确性。

(3) 示波器的辉度不应过亮，尤其是光点长期停留在荧光屏上不动时，应将辉度调暗，以延长示波管的使用寿命

6. 预习思考题

(1) 什么样的电信号可作为 RC 一阶电路零输入响应、零状态响应和完全响应的激励源？

(2) 已知 RC 一阶电路 R=10kΩ，C=0.1μF；试计算时间常数τ，并根据τ值的物理意义，拟定测量τ的方案。

(3) 何谓积分电路和微分电路，它们必须具备什么条件？它们在方波序列脉冲的激励下，其输出信号波形的变化规律如何？这两种电路有何功用？

(4) 预习要求：熟读仪器使用说明，回答上述问题，准备方格纸。

7. 实验报告

(1) 根据实验观测结果，在方格纸上绘出 RC 一阶电路充放电时U_C的变化曲线，由曲线测得τ值，并与参数值结果做比较，分析误差原因。

(2) 根据实验观测结果，归纳、总结积分电路的微分电路的形成条件，阐明波形变换的特征。

习题

5.1 一阶 RL 电路，自由分量每经 2s 将衰减为原来的一半，则时间常数为多少？

5.2 RC 串联电路接通直流电压源，则u_C从零值上升到稳态值的一半所需的时间由哪些量决定？

5.3 RC 串联电路，在电容 C 两端再并联一个相等的电容，则过渡过程中电路的时间常数将如何变化？

5.4　用万用表的 $R\times 1\text{k}$ 挡检查电容质量好坏，如将万用表的两表笔接触到原来不带电的电容两极时，万用表指针满偏后又返回零位，则说明电容的质量如何？试加以解释。

5.5　同一个 RC 串联电路，分别接在不同的电源 U_a 和 U_b 上充电，如 $U_a=2U_b$，则时间常数 τ_a 与 τ_b 的关系是什么？

5.6　过渡过程的三要素的物理意义各是什么？

5.7　求过渡过程的初始值时，有没有必要计算 $i_C(0_-)$、$u_L(0_-)$的值？为什么？

5.8　求图 5-1 所示四个电路发生换路时，各元件上电压和电流的初始值。

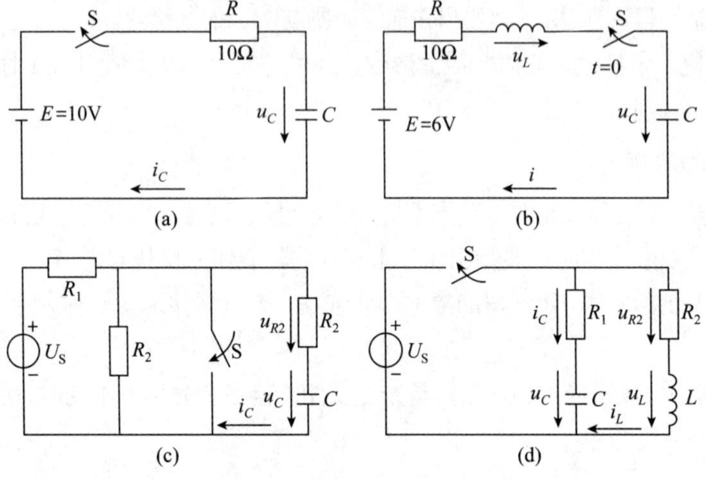

图 5-1

5.9　图 5-2 所示电路中，若 $E=6\text{V}$，$R_1=100\Omega$，$R_2=R_3=200\Omega$，S 闭合且电路处于稳态。求 S 断开时 $u_L(0_+)$、$i_L(0_+)$的值。

5.10　图 5-3 所示为感性负载电路，已知负载电阻 R_1=8Ω，电压表内阻 R_2=2kΩ。当 S 在位置“1”时，电压表读数为 4V，现将开关 S 突然断开，问此瞬间电压表承受的电压是多大？若将 S 从 1 合于 2，情况又如何？

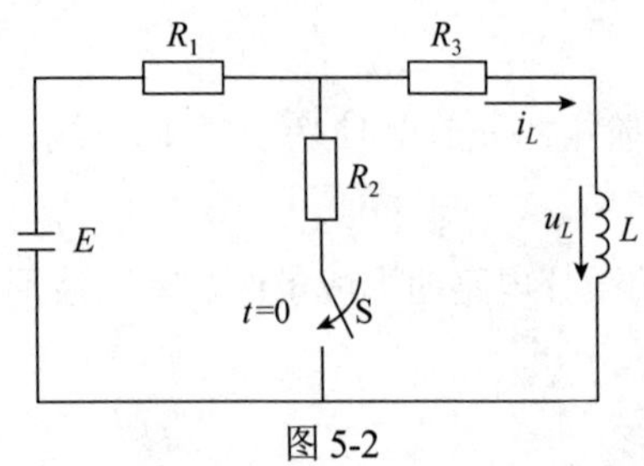

图 5-2

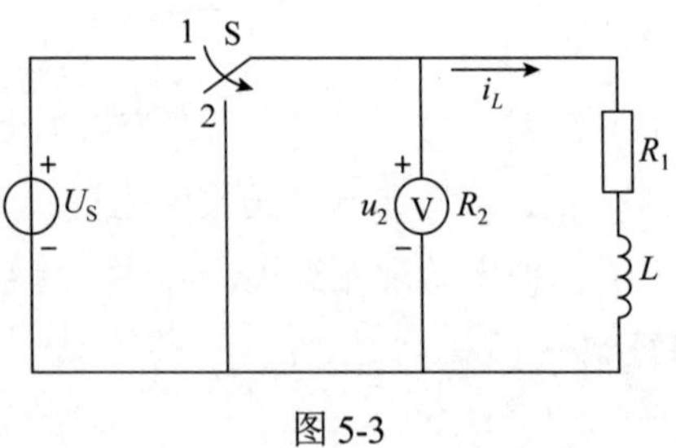

图 5-3

5.11　电路如图 5-4 所示，电源电压 U_S=12V，$R_1=4\Omega$，$R_2=8\Omega$，$R_3=2\Omega$，$t=0$ 时 S 由 1 合于 2，求开关闭合后各量的初始值。

5.12　RL 电路如图 5-5 所示，$R_1=6\Omega$，$R_2=10\Omega$，$L=1\text{H}$，$t=0$ 时 S 闭合，求换路后电路的一阶响应 u_L、i_L、i_1、u_2。

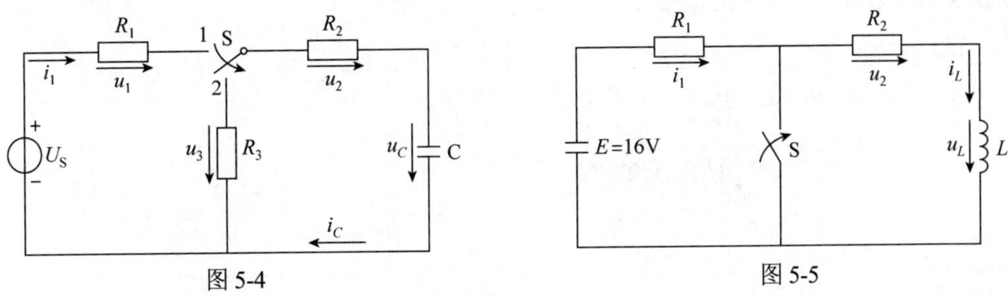

图 5-4　　图 5-5

5.13　图 5-6 所示电路为零状态，开关 S 在 $t=0$ 时接于端子 a。电路达稳定后，S 突然换接于端子 b。求 $t\geqslant0$ 时的响应 u_C 并作出其波形图。

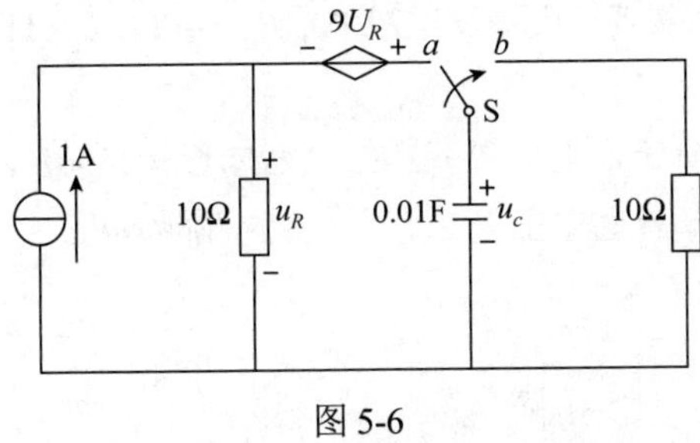

图 5-6

5.14　在图 5-7 所示的电路中，$t=0$ 时 S 闭合，闭合前电路已达到稳态。求 S 闭合后的全响应 u_L、i_L。

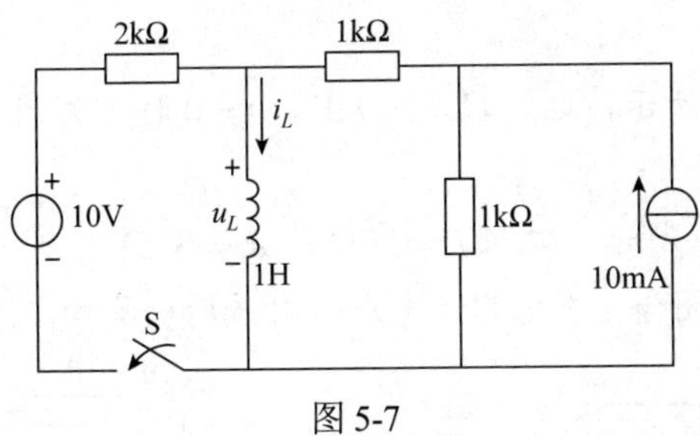

图 5-7

5.15　用三要素法求图 5-8 所示电路的全响应 i，已知 S 闭合前电路已达稳定。

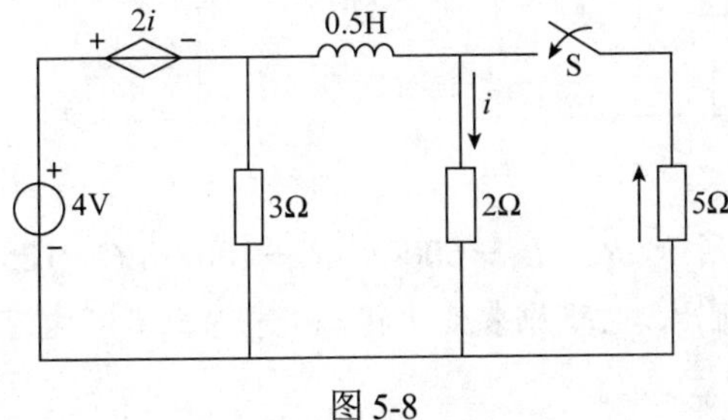

图 5-8

5.16　电路如图 5-9 所示，设 $E=10\text{V}$，$R_1=5\Omega$，当 S 闭合时，求 τ 及 $i_L(t)$、$u_L(t)$的变化规律。

5.17　电路如图 5-10 所示，开关 S 断开，电路为稳态，$E=12\text{V}$，$R_1=R_2=4\Omega$，$C=2\mu\text{F}$，

求 S 闭合后 $i_1(t)$和 $u_C(t)$的变化规律。

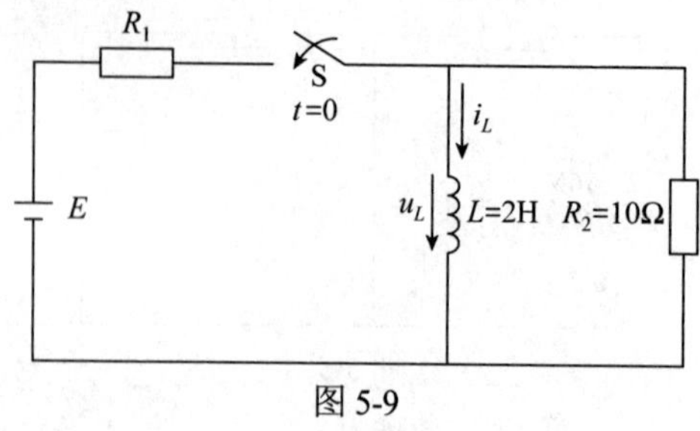

图 5-9

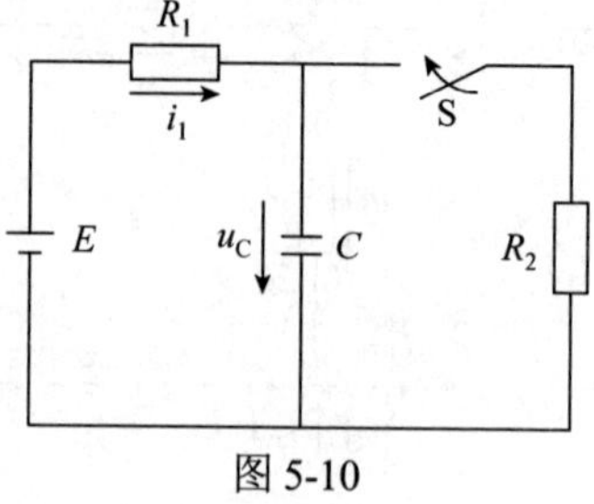

图 5-10

5.18　图 5-11 为发电机的励磁电路，正常运行时，S 是断开的；发电机外线路短路时，其端电压下降，为不破坏系统运行，须快速提高发电机电压，所以通过自动装置合上 S，将 R_1 短接，则发电机端电压提高。已知 $U=220\text{V}$, $R_1=40\Omega$, $L=1\text{H}$, $R_2=20\Omega$，求 S 合上后 $i(t)$的变化规律。

5.19　电路如图 5-12 所示，电阻 $R=20\Omega$，电容 $C=250\mu\text{F}$，$t=0$ 时 S 从 1 合于 2，电路原来处于稳态，求换路后电容上电压、电流的一阶响应。

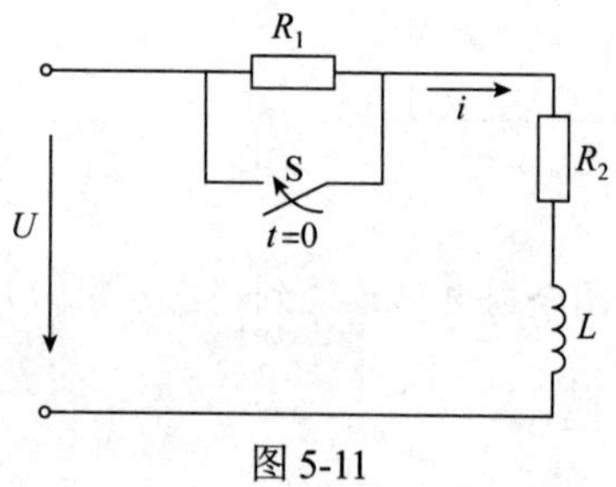

图 5-11

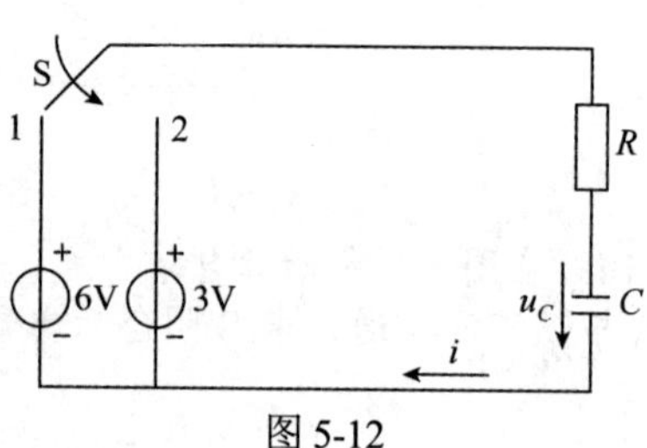

图 5-12

5.20　电路如图 5-13 所示，电容 $C=200\mu\text{F}$，$t=0$ 时开关闭合，求电容上电压、电流的一阶响应。

5.21　电路如图 5-14 所示，电阻 $R=20\Omega$，$R_1=30\Omega$，$R_2=40\Omega$，$U_S=12\text{V}$，电容 $C=100\mu\text{F}$，$t=0$ 时开关闭合，求电容上电压、电流的一阶响应。

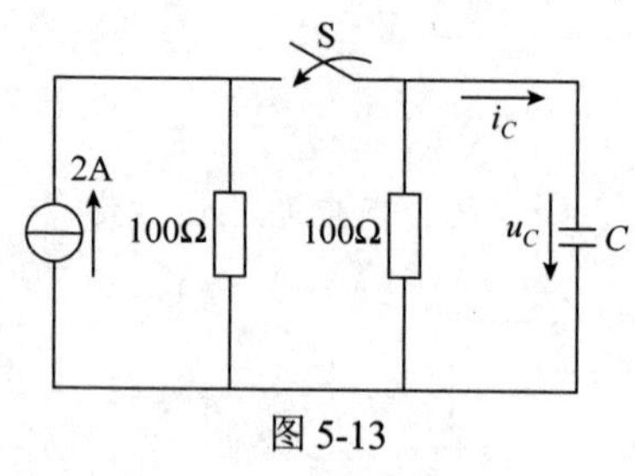

图 5-13

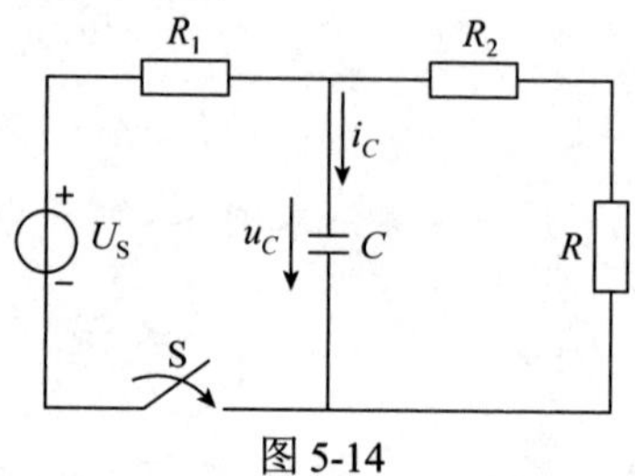

图 5-14

5.22　电路如图 5-15 所示，$R_1=R_2=600\Omega$，$R_3=100\Omega$，$C=125\mu\text{F}$，电源电压 $U_S=12\text{V}$，$t=0$ 时开关 S 由闭合到断开，电路原来处于稳态，求 S 断开后电容上电压和电流的一阶响应表达式 $u_C(\text{t})$和 $i_C(\text{t})$。

5.23　电路如图 5-16 所示，开关 S 原来与 1 接通，$t=0$ 时 S 由 1 合于 2，已知 $R=20\Omega$，$L=0.02\text{H}$，求换路后的电感上电压和电流的一阶响应表达式，并画出响应曲线。

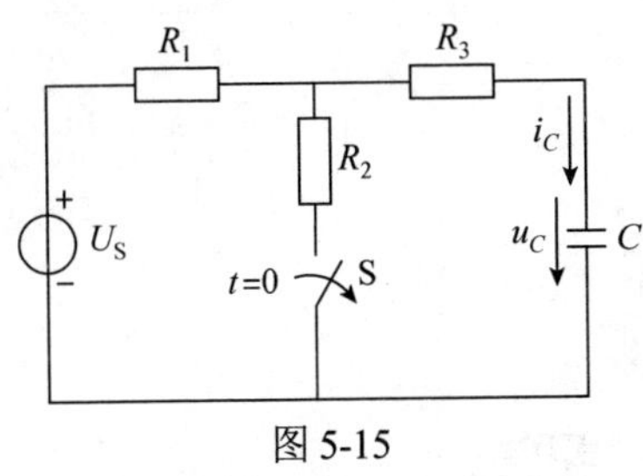

图 5-15

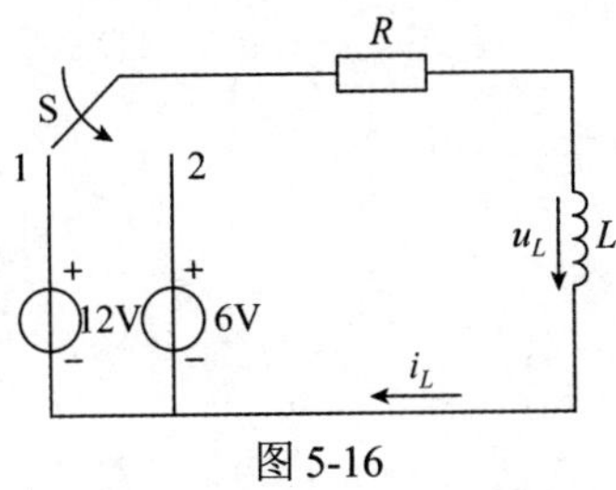

图 5-16

5.24 图 5-17 所示电路中，$R_1 = 10\Omega$，$R_2 = 6\Omega$，$L = 0.5\text{H}$，$u_S(t) = 20\varepsilon(t)\text{V}$，$i_L(0_-)=0$，求$i_L(t)$。

5.25 波形如图 5-18 所示的电源电压加于 RC 串联电路上，已知 $R = 10\text{k}\Omega$，$C = 10\mu\text{F}$，试求电容上的电压响应 $u_C(t)$。

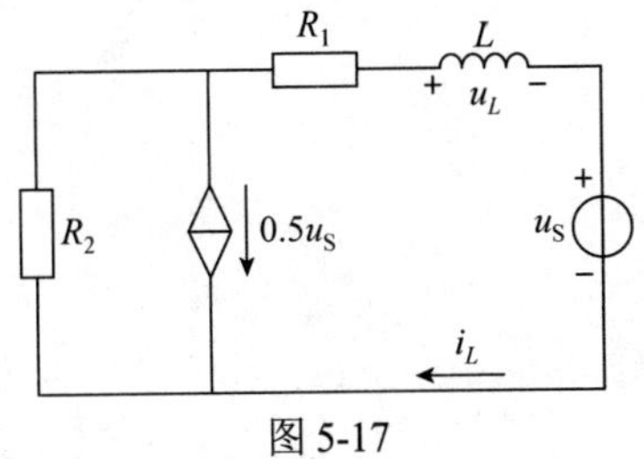

图 5-17

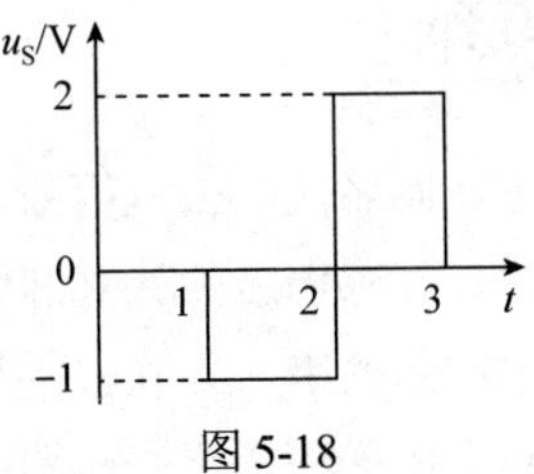

图 5-18

5.26 电路如图 5-19 所示，已知 $I_S = 2\text{A}$，$R_1 = 40\Omega$，$R_2 = 60\Omega$，$L = 0.4\text{H}$，$t = 0$ 时开关 S 与电流源接通，求 S 闭合后电路的一阶响应 i_L、u_L 和 u_{R2}。

5.27 电路如图 5-20 所示，已知 $I_S = 1\text{A}$，$U_S = 18\text{V}$，$R_1 = 3\Omega$，$R_2 = 6\Omega$，$C = 50\mu\text{F}$，电路原来处于稳态，$t = 0$ 时开关 S 与电流源接通，试用三要素法求 S 闭合后电路的一阶响应 u_C、i_C。

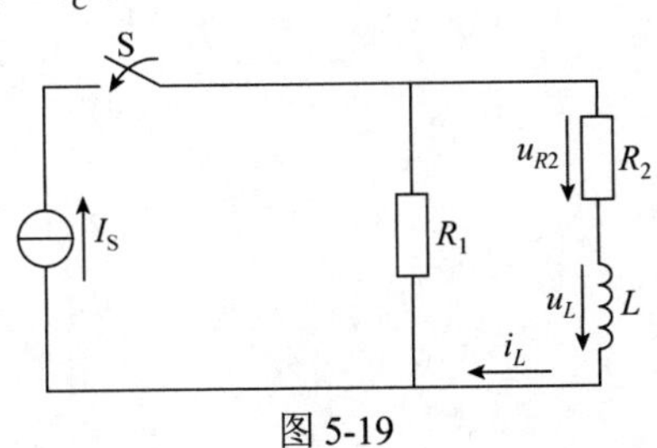

图 5-19

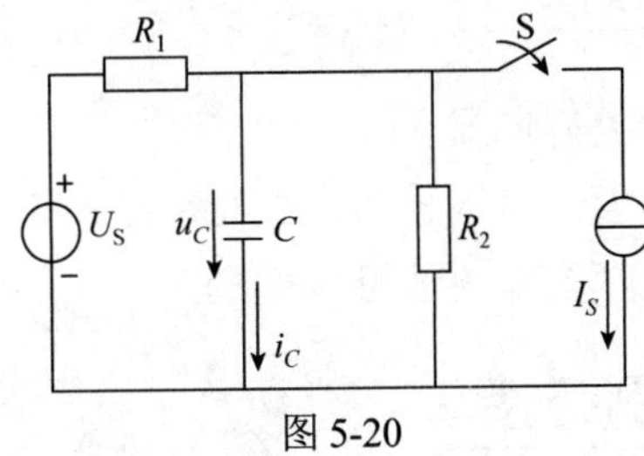

图 5-20

第6章 互感电路

内容简介

1. 互感、同名端、去耦等效、空心变压器等概念。
2. 互感、互感电压的计算和同名端的判断方法。
3. 互感线圈的串、并联去耦等效电路的分析计算。
4. 空心变压器和理想变压器的分析计算。

6.1 互感与同名端

本课任务

1. 互感的概念。
2. 互感系数、互感电压的表示和计算方法。
3. 同名端的不同判断方法。

实例链接

如果一台变压器出线端没有极性标记，在使用中就无法准确连接，此时必须借助仪表进行同名端的判断，确定同名端后才能进行连接。利用互感原理工作的器件、设备连接时一般都需要判断同名端，如变压器、互感器等。所以，互感和同名端在互感电路应用中有着非常重要的意义。

任务实施

6.1.1 互感

线圈中的电流发生变化时，穿过线圈的磁通就要发生变化，而且磁通要通过它周围的空间闭合。如果有另一个线圈与它邻近，就会有一部分磁通穿过它相邻的线圈，这时就会在相邻的线圈中产生感应电动势及感应电压。这种一个线圈中电流的变化在另一个线圈中引起感应电动势和感应电压的现象，称为互感现象，所引起的感应电动势称为互感电动势，引起的电压称为互感电压。

在互感现象中，通常把线圈电流的变化在自身产生的磁通称为自感磁通，用$\varPhi_{11}$或$\varPhi_{22}$表示，各匝线圈的磁通之和称为自感磁链，用$\varPsi_{11}$或$\varPsi_{22}$表示。穿过另一个线圈的磁通称为互感磁通，用$\varPhi_{12}$或$\varPhi_{21}$表示，其磁链称为互感磁链，用$\varPsi_{12}$或$\varPsi_{21}$表示。

图 6-1-1(a)所示为具有互感的两个线圈，即I和II。

$$\psi_{11}=N_1\phi_{11}，\ \psi_{12}=N_2\phi_{12}$$

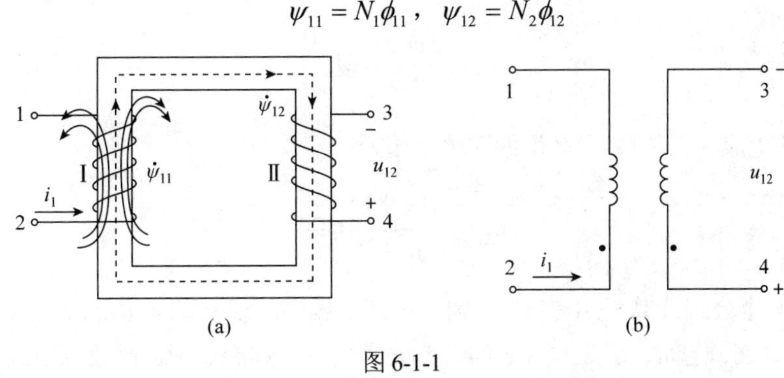

图 6-1-1

设两个线圈的匝数分别是N_1和N_2，则磁链与磁通之间有如下两个关系式：

互感磁链$\varPsi_{12}$与产生它的电流之间的关系为

$$\psi_{12}=M_{12}i_1$$

其中比例系数

$$M_{12}=\frac{\psi_{12}}{i_1} \tag{6-1-1}$$

称为线圈I对线圈II的互感系数，简称**互感**。

同理，当线圈II中有电流i_2存在时，也会在线圈I中产生互感电压，线圈II对线圈I的互感为

$$M_{21}=\frac{\psi_{21}}{i_2} \tag{6-1-2}$$

实验证明

$$M_{12}=M_{21}$$

所以，两个线圈的互感就不需加以区分，而统一用M表示即可，即

$$M_{12}=M_{21}=M$$

互感的大小与两个互感线圈的匝数、大小、磁介质及两线圈的相对位置有关。为了反映两线圈耦合的紧密程度，引入耦合系数K；K与自感及互感的关系为

$$K=\sqrt{\frac{\phi_{12}}{\phi_{11}}\frac{\phi_{21}}{\phi_{22}}}=\frac{M}{\sqrt{L_1L_2}} \tag{6-1-3}$$

K 最大为 1，此时互感 M 的值为最大，一个线圈产生的磁通全部与另一线圈交链，两个线圈称为全耦合。

6.1.2 互感电压

线圈Ⅰ的电流 i_1 在线圈Ⅱ中产生的互感电压为

$$u_{12}=\frac{\mathrm{d}\psi_{12}}{\mathrm{d}t}=M\frac{\mathrm{d}i_1}{\mathrm{d}t}$$

同理线圈Ⅱ的电流 i_2 在线圈Ⅰ中产生的互感电压为

$$u_{21}=\frac{\mathrm{d}\psi_{21}}{\mathrm{d}t}=M\frac{\mathrm{d}i_2}{\mathrm{d}t}$$

用上面两个公式计算互感电压时，需考虑两个线圈的绕向，即 u_{12} 与 Ψ_{12} 之间、Ψ_{12} 与 i_1 之间，u_{21} 与 Ψ_{21} 之间、Ψ_{21} 与 i_2 之间，都要满足右手螺旋定则，比较麻烦。引入同名端的概念后，可使问题大大简化。

6.1.3 互感线圈的同名端

在图 6-1-1(a)所示的电路中，当电流从线圈Ⅰ的 2 端流入并且增大时，线圈Ⅱ的互感电压的极性如图所示，由 4 端指向 3 端，4 端为高电位端，即 2 端与 4 端同为高电位端。当电流减小时，2 端与 4 端同为低电位端，而 1、3 端为高电位端。当电流从线圈Ⅰ的 1 端流入时，也是一样。我们把一组线圈中实际极性始终保持一致的一组端子称为**同名端**，用符号“•”或“*”表示。图 6-1-1(a)中的 1 端与 3 端、2 端与 4 端都是同名端，可在任意一组端子上做标记，如图 6-1-1(b)所示。有了同名端的概念，就可以不需知道线圈的绕向，而根据同名端的标记直接判断互感电压的极性及线圈或其他互感元件的连接方式等。判断互感电压极性的原则是：互感电压与产生该电压的电流的方向始终对同名端一致。对图 6-1-1(b)所示的电路，u_{12} 的方向与 i_1 的方向应该对同名端一致，标注如图中所示。

判断同名端时，可假设任意两个线圈的任意一组端子上分别有电流流入，如果两个电流的磁通是互相增强的，则所选的两个端子为同名端，否则为异名端。

当两线圈的电流均由同名端流入时，两电流所产生的磁通应相互增强。图 6-1-2(a)所示的两个线圈，当电流分别从 a 端和 c 端流入时，这两个电流产生的磁通方向一致，则 a 端与 c 端为同名端，当然 b 端与 d 端也为同名端，标记时只需标出一对端子即可。另外称 a 端与 d 端、b 端与 c 端为异名端。对于图 6-1-2(b)所示的两个线圈，当线圈 1 的电流从 a 端流入时，如果线圈 2 的电流所产生磁通方向与线圈 1 相同，线圈 2 的电流必须从 d 端流入，故 a 端与 d 端为同名端，a 端与 c 端为异名端，标注如图中所示。

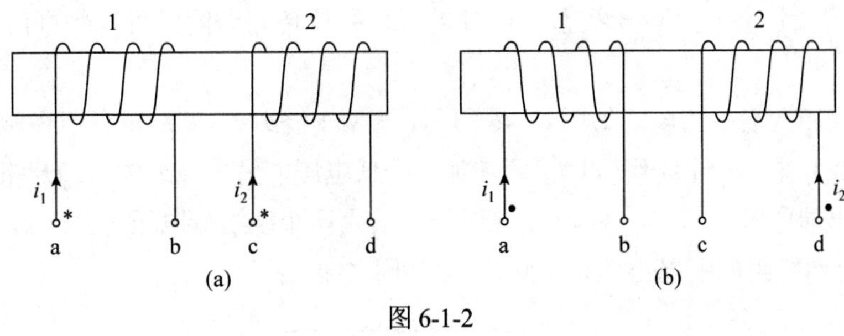

图 6-1-2

对图 6-1-3 所示的互感线圈，用上述规律同样可判断 1、3、6 三个端子为同名端，当然，另一组端子也是同名端。一般在电路中具有互感的两个线圈的画法如图 6-1-4 所示。

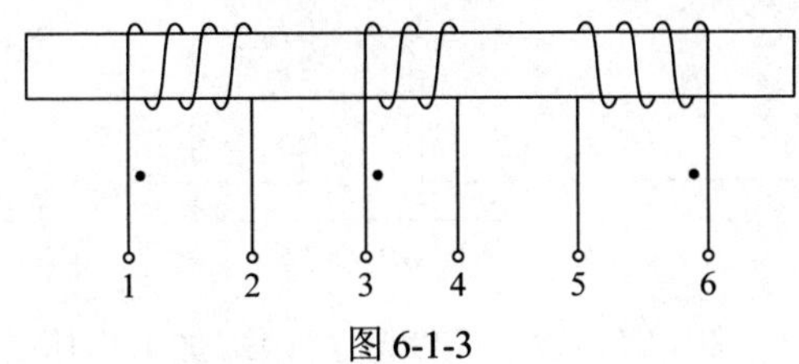

图 6-1-3

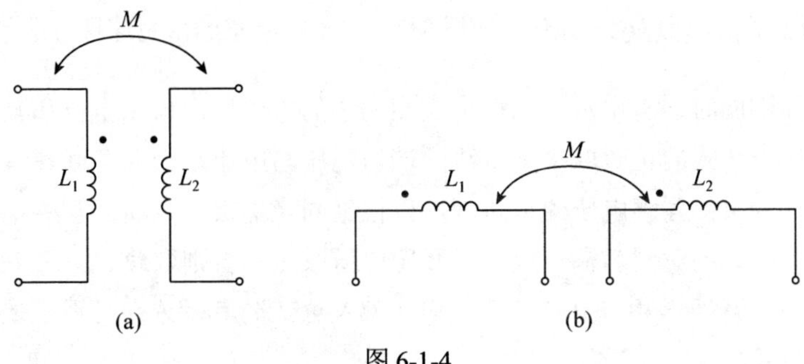

图 6-1-4

在实验室中，当两个线圈的结构无法知道的情况下，可以通过实验的方法判别同名端。实验的方法又可分为直流法和交流法。

直流法实验电路如图 6-1-5 所示。电压表采用直流电压表，电压表的“+”端接线圈的 c 端、电压表的“−”端接线圈的 d 端。开关原来是断开的，当开关 S 闭合时，如果电压表正偏，则 a 端与 c 端为同名端；如果电压表反偏，则 a 端与 d 端为同名端。其原因是：开关 S 闭合时，电流 i_1 增加，$\dfrac{di_1}{dt}>0$，若 a 端与 c 端为同名端，则 $u_{cd}=M\dfrac{di_1}{dt}>0$，所以电压表正偏；若 a 端与 d 端为同名端，则 $u_{cd}=-M\dfrac{di_1}{dt}<0$，所以电压表反偏。

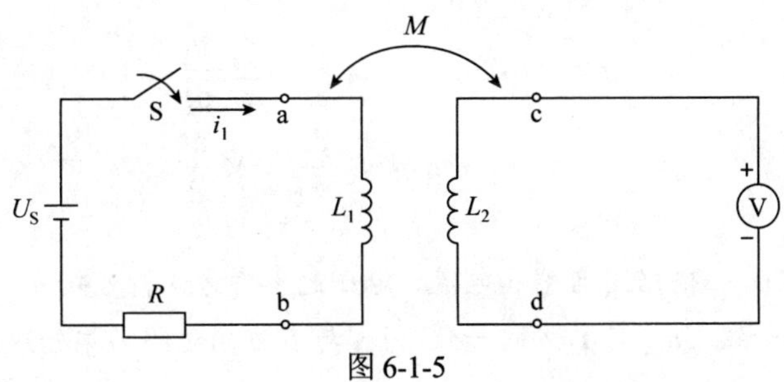

图 6-1-5

开关由闭合状态变为断开状态，通过电压表的偏转方向同样可以判别两个线圈的同名端。

交流法判断同名端的电路如图 6-1-6 所示，将两个绕组 L_1 和 L_2 的任意两端(如 2、4 端)连在一起，在其中的一个绕组(如 L_1)两端加一个低电压，另一绕组(如 L_2)开路，用交流电压表分别测出端电压 U_{13}、U_{12} 和 U_{34}。若电压 U_{13} 是两个绕组端电压之差，则 1、3 是同名端；若 U_{13} 是两绕组的端电压之和，则 1、4 是同名端。

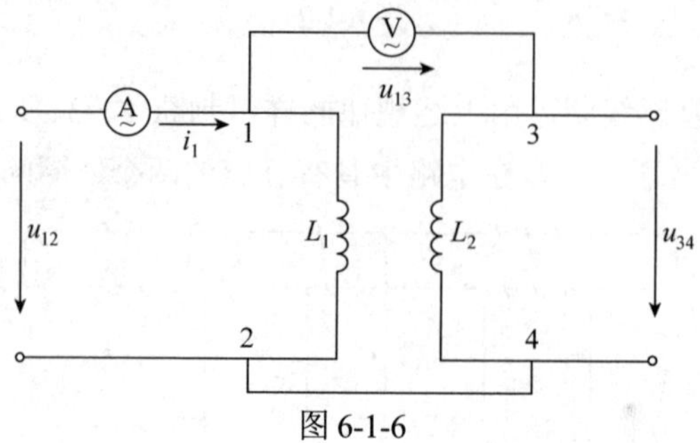

图 6-1-6

通过图 6-1-6 还可以计算互感系数，当线圈 L_1 两端加上电压 U_{12} 时，在线圈 L_2 两端可以测得电压 U_{34}，由于 $U_{34}=\omega MI_1$，所以 $M=\dfrac{U_{34}}{\omega I_1}$，实验室通常用这种方法测量互感系数。

如果两个线圈同时通有电流，则每个线圈两端的电压均由自感电压和互感电压两部分组成。自感电压表达式的正负取决于本线圈端口电压与电流是否为关联参考方向，关联时为正，非关联时为负；互感电压的正负则可以根据同名端极性判断。互感电压的方向与产生该电压的电流的方向对同名端一致时，互感电压取正，否则取负。

例 6.1.1 互感线圈如图 6-1-7 所示，同名端及电流的参考方向见图，试分别写出各线圈端电压的表达式。

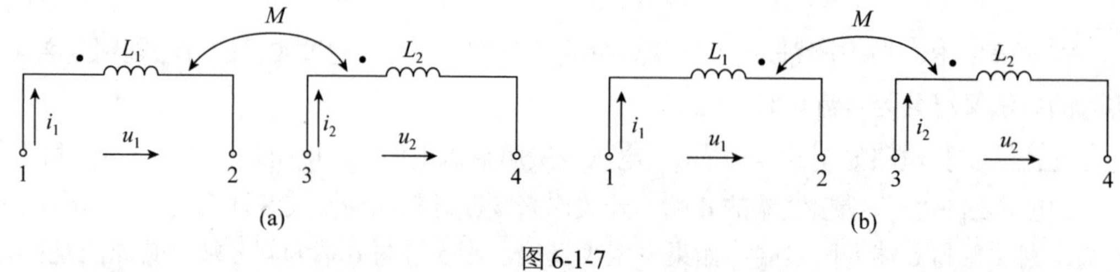

图 6-1-7

解：对图 6-1-7(a)，根据同名端和电流、电压的参考方向，可知 u_{L1} 与 i_1 方向一致，互感电压 u_{21} 与 i_2 方向对同名端一致，u_{L2} 与 i_2 方向一致，互感电压 u_{12} 与 i_1 方向对同名端一致，可得

$$\begin{cases} u_1 = u_{L1} + u_{21} = L_1 \dfrac{\mathrm{d}i_1}{\mathrm{d}t} + M\dfrac{\mathrm{d}i_2}{\mathrm{d}t} \\ u_2 = u_{L2} + u_{12} = L_2 \dfrac{\mathrm{d}i_2}{\mathrm{d}t} + M\dfrac{\mathrm{d}i_1}{\mathrm{d}t} \end{cases}$$

同理对图 6-1-7(b)，根据同名端和电流、电压的参考方向，可知 u_{L1} 与 i_1 方向一致，u_{21} 与 i_2 方向对同名端一致，u_{L2} 与 i_2 方向一致，u_{12} 与 i_1 方向对同名端一致，但由于 i_1 与 i_2 方

向对同名端不一致，因此 u_{L1} 与 u_{21} 方向相反，u_{L2} 与 u_{12} 方向也相反，由此可得

$$\begin{cases} u_1 = u_{L1} - u_{21} \\ u_2 = u_{L2} - u_{12} \end{cases}$$

即

$$\begin{cases} u_1 = L_1 \dfrac{\mathrm{d}i_1}{\mathrm{d}t} - M \dfrac{\mathrm{d}i_2}{\mathrm{d}t} \\ u_2 = L_2 \dfrac{\mathrm{d}i_2}{\mathrm{d}t} - M \dfrac{\mathrm{d}i}{\mathrm{d}t} \end{cases}$$

应用与实践

有一台三相变压器结构封闭、出线凌乱，如何利用仪表判断它的极性并进行准确的连接呢？

对这样的变压器要进行连接，必须找出三相一次侧绕组、二次侧绕组的对应关系，然后利用仪表判断其同名端，才能进行连接。

(1) 利用万用表找出三相一次侧绕组、二次侧绕组的对应关系。可以用万用表测出同一绕组的两个出线端，再根据六个绕组的电阻值大小区别出高压绕组(电阻大)和低压绕组(电阻小)，然后给某相一次侧绕组加一交流电压，用万用表测三个二次侧绕组感应电动势，其中感应电动势最高的一个绕组即为加交流电压的一相一次侧绕组的次级绕组；可以用同样方法找出第二相绕组，剩下的即为第三相绕组。

(2) 利用图 6-1-5 介绍的直流实验法或图 6-1-6 介绍的交流实验法测量变压器三相绕组的同名端。

(3) 标出同名端，按变压器组别要求，连接成相应组别的变压器，如图 6-1-8 所示，就是按Y/△-11 连接成的变压器接线图。

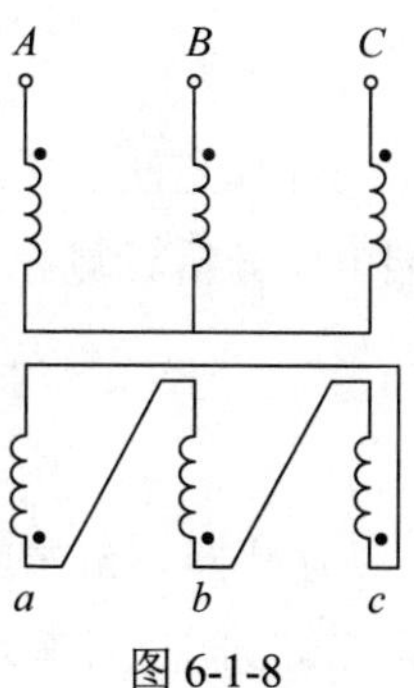

图 6-1-8

同步训练

1. 互感系数与互感电压的表达式各是什么？
2. 什么是同名端？如何判断同名端？
3. 根据图 6-1-9 所示的同名端，当 i_1 增大时，标出互感电压 u_{34} 的极性。

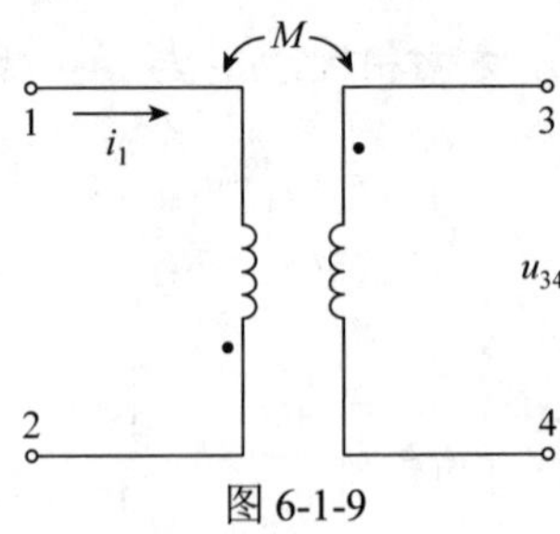

图 6-1-9

4. 互感线圈如图 6-1-10 所示，试写出端口上电压的表达式。

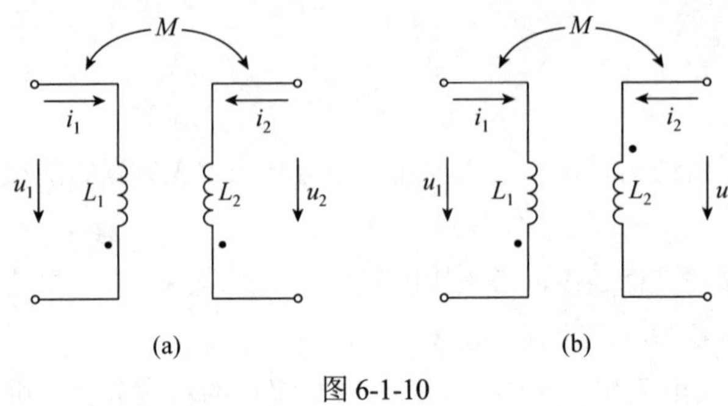

图 6-1-10

5. 找一台三相变压器，分别对其一次侧绕组、二次侧绕组的电阻进行测量，判断其同名端。

6.2 互感线圈的串联

本课任务

1. 理解互感线圈串联的概念。
2. 掌握互感线圈串联时等效电感的计算方法。
3. 熟悉电路中串联互感线圈的端电压分析计算。

实例链接

由于电网技术改造，经常需要提高互感器测试精度或增加互感器的允许负荷，因此，常采用将两台相同型号的电流互感器二次线圈进行串联使用的方法，电流互感器二次绕组串联后，其变比不变，其二次回路内的电流不变，但由于感应电动势 E 增大一倍，所以容量增加一倍，准确度亦不变，互感线圈的串联在电机、变压器、电子技术的实际应用中有着非常广泛的应用。

任务实施

具有互感作用的两个线圈串联时，有顺向串联和反向串联两种连接方式，下面分别探讨。

6.2.1 两线圈顺向串联

把两个线圈的异名端连在一起，接入电路时电流均从同名端流入，从同名端流出，这种连接方式称为顺向串联，简称顺接，如图 6-2-1(a)所示。

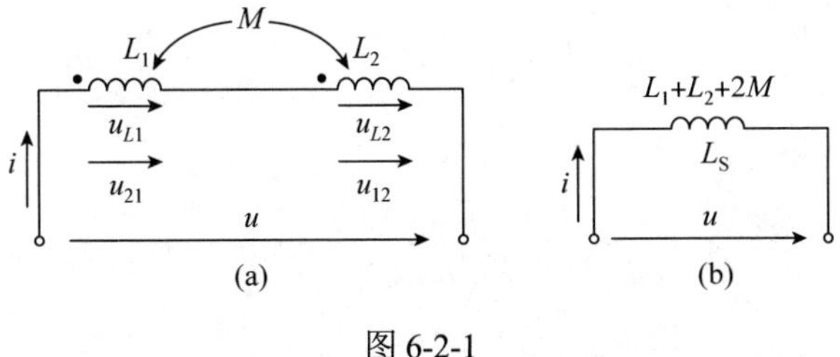

图 6-2-1

根据同名端、电压、电流的关系标出自感电压和互感电压的参考方向如图 6-2-1(a)所示，则有

$$u = u_{L1} + u_{21} + u_{L2} + u_{12}$$

用相量式表示为

$$\dot{U} = \mathrm{j}\omega L_1 \dot{I} + \mathrm{j}\omega M \dot{I} + \mathrm{j}\omega L_2 \dot{I} + \mathrm{j}\omega M \dot{I} = \mathrm{j}\omega(L_1 + L_2 + 2M)\dot{I} = \mathrm{j}\omega L \dot{I}$$

由此式可知，当两个线圈顺向串联时，可以等效为一个电感，用 L_S 表示顺向串联时的等效电感，则其数值为

$$L_S = L_1 + L_2 + 2M \tag{6-2-1}$$

等效电路如图 6-2-1(b)所示。

6.2.2 两线圈反向串联

把两个线圈的同名端连在一起，接入电路时电流均从异名端流入，从异名端流出，称这种连接方式为反向串联，简称反接，如图 6-2-2(a)所示。

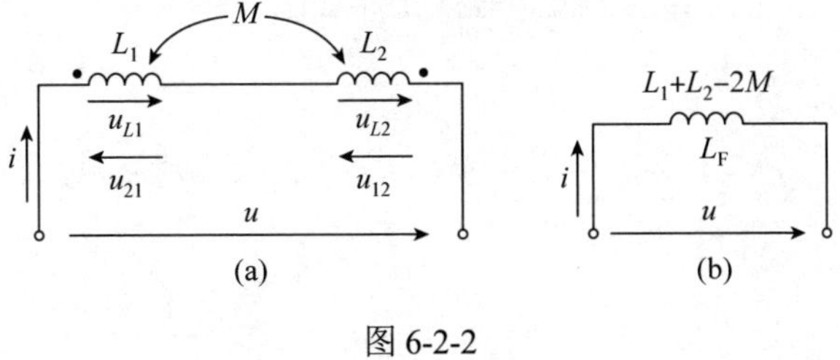

图 6-2-2

根据同名端、电压、电流的关系标出自感电压和互感电压的参考方向如图(a)所示，则有

$$u = u_{L1} - u_{21} + u_{L2} - u_{12}$$

用相量式表示为

$$\dot{U} = j\omega L_1\dot{I} - j\omega M\dot{I} + j\omega L_2\dot{I} - j\omega M\dot{I} = j\omega\left(L_1 + L_2 - 2M\right)\dot{I} = j\omega L\dot{I}$$

如果用 L_F 表示反接时的等效电感，则

$$L_F = L_1 + L_2 - 2M \tag{6-2-2}$$

等效电路如图 6-2-2(b)所示。

反接时的等效电感是否会小于 0 呢？不会。

由 $K = \dfrac{M}{\sqrt{L_1L_2}} \leqslant 1$ 可知：

$$M = K\sqrt{L_1L_2} \leqslant \sqrt{L_1L_2}$$

所以

$$\left(\sqrt{L_1} - \sqrt{L_2}\right)^2 = L_1 + L_2 - 2\sqrt{L_1L_2} \leqslant L_1 + L_2 - 2M$$

由于

$$\left(\sqrt{L_1} - \sqrt{L_2}\right)^2 \geqslant 0$$

所以

$$L_1 + L_2 - 2M \geqslant 0$$

可见，反向串联时，等效电感并不会出现负值。

由式(6-2-1)和式(6-2-2)及上面的推导可知，顺接时的等效电感大于反接时的等效电感，且两者都大于零。根据这个特点，可以用来判别两个线圈的同名端关系，并可测出互感系数 M 的大小。

顺向串联时的等效电感为

$$L_S = L_1 + L_2 + 2M$$

反向串联时的等效电感为

$$L_F = L_1 + L_2 - 2M$$

将两式相减得

$$L_S - L_F = L_1 + L_2 + 2M - (L_1 + L_2 - 2M) = 4M$$

故互感系数 M 为

$$M = \frac{L_S - L_F}{4}$$

实验室经常用这种方法测量互感系数。

例 6.2.1 一个串联电路如图 6-2-3 所示，$L_1 = 0.11\text{H}$，$L_2 = 0.13\text{H}$，$M = 0.04\text{H}$，$R_1 = 4\Omega$，$R_2 = 8\Omega$，电路的电流为 $i = 2\sin(100t + 30^\circ)$ A，试求电路的端电压 u。

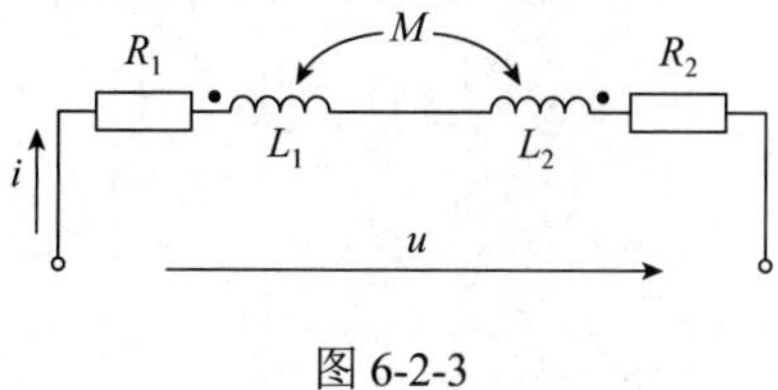

图 6-2-3

解：两个电感为反向串联，等效电感为

$$L = L_1 + L_2 - 2M = (0.11 + 0.13 - 2 \times 0.04)\text{H} = 0.16\text{H}$$
$$\omega L = 100 \times 0.16\Omega = 16\Omega$$

复阻抗为

$$Z = R_1 + R_2 + \text{j}\omega L = (4 + 8 + \text{j}16)\Omega = 20\angle 53.1^\circ\,\Omega$$

端电压的初相角为

$$\psi = 30^\circ + 53.1^\circ = 83.1^\circ$$

电压最大值为

$$U_m = I_m \times |Z| = 2 \times 20\text{V} = 40\text{V}$$

所以端电压为

$$u = 40\sin(100t + 83.1^\circ)\ \text{V}$$

例 6.2.2 三个有互感的线圈的串联如图 6-2-4 所示，设三个电感值都为 L，三个互感都相等且为 M，试写出其等效电感的表达式。

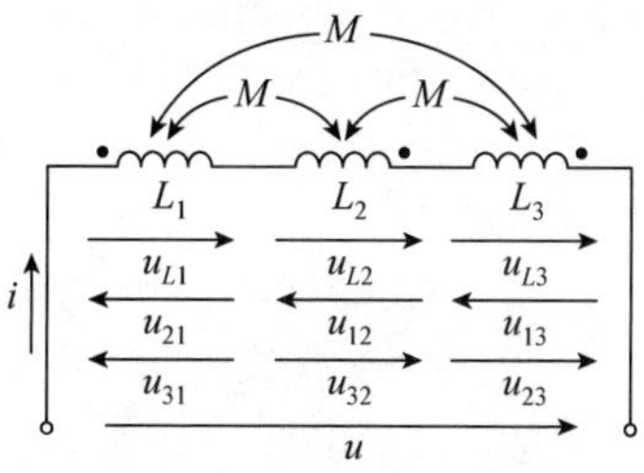

图 6-2-4

解：根据同名端的位置，标出各自感电压和互感电压的方向如图 6-2-4 所示，则

$$\begin{aligned} u &= u_{\text{L1}} + u_{\text{L2}} + u_{\text{L3}} - u_{21} - u_{12} - u_{13} - u_{31} + u_{32} + u_{23} \\ &= \left(\text{j}\omega L_1 + \text{j}\omega L_2 + \text{j}\omega L_3 - \text{j}\omega M_{21} - \text{j}\omega M_{12} - \text{j}\omega M_{13} - \text{j}\omega M_{31} + \text{j}\omega M_{32} + \text{j}\omega M_{23}\right)\dot{I} \\ &= \text{j}\omega\left(L_1 + L_2 + L_3 - M_{21} - M_{12} - M_{13} - M_{31} + M_{32} + M_{23}\right)\dot{I} \\ &= \text{j}\omega L_{\text{等效}}\dot{I} \end{aligned}$$

所以

$$L_{\text{等效}} = L_1 + L_2 + L_3 - M_{21} - M_{12} - M_{13} - M_{31} + M_{32} + M_{23}$$

当 $L_1 = L_2 = L_3 = L$， $M_{12} = M_{21} = M_{13} = M_{31} = M_{32} = M_{23} = M$ 时，等效电感为

$$L_{等效} = 3L - 2M$$

同步训练

1. 图 6-2-5 所示的互感线圈，$L_1 = 0.5\text{H}$，$L_2 = 0.8\text{H}$，$M = 0.3\text{H}$，试求等效电感 L。

2. 串联电路如图 6-2-6 所示，R_1=18Ω，R_2=12Ω，L_1= 0.13H，L_2= 0.11H，M = 0.03H，端电压 $u = 300\sin(100t + 100^\circ)$ V，求电流 i。

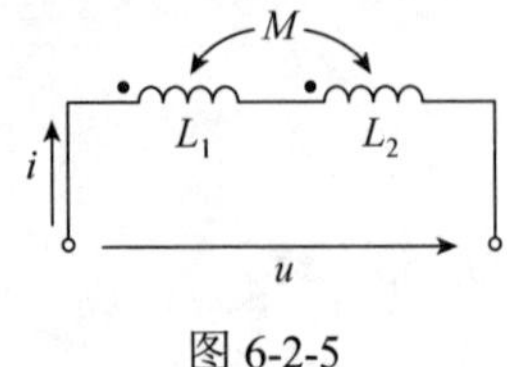

图 6-2-5

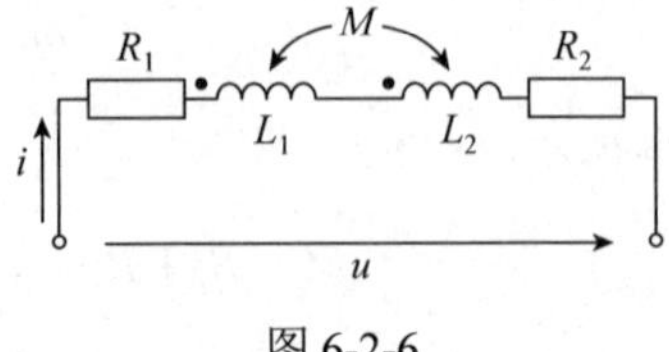

图 6-2-6

6.3 互感线圈的并联

本课任务

1. 理解互感线圈并联的概念。
2. 掌握互感线圈并联时等效电感的计算方法。
3. 熟悉互感线圈并联电路的电压、电流分析计算。

任务实施

6.3.1 同名端相连

两个耦合线圈同名端相连时，又称同向并联，如图 6-3-1(a)所示。

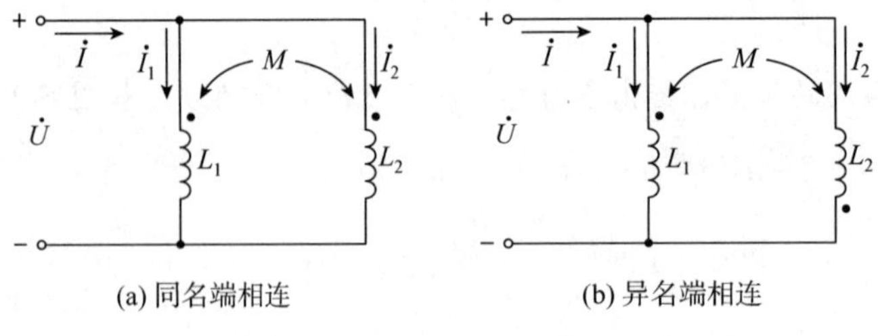

(a) 同名端相连　　(b) 异名端相连

图 6-3-1

利用 KVL、KCL 对两回路和节点分别列方程，得方程组如下：

$$\begin{cases} \mathrm{j}\omega L_1 \dot{I}_1 + \mathrm{j}\omega M \dot{I}_2 = \dot{U} \\ \mathrm{j}\omega L_2 \dot{I}_2 + \mathrm{j}\omega M \dot{I}_1 = \dot{U} \\ \dot{I}_1 + \dot{I}_2 = \dot{I} \end{cases}$$

联立方程求解得

$$Z = \frac{\dot{U}}{\dot{I}} = \mathrm{j}\omega \frac{L_1 L_2 - M^2}{L_1 + L_2 - 2M} = \mathrm{j}\omega L$$

式中：$L = \dfrac{L_1 L_2 - M^2}{L_1 + L_2 - 2M}$，为互感线圈同向并联时的等效电感，可用 $L_{同}$ 表示，即

$$L_{同} = \frac{L_1 L_2 - M^2}{L_1 + L_2 - 2M} \tag{6-3-1}$$

6.3.2　异名端相连

两个互感耦合线圈异名端相连时，又称反向并联，电路如图 6-3-1(b)所示。同样利用 KVL、KCL 对两回路和节点分别列方程，可得方程组如下：

$$\begin{cases} \mathrm{j}\omega L_1 \dot{I}_1 - \mathrm{j}\omega M \dot{I}_2 = \dot{U} \\ \mathrm{j}\omega L_2 \dot{I}_2 - \mathrm{j}\omega M \dot{I}_1 = \dot{U} \\ \dot{I}_1 + \dot{I}_2 = \dot{I} \end{cases}$$

求解方程组可得

$$Z = \frac{\dot{U}}{\dot{I}} = \mathrm{j}\omega \frac{L_1 L_2 - M^2}{L_1 + L_2 + 2M} = \mathrm{j}\omega L$$

式中：$L = \dfrac{L_1 L_2 - M^2}{L_1 + L_2 + 2M}$，代表互感线圈异名端相连时的等效电感，可用 $L_{异}$ 表示，即

$$L_{异} = \frac{L_1 L_2 - M^2}{L_1 + L_2 + 2M} \tag{6-3-2}$$

比较式(6-3-1)和式(6-3-2)可知，同向并联时的等效电感比反向并联时的等效电感大，且 $L_1 L_2 - M^2 \geqslant 0$，$L_1 + L_2 - 2M \geqslant 0$，$L_1 + L_2 + 2M \geqslant 0$，所以$L_{同} \geqslant 0$，$L_{异} \geqslant 0$，即互感线圈并联时的等效电感也不可能出现负值。

6.3.3　两线圈一端相连

如果两互感线圈是串联或并联，则可以根据前面学过的公式直接求等效电感，然后对电路进行分析计算。但当两个线圈只有一端连接在一个公共的节点上时，就不能像串联和

并联时那样等效为一个电感，而必须根据两线圈的连接关系找出其等效电路，才能进行计算。因此必须先做出去耦等效电路。

1. 同名端一侧相连时的去耦等效电路

同名端一侧相连时的电路如图 6-3-2(a)所示，利用 KVL、KCL 对两条支路和节点分别列方程，可得方程组如下：

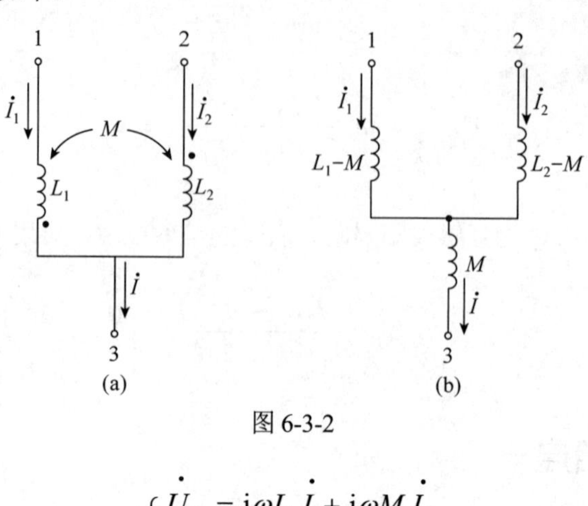

图 6-3-2

$$\begin{cases} \dot{U}_{13} = j\omega L_1 \dot{I}_1 + j\omega M \dot{I}_2 \\ \dot{U}_{23} = j\omega L_2 \dot{I}_2 + j\omega M \dot{I}_1 \\ \dot{I} = \dot{I}_1 + \dot{I}_2 \end{cases}$$

利用节点的电流关系，将第一个式子中的电流 $\dot{I}_2$ 用 $\dot{I} - \dot{I}_1$ 代替，将第二个式子中的电流 $\dot{I}$ 用 $\dot{I} - \dot{I}_2$ 代替，并整理方程可得

$$\begin{cases} \dot{U}_{13} = j\omega\left(L_1 - M\right)\dot{I}_1 + j\omega M \dot{I} \\ \dot{U}_{23} = j\omega\left(L_2 - M\right)\dot{I}_2 + j\omega M \dot{I} \end{cases}$$

这组关系正是图 6-3-2(b)所表示的关系，因此图(b)就是图(a)的去耦等效电路。这时的电路元件之间已经没有耦合，计算就会比较方便。

2. 异名端一侧相连时的去耦等效电路

异名端一侧相连时的电路如图 6-3-3(a)所示。

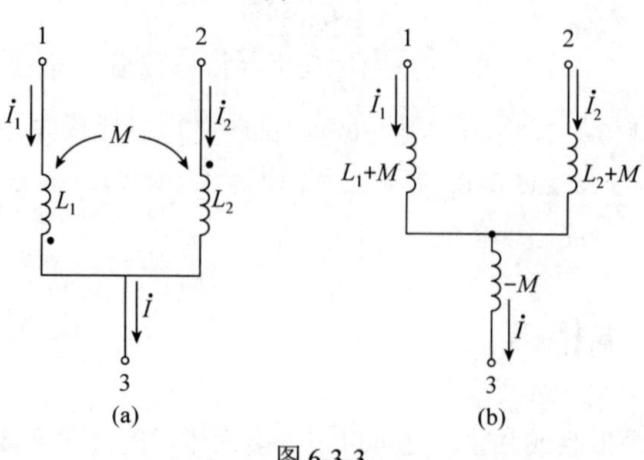

图 6-3-3

利用 KVL、KCL 列方程，可得方程组如下：

$$\begin{cases}\dot{U}_{13} = \mathrm{j}\omega L_1 \dot{I}_1 - \mathrm{j}\omega M \dot{I}_2 \\ \dot{U}_{23} = \mathrm{j}\omega L_2 \dot{I}_2 - \mathrm{j}\omega M \dot{I}_1 \\ \dot{I} = \dot{I}_1 + \dot{I}_2\end{cases}$$

整理方程可得

$$\begin{cases}\dot{U}_{13} = \mathrm{j}\omega\left(L_1 + M\right)\dot{I}_1 - \mathrm{j}\omega M \dot{I} \\ \dot{U}_{23} = \mathrm{j}\omega\left(L_2 + M\right)\dot{I}_2 - \mathrm{j}\omega M \dot{I}\end{cases}$$

这组关系式正好符合图 6-3-3(b)所示的电路，或者说可以由图 6-3-3(b)所示的电路推导出来，因此图 6-3-3(b)所示的电路就可以看作是图 6-3-3(a)所示的电路的去耦等效电路。

图 6-3-2(b)和图 6-3-3(b)所示的去耦等效电路虽然是从一端相连的电路推导出来的，但同样适用于互感线圈并联的情况，只需将端子 1 和端子 2 短接，即成为并联电路。

例 6.3.1 图 6-3-4 所示的互感线圈并联，L_1=15H，L_2=9H，M=6H。试求：

(1) 等效电感是多少？

(2) 若电流 $i = 2\sqrt{2}\sin(200t - 90^\circ)$ A，则端电压 u 等于多少？

解：(1) 由图可知两线圈是异名端相连，由公式可得等效电感为

$$L = \frac{L_1 L_2 - M^2}{L_1 + L_2 + 2M} = \frac{15\times 9 - 6^2}{15 + 9 + 2\times 6}\mathrm{H} = \frac{11}{4}\mathrm{H}$$

(2) 电流的相量为

$$\dot{I} = 2\angle -90^\circ\ \mathrm{A}$$

由于端电压与电流的参考方向相反，所以电压相量为

$$\dot{U} = -\mathrm{j}\omega L \times \dot{I} = -\mathrm{j}\times 200 \times \frac{11}{4}\times 2\angle -90^\circ\ \mathrm{V} = 1100\angle -180^\circ\ \mathrm{V} = 1100\angle 180^\circ\ \mathrm{V}$$

故得

$$u = 1100\sqrt{2}\sin(200t + 180^\circ)\ \mathrm{V}$$

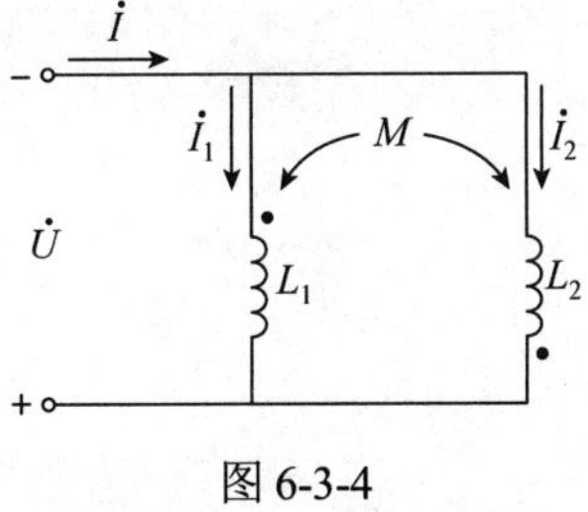

图 6-3-4

例 6.3.2 求图 6-3-5(a)所示电路的等效复阻抗 Z_{12}。

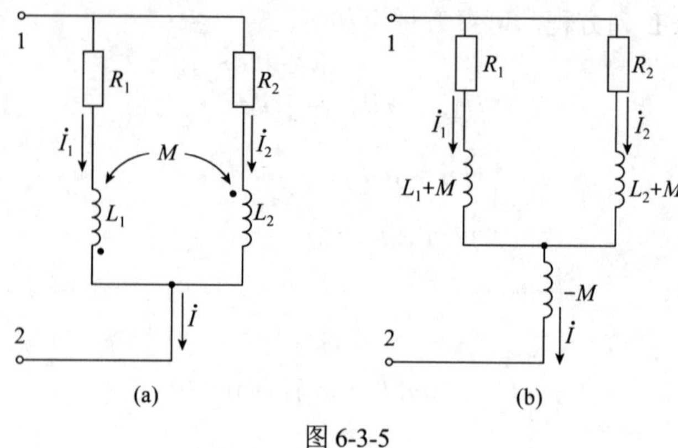

图 6-3-5

解：将图(a)所示的电路消去互感，得去耦等效电路如图(b)所示，由图(b)得等效复阻抗为

$$
\begin{aligned}
Z_{12} &= -\mathrm{j}\omega M + [R_1 + \mathrm{j}\omega(L_1 + M)] // [R_2 + \mathrm{j}\omega(L_2 + M)] \\
&= -\mathrm{j}\omega M + \frac{[R_1 + \mathrm{j}\omega(L_1 + M)] \times [R_2 + \mathrm{j}\omega(L_2 + M)]}{[R_1 + \mathrm{j}\omega(L_1 + M)] + [R_2 + \mathrm{j}\omega(L_2 + M)]} \\
&= -\mathrm{j}\omega M + \frac{[R_1 + \mathrm{j}\omega(L_1 + M)] \times [R_2 + \mathrm{j}\omega(L_2 + M)]}{[R_1 + R_2 + \mathrm{j}\omega(L_1 + L_2 + 2M)]}
\end{aligned}
$$

同步训练

1. 互感线圈连接如图 6-3-6 所示，已知 L_1=8H，L_2=10H，M=5H，求等效电感。

2. 电路如图 6-3-7 所示，已知 $R_1 = R_2 = 8\Omega$，ωL_1=12H，ωL_2=8H，$\omega M = 6\text{H}$，求 a、b 端的等效复阻抗。

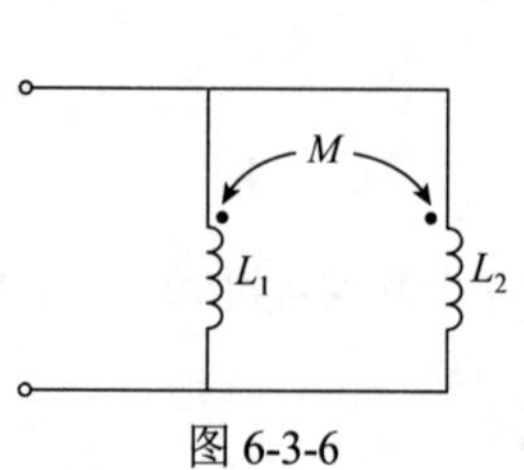

图 6-3-6

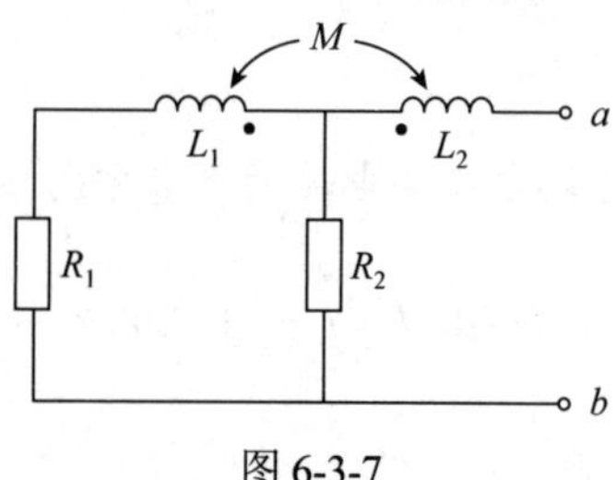

图 6-3-7

6.4 空心变压器

本课任务

1. 理解空心变压器的概念。
2. 掌握空心变压器电路的分析计算方法。

实例链接

空心变压器一般使用在高频电路。最简单的就是塑料袋加工机械高频热合机，在其台面下会看到铜管绕制的高频变压器。三合板、中密度板等的热压机也需要这类铜管绕制的空心变压器，广播电台、电视台也大量使用空心高频变压器。空心变压器是指没有磁心、铁心的变压器，用于高频、线性度要求高的场合，因为磁心的相对磁导率是非线性的，会引入非线性失真。

任务实施

6.4.1 空心变压器的概念与方程

变压器是电路中用于传输能量以及信号的设备，是根据电磁感应原理进行工作的。一个最简单的变压器由两个具有耦合关系的线圈绕在同一个心子上构成。其中一个线圈接电源，称为初级线圈或一次线圈；另一个线圈接负载，称为次级线圈或二次线圈。变压器的心子可选用铁磁材料或非铁磁材料，若选用非铁磁材料做心子，此种变压器即称为**空心变压器**。

图 6-4-1 所示为空心变压器的电路图，其中 R_1、R_2 分别为变压器一次侧绕组、二次侧绕组的电阻，L_1、L_2 分别为变压器一次侧绕组、二次侧绕组的电感，M 为两个线圈的互感，Z_L 为感性负载，可表示为 $Z_L = R_L + jX_L$，u_S 为电源电压，在图示的同名端和电压、电流的参考方向下，可列出两个回路的电压方程为

$$(R_1 + j\omega L_1)\dot{I}_1 - j\omega M\dot{I}_2 = \dot{U}_S \tag{6-4-1}$$

$$-j\omega M\dot{I}_1 + (R_2 + j\omega L_2 + Z_L)\dot{I}_2 = 0 \tag{6-4-2}$$

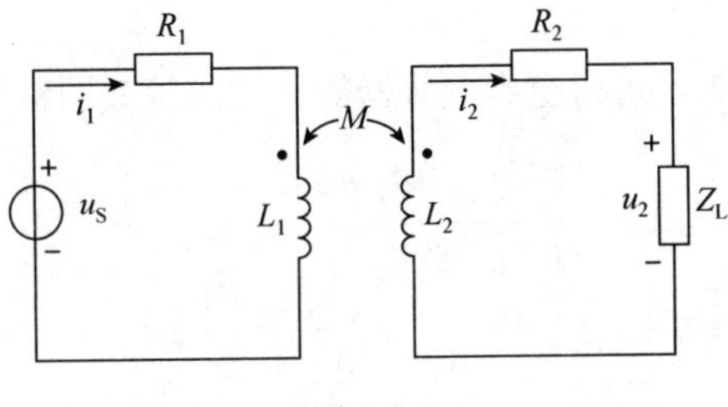

图 6-4-1

整理得

$$Z_{11}\dot{I}_1 + Z_{12}\dot{I}_2 = \dot{U}_S \tag{6-4-3}$$

$$Z_{21}\dot{I}_1 + Z_{22}\dot{I}_2 = 0 \tag{6-4-4}$$

式中：$Z_{11} = R_1 + j\omega L_1$，为一次回路中所有阻抗之和，称为一次回路自阻抗；$Z_{22} = R_2 + j\omega L_2 + R_L + jX_L$，为二次回路中所有阻抗之和，称为二次回路自阻抗；

$Z_{12}=Z_{21}=-\mathrm{j}\omega M$ ，称为两个回路的互阻抗。

自阻抗总取正值，互阻抗的正、负则由两个回路电流的参考方向所决定。若两个电流的参考方向都是从同名端流入互感线圈，则互阻抗取正号，否则取负号。图 6-4-1 中的两个电流是从异名端流入互感线圈的，所以，互阻抗取负号。

6.4.2 空心变压器的计算

解式(6-4-3)与式(6-4-4)可得

$$\dot{I}_1=\frac{Z_{22}\dot{U}_{\mathrm{s}}}{Z_{11}Z_{22}-Z_{12}Z_{21}}=\frac{\dot{U}_1}{Z_{11}+\dfrac{\omega^2M^2}{Z_{22}}}=\frac{\dot{U}_1}{Z_{11}+Z_{1\mathrm{f}}} \tag{6-4-5}$$

$$\dot{I}_2=-\frac{Z_{21}}{Z_{22}}\dot{I}_1\cdots \tag{6-4-6}$$

由式(6-4-5)可得

$$Z_{\mathrm{i}}=\frac{\dot{U}_1}{\dot{I}_1}=Z_{11}+\frac{(\omega M)^2}{Z_{22}}=Z_{11}+Z_{1\mathrm{f}} \tag{6-4-7}$$

式(6-4-7)是从变压器的输入端看进去的等效复阻抗；式中 $\dfrac{(\omega M)^2}{Z_{22}}$ 反映了二次回路对一次回路的影响，所以称为二次回路反射到一次回路的反射阻抗，用 $Z_{1\mathrm{f}}$ 表示，即

$$Z_{1\mathrm{f}}=\frac{(\omega M)^2}{Z_{22}} \tag{6-4-8}$$

反射阻抗 $Z_{1\mathrm{f}}$ 的性质与 Z_{22} 相反，即若二次回路为感性(容性)阻抗，反射到一次回路的阻抗将变为容性(感性)。

由上面推导的式(6-4-7)，可得空心变压器的一次侧等效回路如图 6-4-2 所示。

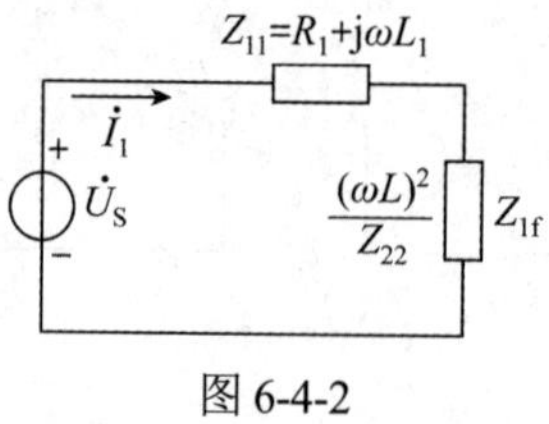

图 6-4-2

通过戴维南定理求解，还可以做出空心变压器的二次侧等效电路。令空心变压器的二次侧开路，此时

$$\dot{I}_2=0$$

$$\dot{I}_1=\frac{\dot{U}_1}{R_1+\mathrm{j}\omega L_1}=\frac{\dot{U}_1}{Z_{11}}$$

所以次级的开路电压为

$$\dot{U}_2 = \mathrm{j}\omega M \dot{I}_1 = \mathrm{j}\omega M \frac{\dot{U}_1}{Z_{11}}$$

将初级电源$\dot{U}_1$处短路，将初级回路的阻抗等效到次级，得次级的等效复阻抗为

$$Z_o = R_2 + \mathrm{j}\omega L_2 + \frac{(\omega M)^2}{Z_{11}} = Z_{22} + Z_{2\mathrm{f}} \tag{6-4-9}$$

式中：$Z_{11} = R_1 + \mathrm{j}\omega L_1$，是初级回路的复阻抗；$\dfrac{(\omega M)^2}{Z_{11}}$反映了初级回路对次级回路的影响，称为初级回路对次级回路的反射阻抗，用$Z_{2\mathrm{f}}$表示，即

$$Z_{2\mathrm{f}} = \frac{(\omega M)^2}{Z_{11}} \tag{6-4-10}$$

由式(6-4-9)得空心变压器的次级等效电路如图 6-4-3 所示。

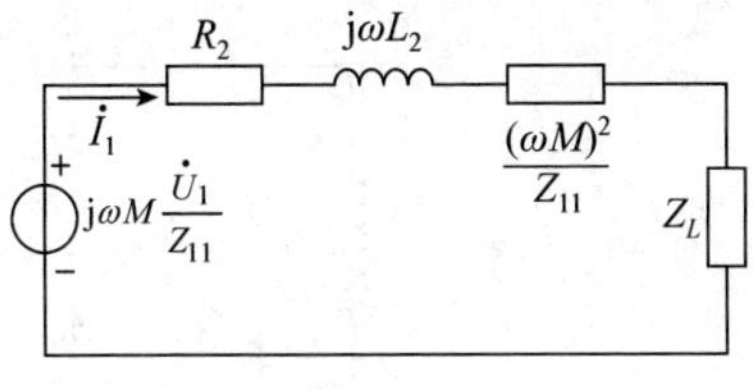

图 6-4-3

通过空心变压器的初、次级等效回路，可以直接计算初级或次级的电流，然后通过式(6-4-4)计算另一个电流，使电路的计算变得直观简化。

例 6.4.1 电路如图 6-4-1 所示，已知空心变压器参数$R_1 = 20\Omega$，$L_1 = 5\mathrm{H}$，$R_2 = 2\Omega$，$L_2 = 1\mathrm{H}$，$M = 2\mathrm{H}$，负载$Z_\mathrm{L} = R_\mathrm{L} = 30\Omega$，外加电压$u_1 = 110\sqrt{2}\sin 10t\ \mathrm{V}$，求次级电流$i_2$及变压器的效率$\eta$。

解：

$$\dot{U}_1 = 110\angle 0^\circ\ \mathrm{V}$$

$$Z_{11} = R_1 + \mathrm{j}\omega L_1 = (20 + \mathrm{j}50)\Omega$$

根据图 6-4-3 所示次级等效电路，求得

$$\dot{I}_2 = \frac{\mathrm{j}\omega M \dfrac{\dot{U}_1}{Z_{11}}}{R_2 + \mathrm{j}\omega L_2 + \dfrac{(\omega M)^2}{Z_{11}} + R_\mathrm{L}} = 1.17\angle 16.7^\circ\ \mathrm{A}$$

$$i_2 = 1.17\sqrt{2}\sin(10t + 16.7^\circ)\mathrm{A}$$

利用图 6-4-2 所示的初级等效电路求得

$$Z_{22} = R_2 + \mathrm{j}\omega L_2 + R_\mathrm{L} = (32 + \mathrm{j}10)\,\Omega$$

$$\dot{I}_1 = \frac{\dot{U}_1}{R_1 + \mathrm{j}\omega L_1 + \dfrac{(\omega M)^2}{Z_{22}}} = 1.962\angle -55.9^\circ \mathrm{A}$$

负载 R_L 吸收的功率为

$$P_2 = I_2^2 R_L = 1.17^2 \times 30\mathrm{W} = 41.07\mathrm{W}$$

电源提供的功率为

$$P_1 = U_1 I_1 \cos\varphi_1 = 110 \times 1.962 \cos 55.9^\circ \mathrm{W} = 120.85\mathrm{W}$$

所以变压器的效率为

$$\eta = \frac{P_2}{P_1} = \frac{41.067}{120.85} = 0.33998 = 33.98\%$$

例 6.4.2 空心变压器如图 6-4-4，电路次级短路，已知 L_1= 0.6H，L_2= 0.9H，M = 0.3H，求 ab 端的等效电感 L。

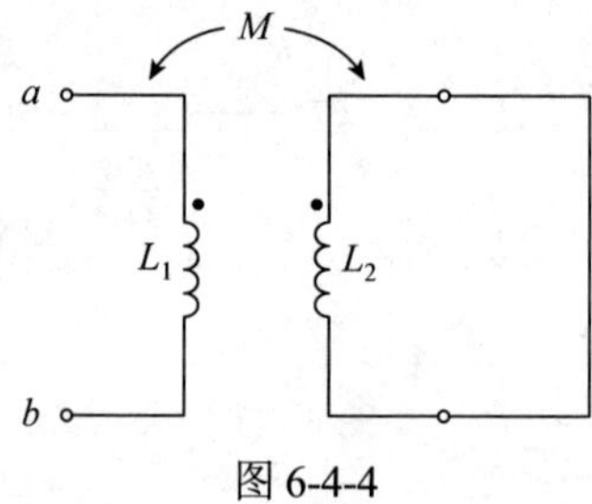

图 6-4-4

解：做初级等效电路，得初级等效复阻抗为

$$Z = \mathrm{j}\omega L_1 + Z_{1f} = \mathrm{j}\omega L_1 + \frac{(\omega M)^2}{Z_{22}} = \mathrm{j}\omega L_1 + \frac{(\omega M)^2}{\mathrm{j}\omega L_2}$$

$$= \mathrm{j}\omega L_1 + \frac{\omega M^2}{\mathrm{j}L_2} = \mathrm{j}\omega\left(L_1 - \frac{M^2}{L_2}\right) = \mathrm{j}\omega L$$

所以等效电感为

$$L = L_1 - \frac{M^2}{L_2} = \left(0.6 - \frac{0.3}{0.9}\right)^2 \mathrm{H} = 0.5\mathrm{H}$$

同步训练

1. 电路如图 6-4-5 所示，试画出初级等效电路并写出反射阻抗及两个电流的计算式。

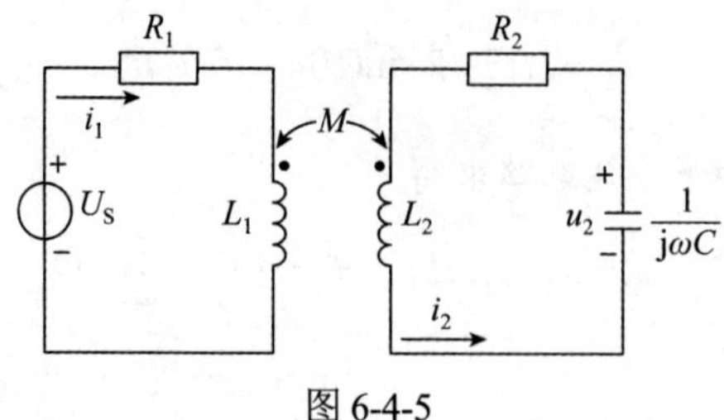

图 6-4-5

6.5 理想变压器

本课任务

1. 理解理想变压器的概念和特点。
2. 掌握理想变压器电路的分析计算方法。
3. 熟练掌握变比和阻抗匹配公式及应用。

实例链接

变压器是电力系统的主要设备之一，从发电到用户之间要经过若干次改变输电电压，即经过若干个变压器，如升压变压器、降压变压器、配电变压器等，根据所连接的电网电压级别的不同，变压器的等级也分成若干个级别。用户与电源之间的匹配还需要选择相应的变压器。总之，变压器的分析计算对输变电和用电都有着十分重要的意义。

任务实施

6.5.1 理想变压器的概念

变压器是一种通过磁路传递电能或电信号的磁耦合器件，它主要由铁心和绕在铁心上的线圈两部分组成。一个单相变压器一般由两个或两个以上的线圈组成，与电源相连接的线圈称为一次侧线圈或一次侧绕组，与负载相连的线圈称为二次侧线圈或二次侧绕组，变压器不仅可以变换电压，还经常用来实现两部分电路的阻抗匹配，因此在电工、电子技术中有着广泛的应用。

实际变压器存在能量损失，电路模型较复杂，计算较烦琐。而**理想变压器**则是既没有磁路能量损失也没有电路功率损失，是实现无损耗传递能量的一种理想器件。

图 6-5-1 为一个理想变压器的示意图和电路图。

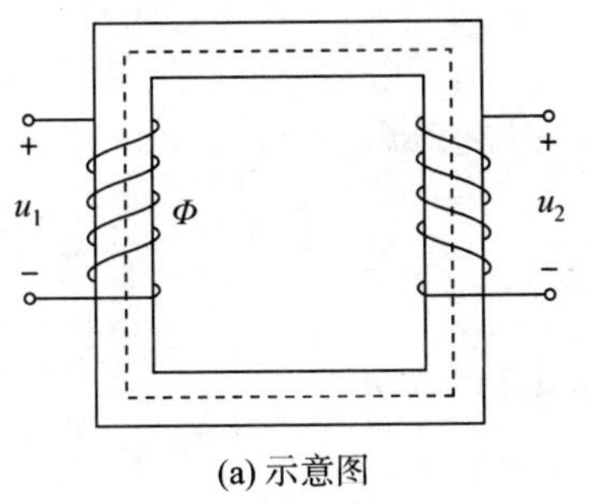

(a) 示意图

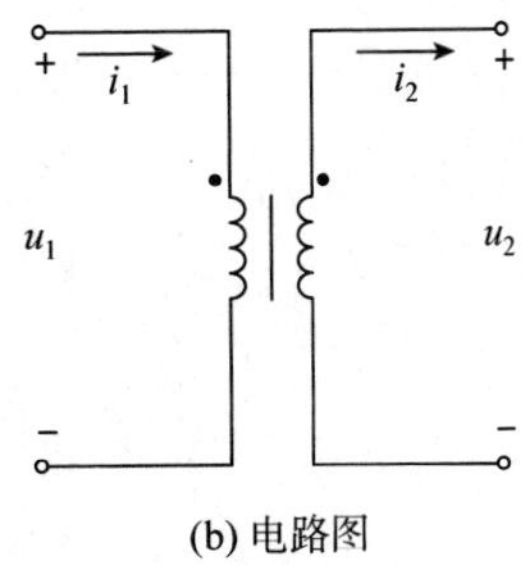

(b) 电路图

图 6-5-1

6.5.2 交流铁心线圈上电压与磁通的关系

交流铁心线圈是变压器基础，掌握线圈中各参数间的关系，对于更好地学习和掌握其他元器件的有关知识有着非常重要的意义。

图 6-5-2 所示为一交流铁心线圈，外加变化的电压时，磁通也随之变化，二者的关系由电磁感应定律来确定，公式为

$$u = N\frac{\mathrm{d}\Phi}{\mathrm{d}t}$$

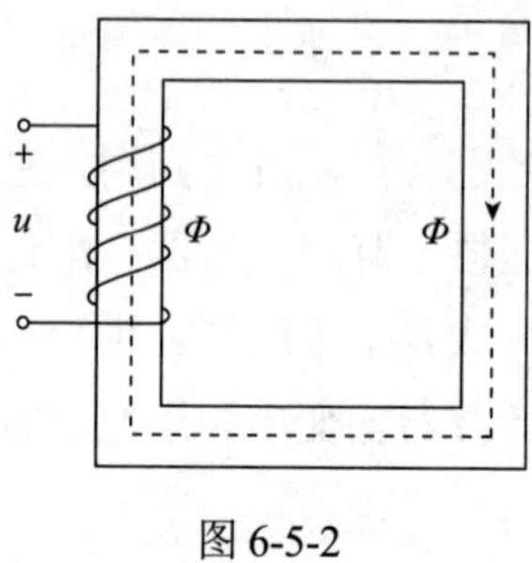

图 6-5-2

由上式知

$$\Phi = \frac{1}{N}\int u\mathrm{d}t$$

可见，当电压按正弦规律变化时，磁通也按正弦规律变化。为计算方便，设磁通的表达式为

$$\Phi = \Phi_{\mathrm{m}}\sin\omega t$$

则

$$u = N\frac{\mathrm{d}\Phi}{\mathrm{d}t} = N\Phi_{\mathrm{m}}\omega\cos\omega t = U_{\mathrm{m}}\sin\left(\omega t + \frac{\pi}{2}\right)$$

式中

$$U_{\mathrm{m}} = N\Phi_{\mathrm{m}}\omega = N\Phi_{\mathrm{m}}2\pi f$$

两边除以$\sqrt{2}$，得

$$U = \frac{N\Phi_{\mathrm{m}}2\pi f}{\sqrt{2}} = 4.44\,fN\Phi_{\mathrm{m}}$$

即

$$U = 4.44\,fN\Phi_{\mathrm{m}} \tag{6-5-1}$$

式中：U 的单位为V，f 的单位为Hz，Φ_m 的单位为Wb。

式(6-5-1)是线圈端电压的有效值与铁心中磁通最大值的关系式，此式表明，线圈匝数及电源频率一定时，线圈电压的有效值改变，则磁通的最大值就随之而变。当电压按正弦规律变化时，磁通也按正弦规律变化。在相位关系上，端电压越前于磁通90°。

6.5.3 理想变压器的电压变换

由于变压器的一次侧、二次侧绕组都绕在同一个铁心上，因此，一次侧、二次侧电压的有效值与铁心磁通最大值的关系都由公式 $U = 4.44fN\Phi_m$ 确定，U_1 的变化引起 Φ_m 的变化，Φ_m 的变化引起 U_2 的变化，使 U_2 随 U_1 的变化而变化，起到变换电压的作用。

设一次侧、二次侧线圈的匝数分别为 N_1 和 N_2。铁心中的磁通为

$$\Phi = \Phi_m \sin\omega t$$

选定参考极性如图6-5-1(b)所示，则有关系式：

$$U_1 = 4.44fN_1\Phi_m$$

$$U_2 = 4.44fN_2\Phi_m$$

由此可得

$$\frac{U_1}{U_2} = \frac{N_1}{N_2} = n \tag{6-5-2}$$

式中：$n = \frac{N_1}{N_2}$，称为变压器的变换系数或变压比，简称变比。

由式(6-5-2)可知：初、次级绕组的端电压与它们的匝数成正比。

当 $n > 1$ 时，$U_1 > U_2$，这种变压器称为降压变压器；

当 $n < 1$ 时，$U_1 < U_2$，这种变压器称为升压变压器。

还有一些专用变压器，其变比 $n = 1$，如铁路信号专业用的隔离变压器。

由公式

$$u_1 = N_1\frac{\mathrm{d}\Phi}{\mathrm{d}t}$$

$$u_2 = N_2\frac{\mathrm{d}\Phi}{\mathrm{d}t}$$

$$\frac{u_1}{u_2} = \frac{N_1}{N_2} = n$$

可知，在图6-5-1所示的参考方向下，两个正弦量 u_1 与 u_2 的相位相同。

6.5.4 理想变压器的电流变换

理想变压器初、次级电压同相，初、次级电流也同相，因此，一次侧、二次侧的功率因数角相同，$\cos\Phi_1 = \cos\Phi_2$。由于没有功率损耗，所以一次侧、二次侧绕组的有功功率相等。

即

$$U_1I_1\cos\Phi_1 = U_2I_2\cos\Phi_2$$
$$U_1I_1 = U_2I_2$$

所以

$$\frac{I_1}{I_2} = \frac{U_2}{U_1} = \frac{N_2}{N_1} = \frac{1}{n} \tag{6-5-3}$$

由式(6-5-3)可知：一次侧绕组电流 I_1 和二次侧绕组电流 I_2，与它们的端电压成反比，与其匝数也成反比。因而，高压端的电流小，导线细；低压端的电流大，导线粗。

6.5.5 理想变压器的阻抗变换

图 6-5-3 所示的电路中，在已给电压、电流的参考方向下，有

$$Z_L = \frac{\dot{U}_2}{\dot{I}_2}$$
$$\dot{U}_1 = n\dot{U}$$
$$\dot{I}_1 = \frac{1}{n}\dot{I}_2$$

从初级绕组两端看进去的输入阻抗为

$$Z_{ab} = \frac{\dot{U}_1}{\dot{I}_1} = \frac{n\dot{U}_2}{\frac{1}{n}\dot{I}_2} = n^2 Z_L \tag{6-5-4}$$

可见，负载阻抗 Z_L 反映到初级绕组边应乘以 n^2 倍。还可以证明，初级电路的阻抗反映到次级需除以 n^2，这就是理想变压器的阻抗变换作用。

理想变压器在阻抗变换中，只改变阻抗的大小，而不改变阻抗角。

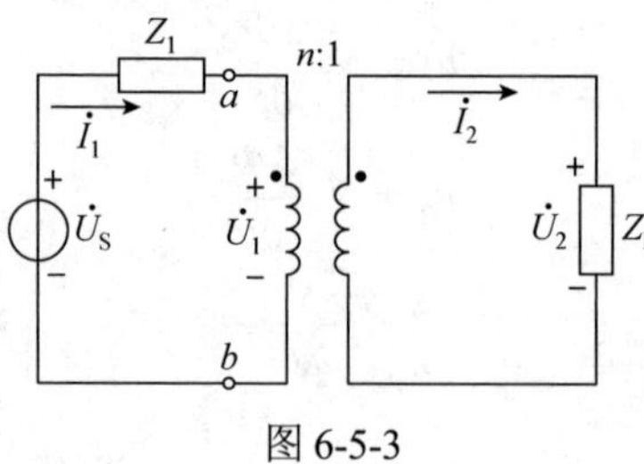

图 6-5-3

例 6.5.1 有一理想变压器初级绕组接在 220V 电压上，测得次级绕组的端电压为 11V，初级绕组的匝数为 3000 匝。完成：

(1) 求变压器的变压比和次级绕组的匝数；

(2) 若 I_1=0.2A，负载为纯电阻，则负载功率 P_L 为多少？

解：(1) 已知 U_1=220V，U_2=11V，N_1=3000 匝，由公式 $\frac{U_1}{U_2}=\frac{N_1}{N_2}=n$，可得

$$n=\frac{U_1}{U_2}=20$$

$$N_2=N_1\frac{U_2}{U_1}=3000\times\frac{11}{220}\text{匝}=150\text{匝}$$

(2) 因为

$$\frac{I_2}{I_1}=n$$

$$I_2=n\times I_1=20\times 0.2\text{A}=4\text{A}$$

故得

$$P_L=U_2\times I_2=11\times 4\text{W}=44\text{W}$$

例 6.5.2　某晶体管收音机的输出电阻为 100Ω，但扬声器的阻抗为 4Ω，为获得阻抗匹配，输出变压器的变比应是多少？若变压器初级绕组匝数为 N_1=450 匝，次能绕组匝数 N_2 应为多少？

解：设输出变压器的变比为 n，则由 $Z_i=n^2Z_\text{L}$，可知

$$n=\sqrt{\frac{Z_\text{i}}{Z_\text{L}}}=\sqrt{\frac{100}{4}}=5$$

$$n=\frac{N_1}{N_2}$$

故得

$$N_2=\frac{N_1}{n}=\frac{450}{5}\text{匝}=90\text{匝}$$

应用与实践

一所学校的入户变压器为 10kV，学校的用电平均负荷为 420kW，电压为 220V，如果负载的功率因数按国家标准达到 0.85，则此变压器的容量最少需要多大？变压比是多少？如果功率因数提高到 0.95，则变压器的容量最少需要多大？

同步训练

1. 一个理想变压器的初级电压为 36V，初级阻抗为 72Ω，次级阻抗为 2Ω，要使阻抗匹配，则变比应为多少？次级输出的电压为多少？输出的功率为多少？

2. 一个晶体管收音机输出电阻为 64Ω，扬声器的阻抗为 4Ω，要使扬声器获得的功率最大，变压器的变比应为多少？若一次侧匝数是 300 匝，则二次侧匝数应为多少？如果一次侧匝数不变，改用 8Ω 的扬声器，则二次侧匝数应为多少？

3. 一个理想变压器电路如图 6-5-4 所示。求解：

(1) 若已达到阻抗匹配，则 Z_1 为多大？

(2) I_1、I_2 及 P_L 各是多少？

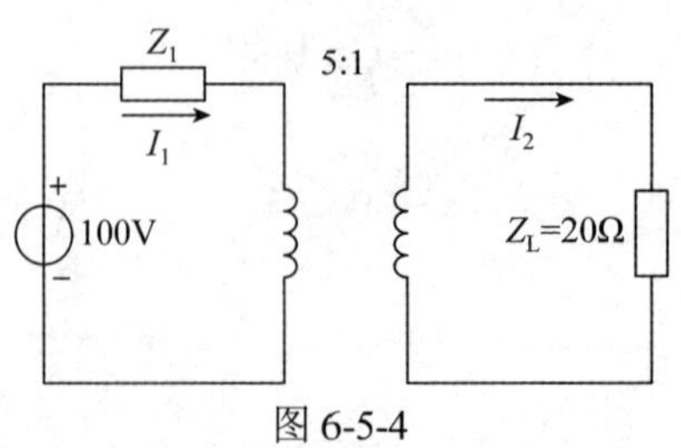

图 6-5-4

实验 10 互感电路测量及同名端判断

1. 实验目的

(1) 学会互感电路同名端、互感系数以及耦合系数的测定方法。

(2) 理解两个线圈相对位置的改变，以及用不同材料做线圈芯时对互感的影响。

2. 原理说明

1) 判断互感线圈同名端的方法

(1) 直流法。如图 S10-1 所示，当开关 S 闭合瞬间若毫安表的指针正偏，则可断定 1、3 为同名端；指针反偏，则 1、4 为同名端。

(2) 交流法。如图 S10-2 所示，将两个绕组 N_1 和 N_2 的任意两端(如 2、4 端)连在一起，在其中的一个绕组(如 N_1)两端加一个低电压，另一绕组(如 N_2)开路，用交流电压表分别测出端电压 U_{13}、U_{12} 和 U_{34}。若 U_{13} 是两个绕组端电压之差，则 1、3 是同名端；若 U_{13} 是两绕组的端电压之和，则 1、4 是同名端。

2) 两线圈互感系数 M 的测定

在图 S10-2 中的 N_1 侧施加低压交流电压 U_1，测出 I_1 及开路电压 U_{2o}。根据互感电动势 $E_{2m} \approx U_{2o} = \omega M I_1$，可算得互感系数为

$$M = \frac{U_{2o}}{\omega I_1}$$

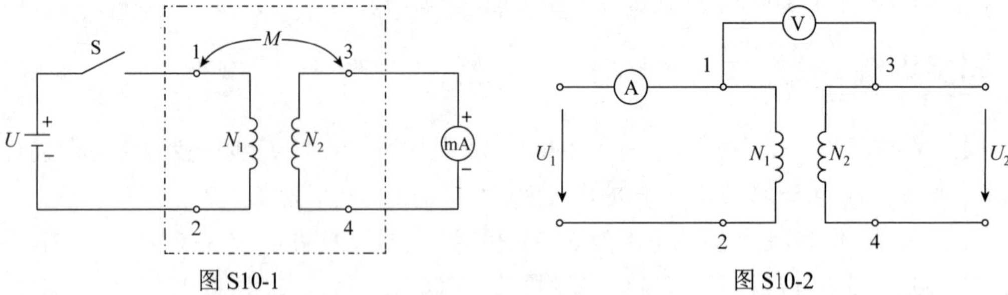

图 S10-1　　图 S10-2

3) 耦合系数 K 的测定

两个互感线圈耦合松紧的程度可用耦合系数 K 来表示，$K=\dfrac{M}{\sqrt{L_1L_2}}$。如图 S10-2，先在 N_1 侧加低压交流电压 U_1，测出 N_2 开路时的电流 I_1；然后再在 N_2 侧加电压 U_2，测出 N_1 侧开路时的电流 I_2，由公式 $U_1=\omega L_1I_1$ 及 $U_2=\omega L_2I_2$，求出各自的自感 L_1 和 L_2，即可算得 K 值。

3. 实验设备

序　号	名　称	参数要求	数　量	单　位
1	数字直流电压表	0～200V	1	块
2	数字直流电流表	0～200mA	2	块
3	交流电压表	0～450V	1	块
4	交流电流表	0～5A	1	块
5	直流稳压电源	0～30V	1	
6	单相自耦调压器	0～250V	1	台
7	单相变压器	360V/220V	1	台
8	圆柱型空心互感线圈	大线圈内经 5cm，高 12cm，小线圈外经 4.5cm，高 12cm，饱和电流～10A	1	套
9	电阻器	30Ω/8W，510Ω/2W	各 1	个
10	发光二极管	红或绿，工作电流 5～20mA	各 1	个
11	粗铁棒、细铁棒、铝棒	粗铁棒直径 2cm，细铁棒直经 1cm，铝棒直经 2cm，三个棒高都是 12cm	各 1	个

4. 实验内容

1) 互感线圈同名端判断

(1) 直流法。按图 S10-3 连接电路，将两线圈套在一起并给四个端子编号 1、2 和 3、4 电源电压，U 取 6V，线圈 N_1 接量程为 5A 的电流表。接入 30Ω 电阻作为限流保护电阻，N_2 接毫安表，量程取 20mA，则可按如下三种方法判断同名端：

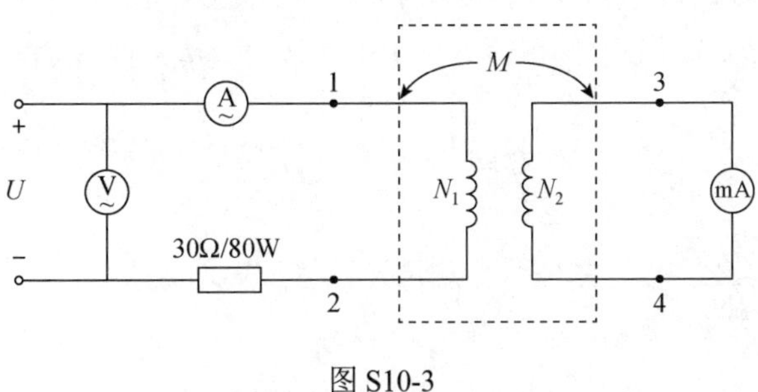

图 S10-3

① 将铁棒突然插入套在一起的线圈，若毫安表瞬间读数为正，则说明 1、3 为同名端，若毫安表读数为负，则 1、4 为同名端。

② 突然接入电源，若毫安表瞬间读数为正，则 1、3 为同端，若毫安表读数为负，则 1、4 为同名端。

(也可用突然切断电源的方法，同学们自己思考)

③ 突然将电源电压增大(可通过调节稳压电源的输出细调实现)，最大不能超过 10V，若毫安表读数为正，则 1、3 为同名端，否则 1、4 为同名端。

(2) 交流法。按图 S10-4 接线，由于加在 N_1 上的电压仅为 3V，直接由屏内调压器很难调节，因此采用图示的电路扩展调压器的调节范围，图中W、N 为主屏上的自耦调压器的输出端，B 原为升压变压器，此处当作降压变压器用，将 N_2 放入 N_1 中，并在两线圈中插入铁棒，电流表选量程 5A 的交流数字表。N_2 侧开路，接通电源前，先将自耦调压器调到零位(反时针旋到头)，然后用交流电压表的 30V 挡位检查降压器的输出电压 U_{12} 使该电压等于 3V(然后在实验过程中再不要动自耦调压器)，将 2、4 用导线连接，分别测出 U_{13}、U_{12} 和 U_{34}。

若 $U_{13}=U_{12}+U_{34}$ 则 1、4 为同名端，若 U_{13} 等于 U_{12} 和 U_{34} 之差，则 1，3 为同名端(也可不连 2、4，将 2、3 相连，测量 U_{12}、U_{34}、U_{14} 判断同名端)将测量结果填入表 S10-1。

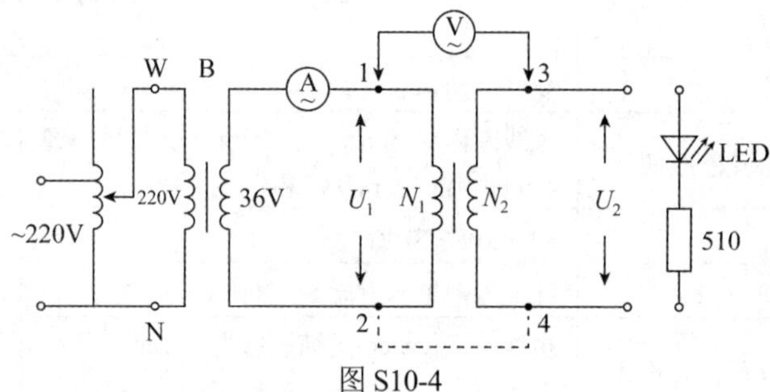

图 S10-4

2) 测量互感 M

将图 S10-4 中 2、4 端连接拆除，测出 U_1、I_1、U_2，由公式 $M=\dfrac{U_2}{\omega I_1}=\dfrac{U_2}{314 I_1}$ 求出 M 值，并将数值记入表 S10-2 中。

3) 测耦合系数 K

在 N_1 上加交流电压 $U_1=3\text{V}$，使 N_2 开路测出 N_1 侧电流 I_1，然后再在 N_2 侧加交流电压 $U_2=3\text{V}$，使 N_1 开路，测出 N_2 侧电流 N_1，由公式 $U_1=\omega L_1 I_1$、$U_2=\omega L_2 I_2$ 分别求出：

$$L_1=\frac{U_1}{\omega I_1}\qquad L_2=\frac{U_2}{\omega I_2}$$

再由公式 $K=\dfrac{M}{\sqrt{L_1 L_2}}$ 求出 K 值。将测量及计算结果填入表 S10-3。

表 S10-1　互感线圈的同名端测定

单位：V

2、4 相连	U_{12}	U_{34}	U_{13}	结　论
2、3 相连	U_{12}	U_{34}	U_{14}	结　论

表 S10-2　互感线圈的互感测量

测　量　值			计 算 结 果
U_1/V	I_2/A	U_2/V	M/mH
3			

表 S10-3　互感线圈的互感系数测量

测　量　值				计 算 结 果		
N_2 开路时		N_1 开路时		$M=$　　　　mH		
U_1/V	I_1/A	U_2/V	I_2/A	L_1/mH	L_2/mH	$K=\dfrac{M}{\sqrt{L_1L_2}}$
3		3				

5. 实验注意事项

(1) 整个实验过程中，注意流过线圈 N_1 的电流不得超过 1.4A，流过线圈 N_2 的电流不得超过 1A。

(2) 测定同名端及其他测量数据的实验中，都应将小线圈 N_2 套在 N_1 中，并插入铁心。

(3) 做交流实验前，首先要检查自耦调压器，保证其手柄置在零位。因实验时加在 N_1 上的电压只有 2～3V，因此，调节时要特别仔细小心，要随时观察电流表的读数，不得超过规定值。

6. 预习思考题

(1) 用直流法判断同名端时，可否根据开关 S 的断开瞬间毫安表指针的正、反来判断同名端？如何判断？

(2) 本实验用直流法判断同名端是用插、拔铁心时观察电流表的正、负读数变化来确定的，应如何确定？这与实验原理中所叙述的方法是否一致？

7. 实验报告

(1) 对测量数据进行认真计算，将计算数据填入相应的表格中。

(2) 总结对互感线圈同名端、互感系数的实验测试方法。

实验 11　单相铁心变压器特性的测试

1. 实验目的

(1) 了解变压器的连接及调试方法。

(2) 通过测量，计算变压器的各项参数。

(3) 学会测量变压器的空载特性与外特性。

2. 原理说明

(1) 图 S11-1 所示为测试变压器参数的电路。由各仪表读得变压器一次侧(初级)(AX，低压侧)的 U_1、I_1，二次侧(次级)(ax，高压侧)的 U_2、I_2，并用万用表 $R\times1$ 挡分别测出一次绕组、二次绕组的电阻 R_1、R_2，即可算得变压器的以下各项参数值：

电压比 $K_U=\dfrac{U_1}{U_2}$　　　　电流比 $K_I=\dfrac{I_2}{I_1}$

一次阻抗 $Z_1=\dfrac{U_1}{I_1}$　　　　二次阻抗 $Z_2=\dfrac{U_2}{I_2}$

一次线圈铜耗 $P_{C_u1}=I^2{}_1R_1$　　　　二次铜耗 $P_{C_u2}=I^2{}_2R_2$

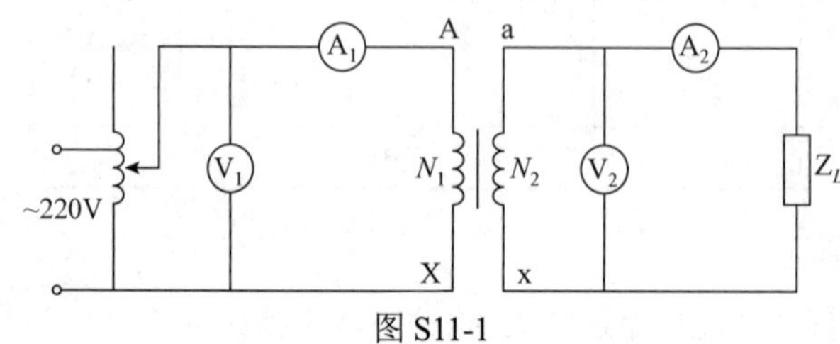

图 S11-1

(2) 铁心变压器是一个非线性元件，铁心中的磁感应强度 B 决定于外加电压的有效值 U。当二次侧开路(即空载)时，励磁电流 I_{10} 与磁场强度 H 成正比。在变压器中，二次侧空载时，一次侧电压与电流的关系称为变压器的**空载特性**。

空载实验通常是将高压侧开路，由低压侧通电进行测量，又因为空载时功率因数很低，故测量功率时应采用低功率因数瓦特表。此外因变压器空载时阻抗很大，故电压表应接在电流表外侧。

(3) 变压器外特性测试。为了满足三组白炽灯负载额定电压为 220 V 的要求，故以变压器的低压(36 V)绕组作为一次侧，220 V 的高压绕组作为二次侧，即当作一台升压变压器使用。

在保持一次电压 $U_1(=36\text{V})$ 不变时，逐次增加白炽灯负载(每只白炽灯为 15W)，测定 U_1、U_2、I_1 和 I_2，即可绘出变压器的**外特性曲线**，即负**载特性曲线** $U_2=f(I_2)$。

3. 实验设备

序　号	名　称	参数要求	数　量	单　位
1	交流电压表	0～450V	2	块
2	交流电流表	0～5A	1	块
3	试验变压器	220V/36，50V・A	1	台
4	自耦调压器	0～250V，0.5kV・A	1	台
5	单相功率表	0～300W	1	块
6	白炽灯	220V，15W	1	个

4. 实验内容

1) 参数测定

按图 S11-1 线路接线。其中 A、X 为变压器的低压绕组，a、x 为变压器的高压绕组。

即电源经屏内调压器接至低压绕组，高压绕组 220V 接 Z_L 即 15W 的灯组负载(三只灯泡并联)，经指导教师检查后方可实验。

取 $U_1=36\text{V}$，测出 I_1、U_2、I_2。计算电压比、电流比、一次阻抗、二次阻抗，并将测量及计算数据填入表 S11-1 中。

表 S11-1 电压电流测量的参数计算

U_1/V	U_2/ V	$K_U=\dfrac{U_1}{U_2}$	I_1/mA	I_2/ mA	$K_I=\dfrac{I_2}{I_1}$	$Z_1=\dfrac{U_1}{I_2}$/Ω	$Z_2=\dfrac{U_2}{I_2}$/Ω
36							

2) 外特性测定

将调压器手柄置于输出电压为零的位置(逆时针旋到底)，合上电源开关，调节调压器，使其输出电压为 36V。令负载由开路逐次增加(最多亮 5 只白炽灯)，分别记下各个仪表的读数，记入表 S11-2，绘制变压器外特性曲线。实验完毕将调压器调回零位，断开电源。

要注意当负载为 4 只及 5 只白炽灯时，变压器已处于超载运行状态，很容易烧坏。因此，测试和记录应当尽量快，总共不应超过 3min。实验时，可先将 5 只白炽灯并联安装好，断开控制每只白炽灯的相应开关，通电且电压调至规定值后，再逐一打开各只白炽灯的开关，并记下仪表读数。待开第 5 只白炽灯时的数据记录完毕后，立即用相应的开关断开各只白炽灯。

表 S11-2 变压器外特性测定

参 数	1	2	3	4	5	6
白炽灯/只	0	1	2	3	4	5
P_L/W	0	15	30	45	60	75
U_2/V						
I_2/mA						

3) 空载特性测定

将高压侧(二次侧)开路，确认调压器输出端处在零位后，合上电源开关，调节调压器输出电压，使 U_2 由零逐次上升到 1.2 倍的额定电压(1.2×3.6V)，分别记下各次测得的 U_1、U_{20}、I_{10} 数据，记入表 S11-3 中，用 U_1、I_{10} 绘制变压器空载特性曲线。

表 S11-3 变压器空载特性测定

参 数	1	2	3	4	5	6	7
U_1/V	0	5	10	20	30	40	43
I_{10}/mA							
U_{20}/V							

4) 输入输出功率的测定

取一个可调电阻器作为负载，按表 S11-4 的数值改可调电阻器的电阻值，测出输出端的电压、电流、功率和输入端的电压、电流、功率填入表 S11-4，比较变压器的输入功率和输出功率。

表 S11-4 变压器输入功率和输出功率的测量

参 数	1	2	3	4	5
Z_L / Ω	0	50	100	150	200
U_2 / V					

(续表)

参　数	1	2	3	4	5
I_2 / mA					
P_L / W					
U_1 / V	100	100	100	100	100
I_1 / mA					
P_i / W					
输入输出功率相对误差/%					

5. 实验注意事项

(1) 本实验是将变压器作为升压变压器使用，并用调节调压器提供一次侧电压 U_1，故使用调压器时应首先调至零位，然后才可合上电源。此外，必须用电压表监视调压器的输出电压，防止被测变压器输出过高电压而损坏实验设备，且要注意安全，以防高压触电。

(2) 由负载实验转到空载实验时，要注意及时变更仪表量程。

(3) 遇异常情况，应立即断开电源，待处理好故障后，再继续实验。

6. 预习思考题

(1) 为什么本实验将低压绕组作为一次侧进行通电实验？此时，在实验过程中应注意什么问题？

(2) 为什么变压器的励磁参数一定是在空载实验加额定电压的情况下求出？

7. 实验报告

(1) 根据实验内容，自拟数据表格，绘出变压器的外特性和空载特性曲线。

(2) 根据额定负载时测得的数据，计算变压器的各项参数。

习题

6.1　互感线圈如图 6-1 所示，试判断三个线圈同名端。

6.2　互感电路如图 6-2 所示，当用电流表测得电流 I_1=6A 时，测得输出电压 U_2=942V，已知电路的频率 f=50Hz，试求互感系数 M。

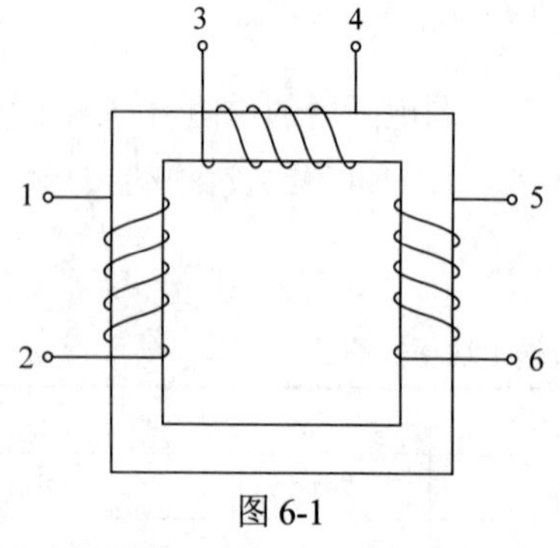

图 6-1

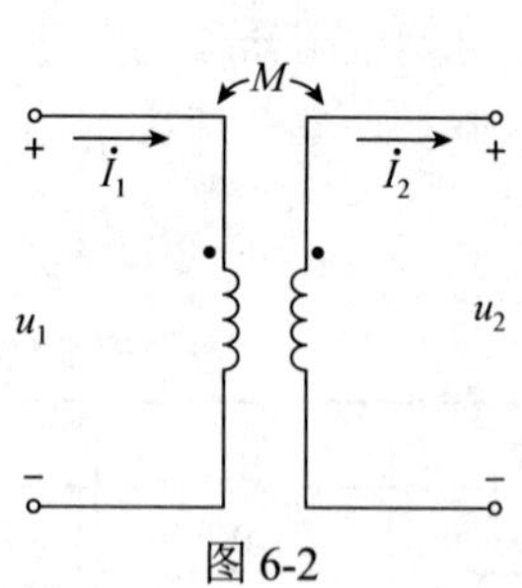

图 6-2

6.3 互感电路如图 6-3 所示，电感 L_1=0.4H，L_2=0.9H，且两者为全耦合，电容 C=40μF，R_1=10Ω，则电路的谐振角频率是多少？

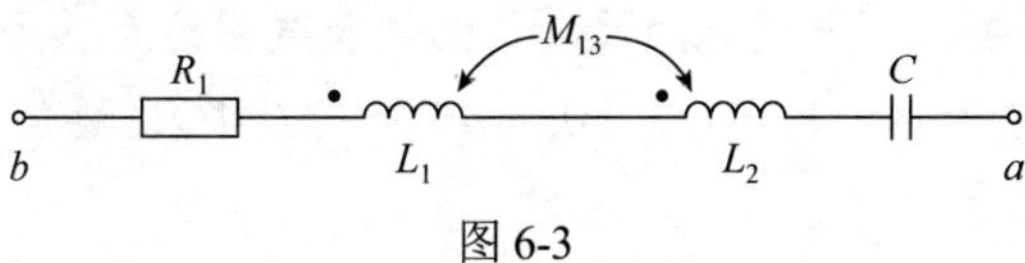

图 6-3

6.4 电路如图 6-4 所示，输入电压为 220V，电源角频率为 200rad/s，L_1=5H，L_2=9H，M=4H，试求：

(1) 等效电感是多少？

(2) 电流 I_1、I_2 各是多少？

6.5 电路如图 6-5 所示，L_1=4H，L_2=6H，M=3H，试求等效电感 L_{ab}。

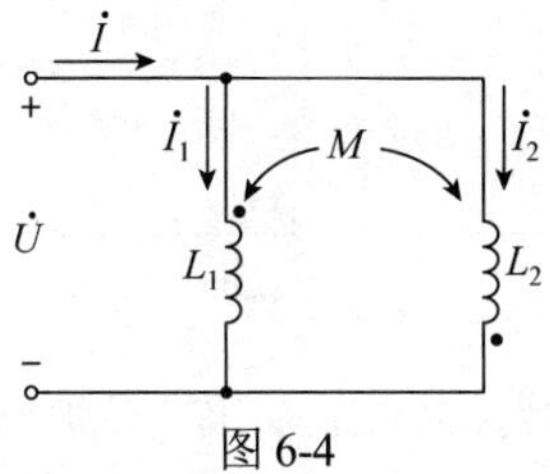

图 6-4

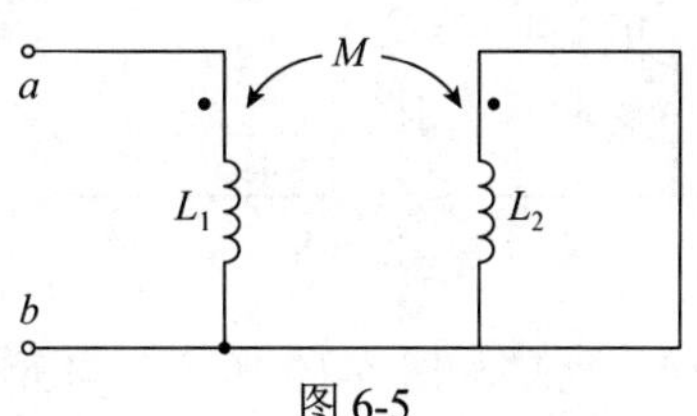

图 6-5

6.6 求图 6-6 所示电路的等效电感。

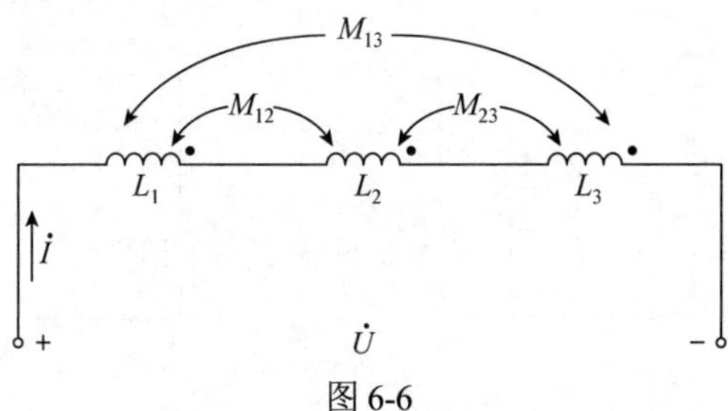

图 6-6

6.7 一台变压器，次级有两个绕组，则次级的两个绕组串联连接时有几种连接方式？其输出电压有什么不同？

6.8 电路如图 6-7 所示，试判断两块电流表是否有读数，为什么？如果将图(a)的电源换成直流电源，如图(b)所示，情况又如何？

6.9 两个电感为 L_1 和 L_2 的线圈耦合系数为1，忽略线圈电阻值，分别将它们同侧并联、异侧并联后，等效电感为多少？

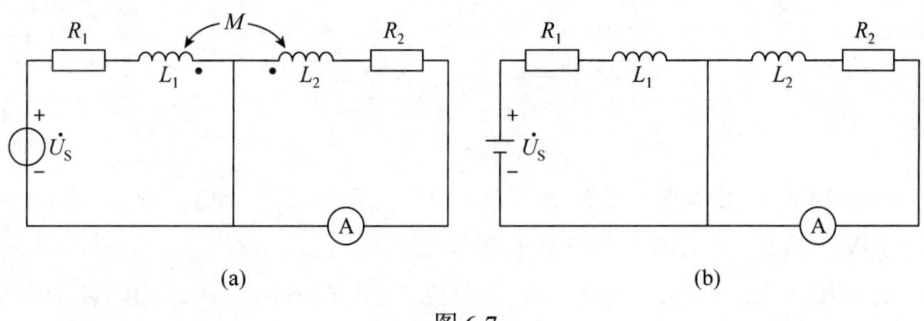

图 6-7

6.10　两个耦合线圈串联起来接至 220 V、50 Hz 的正弦电源上，得到如下结果：第一次串联，测出线路电流 I=2.5A；调换其中一个线圈两端子以后再串接，测出电路的电流为 5A。试问哪种情况为顺接，哪种情况为反接？两耦合线圈的互感为多大？

6.11　电路如图 6-8 所示，R_1=1Ω，$\omega L_1 = \omega L_2 = \omega M$=1Ω，要使负载获得最大功率，则负载阻抗 Z_L 应为多少？

6.12　上题中把负载 Z_L 断开，求此开路二端网络的戴维南等效电路。当把 Z_L 短路时，其短路电流是多少？

6.13　电路如图 6-9 所示，$L_1 = 4\text{H}$，$L_2 = 2\text{H}$，$\omega = 50\text{rad/s}$，则电容为多大时 a、b 端的输入阻抗为无穷大？

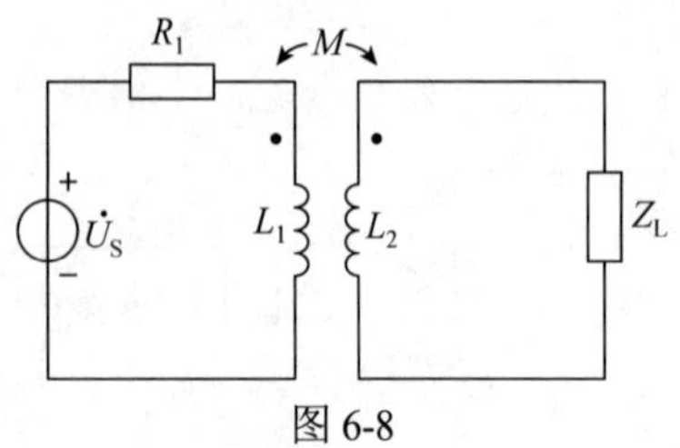

图 6-8

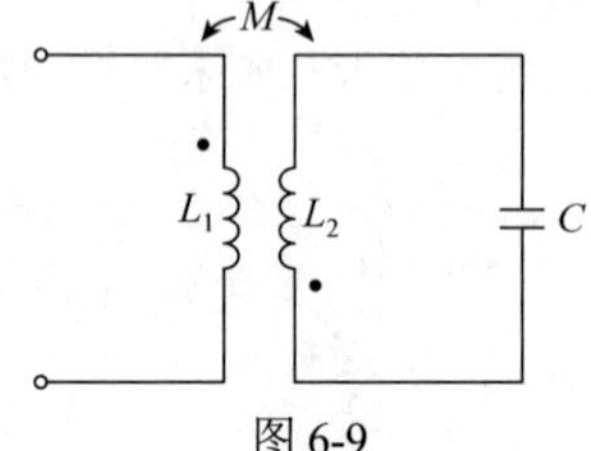

图 6-9

6.14　电路如图 6-10 所示，当开关 S 由闭合到断开时，电流表反偏，试判断互感线圈的同名端。

6.15　图 6-11 所示的电路中，$u_S = 2\sin t\text{V}$，$L_2 = L_1 = 1\text{H}$，$R = 1\Omega$，$K = 1$z，求 i_1。

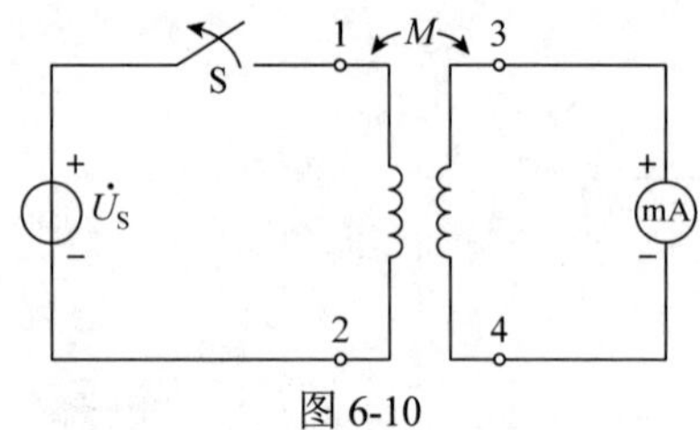

图 6-10

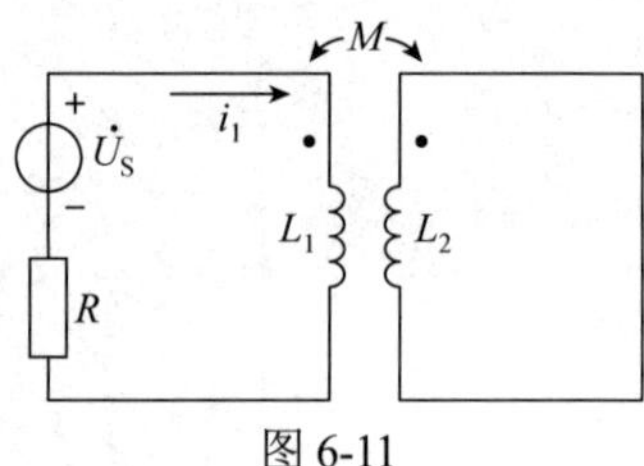

图 6-11

6.16　电路如图 6-12 所示，$u_S = 200\sin\omega t$ V，$R_1 = 8.5\Omega$，$R_2 = 10\Omega$，$R_L = 20\Omega$，$\omega L_1 = 22\Omega$，$\omega L_2 = 40\Omega$，$\omega M = 25\Omega$，求电流 i_1、i_2。

6.17　电路如图 6-13 所示，$R = 50\Omega$，$L_1 = 70\text{mH}$，$L_2 = 25\text{mH}$，$M = 25\text{mH}$，$C = 1\mu\text{F}$，ω=1000rad/s，求 a、b 端的输入阻抗 Z_{ab}。

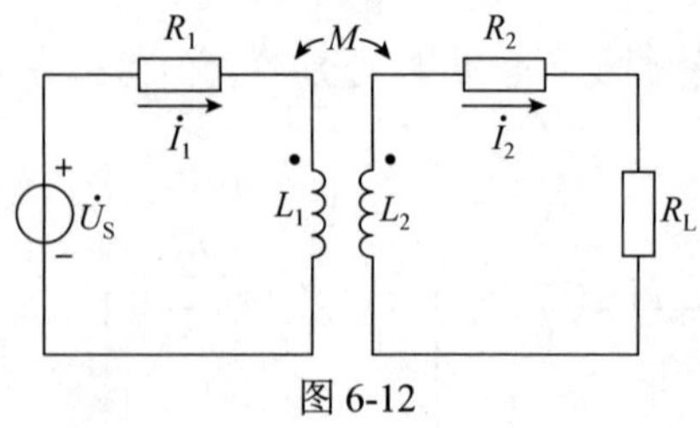

图 6-12

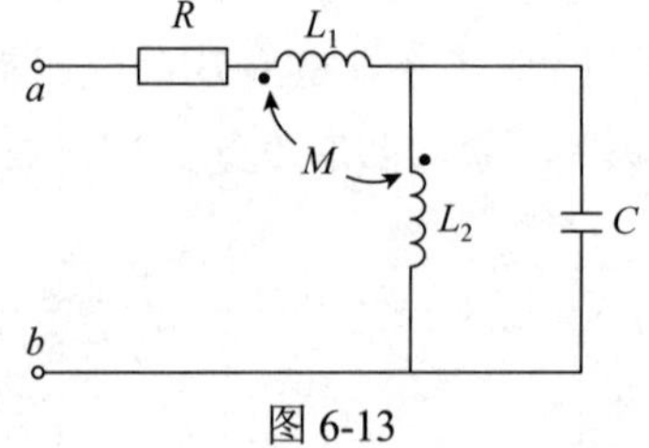

图 6-13

6.18　图 6-14 所示电路中，已知 $R_1 = R_2 = 3\Omega$，$X_{L1} = X_{L2} = 4\Omega$，$X_M = 2\Omega$，电源电压有效值 U_1=10V，求 B、Y 间的开路电压和短路电流。

6.19　已知图 6-15 中 $\omega L_1 = 10\Omega$，$\omega L_2 = 2\text{k}\Omega$，$\omega = 100\text{rad/s}$，两线圈的耦合系数 K=1，R_1=10Ω，$\dot{U}_1 = 10\angle 0^\circ \text{V}$。求：

(1) a、b 端的戴维南等效电路;

(2) a、b 间的短路电流。

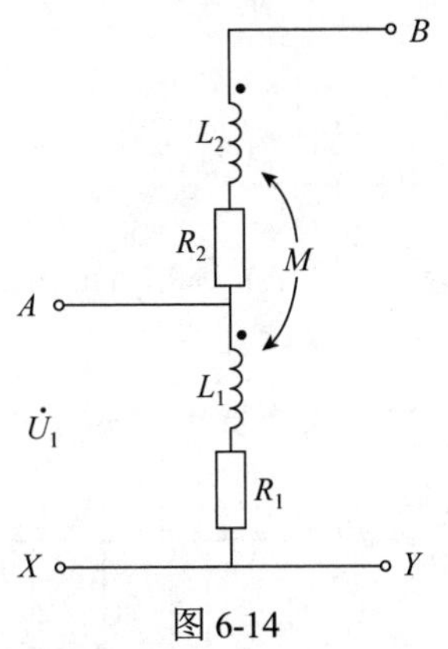

图 6-14

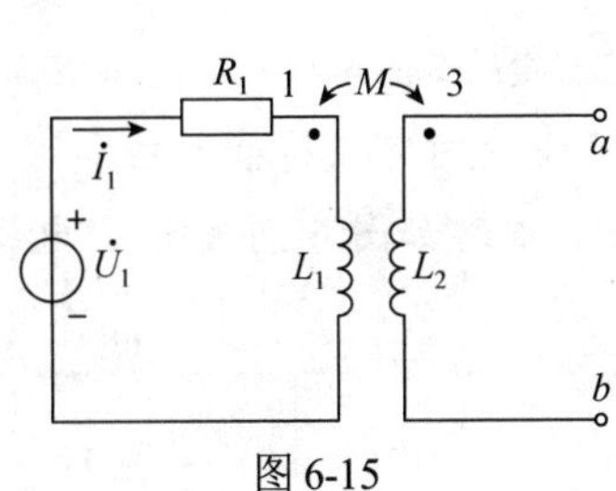

图 6-15

6.20 电路如图 6-16 所示，已知$U=5\text{V}$，$R_1=R_2=X_{L1}=X_{L2}==X_M==10\Omega$，试用戴维南定理求流过电阻 R_2 的电流 i_2。

6.21 图 6-17 所示正弦交流电路中，已知 I_2=3A，$R_1=10\Omega$，L_1=3mH，C_1=50μF，R_2=25Ω，L_2=10mH，C_2=200μF，$M=4\text{mH}$，$\omega=1000\text{rad/s}$，求 I_1 及 U_1。

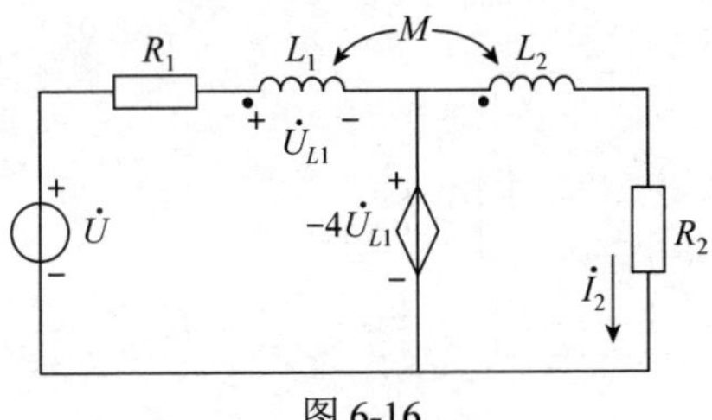

图 6-16

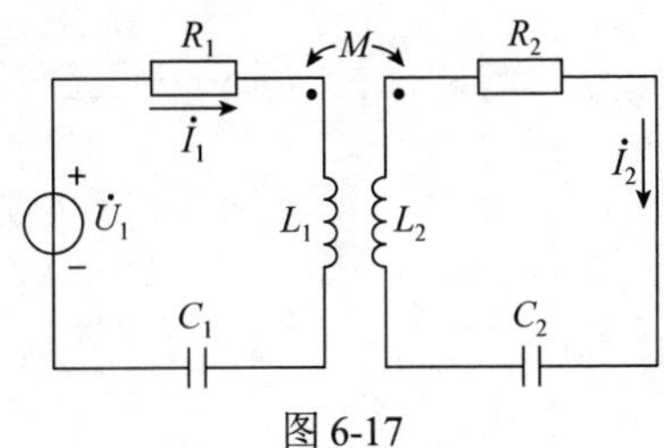

图 6-17

6.22 电路如图 6-18 所示，求两个图中 a、b 端的等效电感。

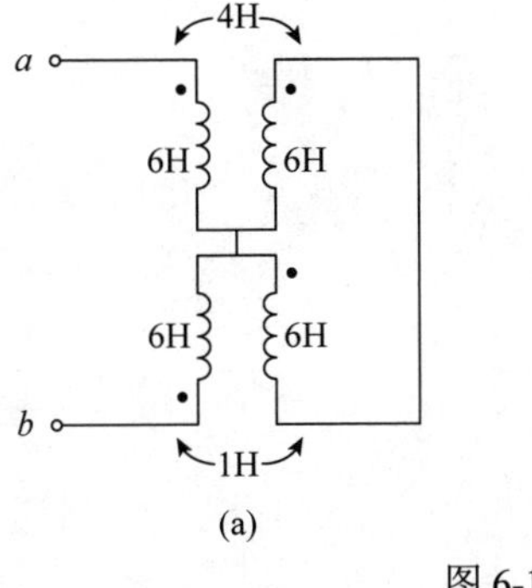

(a)

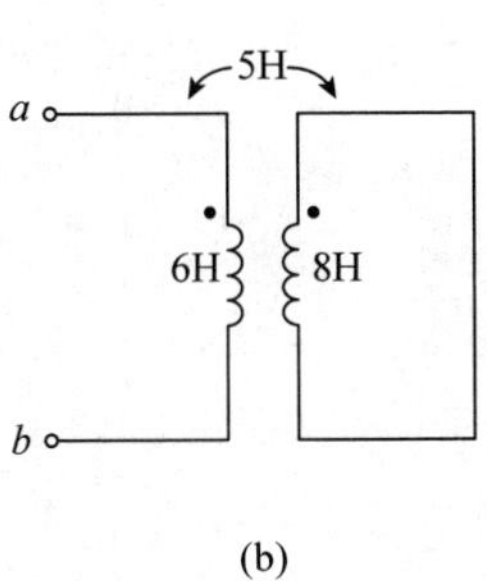

(b)

图 6-18

6.23 一个理想变压器初级电压为 220V，变比为 20，次级接入 10Ω的负载，问初、次级的电流及负载的功率各是多少？

6.24 电路如图 6-19 所示，为使 4Ω 的负载电阻获得最大功率，试确定理想变压器的变比 n，并求此时的最大功率。

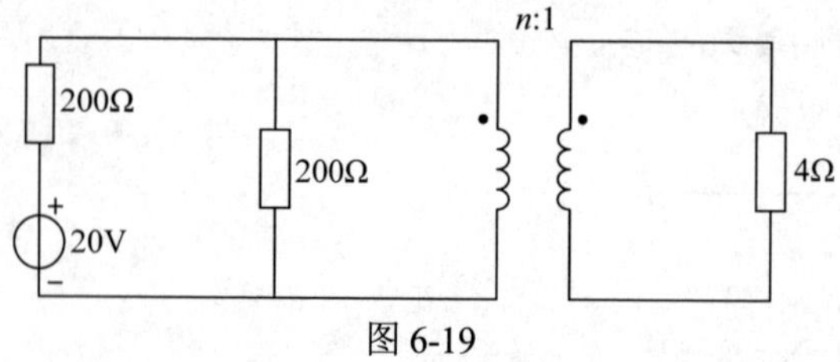

图 6-19

6.25 电路如图 6-20 所示，$R = 1000\Omega$，$L = 1\text{H}$，$C = 1\mu\text{F}$，$u_S = 100\sqrt{2}\sin(1000t + 30^\circ)$ V，问 Z_L 等于多大时可获得最大功率？求出此功率。

6.26 电路如图 6-21 所示，电源电压为 $\dot{U}_S = 220\angle 0^\circ$ V，求负载电阻两端的电压 $\dot{U}_2$。

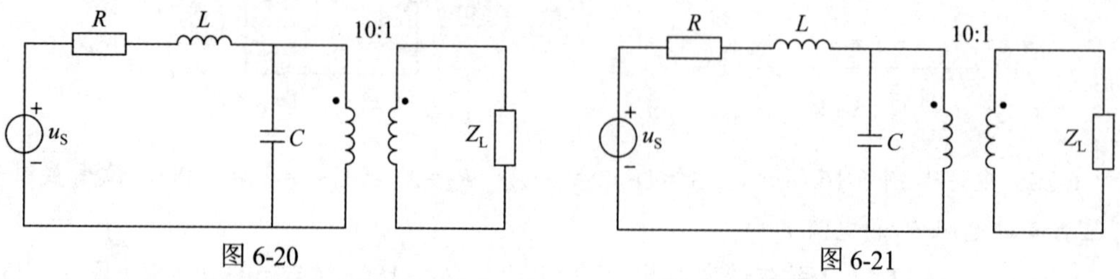

图 6-20　　图 6-21

6.27 理想变压器电路如图 6-22 所示，求入端电阻 R_{ab}。

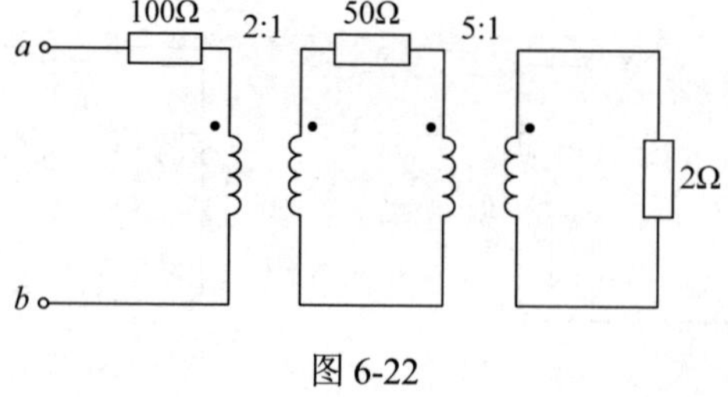

图 6-22

第7章 磁场与磁路

内容简介

1. 磁场、磁路的基本概念，磁化曲线及相关概念。
2. 安培环路定律、磁路的基尔霍夫定律、磁路欧姆定律及其应用。
3. 简单磁路的计算方法。

7.1 磁场的基本概念和基本定律

本课任务

1. 理解磁场的基本概念和基本定律，以及安培环路定律的应用。
2. 掌握简单磁路的计算方法。

实例链接

电机、变压器等许多设备的研究与计算，都涉及到磁场及磁路的基本规律，要解决电磁现象中的实际问题，就必须掌握这些规律。

任务实施

7.1.1 磁场的基本概念

1. 磁感应强度

磁感应强度是一个由实验得到的物理量。把长度为 l，通过电流为 I 的一段导体垂直于磁场的方向放入磁场中，导体受到的磁场力为 F，对一个固定的场点来说，这个力的大小与电流和导体长度之乘积的比值是一个恒量，与电流的大小及导体的长度无关，这个恒量反映了该点磁场的强弱，称为该点的**磁感应强度**，用 B 表示，计算公式为

$$B=\frac{F}{Il} \tag{7-1-1}$$

磁感应强度的单位为特[斯拉]，符号 T。工程上常用的另一个单位是高斯(不是我国的法定计量单位)，符号 Gs，该单位比特斯拉小，换算关系为

$$1\text{Gs}=10^{-4}\text{T}$$

磁感应强度的方向为磁场中该点的小磁针 N 极所指的方向。磁感应强度的大小和方向处处相等的磁场称为**均匀磁场**，均匀磁场的磁力线是均匀分布的同向平行线。

2. 磁通

磁通就是磁感应强度在一个面积上的通量，也可以形象地表示为通过某面积的磁力线总数。其大小等于磁感应强度对面积积分，用字母 $\varPhi$ 表示，计算公式为

$$\varPhi=\int_S B\text{d}S \tag{7-1-2}$$

式中：S 是要积分的面积。磁通是一个标量，没有空间方向，但是有正负，当 B 的方向与面积元 $\text{d}S$ 的方向夹角小于 90°时，$B\text{d}S$ 为正，否则为负。磁通的单位为韦[伯]，符号 Wb。工程中常用的还有另一个单位，就是麦[克斯韦]，符号 Mx，二者的换算关系为

$$\text{Mx}=10^{-8}\text{Wb}$$

有了磁通的概念，磁感应强度又可以表示为

$$B=\frac{\text{d}\varPhi}{\text{d}S} \tag{7-1-3}$$

对于均匀磁场且磁感应强度与面积垂直时，式(7-1-3)可写为

$$B=\frac{\varPhi}{S} \tag{7-1-4}$$

即：磁感应强度就是穿过单位面积上的磁通量，因此磁感应强度又称磁通密度。两者单位的关系是

$$1\text{T}=1\text{Wb/m}^2$$

3. 磁导率

不同的物质导磁能力不同，对磁场会产生不同的影响。表示物质导磁性能的物理量称为**磁导率**，又称导磁系数，用字母 μ 表示。μ 的单位为亨/米，符号 H/m。实验测得真空的导磁系数是一个常数，记为 μ_0，$\mu_0=4\pi\times10^{-7}\text{H/m}$。非铁磁物质的 $\mu\approx\mu_0$。铁磁物质的 $\mu\geqslant\mu_0$，而且是非线性的。工程上经常使用相对磁导率，符号为 μ_r，它的定义为

$$\mu_r=\frac{\mu}{\mu_0} \tag{7-1-5}$$

μ_r 无量纲，各种材料的 μ_r 可查阅电工手册。

4. 磁场强度

实验和计算证明：磁感应强度 B 的大小，不仅和产生该磁场的电流大小及载流导体的几何形状有关，还和磁场中介质的性质有关。为了便于计算，引入了磁场强度 H，H 是与

磁场中的介质无关的计算量。也就是说，对同一相对位置的某一点来说，如果磁场强度相同而磁介质不同，则磁感应强度就不同。即磁场强度是一个空间点的函数，某点磁场强度 H 与该点的磁感应强度 B 的关系用公式表示为

$$H = \frac{B}{\mu} \tag{7-1-6}$$

磁场强度 H 为矢量，即在磁场中某点的磁场强度的方向与该点的磁感应强度的方向相同。磁场强度又称磁化力。磁场强度 H 的单位为安[培]每米或安[培]每厘米，二者的换算关系为

$$1\text{A/cm}=10^2\ \text{A/m}$$

在磁路的计算中，还经常用到磁压这一物理量，其标准名称是“磁位差”，定义如下：

在均匀磁场中沿着磁场强度 H 的方向上 a、b 两点间，H 在 l_{ab} 上处处相等，而且方向与 ab 线段相同。则磁场强度 H 与 ab 线段长度 l_{ab} 相乘之积，称为该段磁路的**磁压**，用符号 U_{M} 表示。其计算公式为

$$U_{\mathrm{M}} = Hl_{ab} \tag{7-1-7}$$

在非均匀磁场中，求某线段上的磁压，应先求微分线段 $\mathrm{d}l$ 上的磁压 $\mathrm{d}U_{\mathrm{M}} = H\mathrm{d}l$，然后求 $\mathrm{d}U_{\mathrm{M}}$ 在线段上的线积分。即：

$$U_{\mathrm{M}} = \int_l H\mathrm{d}l \tag{7-1-8}$$

磁压是标量，单位为安[培]，符号 A。

例 7.1.1　均匀磁场的磁场强度为 H，如图 7-1-1 所示。求：

(1) 沿闭合回线 $abcda$ 的磁压；

(2) a、c 两点的磁压。

解：

(1) 在 $abcda$ 闭合回线中，bc 方向和 ad 方向都与磁场强度 H 垂直，

垂直分量为零，因此有

$$Hl_{bc} = Hl_{ad} = 0$$

沿 ab 方向磁压为

$$U_{\mathrm{M}}(ab) = Hl_1$$

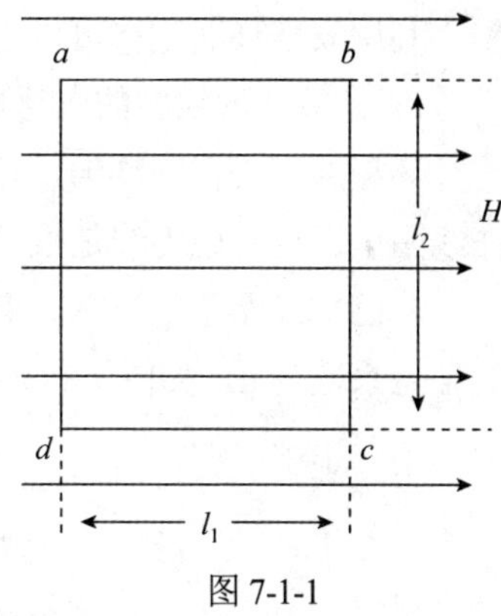

图 7-1-1

沿 cd 方向磁压为

$$U_{\mathrm{M}}(cd) = -Hl_1$$

所以沿闭合回线 $abcda$ 的磁压为

$$\begin{aligned} U_{\mathrm{M}}(abcda) &= U_{\mathrm{M}}(ab) + U_{\mathrm{M}}(bc) + U_{\mathrm{M}}(cd) + U_{\mathrm{M}}(da) \\ &= Hl_1 + 0 + (-Hl_1) + 0 \\ &= 0 \end{aligned}$$

(2) $U_{\mathrm{M}}(ac) = U_{\mathrm{M}}(ab) + U_{\mathrm{M}}(bc) = Hl_1$。

7.1.2 磁场的基本定律

1. 安培环路定律

磁场中，磁场强度 H 沿任何闭合路径的线积分，等于这个闭合路径所包围的各个电流之代数和。这个结论称为安培环路定律，其数学表达式是为

$$\int H\mathrm{d}l=\sum i \tag{7-1-9}$$

按照安培环路定律，环路所包围电流之正负应服从右手螺旋法则。即上式左边总取正号，右边的电流方向与磁场强度 H 的方向满足右手螺旋关系时取正，否则取负。对图 7-1-2 所示的环路，根据安培环路定律可得

$$\sum I=I_1+I_2-I_3$$

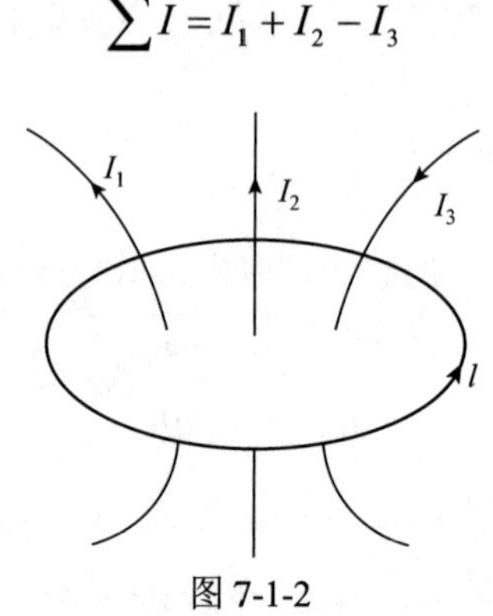

图 7-1-2

利用安培环路定律可以进行许多实际计算：

1) 计算环形线圈的电感量

环形线圈绕得很均匀，每匝之间也很紧密，则通过电流时所产生的磁通几乎全部集中在线圈里。这时磁力线是很多同心圆，其方向可用右手螺旋法则判定。

若已知线圈匝数为 N，圆环的平均半径为 R，圆环横断面面积为 S，环形线圈中介质的导磁系数为 μ，如图 7-1-3(a)、(b)所示。

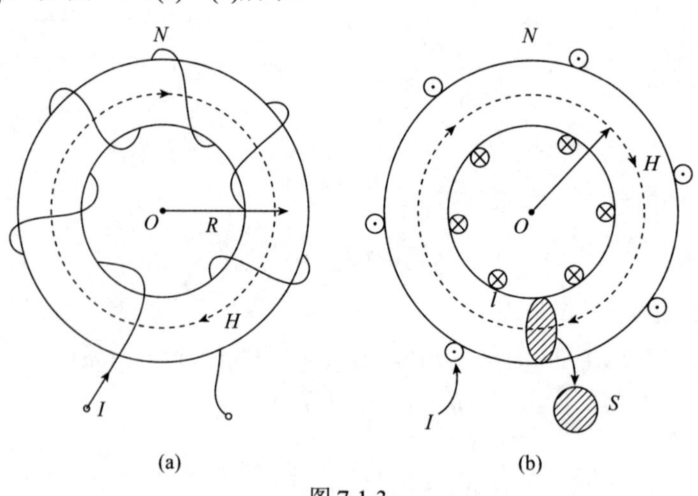

图 7-1-3

欲求此线圈的电感量，可以用如下方法计算：

首先求线圈中的 H 值。如图 7-1-3(a)所示，以 O 为圆心、用平均半径 R 做圆。由于对称，在这个圆上各点 H 值是相等的。H 的方向与圆周的闭合回线方向一致。那么，闭合回线上的总磁压为 $H \cdot 2\pi R$。而闭合曲线所包围的电流代数和为 NI。由安培环路定律得

$$H \bullet 2\pi R = NI$$

$$H = \frac{NI}{2\pi R}$$

这是在平均半径 R 所确定的圆周上的 H 值，可以把它看成是断面上各不同点的 H 的平均值。

其次通过 H 值，可以求 B 值，即

$$B = \mu H = \frac{\mu NI}{2\pi R}$$

这个 B 值也可以看成是断面上各点 B 值的平均值。可以通过它求出穿过断面积 S 的磁通为

$$\Phi = BS = \frac{\mu NI}{2\pi R} S$$

总磁链为

$$\Psi = N\Phi = \frac{\mu N^2 I}{2\pi R} S$$

由电感 L 的定义，环形线圈的电感量为

$$L = \frac{\Psi}{I} = \frac{\mu N^2 S}{2\pi R} \tag{7-1-10}$$

式中：S 的单位为 m^2，R 的单位为 m，L 的单位为 H。

2) 计算圆柱形线圈电感量

图 7-1-4 所示为无限长圆柱形线圈的一部分。若线圈绕制均匀、紧密，则通过电流时磁通都集中在线圈内，并且是均匀的。

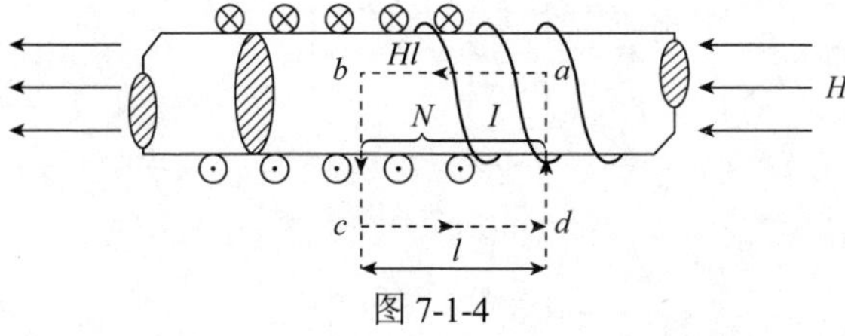

图 7-1-4

设在长度 l 内线圈匝数为 N，作闭合回线如图中虚线所示。则只有在线圈内与 H 平行的 ab 段有磁压 Hl，而 bc、cd 和 da 三段磁压均为零。由安培环路定律得

$$Hl = NI$$

$$H=\frac{NI}{l}$$

故得圆柱形线圈的电感量为

$$L=\frac{\psi}{I}=\frac{N\Phi}{I}=\frac{N\mu HS}{I}=\frac{\mu N^2 S}{l}I \tag{7-1-11}$$

实际上线圈不会是无限长的。但只要 $l \gg d$(d 为线圈直径)，则式(7-1-11)就可以近似使用。

从以上两例，可以看出线圈的电感量只取决于线圈的形状、匝数、尺寸和介质的导磁系数，而和所通过的电流无关。

从以上电感量的计算公式可以看出，若在形状、几何尺寸及材料都相同的条件下，则线圈电感量的大小与线圈匝数的平方成正比，即

$$\frac{L_1}{L_2}=\frac{N_1^2}{N_2^2} \tag{7-1-12}$$

式中：N_1 为电感量为 L_1 时的匝数，N_2 为电感量为 L_2 时的匝数。

这一公式在设计绕制电感线圈时有实际意义。

例 7.1.2 要绕制一个 100mH 的电感线圈。已经绕了 1200 匝，测得电感量为 64mH。试问还需要绕多少匝？

解： 当 N_1=1200 匝时，L_1=64H，现要求当 L_2=100mH 时的匝数 N_2。由

$$\frac{N_2^2}{N_1^2}=\frac{L_2}{L_1}$$

得

$$N_2=N_1\sqrt{\frac{L_2}{L_1}}=1200\sqrt{\frac{100}{64}}\text{ 匝}=1500\text{ 匝}$$

$$(1500-1200)\text{匝}=300\text{ 匝}$$

所以还需要绕 300 匝。

例 7.1.3 在铁心上绕制线圈 1000 匝，测得电感量 L=240mH，如果在 200 匝处有一抽头，如图 7-1-5 所示，试求 L_{12} 和 L_{23}。

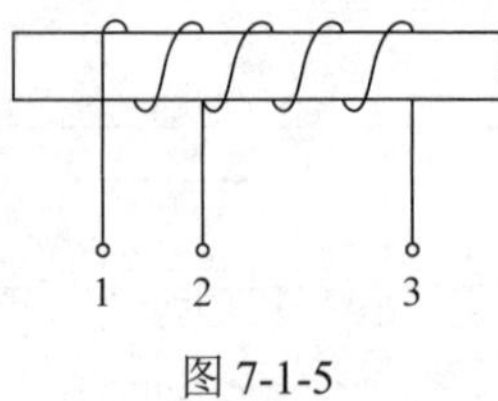

图 7-1-5

解：

$$L_{13}=L=240\text{mH}$$

$$N_{12}=200\text{ 匝}$$

$$N_{13}=1000\text{ 匝}$$

$$N_{23}=(1000-200)\text{ 匝}=800\text{ 匝}$$

由式(7-1-12)得

$$L_{12}=\frac{N_{12}^2}{N_{13}^2}L_{13}=\left(\frac{200}{1000}\right)^2\times 240\text{mH}=9.6\ \text{mH}$$

$$L_{23}=\frac{N_{23}^2}{N_{13}^2}L_{13}=\left(\frac{800}{1000}\right)^2\times 240\text{mH}=153.6\,\text{mH}$$

注意：$L_{12}+L_{23}\neq L_{13}$。这是因为 L_{12} 和 L_{23} 都绕制在一个铁心上，通常两个线圈之间存在着互感，若没有互感，则等式成立。

2. 磁通连续性原理及磁路的基尔霍夫第一定律

由于磁感应线是连续的、闭合的，所以磁场中，磁通也是连续的，由此得出**磁通的连续性原理**：对于磁场中任意一个闭合曲面来说，穿入闭合曲面的磁通恒等于穿出该闭合曲面的磁通，或者说穿出一个闭合曲面的净磁通恒等于零。

用公式表示为

$$\int_S B\text{d}S=0 \tag{7-1-13}$$

在磁路中，式(7-1-13)可以简化为

$$\sum \varPhi=0 \tag{7-1-14}$$

式中，流入闭合面的磁通为正，流出闭合面的磁通为负。由于式(7-1-14)是对磁路中的节点而言的，所以又称磁路的基尔霍夫第一定律。

在图 7-1-6 所示的磁路中，虚线圆圈内就是一个磁路的节点，对该节点利用磁路的基尔霍夫第一定律得

$$\varPhi_1-\varPhi_2-\varPhi_3=0$$

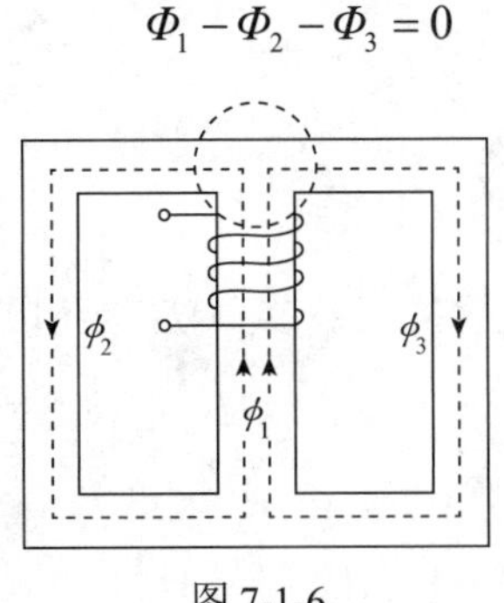

图 7-1-6

3. 磁路的基尔霍夫第二定律

对于磁路中的任一闭合路径，在任意时刻，沿该闭合路径中的各段磁压降之和等于该路径上所有的磁通势之和，这一结论称为磁路的基尔霍夫第二定律。这一定律就是安培环路定律在磁路中的表现形式，其表达式为

$$\sum Hl=\sum Ni \tag{7-1-15}$$

式中，线圈匝数 N 与电流 i 的乘积 Ni 称为该线圈电流产生的磁通势。式(7-1-15)中左边总

取正，右边当电流的方向与磁场强度 H 的方向满足右手螺旋法则时取正，否则取负。对图 7-1-7 所示的磁路，根据式(7-1-15)可得

$$N_2I_2 - N_1I_1 = Hl$$

式中 l 为两线圈所在的公共磁路的平均长度。

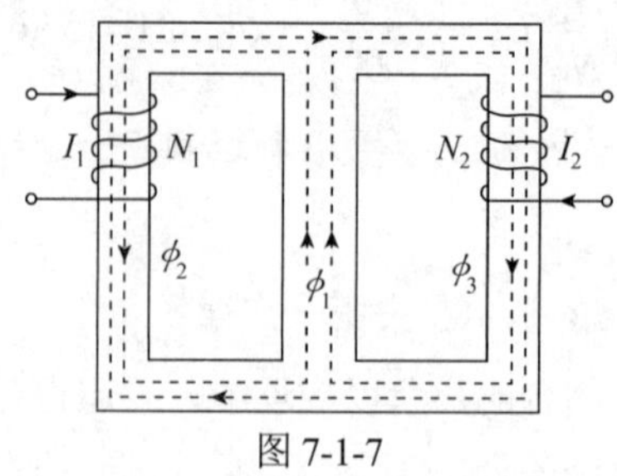

图 7-1-7

4. **磁路的欧姆定律**

在磁路的每一分段中均有

$$B = \mu H$$

即

$$\frac{\Phi}{S} = \mu H$$

所以

$$\Phi = \mu HS = \frac{Hl}{\dfrac{l}{\mu S}} = \frac{U_M}{R_M}$$

即

$$\Phi = \frac{U_M}{R_M} \tag{7-1-16}$$

式(7-1-16)称为**磁路的欧姆定律**，式中 $U_M=Hl$ 为此段磁路上的磁压，而

$$R_M = \frac{l}{\mu S} \tag{7-1-17}$$

为此段磁路上的磁阻，其单位为每亨[利]，符号 H^{-1}。

磁阻的倒数称为磁导，以 g_M 表示，即

$$g_M = \frac{1}{R_M} \tag{7-1-18}$$

磁导的单位为亨[利]，符号为 H。

磁路的欧姆定律并不像电路的欧姆定律那样实用。因为在磁路中 μ 并不是常数，因而 R_M 也不是常数，其值在未求出 Φ 之前是求不出来的。在空气中因为 μ_0 是常数，R_M 也是常数，所以磁路的欧姆定律可直接应用。在有空气隙的磁路中，虽然空气隙长度与总磁路长

度相比很短，但由于空气隙的导磁系数 μ_0 远小于铁磁材料的导磁系数 μ，因此，空气隙的磁阻远大于铁磁材料的磁阻。

例 7.1.4　如图 7-1-8 所示，环形线圈材料为铸钢。外径为 36cm，内径为 30cm，空气隙长度 $l_0 = 0.2$ cm，空气隙的磁感应强度 $B = 1000$Gs(即 0.1T)。试求空气隙及铁心的磁阻。

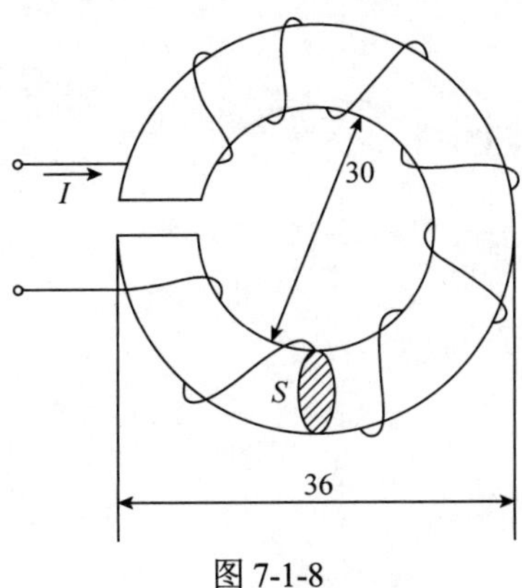

图 7-1-8

解： 铁心的横断面面积为

$$S = \pi r^2 = \pi\left(\frac{36-30}{4}\right)^2 \text{cm}^2 = 7\text{cm}^2 = 7\times10^{-4}\text{m}^2$$

空气隙磁阻为

$$R_0 = \frac{l_0}{\mu_0 S_0} = \frac{0.2\times10^{-2}}{4\pi\times10^{-7}\times7\times10^{-4}}\text{H}^{-1} = 2.27\times10^6\text{H}^{-1}$$

铁心磁阻为

$$R_C = \frac{l}{\mu S} = \frac{Hl}{BS}$$

查铸钢的 B-H 曲线(或查表)，当 $B = 1000$Gs 时，得 $H = 0.8$A/cm，代入上式得

$$R_\text{C} = \frac{Hl}{BS} = \frac{0.8\times2\times3.14\times\dfrac{18+15}{2}}{1000\times10^{-4}\times7\times10^{-4}}\text{H}^{-1} = 1.18\times10^6\text{H}^{-1}$$

从计算结果可以看出：气隙的长度约占磁路全长的 0.2%，但是气隙的磁阻却占整个磁路磁阻的 66%。由此看出在磁路中若有空气隙存在，将使磁路的磁阻大大增加。因此在一定的磁势作用下，如调整空气隙，可使磁路中的磁通发生显著的变化。

另一方面，由于气隙磁阻占整个磁阻的大部分，所以在磁路的定性分析时常常先忽略铁心中的磁阻来进行估算。

同步训练

1. 环形线圈的电感与哪些因素有关？试写出计算式。

2. 在通电线圈内插入铁心，为什么线圈的磁场能大大加强？

3. 一电流在周围空气中某处产生的磁场强度是 150A/m，则该处的磁感应强度是多少？空气中某均匀磁场的磁感应强度是 3.14×10^{-4}T，则该均匀磁场中距离为 20cm 的两点间的磁压为多少？

7.2 铁磁材料的磁化

本课任务

1. 明确铁磁材料的分类。
2. 理解磁化曲线及相关概念。

实例链接

许多电气设备的研究与计算都涉及到磁场及磁路的分析计算。例如，变压器、电机的铁心都是铁磁材料做成的，要解决其应用中的实际问题，就必须透过电磁现象掌握其本质性问题，抓住基本规律。铁磁材料的研究，是磁路研究的最基本内容，概念和思路必须十分清楚。

任务实施

7.2.1 磁化及磁化曲线

铁、钴、镍及其合金，具有良好的导磁性能，广泛应用于电力和电子工业中，是一种重要的电工材料。这一类材料以铁为主，称为**铁磁性材料**。

本来不显磁性的材料，由于受到磁场作用而具有了磁性的现象称为**磁化现象**。只有铁磁材料才有磁化现象，其他材料都不能被磁化。这是为什么呢？

因为铁磁材料是由很多被称为磁畴的磁性小区域构成的。每个磁畴由于分子内部的电子运动而呈现磁性，就像一小块磁铁一样。磁畴的区域大小约为 10^{-9}cm^3，约含 10^{16} 个原子。

在没有外磁场作用时，各个磁畴的排列是杂乱无章的，它们的磁性互相抵消，因而整个铁磁材料对外不显示磁性。当在外磁场作用下，磁畴将顺着外磁场的方向转向，形成附加磁场，从而铁磁材料被磁化，附加磁场的方向与外磁场的方向是相同的，从而使磁场大大加强。

铁磁材料的导磁系数 μ 不仅比 μ_0 大得多，而且还随 H 的变化而变化，即 B 与 H 是非线性关系，B 随 H 的变化而变化。若以磁场强度 H 为横坐标，以磁感应强度 B 为纵坐标，作出 B 随 H 变化的曲线，这样的曲线称为 B-H 曲线，又称**磁化曲线**。

如图 7-2-1 所示，B-H 曲线是在铁磁材料原来不具有磁性的情况下测得的，它称为**起始磁化曲线**。

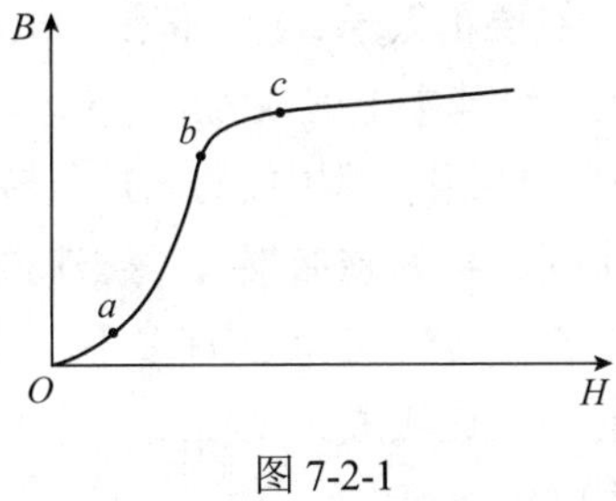

图 7-2-1

当 H 由零开始逐步增加时，起初由于磁场较弱，所以磁感应强度增加较慢，如图 7-2-1 中曲线的 Oa 段所示。当外磁场 H 继续逐渐增大时，磁畴开始大量顺着 H 的方向排列，所以 B 值迅速上升，如图 7-2-1 中曲线的 ab 段所示。当大部分磁畴都已顺着 H 的方向排列以后，如果 H 再增加，B 值也不会增加很多了，如图 7-2-1 中曲线的 bc 段所示。在 c 点以后，H 继续增加时，B 值几乎不再上升了，这时我们称铁磁材料已达到磁饱和状态，c 点称为饱和点。

由 B 和 H 的比值，可画出磁导率 μ 随 H 变化的曲线，如图 7-2-2 所示。由 μ-H 曲线可以看出，μ 有一个极大值。在不饱和段，B 随 H 的变化很快，磁导率很高。当铁磁材料进入饱和状态时，μ 值反而下降。需要指出，铁磁物质被磁化的能力与温度有关，温度升高，被磁化的能力降低，每种铁磁物质都存在这样一个温度，当超过这个温度时，物质就失去了铁磁性，这个温度称为该铁磁物质的居里点。铁的居里点为 750℃。

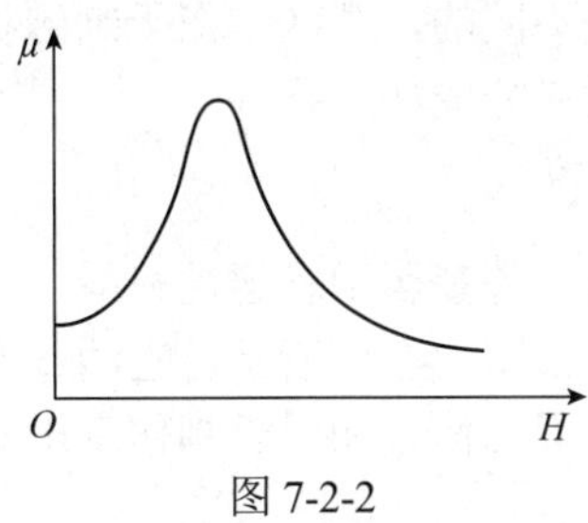

图 7-2-2

交流电路中的继电器、接触器、电机、变压器等设备中的铁心工作在反复磁化的情况下，其磁化过程如何呢？如图 7-2-3 所示，当磁场强度 H 由零逐渐增大到最大值 H_m 时，磁感应强度则由零沿着起始磁化曲线上升到 B_m，这是一个磁化过程。当磁场强度从 H_m 逐渐下降时，磁感应强度 B_m 并不沿着起始磁化曲线下降，而是沿着另一条曲线 cd 下降，这是个去磁过程。当 H 下降到零时，B 值并不回到零值，而是保留一定的数值 $|Od|$，这个值称为剩磁感应强度 B_r，即 $B_r = |Od|$，简称**剩磁**。这种 B 的变化落后于 H 的变化的现象称为**磁滞现象**。为了消除剩磁，必须加一个反向磁场。当 H 反向增加时，B 继续减小。当 H 反向增加到 $|Oe|$ 时，B 才降到零。为了克服剩磁所需要加的反向磁场强度称为**矫顽磁力**，用 H_c 表示，即 $H_c = |Oe|$。此后 H 继续反向增加，则开始发生反向磁化。当 H 变化到 $-H_m$ 时，B 也沿着 ef 达到 $-B_m$。磁场强度从 $-H_m$ 逐渐下降时，则 B 沿 fg 逐渐减小，这是一个反向去磁的过程。当 H 减低到零时，同样存在剩磁 $|Og|$。以后 H 正方向增加去磁，使 $B=0$，这

时的矫顽磁力为$-H_c=|Ob|$。当磁场强度 H 再次变化到 H_m 时，铁心将再一次磁化，磁感应强度 B 将沿着 bc' 变化到 c'点。因为起始磁化曲线 B 是从零点开始增加的，而现在则是从 g(负值)点开始增加的，因此 c'点要稍低于 c 点，但是一般可以不加区别，把两点当作一点。在重复上述循环以后，磁化曲线基本上就成为一个对称于原点的闭合回线，此闭合回线称为**磁滞回线**。在铁磁材料被反复磁化过程中，磁畴反复转向。磁畴的转向要发生摩擦、发热，要消耗一定的能量，这个损失称为**磁滞损失**。磁滞损失与磁滞回线的面积成正比。对应于不同的磁场强度的最大值 H_m，就可以得到许多不同的磁滞回线，如图 7-2-4 所示。将这些大小不同的各磁滞回线的顶点连接成一条曲线，称为该铁磁材料的**基本磁化曲线**。在磁路计算中，所用的都是基本磁化曲线。

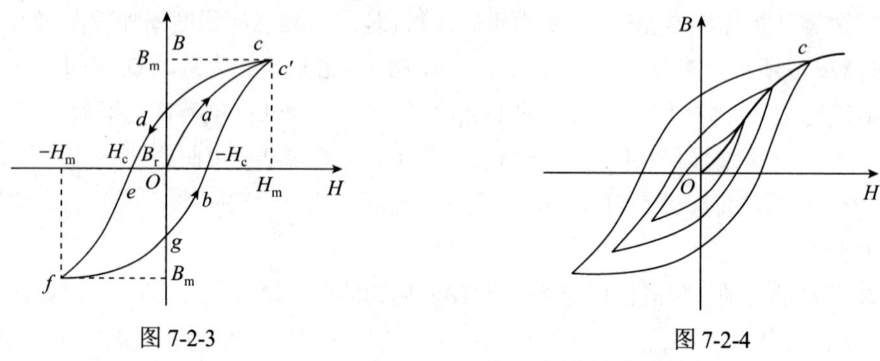

图 7-2-3　　图 7-2-4

7.2.2　铁磁材料的分类

不同铁磁材料的磁化曲线是不同的，其区别在于剩磁和矫顽磁力的不同。因而它们的用途也不一样。工程上将铁磁材料分成如下几种。

1. 软磁性材料

铸铁、铸钢、硅钢、坡莫合金等都属于软磁性材料。这类材料的剩磁和矫顽磁力小。磁滞回线瘦窄，包围的面积小，如图 7-2-5 所示。它的基本特征是导磁系数高、磁阻小、易磁化或退磁，适于在交变磁场下工作。如用于制作变压器、继电器的铁心。

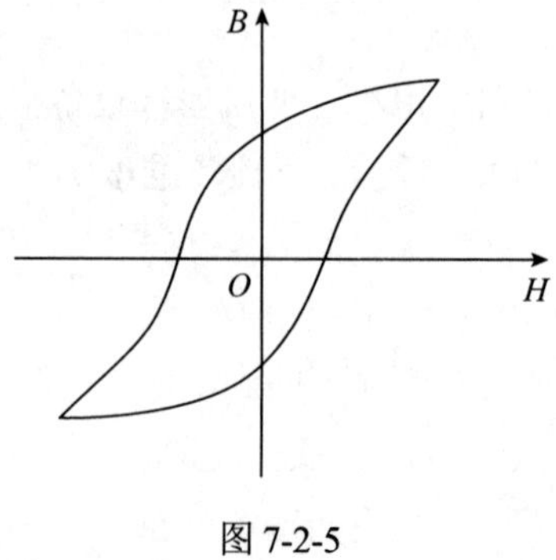

图 7-2-5

2. 硬磁性材料

碳钢、钨钢、铁钴镍合金钢等都属于硬磁性材料。这类材料的剩磁和矫顽磁力大，磁滞回线宽，磁滞回线包围的面积大，如图 7-2-6 所示。其不容易磁化和去磁，适合于制作永久磁铁。

3. 矩磁性材料

矩磁铁氧体就属于矩磁性材料。这类材料的剩磁大，而矫顽磁力小，其特点是在很小的外部磁场作用下，就能使它磁化，并达到磁饱和。去掉外磁场，磁性仍基本保持与饱和时一样。其磁滞回线是一个闭合的矩形曲线，如图 7-2-7 所示。矩磁铁氧体制成的记忆磁心是电子计算机和控制设备的重要元件。

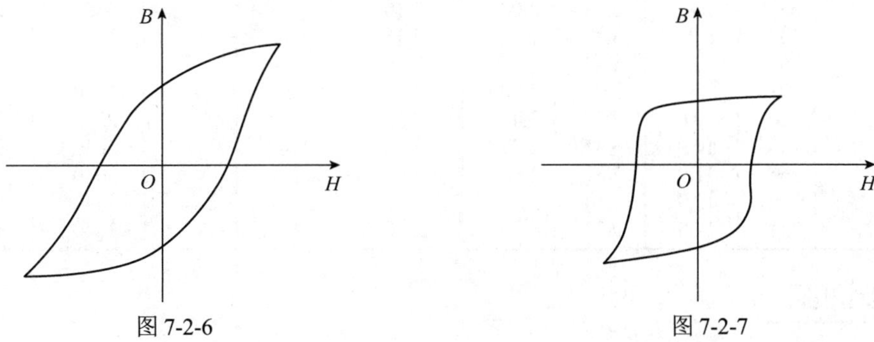

图 7-2-6　　　　图 7-2-7

铁磁性物质的 B–H 关系是非线性的，在磁路的计算时，一般不能用公式相互计算，需查表或查 B–H 曲线图。图 7-2-8 给出了三种铁磁性物质的 B–H 曲线，表 7-2-1 给出了几种铁磁性物质的磁化曲线表，供计算时查用。

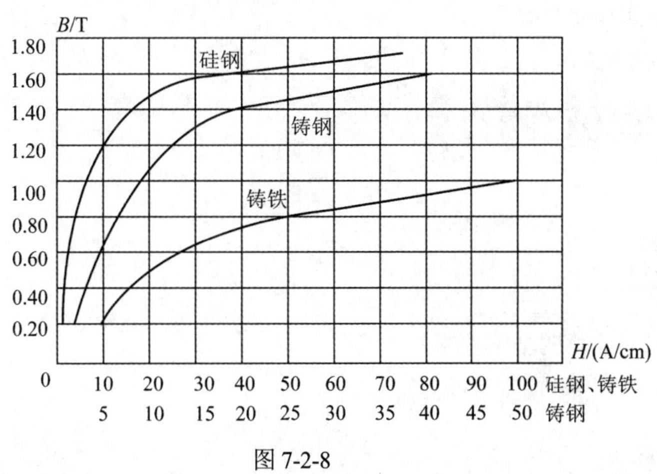

图 7-2-8

表 7-2-1　铁磁物质磁化曲线表

磁感应强度 B/T	磁场强度 H/(A/cm)				磁感应强度 B/T	磁场强度 H/(A/cm)			
	铸铁	铸钢	电工钢			铸铁	铸钢	电工钢	
			低硅	高硅				低硅	高硅
0.05	4.2	0.4			1.30	262	15.9	11.4	7.7
0.10	6.0	0.8		0.40	1.35	303	18.1	13.4	9.7
0.15	7.5	2		0.45	1.40	348	20.9	15.8	13.0
0.20	9.0	1.6		0.50	1.45	409	24.4	19.5	18.3
0.25	10.5	2.0		0.55	1.50	478	28.9	25.0	27.5
0.30	12.2	2.4		0.60	1.55	562	34.3	32.8	38.5
0.35	14.1	2.8		0.65	1.60	—	41.0	43.7	51.5
0.40	16.4	3.2	1.40	0.70	1.65	—	48.7	58.8	69.5
0.45	19.1	3.6	1.55	0.75	1.70	—	—	77.8	89
0.50	22.1	4.0	1.71	0.85	1.75	—	—	101	116
0.55	25.5	4.4	1.91	0.97	1.80	—	—	128	147
0.60	29.4	4.9	2.13	1.11	1.85	—	—	159	189
0.65	34.0	5.4	2.36	1.27	1.90	—	—	197	245

(续表)

磁感应强度 B/T	磁场强度 H/(A/cm)				磁感应强度 B/T	磁场强度 H/(A/cm)			
	铸铁	铸钢	电工钢			铸铁	铸钢	电工钢	
			低硅	高硅				低硅	高硅
0.70	39.2	5.8	2.61	1.45	1.95	—	—	246	345
0.75	45.0	6.3	2.87	1.65	2.00	—	—	310	540
0.80	53.0	6.8	3.18	1.85	2.05	—	—	420	925
0.85	63.0	7.4	3.52	2.08	2.10	—	—	655	1320
0.90	73.0	8.0	3.97	2.35	2.15	—	—	1040	1720
0.95	86.0	8.6	4.43	2.65	2.20	—	—	1440	2120
1.00	101	9.3	5.02	3.00	2.25	—	—	1480	2520
1.05	120	10.0	5.70	3.45	2.30	—	—	2240	2920
1.10	140	10.9	6.47	3.95	2.35	—	—	2640	3320
1.15	165	11.9	7.39	4.60	2.40	—	—	3040	3720
1.20	192	12.9	3.84	5.40	2.45	—	—	3440	4120
1.25	231	14.3	9.76	6.40	2.50	—	—	3840	4520

同步训练

1. 磁现象的本质是什么?
2. 什么是磁化、磁化曲线、磁滞回线、基本磁化曲线和剩磁?
3. 铁磁材料分成几类?其特点各是什么?
4. 磁化的实质是什么?

7.3 简单磁路的计算

本课任务

1. 明确磁路计算的基本要求。
2. 掌握磁路计算的基本方法。

任务实施

7.3.1 磁路计算的基本概念

磁路的计算问题分为两类:一类是已知磁通求磁通势,称为正面问题;另一类是已知磁通势求磁通,称为反面问题。下面只讨论前者。在讨论磁路计算的方法之前要说明几个问题:

(1) 磁路长度:一般在磁路计算中取磁路的平均长度,也就是以磁路中心线的长度 l 作为磁路的长度。

(2) 磁路断面面积:一般铁心为了减小损失多采用硅钢片叠成。在硅钢片表面涂有绝缘漆,所以铁心的有效断面面积 S 要比视在断面面积小,在计算时要将视在断面面积乘以叠片有效系数 K。一般取 K 在 0.90~0.97 之间。

(3) 空气隙断面面积:如果气隙的长度 l_0 比气隙处铁心的矩形断面的短边长度的 20%

还小时，则在气隙处磁力线的边缘效应可以忽略，而认为气隙处的铁心断面面积即为气隙的断面积。如果气隙处两个铁心断面面不一样，则可认为气隙的断面面积 S_0 等于形成气隙的两个铁心断面中的那个较小的面积。

(4) 空气隙的磁场强度：其计算公式为

$$H_0=\frac{B_0}{\mu_0}=\frac{B_0}{4\pi\times10^{-7}}=0.8\times10^6 B_0$$

式中：B_0 的单位为 Wb/m^2，H_0 的单位为 A/m。

在实用中，B_0 常以 Gs 为单位，H_0 常以 A/cm 为单位。由于 $1Wb/m^2=10^4Gs$，$1A/m=10^{-2}A/cm$，则算式变为

$$H_0=0.8\times10^6 B_0\times10^{-4}\times10^{-2}=0.8B_0 \tag{7-3-1}$$

7.3.2　已知磁通 Φ 求磁化电流

计算程序可按下面箭头所示的步骤进行：

$$\Phi\xrightarrow{\Phi/S}B\xrightarrow{\text{查表或查曲线}}H\longrightarrow Hl\longrightarrow NI\longrightarrow I$$

具体步骤如下：

(1) 把磁路按照不同的材料和横断面面积进行分段；

(2) 计算磁路各段的长度及横断面面积；

(3) 计算磁路各段的磁感应强度：

$$B_0=\frac{\Phi}{S_0}，B_1=\frac{\Phi}{S_1}，B_2=\frac{\Phi}{S_2}，\cdots$$

(4) 由磁化曲线(或查表)分别查出与 B_1、B_2、…相对应的 H_1、H_2、…，空气隙的磁场强度可由式(7-3-1)直接计算；

(5) 根据磁路的基尔霍夫第二定律求出磁势及电流：

$$\sum Hl=\sum NI$$

例 7.3.1　图 7-3-1 所示磁路各部分尺寸为 l_1=25cm，l_2=14cm，l_0=0.1cm，S_1=20cm^2，S_2=16cm^2，磁路材料为低硅电工钢，线圈匝数为 100，要求在线路中有 Φ=1.6×10^{-3}Wb 的磁通。试求磁化电流 I。

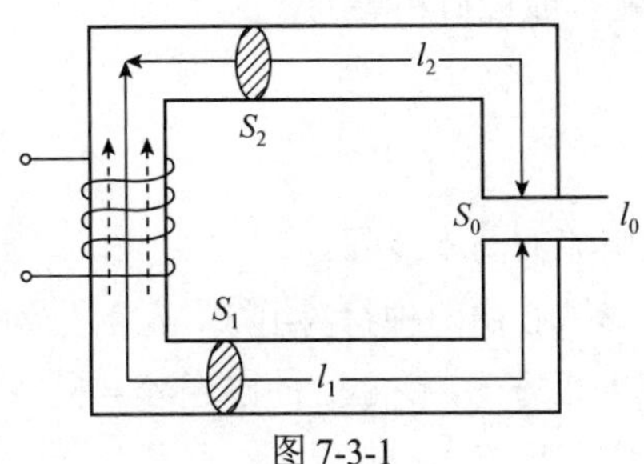

图 7-3-1

解： 气隙横断面面积可近似认为 $S_0=S_2=16\text{cm}^2$，则各部分磁感应强度应为

$$B_1=\frac{\Phi}{S_1}=\frac{160000\text{Mx}}{20\text{cm}^2}=\frac{1.6\times10^{-3}\text{Wb}}{2\times10^{-3}\text{m}^2}=0.8\text{T}$$

$$B_2=\frac{\Phi}{S_2}=\frac{160000\text{Mx}}{16\text{cm}^2}=\frac{1.6\times10^{-3}\text{Wb}}{1.6\times10^{-3}\text{m}^2}=1\text{T}$$

$$B_0=\frac{\Phi}{S_0}=\frac{160000\text{Mx}}{16\text{cm}^2}=\frac{1.6\times10^{-3}\text{Wb}}{1.6\times10^{-3}\text{m}^2}=1\text{T}$$

查表(或磁化曲线)得各段磁路中磁场强度为

$$H_1=3.18\text{A/cm}$$

$$H_2=5.02\text{A/cm}$$

$$H_0=0.8B_0=0.8\times10000\text{A/cm}=8000\text{A/cm}$$

应用磁路的基尔霍夫第二定律，计算磁通势得

$$\begin{aligned}IN&=\sum Hl=H_1l_1+H_2l_2+H_0l_0\\&=(3.18\times25+5.02\times14+8000\times0.1)\text{A}=949.8\text{A}\end{aligned}$$

磁化电流为

$$I=\frac{NI}{N}=\frac{949.8}{100}\text{A}=9.5\text{A}$$

通过此例可以知道，气隙的长度虽短，可是气隙上的磁压降 H_0l_0 却很大。

上例是无分支磁路的计算。若磁路是对称的分支磁路，在中间铁心柱上存在一个对称轴 OO'。在此轴两边，磁路的几何形状完全对称，相应段的材料一样，而且两边作用的磁势也一样，因而磁通分布也是对称的。计算这样的磁路可假想沿轴线将磁路分成两个完全相同的无分支磁路，因此可用无分支磁路的计算方法来计算对称分支磁路的问题。

必须指出，在无分支磁路中，中间铁心柱平分后的面积为 $S/2$，磁通亦为 $\Phi/2$。但磁通势仍为原对称分支磁路的磁通势。这是因为 S 和 Φ 均减少一半，所以 B_2 和 H_2 都保持不变。

7.3.3 已知磁化电流求磁通 Φ

已知磁化电流 I 求磁通 Φ 可采用试探法，假设一个磁通 Φ，采用已知磁通求磁化电流的步骤，求出相应的电流，根据所求得的电流与已知电流比较，再调整磁通 Φ，重新计算电流，直至计算值与已知值相等或近似相等为止。

同步训练

1. 试述已知磁通求磁化电流的基本步骤。

2. 一个开有气隙的口字形铁心由两种材料组成，l_1 部分为铸钢，l_2 部分为铸铁，尺寸如图 7-3-2 所示，横断面面积为正方形，铁心中的磁通 $\Phi=3.2\times10^{-4}\text{Wb}$，线圈匝数 $N=1000$ 匝，求线圈中的电流 I。

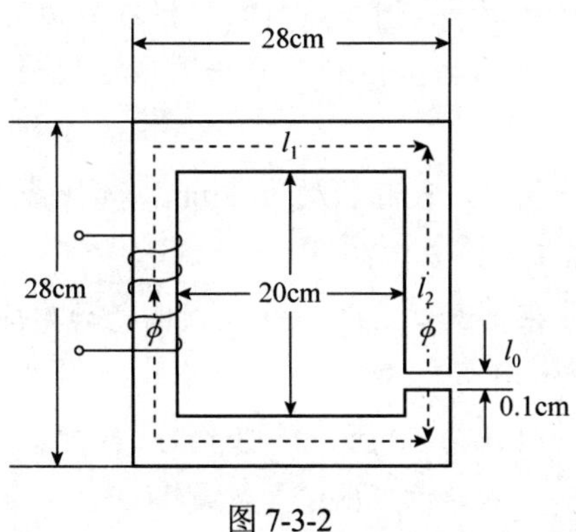

图 7-3-2

习题

7.1　一个断面面积处处相等的均匀磁路，由直流励磁，要维持铁心中的磁通不变，下列情形励磁电流 I 应如何变化:

(1) 磁路长度增加一倍;

(2) 断面面积缩小一半。

7.2　直流电磁铁吸合过程中，气隙减小，如果电流大小不变，则铁心中磁通如何变化?

7.3　把一个有气隙的铁心线圈接到电压一定的交流电压源上，改变气隙大小时，线圈的电流及气隙的磁通如何改变？接于直流电源时又如何?

7.4　求图 7-1 所示无限长载流直导体周围 A、B、C、D、E 各点的磁场强度，并求出 AB、BC、CD、DE、EA 各段的磁位差以及各段磁位差之和。

7.5　如图 7-2 所示，有一长直导线穿过均匀密绕环形线圈的中心，并与环形线圈的平面垂直，已知线圈的内半径 $R_1 = 10\ \text{cm}$，外半径 $R_2 = 14\ \text{cm}$，环形线圈断面面为圆形，匝数 $N = 40$ 匝，直导线的电流 $I_1 = 120\ \text{A}$，线圈的电流 $I_2 = 2.5\ \text{A}$，线圈绕在导磁系数 $\mu = 1000$ H/m 的铁心上，试求:

(1) 环形线圈中心线上任意一点 A 的磁感应强度。

(2) 到中心点导线距离为 $R_3 = 5\ \text{cm}$ 及 $R_4 = 15\ \text{cm}$ 处的磁感应强度;

(3) 圆环内的磁通 $\Phi(R_1 \leqslant R \leqslant R_2)$ 。

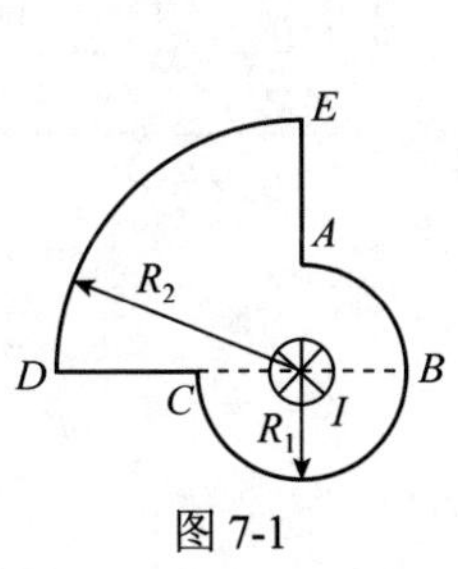

图 7-1

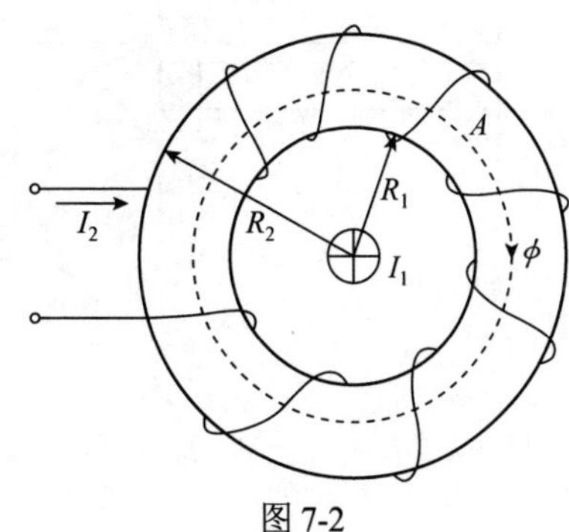

图 7-2

7.6　有一均匀铁心磁路如图 7-3 所示，断面面积为 $5cm^2$，平均磁路长度为 0.3m，相对磁导率为 1200，励磁线圈匝数为 400 匝。求当线圈电流为 0.6A 时，磁路中的磁通 Φ 是多少？

7.7　若上题中磁路开一气隙，气隙长度为 2mm，其他条件不变，求磁路中磁通是多少？铁心部分和气隙部分磁阻各为多少？

7.8　在选用铁心时，常在此铁心上绕 100 匝线圈，如测得电感量为 8mH，现在要绕 25mH 的电感，需绕多少匝？

7.9　一个电感线圈，1—2 端为 50 匝，1—3 端为 150 匝，已知 2—3 端电感为 90mH，试求 1—2 端及 1—3 端的电感(不考虑互感)。

7.10　图 7-4 所示磁路材料由铸钢片制成，其横断面面积均为 $16cm^2$，气隙长为 1.5cm，铁心部分磁路的平均长度 50cm，如已知磁通 $\Phi = 1.5\times10^{-3}$Wb，试求铁心和气隙中的磁感应强度和磁场强度，并求出所需要的磁通势。

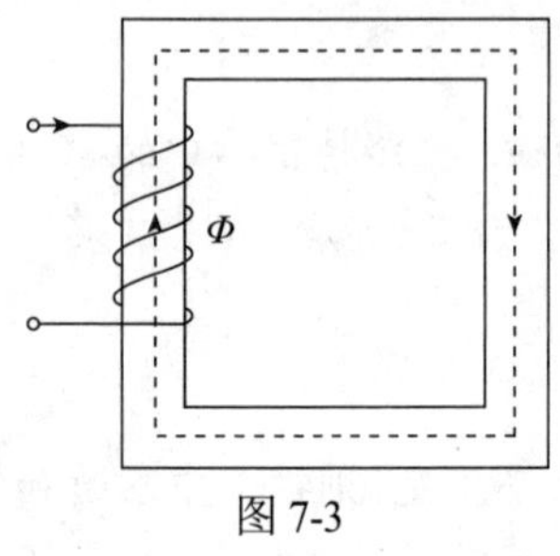

图 7-3

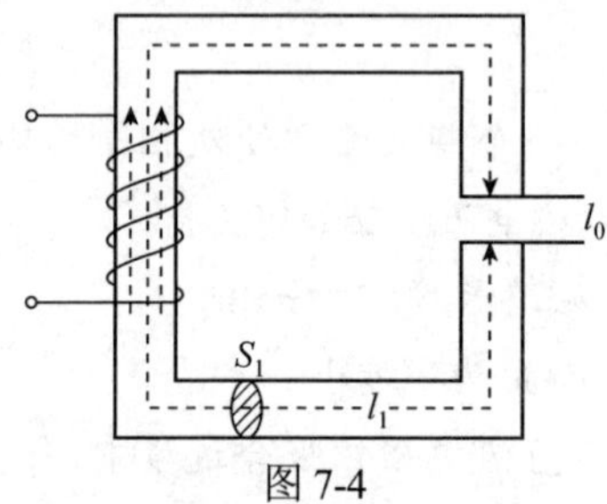

图 7-4

7.11　图 7-5 所示磁路材料由铸钢制成，尺寸以 cm 为单位，如果要使气隙中产生的磁感应强度 B_0=1.6T，l_0=0.3cm，问需要的磁通势为多少？

7.12　图 7-6 所示的磁路由两部分组成，材料 A 为铸铁，平均长度为 55cm，有效断面积为 $20cm^2$，材料 B 为铸钢，长度为 25cm，有效断面面积为 $15cm^2$，如果要使铁心中产生 Φ=2×10^{-3}Wb 的磁通，试求所需的磁通势。

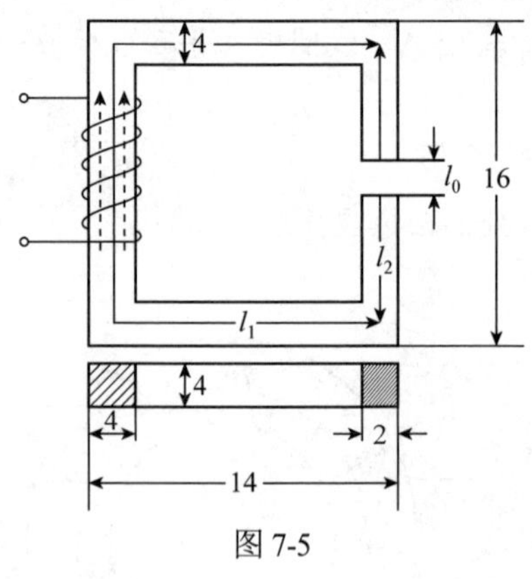

图 7-5

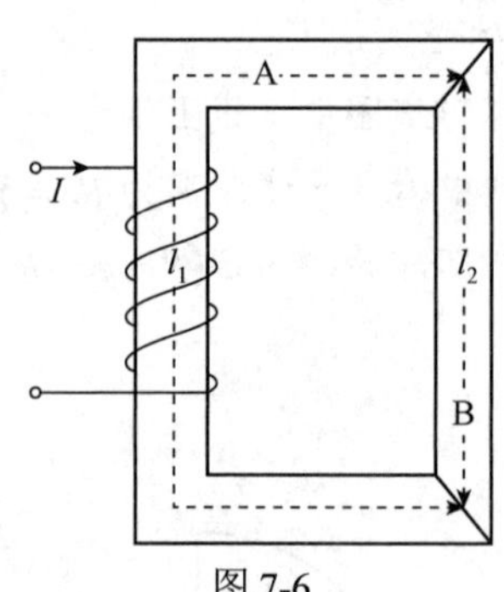

图 7-6

第 8 章 非正弦交流电路

本章要求

1. 了解非正弦周期波的产生、分解及其实际应用。理解非正弦周期波的分解与合成的概念。

2. 明确谐波中的基波与高次谐波的含义。了解谐波分析中傅里叶级数的应用。

3. 掌握波形对称性分析，能根据波形的特点判断所含谐波的情况。

4. 掌握非正弦周期电压和电流的平均值、有效值的计算。

5. 能够运用叠加原理和谐波分析计算非正弦交流电路中的电压、电流和平均功率。

8.1 非正弦周期波的谐波分析

本课任务

1. 理解谐波的概念。

2. 认识常见的非正弦周期波。

3. 掌握非正弦周期波的分解方法。

实例链接

一个实际电路中，常见的激励和响应是直流量和正弦交流量，除此之外，还遇到有非正弦周期函数做激励和响应的情况。如在电工、电子、计算机等电路中应用的脉冲信号波形——周期性变化的矩形波、锯齿波、三角波等，都是非正弦周期波。当电路中有几个不同频率的正弦量激励时，响应是非正弦周期函数；含有非线性元件的电路中，正弦激励下的响应也是非正弦周期函数。因此，研究非正弦交流电路的分析，具有重要的理论和实际意义。

任务实施

不按正弦规律变化的周期函数都是非正弦周期函数，又称非正弦周期波。如果一个电路中的激励和响应都是非正弦交流量，则这个电路就称为非正弦交流电路。

8.1.1 谐波

几个频率为整数倍的正弦波，其合成是一个非正弦波。反之，一个非正弦周期波，也可以分解为一系列频率为整数倍的正弦波。这些一系列频率为整数倍的正弦波，就称为非正弦周期波的谐波。其中频率与非正弦周期波相同的正弦波，称为基波或一次谐波；频率是基波频率 2 倍的正弦波，称为二次谐波；频率是基波频率 k 倍的正弦波，称为 k 次谐波(k 为正整数)。通常将二次及二次以上的谐波，统称为高次谐波。

8.1.2 非正弦周期函数的谐波分析

为了计算方便，在电路分析中，通常将非正弦周期波分解为直流分量和频率为整数倍的一系列正弦波之和，这种分析方法称为谐波分析法。由于分解过程需应用傅里叶级数进行展开，因此又称傅里叶分析法。谐波分析就是对一个已知的波形信号，求出它所包含的多次谐波分量，并用谐波分量的形式表示。

从数学上讲，一个函数 $f(t)$ 有固定的周期 T，又满足狄里赫利条件，则函数 $f(t)$ 可以展开为如下三角级数：

$$f(t)=A_0+A_{1\mathrm{m}}\sin(\omega t+\varphi_1)+A_{2\mathrm{m}}\sin(2\omega t+\varphi_2)+\cdots+A_{k\mathrm{m}}\sin(k\omega t+\varphi_k)+\cdots$$

式中：A_0 为零次谐波，又称直流分量，是 $f(t)$ 一周期时间内的平均值；

$A_{1\mathrm{m}}\sin(\omega t+\varphi_1)$ 为基波；$A_{2\mathrm{m}}\sin(2\omega t+\varphi_2)$ 为二次谐波；$A_{k\mathrm{m}}\sin(k\omega t+\varphi_k)$ 为 k 次谐波。当 k 为奇数时，称为奇次谐波；当 k 为偶数时，称为偶次谐波。

上式用通式可表示为

$$f(t)=A_0+\sum_{k=1}^{\infty}A_{\mathrm{m}k}\sin(k\omega t+\varphi_k) \tag{8-1-1}$$

还可以展开为如下的形式：

$$f(t)=A_0+\sum_{k=1}^{\infty}(A_k\cos k\omega t+B_k\sin k\omega t) \tag{8-1-2}$$

式中，傅里叶系数 A_0、A_k、B_k 可以由如下公式计算：

$$A_0=\frac{1}{T}\int_0^T f(t)\mathrm{d}t\text{(直流分量)}$$

$$A_k=\frac{2}{T}\int_0^T f(t)\cos k\omega t\mathrm{d}t$$

$$B_k=\frac{2}{T}\int_0^T f(t)\sin k\omega t\mathrm{d}t$$

非正弦周期波的傅里叶级数展开，关键是计算傅里叶系数的问题。在电工技术中，遇到的非正弦周期波，满足狄里赫利条件的，均可展开为傅里叶级数。常见的非正弦周期波的傅里叶级数展开式在表 8-1-1 中列出，以供查用。

表 8-1-1　常见非正弦周期波的傅里叶级数展开式

$f(t)$波形图	$f(x)$傅里叶级数展开式
A_m, 0, π, 2π, 3π, ωt	$f(t)=\frac{4}{\pi}A_m\left(\sin\omega t+\frac{1}{3}\sin 3\omega t+\frac{1}{5}\sin 5\omega t+\cdots+\frac{1}{k}\sin k\omega t+\cdots\right)\quad(k=1,3,5,\cdots)$
Am, 0, π, 2π, 3π, ωt	$f(t)=\frac{2}{\pi}A_m\left(\sin\omega t-\frac{1}{2}\sin 2\omega t+\frac{1}{3}\sin 3\omega t-\cdots+(-1)^{(k+1)}\frac{1}{k}\sin k\omega t+\cdots\right)\quad(k=1,2,3,\cdots)$
A_m, 0, 2π, 4π, ωt	$f(t)=A_m\left(\frac{1}{2}-\frac{1}{\pi}(\sin\omega t+\frac{1}{2}\sin 2\omega t+\frac{1}{3}\sin 3\omega t+\cdots+\frac{1}{k}\sin k\omega t+\cdots)\right)\quad(k=1,2,3,\cdots)$
A_m, 0, π, 2π, ωt	$f(t)=\frac{8}{\pi^2}A_m\left(\sin\omega t-\frac{1}{9}\sin 3\omega t+\frac{1}{25}\sin 5\omega t-\cdots+\frac{(-1)^{\frac{k-1}{2}}}{k^2}\sin k\omega t+\cdots\right)\quad(k=1,3,5,\cdots)$
A_m, 0, π, 2π, ωt	$f(t)=\frac{8}{\pi^2}A_m\left(\cos\omega t+\frac{1}{9}\cos 3\omega t+\frac{1}{25}\cos 5\omega t+\cdots+\frac{1}{k^2}\cos k\omega t+\cdots\right)\quad(k=1,3,5,\cdots)$
A_m, 0, π, 2π, α, ωt	$f(t)=\frac{4}{\alpha\pi}A_m\left(\sin\alpha\sin\omega t+\frac{1}{9}\sin 3\alpha\sin 3\omega t+\frac{1}{25}\sin 5\alpha\sin 5\omega t+\cdots+\frac{1}{k^2}\sin k\alpha\sin k\omega t+\cdots\right)\quad(k=1,3,5,\cdots)$
A_m, 0, $\frac{T}{2}$, T, t	$f(t)=\frac{2A_m}{\pi}\left(\frac{1}{2}+\frac{\pi}{4}\cos\omega t+\frac{1}{3}\cos 2\omega t-\frac{1}{15}\cos 4\omega t+\cdots-\frac{\cos\frac{k\pi}{2}}{k^2-1}\cos k\omega t+\cdots\right)\quad(k=2,4,6,\cdots)$
A_m, 0, π, 2π, 3π, ωt	$f(t)=\frac{4}{\pi}A_m\left(\frac{1}{2}+\frac{1}{3}\cos 2\omega t-\frac{1}{15}\cos 4\omega t+\frac{1}{35}\cos 6\omega t-\cdots-\frac{\cos\frac{k\pi}{2}}{k^2-1}\cos k\omega t+\cdots\right)\quad(k=2,4,6,\cdots)$
A_m, $-\frac{T}{2}$, 0, $\frac{T}{2}$, T, τ, t	$f(t)=\frac{\tau A_m}{T}+\frac{2}{\pi}A_m\left(\sin\frac{\tau\pi}{T}\cos\omega t+\frac{1}{2}\sin\frac{2\tau\pi}{T}\cos 2\omega t+\frac{1}{3}\sin\frac{3\tau\pi}{T}\cos 3\omega t+\cdots+\frac{1}{k}\sin\frac{k\tau\pi}{T}\cos k\omega t+\cdots\right)\quad(k=1,2,3,\cdots)$

例 8.1.1 一个电压三角波如图 8-1-1 所示，电压振幅为 100V，周期 T=0.02s，试将该三角波展开为傅里叶级数。

解：基波角频率为

$$\omega=\frac{2\pi}{T}=\frac{2\pi}{0.2}\text{rad/s}=100\pi\text{rad/s}$$

查表 8-1-1 可得

$$\begin{aligned}u=f(t)&=\frac{8}{\pi^2}U_{\mathrm{m}}\left(\sin\omega t-\frac{1}{9}\sin 3\omega t+\frac{1}{25}\sin 5\omega t-\cdots\right)\\&=\frac{8\times 100}{\pi^2}\left(\sin 100\pi t-\frac{1}{9}\sin 300\pi t+\frac{1}{25}\sin 500\pi t-\cdots\right)\\&=81\sin 100\pi t-9\sin 300\pi t+3.24\sin 500\pi t-\cdots\end{aligned}$$

可见，此三角波的傅里叶级数式不含余弦项和常数项，只含正弦项。

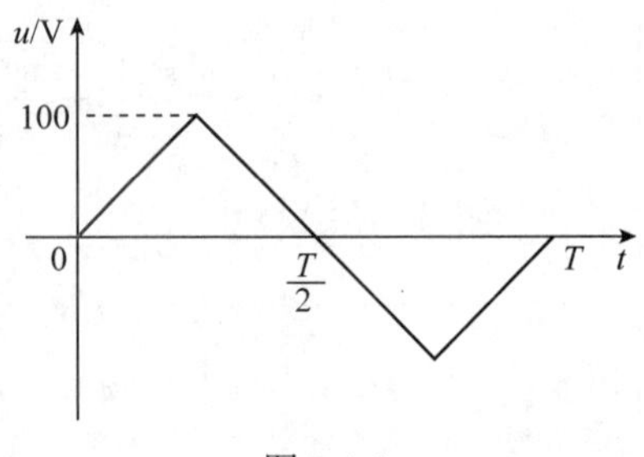

图 8-1-1

同步训练

1. 一个初相为零的正弦电流波，振幅为 100mA，频率为 50Hz，试将其经全波整流后的波形分解为傅里叶级数(计算到四次谐波)。

2. 一个电压的方形脉冲如图 8-1-2 所示，电压最大值为 50V，周期为 0.02s，脉宽为 0.01s，试求其傅里叶展开式。

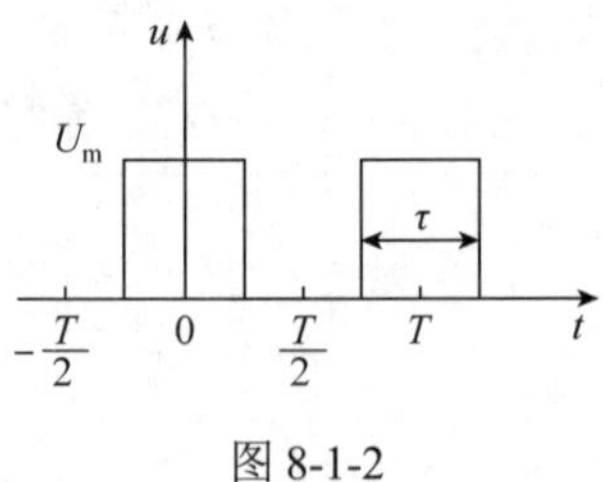

图 8-1-2

小知识

荧光灯(俗称日光灯)电路常用在正弦稳态交流电路分析实验中，理论计算与实验测量结果有较大的误差。相量分析与波形观察表明，荧光灯管为非线性器件，导致荧光灯管端电压为非正弦波周期量，对荧光灯电路用相量法验证基尔霍夫电压定律不准确。

8.2 波形对称性与所含谐波分量的关系

本课任务

1. 学会做波形对称性分析。
2. 掌握非对称性非正弦周期波的谐波分析。

任务实施

从上一节的例题和习题中，我们已经发现，有的非正弦周期波在做傅里叶级数展开时，有些谐波分量不存在，实践证明，这些不存在的谐波分量与谐波对称性之间具有一定的联系。如果能够对非正弦周期波在做傅里叶展开之前找出波形对称性与谐波分量的关系，就可以简化傅里叶系数的计算。

8.2.1 对称性与谐波分量的关系

1. 偶函数

一个函数 $f(t)$ 波形对称于纵坐标，满足条件 $f(t)=f(-t)$，这样的函数称为偶函数，又称纵轴对称函数。图 8-2-1 所示为一个偶函数波形。这样的函数展开时，有 $B_k=0$，傅里叶级数中只含 A_0 和 $\sum A_k\cos k\omega t$ 项，k=1，2，3，…。亦即这类对称性非正弦周期波，做傅里叶展开时只含直流分量和一系列余弦函数的谐波分量。

2. 奇函数

一个函数 $f(t)$ 波形对称于坐标原点，满足条件 $f(t)=-f(-t)$，则这个函数称为原点对称函数，又称奇函数，图 8-2-2 所示就是一个奇函数。这样的函数展开时，傅里叶级数中 $A_0=0$，A_k=0，只含 $\sum B_k\sin k\omega t$ 项，k=1，2，3，…。亦即这类对称性非正弦周期波，只含一系列正弦函数的谐波分量，不含余弦量和直流分量。

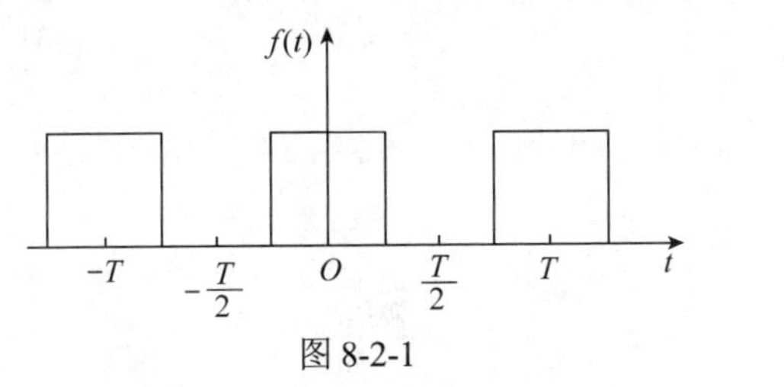

图 8-2-1

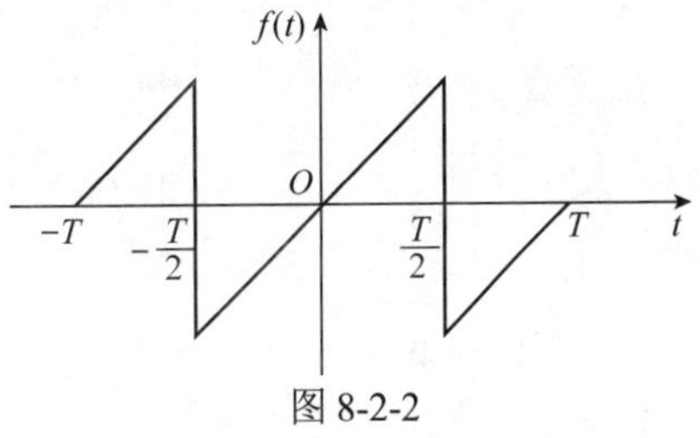

图 8-2-2

3. 奇半波对称函数

若一个函数 $f(t)$ 波形移动半个周期 $\left(\pm\frac{T}{2}\right)$ 后与原波形成镜像对称，即对横轴对称，函

数满足条件 $f(t)=-f\left(t\pm\dfrac{T}{2}\right)$，如图 8-2-3 所示，这类奇半波对称函数 $f(t)$ 称为奇谐波函数。奇谐波函数即不是偶函数也不是奇函数，只是移动半个周期后与原波形对称于横轴，其特点是傅里叶展开式的系数中，$A_0=0$，A_k 和 B_k 中 k 为奇数，即 k=1，3，5，…。这类非正弦周期波只含奇次谐波，也就是说这类函数展开式中只含有奇次正弦项和奇次余弦项。

4. 半波重叠函数

若函数 $f(t)$ 满足 $f(t)=f\left(t\pm\dfrac{T}{2}\right)$ 的条件，则波形移动半波$\left(\pm\dfrac{T}{2}\right)$后与原波形重叠，波形如图 8-2-4 所示，这类函数称为半波重叠函数，又称偶谐波函数。它不对称于纵轴和原点，不属于偶函数和奇函数，傅里叶展开式的系数 A_k 和 B_k 中 k 为奇数的项不存在，即 k =0，2，4，6，…。这类非正弦周期波只含偶次谐波，即只含偶次正弦量和偶次余弦量。

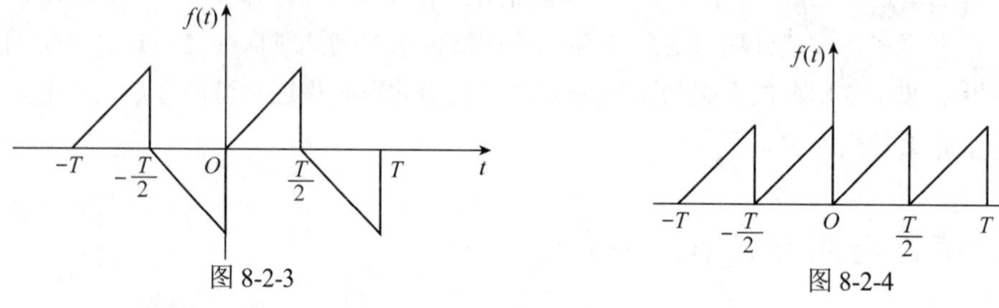

图 8-2-3　　图 8-2-4

5. 奇函数且奇半波对称

若函数 $f(t)$ 波形满足 $f(t)=-f(-t)$ 和 $f(t)=-f\left(t\pm\dfrac{T}{2}\right)$ 两个条件，如图 8-2-5 所示，则 $f(t)$ 波形对称于原点，是奇函数，且移动$\pm\dfrac{T}{2}$与原波形关于横轴成镜像对称，又是奇半波对称函数。这样的函数傅里叶系数中 $A_0=0$，$A_k=0$，B_k 中的偶数项也为 0，傅里叶级数中只含 $\sum B_k\sin k\omega t$ 项的奇次谐波。所以，这是奇函数且半波对称，只含正弦函数中的奇次项。

6. 偶函数且奇半波对称

若函数 $f(t)$ 波形满足 $f(t)=f(-t)$ 和 $f(t)=-f\left(t\pm\dfrac{T}{2}\right)$ 两个条件，如图 8-2-6 所示，则 $f(t)$ 波形对称于纵坐标，是偶函数，且移动$\pm\dfrac{T}{2}$后与原波形关于横轴成镜像对称，又是奇半波对称函数。这种函数展开式的傅里叶系数 $A_0=0$，$B_k=0$，A_k 中 k 为奇数，即 k=1，3，5…，傅里叶级数中只含 $\sum A_k\cos k\omega t$ 项的奇次谐波。即偶函数且奇半波对称的函数展开，只含余弦函数的奇次谐波。

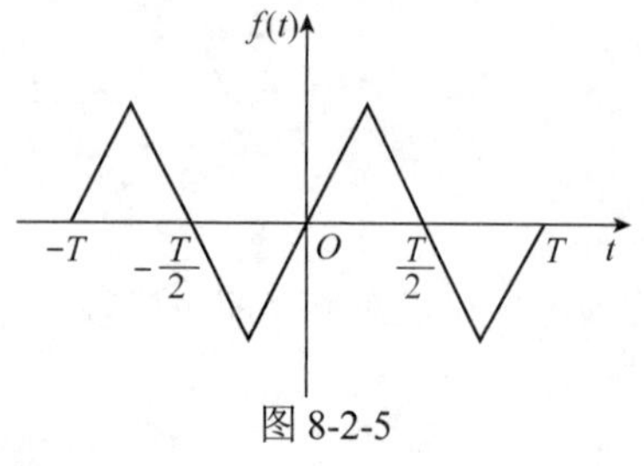

图 8-2-5

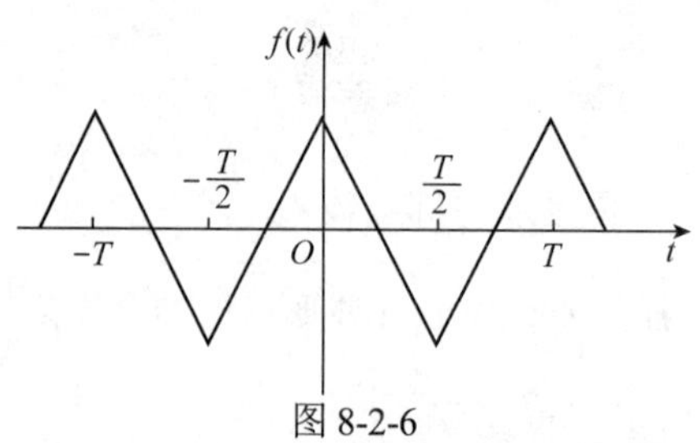

图 8-2-6

7. 偶函数且半波重叠

若函数波形满足 $f(t)=f(-t)$ 和 $f(t)=f\left(t\pm\dfrac{T}{2}\right)$ 两个条件，如图 8-2-7 所示，则 $f(t)$ 波形对称于纵轴，是偶函数，且移动 $\pm\dfrac{T}{2}$ 与原波形重叠，又是半波重叠函数。其傅里叶系数中，$B_k=0$，A_k 中 k 为偶函数，即 k=0，2，4，…，傅里叶级数中只含 A_0 和 $\sum A_k\cos k\omega t$ 项的偶次谐波。所以，这类函数展开式，只含直流分量和余弦函数的偶次谐波。

8. 奇函数且半波重叠

若函数 $f(t)$ 波形满足 $f(t)=-f(-t)$ 和 $f(t)=f\left(t\pm\dfrac{T}{2}\right)$ 两个条件，则其即是奇函数，又是半波重叠函数，如图 8-2-8 所示。$f(t)$ 波形对称于原点，且移动 $\pm\dfrac{T}{2}$ 与原波形重叠，则展开式的傅里叶系数中，$A_0=0$，$A_k=0$，B_k 中的 k 为偶数，即 k=2，4，6，…。傅里叶级数中只含 $\sum B_k\sin k\omega t$ 项的偶次谐波，即这类函数的展开式只含正弦函数的偶次项。

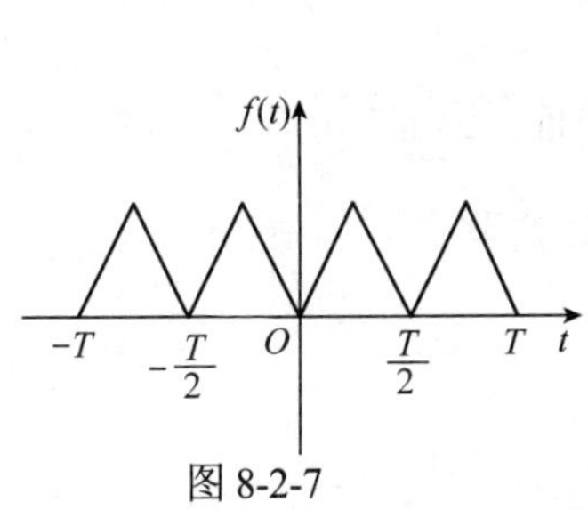

图 8-2-7

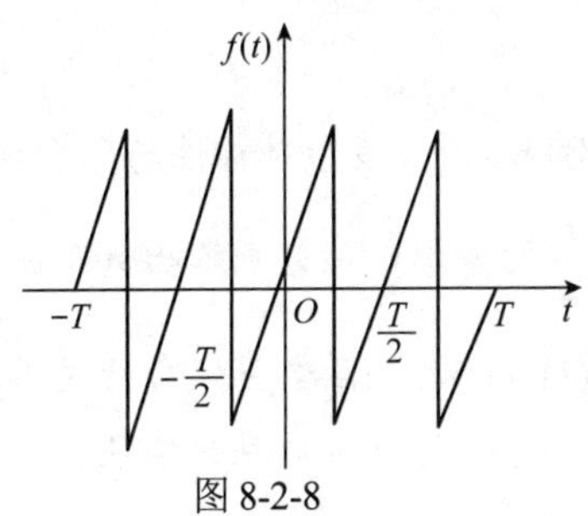

图 8-2-8

8.2.2　非对称性非正弦周期波的谐波分析

图 8-2-9(a)所示为一个非对称性非正弦周期波，这种函数波形展开时由于不具备对称性，所以不能用上述的对称分析法进行化简。从图形可以看出，只要把原图的坐标轴右移 $T/4$，则原来的函数就变成纵轴对称函数即偶函数，此时可利用波形的对称性来简化傅里叶系数的计算。将图 8-2-9(a)所示非对称性非正弦周期电压波 $u(t)$向左移或将坐标轴右移 1/4 个周期得如图 8-2-9(b)所示的波形，查表可得该波形的傅里叶展开式为

$$f(t)=\frac{2A_{\mathrm{m}}}{\pi}\left(\frac{1}{2}+\frac{\pi}{4}\cos\omega t+\frac{1}{3}\cos 2\omega t-\frac{1}{15}\cos 4\omega t+\cdots\right)$$

将式中的变量 t 用 $\left(t+\dfrac{T}{4}\right)$ 代替得

$$\begin{aligned}u(t)&=f\left(t+\frac{T}{4}\right)\\&=\frac{U_{\mathrm{m}}}{\pi}+\frac{U_{\mathrm{m}}}{2}\cos\omega\left(t+\frac{T}{4}\right)+\frac{2U_{\mathrm{m}}}{\pi}\left[\frac{1}{3}\cos 2\omega\left(t+\frac{T}{4}\right)-\right.\\&\left.\frac{1}{15}\cos 4\omega\left(t+\frac{T}{4}\right)+\frac{1}{35}\cos 6\omega\left(t+\frac{T}{4}\right)-\cdots\right]\end{aligned}$$

$$
\begin{aligned}
&= \frac{U_m}{\pi} + \frac{U_m}{2}\cos\left(\omega t + \frac{\pi}{2}\right) + \frac{2U_m}{\pi}\left[\frac{1}{3}\cos(2\omega t + \pi) - \right. \\
&\left. \frac{1}{15}\cos(4\omega t + 2\pi) + \frac{1}{35}\cos(6\omega t + 3\pi) - \cdots\right] \\
&= \frac{U_m}{\pi} + \frac{U_m}{2}\sin\omega t + \frac{2U_m}{\pi}\left[-\frac{1}{3}\cos 2\omega t - \frac{1}{15}\cos 4\omega t - \frac{1}{35}\cos 6\omega t - \cdots\right]
\end{aligned}
$$

这就是图 8-2-9(a)中所示的不对称非正弦函数的展开式，由于利用了对称关系，使计算大为简化。

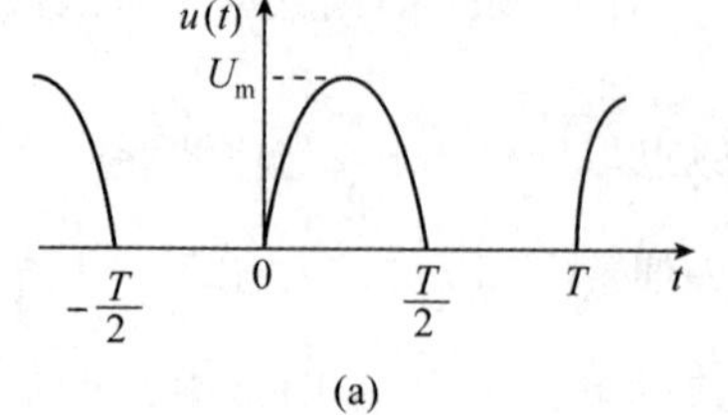

(a)

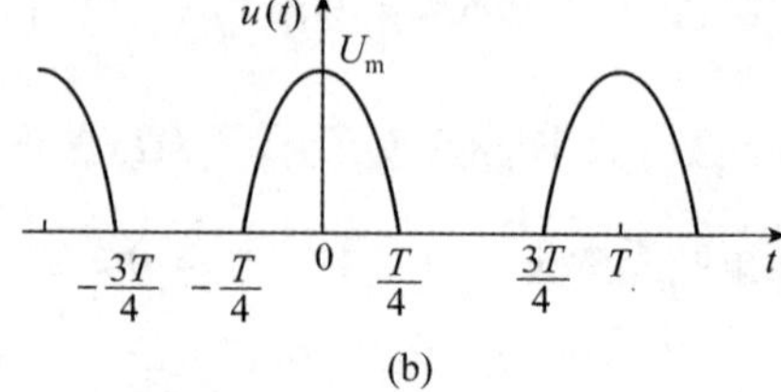

(b)

图 8-2-9

例 8.2.1 波形对称性与所含谐波分量情况的分析。图 8-2-10(a)所示仅为非正弦周期波的$\frac{T}{4}$的波形，试分别给出如下函数一个完整周期的波形：

(1) $f(t)$为偶函数且只含奇次谐波；

(2) $f(t)$为奇函数且只含偶次谐波。

解：

(1) $f(t)$为偶函数且只含奇次谐波。首先，根据 $f(t)$是偶函数，做出对称于纵轴的$\left(-\frac{T}{4},\ 0\right)$区间的$\frac{T}{4}$波形；然后，根据$f(t)$只含奇次谐波是奇半波对称，对已做出的波形移动$\pm\frac{T}{2}$与横轴成镜像对称，做出整个周期的波形，如图 8-2-10(b)所示。

(2) $f(t)$为奇函数且只含偶次谐波。第一步，根据 $f(t)$是奇函数，做出对称于原点$\left(-\frac{T}{4},\ 0\right)$区间的$\frac{T}{4}$波形；第二步，根据$f(t)$只含偶次谐波是半波重叠函数，对已做出的波形移动$\pm\frac{T}{2}$，与原波形重叠做出整个周期的波形，如图 8-2-1(c)所示。

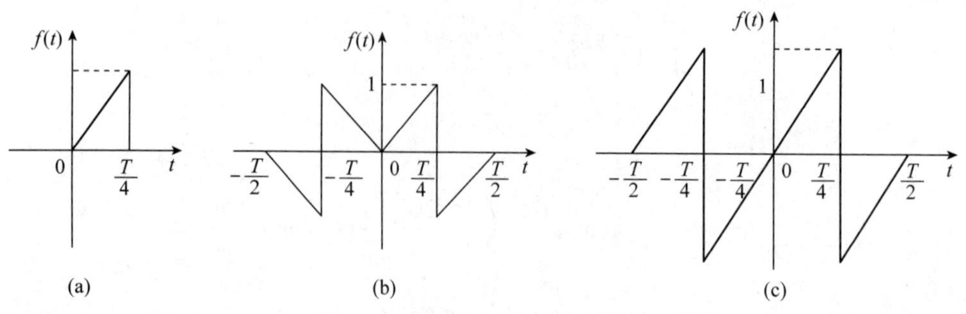

图 8-2-10

同步训练

1. 函数 $u(t)=10+5\cos(\omega t+100^{\circ})+3\cos(2\omega t+200^{\circ})$，此函数是否为偶函数？

2. 波形如图 8-2-11 所示，如果把坐标原点分别选在 a、b、c 三点，则函数所含谐波成分有何不同？

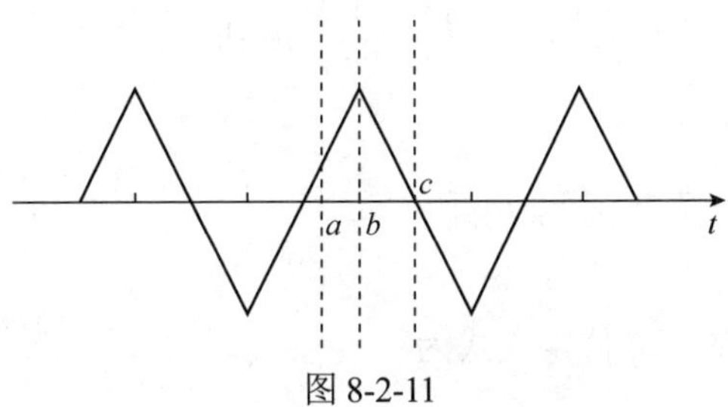

图 8-2-11

8.3 非正弦周期波的平均值与有效值及功率

本课任务

1. 理解非正弦周期波的直流分量和平均值的概念。
2. 学会计算平均值和有效值。
3. 熟练掌握非正弦周期波功率的计算。

任务实施

8.3.1 非正弦周期波的直流分量和平均值

非正弦周期波的直流分量，可用公式表示为

$$A_0=\frac{1}{T}\int_0^T f(t)\mathrm{d}t \tag{8-3-1}$$

对于边界显得规则的非正弦周期波，如三角波、矩形波、锯齿波等，还可以通过图形与横轴围成的净面积来计算直流分量，公式为

$$A=\frac{1}{T}\times\left(\text{净面积}\right)_0^T \tag{8-3-2}$$

计算净面积时，横轴以上的面积为正面积，横轴以下的面积为负面积，两者代数和即为净面积。净面积为零，则函数不含直流分量。净面积不等于零时，函数含直流分量。通过对波形的对称性分析，可以使平均值计算简化，对分析得出直流分量为零的函数不必进行计算。如奇函数波、奇半波对称的奇谐波函数波、偶函数且奇半波对称波、奇函数且半波重叠波等，直流分量都为零，则函数平均值为零。对不能通过分析得出结论的其他函数，

则需要通过公式进行计算。

非正弦周期波的平均值就是非正弦周期量的绝对值在一个周期内的平均值，用公式表示为

$$I_{\text{av}}=\frac{1}{T}\int_{0}^{T}|i|\,\text{d}t \tag{8-3-3}$$

$$U_{\text{av}}=\frac{1}{T}\int_{0}^{T}|u|\,\text{d}t \tag{8-3-4}$$

8.3.2 非正弦周期波的有效值

非正弦周期函数$f(t)$的有效值定义式为

$$F=\sqrt{\frac{1}{T}\int_{0}^{T}f^{2}(t)\text{d}t} \tag{8-3-5}$$

设非正弦周期电流为$i=I_{0}+\sum_{k=1}^{\infty}I_{k\text{m}}\sin(k\omega t+\varphi_{k})$，代入式(8-3-5)，得电流的有效值为

$$I=\sqrt{\frac{1}{T}\int_{0}^{T}[I_{0}+\sum_{k=1}^{\infty}I_{k\text{m}}\sin(k\omega t+\varphi_{k})]^{2}\,\text{d}t} \tag{8-3-6}$$

将式(8-3-6)展开的几项积分为

$$\frac{1}{T}\int_{0}^{T}I_{0}^{2}\text{d}t=I_{0}^{2}$$

$$\sum_{k=1}^{\infty}\frac{1}{T}\int_{0}^{T}I_{k\text{m}}^{2}\sin^{2}(k\omega t+\varphi_{k})\text{d}t=\sum_{k=1}^{\infty}I_{k}^{2}$$

式中：$I_{k}=\frac{I_{k\text{m}}}{\sqrt{2}}$，为$k$次谐波分量的有效值。

$$\sum_{k=1}^{\infty}\frac{1}{T}\int_{0}^{T}2I_{0}I_{k\text{m}}\sin(k\omega t+\varphi_{k})\text{d}t=0$$

$$\sum_{\substack{k=1\\q=1\\k\neq q}}^{\infty}\frac{1}{T}\int_{0}^{T}I_{k\text{m}}I_{q\text{m}}\sin(k\omega t+\varphi_{k})\sin(q\omega t-\varphi_{q})\text{d}t=0$$

将上述结果代入式(8-3-6)中，便得非正弦周期电流i的有效值为

$$I=\sqrt{I_{0}^{2}+\sum_{k=1}^{\infty}I_{k}^{2}} \tag{8-3-7}$$

式(8-3-7)在导出中，应用了如下三角数组的正交性，即

$$\int_{0}^{T}\sin kx\text{d}x=0\quad(k=1,2,3,\cdots)$$

$$\int_0^T \sin kx \sin qx \mathrm{d}x = 0 \quad (k \neq q\,;k,q = 1\,,2\,,3\,,\cdots)$$

$$\int_0^T \sin^2 kx \mathrm{d}x = \frac{T}{2} \quad (k = 1\,,2\,,3\,,\cdots)$$

同理，非正弦交流电压 u 的有效值为

$$U = \sqrt{U_0^2 + \sum_{k=1}^{\infty} U_k^2} \tag{8-3-8}$$

通过上面推导可知，非正弦周期量的有效值，就是直流分量和各次谐波分量有效值平方和的开方。

8.3.3　非正弦周期电流电路的功率

非正弦周期电流电路的功率(平均功率)和正弦电路一样，等于非正弦量一个周期内消耗在电路中的电能与消耗这些电能所用时间之比，公式为

$$P = \frac{1}{T}\int_0^T p\mathrm{d}t = \frac{1}{T}\int_0^T ui\mathrm{d}t \tag{8-3-9}$$

设流入二端网络的非正弦周期电流和电压分别为

$$i(t) = I_0 + \sum_{k=1}^{\infty} \sqrt{2} I_k \sin(k\omega t + \varphi_{ik})$$

$$u(t) = U_0 + \sum_{k=1}^{\infty} \sqrt{2} U_k \sin(k\omega t + \varphi_{uk})$$

代入式(8-3-9)，可得二端网络吸收的平均功率为

$$\begin{aligned} P &= \frac{1}{T}\int_0^T \left[U0 + \sum_{k=1}^{\infty} \sqrt{2} U_k \sin(k\omega t + \varphi_{uk}) \right] \left[I_0 + \sum_{k=1}^{\infty} \sqrt{2} I_k \sin(k\omega t + \varphi_{ik}) \right] \mathrm{d}t \\ &= U_0 I_0 + U_1 I_1 \cos\varphi_1 + U_2 I_2 \cos\varphi_2 + U_3 I_3 \cos\varphi_3 + \cdots + U_k I_k \cos\varphi_k + \cdots \\ &= U_0 I_0 + \sum_{k=1}^{\infty} U_k I_k \cos\varphi_k = P_0 + \sum_{k=1}^{\infty} P_k = P_0 + P_1 + P_2 + \cdots \end{aligned}$$

即

$$P = P_0 + \sum_{k=1}^{\infty} P_k = P_0 + P_1 + P_2 + \cdots \tag{8-3-10}$$

式中：$\varphi_k = \varphi_{uk} - \varphi_{ik}$，是 k 次谐波的阻抗角；$P_k = U_k I_k \cos\varphi_k$，是 k 次谐波的平均功率。

可见，非正弦交流电路的平均功率，等于直流分量功率和各次谐波平均功率之和。可以看出，非正弦交流电路中，不同频率的各次谐波平均功率满足叠加性，而在直流电路和单一频率多电源正弦交流电路中的有功功率不满足叠加性。

例 8.3.1　图 8-3-1 所示为一锯齿波波形，最大值为 100V，求该锯齿波的有效值和平均值。

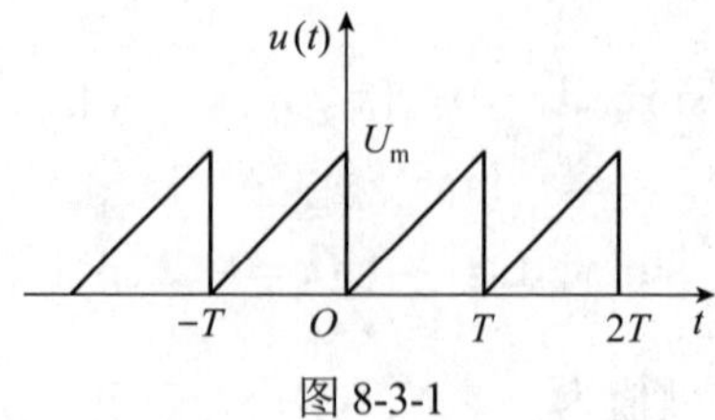

图 8-3-1

解：根据波形图可写出锯齿波的函数表达式为

$$u(t)=\frac{U_{\mathrm{m}}}{T}t=\frac{100}{T}t\,\mathrm{V}$$

将表达式代入有效值的定义式得

$$\begin{aligned}U&=\sqrt{\frac{1}{T}\int_0^T u^2\mathrm{d}t}=\sqrt{\frac{1}{T}\int_0^T\left(\frac{U_{\mathrm{m}}}{T}t\right)^2\mathrm{d}t}\\&=\sqrt{\frac{U_{\mathrm{m}}^2}{T^3}\int_0^T t^2\mathrm{d}t}=\sqrt{\frac{U_{\mathrm{m}}^2}{T^3}\frac{T^3}{3}}\\&=\frac{U_{\mathrm{m}}}{\sqrt{3}}=\frac{100}{\sqrt{3}}\mathrm{V}=57.7\mathrm{V}\end{aligned}$$

该有效值也可以通过波形的展开式，利用各次谐波的有效值来计算，但没有上述方法简便。

函数的平均值为

$$\begin{aligned}U&=\frac{1}{T}\int_0^T u\mathrm{d}t=\frac{1}{T}\int_0^T\frac{U_{\mathrm{m}}}{T}t\mathrm{d}t=\frac{U_{\mathrm{m}}}{T^2}\int_0^T t\mathrm{d}t\\&=\frac{U_{\mathrm{m}}}{T^2}\frac{T^2}{2}=\frac{100}{2}\mathrm{V}=50\mathrm{V}\end{aligned}$$

例 8.3.2 已知某一非正弦电压为 $u=[50+60\sqrt{2}\sin(\omega t+30°)+40\sqrt{2}\sin(2\omega t+10°)]\mathrm{V}$、电流为 $i=[1+0.5\sqrt{2}\sin(\omega t-20°)+0.3\sqrt{2}\sin(2\omega t+50°)]\mathrm{A}$ 的二端网络，求电压、电流的有效值和网络的平均功率。

解：由式(8-3-7)、式(8-3-8)、式(8-3-10)可得电压、电流的有效值为

$$U=\sqrt{U_0^2+U_1^2+U_2^2}=\sqrt{50^2+40^2+40^2}\ \mathrm{V}\approx 88\ \mathrm{V}$$

$$I=\sqrt{I_0^2+I_1^2+I_2^2}=\sqrt{1^2+0.5^2+0.3^2}\ \mathrm{A}\approx 1.16\ \mathrm{A}$$

网络的平均功率为

$$\begin{aligned}\mathrm{P}=\mathrm{U}_{\mathrm{I}}P&=U_0I_0+U_1I_1\cos\varphi_1+U_2I_2\cos\varphi_2\\&=[50\times1+60\times0.5\cos(30^{\circ}+20^{\circ})+40\times0.3\cos(10^{\circ}-50^{\circ})]\mathrm{W}\\&=78.5\ \mathrm{W}\end{aligned}$$

同步训练

1. 一个 50Ω 的电阻，施加电压 $u=[100+10\sqrt{2}\sin(\omega t+45^\circ)+2\sqrt{2}\sin(3\omega t-60^\circ)]\text{V}$，试求：

(1) 电压的有效值；

(2) 电流的表达式；

(3) 电阻上消耗的功率。

2. 流入一个二端网络的电流 $i=[50\sin(\omega t-45^\circ)+20\sin(3\omega t-60^\circ)+2\sin 5\omega t]\text{A}$，网络的端口电压为 $u=(100+100\cos\omega t+50\sin 3\omega t)\text{V}$，求电压的有效值、电流的有效值及网络消耗的功率。

8.4 非正弦交流电路的分析计算

本课任务

1. 掌握非正弦交流电路的分析计算的方法。
2. 学会一般的非正弦交流电路的分析计算。

实例链接

滤波电路、整流电路以及电子电路中的许多电路模块的分析计算，都属于非正弦电路的计算。

任务实施

非正弦周期波可按傅里叶级数展开成一系列正弦谐波分量之和，因此，当非正弦周期波作用于线性电路时，可按正弦交流电路的计算方法对每一项分别进行计算，然后再运用叠加原理求出总的响应。具体计算可按如下步骤进行：

(1) 将给定的非正弦周期电压或电流，应用傅里叶级数分解为直流分量和各次谐波分量之和。对非正弦周期函数电量进行傅里叶级数展开时，所取的项数多少，应视所要求的准确度而定。

(2) 对直流分量和各次谐波分量分别计算感抗和容抗，对于 k 次谐波，相量模型中，感抗是 $X_{Lk}=k\omega L$，容抗是 $X_{Ck}=\dfrac{1}{k\omega C}$。对直流分量，电感相当于短路，$X_{L0}=0$，电容相当于开路，$X_{C0}=\infty$。

(3) 分别计算出直流分量和各次谐波分量单独作用时，电路中的电压或电流分量。最后将分析计算所得的待求支路相量形式的电压或电流分量，变换成正弦量的瞬时值表达式。

(4) 应用叠加原理将各分量单独作用时，所计算的结果进行叠加，求它们的代数和，得出线性电路在非正弦周期函数激励下的各电压、电流以及功率。需注意的是，叠加时应按瞬时值表达式进行，因为各次谐波的频率不同，不能用相量进行叠加。

例 8.4.1 一个滤波电路如图 8-4-1(a)所示，电感 $L=0.05\text{H}$，电容 $C=10\mu\text{F}$，电阻 $R=2\text{k}\Omega$，在 a、b 端外施一个全波整流电压，波形如图 8-4-1(b)所示，最大值为 $U_{\text{m}}=150\text{V}$，基波频率为 $f=50\text{Hz}$，求输入电流和电路消耗的功率。

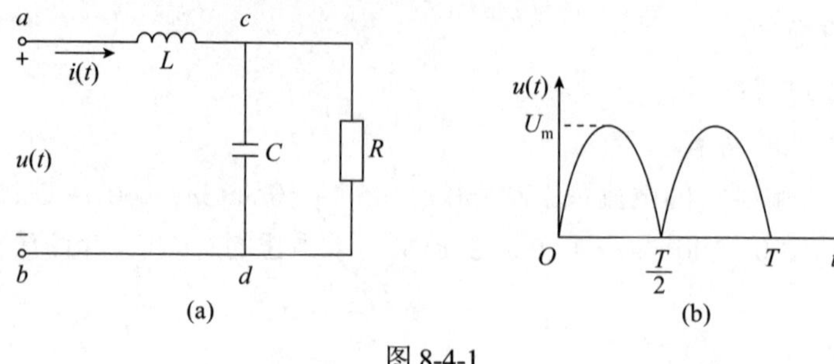

图 8-4-1

解：查表可得全波整流电压波的傅里叶级数为

$$u(t)=\frac{4}{\pi}U_{\text{m}}\left(\frac{1}{2}+\frac{1}{3}\cos 2\omega t-\frac{1}{15}\cos 4\omega t+\frac{1}{35}\cos 6\omega t-\cdots\right)$$

式中：基波频率为 $\omega=2\pi f=314\,\text{rad/s}$，若表达式最高取到四次谐波，则

$$u(t)=\left(\frac{300}{\pi}+\frac{200}{\pi}\cos 2\omega t-\frac{40}{\pi}\cos 4\omega t\right)\text{V}$$

直流分量作用时有

$$X_{L0}=0,\quad X_{C0}=\infty$$

$$I_0=\frac{U_0}{R}=\frac{300}{2000\pi}\text{A}=0.048\,\text{A}$$

二次谐波作用时，c、d 两点间的等效复阻抗为

$$\begin{aligned}Z_{cd2}&=\frac{-\text{j}X_{C2}R}{R-\text{j}X_{C2}}=\frac{R}{1+\text{j}2\omega CR}\\&=\frac{2000}{1+\text{j}2\times100\pi\times10^{-5}\times2000}\Omega\\&=\frac{2000}{1+\text{j}4\pi}\Omega=158.7\angle-85.5^{\circ}\,\Omega\end{aligned}$$

总的复阻抗为

$$\begin{aligned}Z_{ab2}=\text{j}X_{L2}+Z_{cd2}&=(\text{j}2\times100\pi\times0.05+158.7\angle-85.5^{\circ})\Omega\\&=(\text{j}31.4+12.5-\text{j}158.2)\Omega\\&=(12.5-\text{j}126.8)\Omega=127.4\angle-84.4^{\circ}\,\Omega\end{aligned}$$

二次谐波电流振幅相量为

$$\dot{I}_{m2}=\frac{\dot{U}_{mab2}}{Z_{ab2}}=\frac{\frac{200}{\pi}}{127.4\angle-84.4^\circ}\text{A}=0.50\angle84.4^\circ\text{A}$$

二次谐波电流表达式为

$$i_2=0.50\cos(2\omega t+84.4^\circ)\text{A}$$

四次谐波作用时，各复阻抗为

$$Z_{cd4}=\frac{R}{1+\text{j}4\omega CR}=\frac{2000}{1+\text{j}8\pi}\Omega=79.5\angle-87.7^\circ\Omega$$

$$\begin{aligned}Z_{ab4}&=\text{j}X_{L4}+Z_{cd4}=(\text{j}4\times100\pi\times0.05+79.5\angle-87.7^\circ)\Omega\\&=(\text{j}20\pi+3.2-\text{j}79.4)\Omega\\&=(3.2-\text{j}16.6)\Omega=16.9\angle-79.1^\circ\Omega\end{aligned}$$

四次谐波电流振幅相量为

$$\dot{I}_{m4}=\frac{\dot{U}_{mab4}}{Z_{ab4}}=\frac{-\frac{40}{\pi}}{16.9\angle-79.1^\circ}\text{A}=0.75\angle-100.9^\circ\text{A}$$

四次谐波电流表达式

$$i_4=0.75\cos(4\omega t-100.9^\circ)\text{A}$$

将各次谐波电流的表达式叠加得

$$i=I_0+i_2+i_4=[0.048+0.50\cos(2\omega t+84.4^\circ)+0.75\cos(4\omega t-100.9^\circ)]\text{A}$$

电路的总平均功率为

$$\begin{aligned}P&=P_0+P_1+P_2+\cdots\\&=\left[\frac{300}{\pi}\times0.048+\frac{200}{\sqrt{2}\pi}\times\frac{0.50}{\sqrt{2}}\cos(-84.4^\circ)+\frac{40}{\sqrt{2}\pi}\times\frac{0.75}{\sqrt{2}}\cos(-79.1^\circ)\right]\text{W}\\&=\left[\frac{300}{\pi}\times0.048+\frac{200}{\pi}\times0.50\cos(-84.4^\circ)+\frac{40}{\pi}\times0.75\cos(-79.1^\circ)\right]\text{W}\\&=(4.58+1.55+0.90)\text{W}=7.03\text{W}\end{aligned}$$

例 8.4.2　电路如图 8-4-2 所示，$u(t)=(45+180\sin10t+60\sin30t+30\sin50t)$ V。求电流 $i(t)$及其有效值 I 和电路吸收的平均功率 P。

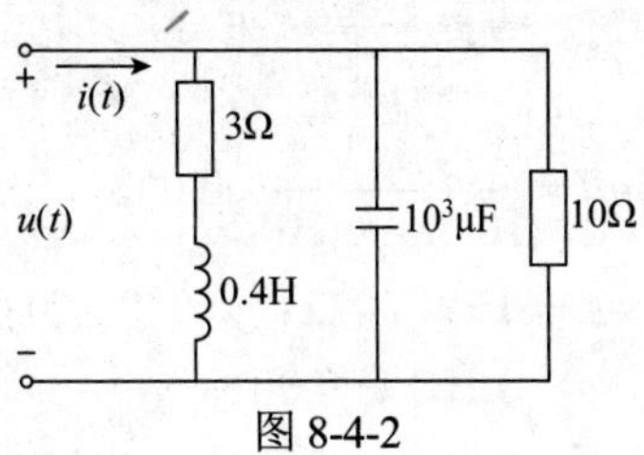

图 8-4-2

解:

(1) 计算输入电流 $i(t)$:

① 当直流分量电压单独作用时，电路的导纳为

$$Y_0 = \left(\frac{1}{3}+\frac{1}{10}\right)\text{S} = \frac{13}{30}\text{S}$$

故输入直流电流分量为

$$I_0 = Y_0 U_0 = \frac{13}{30}\times 45\text{A} = 19.5\text{ A}$$

② 基波电压分量单独作用时，电路导纳为

$$\begin{aligned}Y(\omega) &= \left(\frac{1}{10}+\frac{1}{3+\text{j}4}+\text{j}10\times10^3\times10^{-6}\right)\text{S}\\ &= (0.1+0.12-\text{j}0.16+\text{j}0.01)\text{S}\\ &= (0.22-\text{j}0.15)\text{S} = 0.266\angle-34.2^\circ\text{ S}\end{aligned}$$

故基波电流为

$$\begin{aligned}\dot{I}_{1\text{m}} &= Y(\omega)\dot{U}_{1\text{n}}\\ &= 0.266\angle-34.2^\circ\times180\angle0^\circ\text{ A} = 47.88\angle-34.2^\circ\text{ A}\end{aligned}$$

$$i_1(t) = 47.88\sin(10t-34.2^\circ)\text{A}$$

③ 三次谐波电压单独作用时，电路的导纳为

$$\begin{aligned}Y(3\omega) &= \left(\frac{1}{10}+\frac{1}{3+\text{j}12}+\text{j}0.03\right)\text{S}\\ &= (0.1+0.02-\text{j}0.078+\text{j}0.03)\text{S}\\ &= (0.12-\text{j}0.048)\text{S} = 0.129\angle-21.8^\circ\text{ S}\end{aligned}$$

故三次谐波电流为

$$\begin{aligned}\dot{I}_{3\text{m}} &= Y(3\omega)\dot{U}_{3\text{m}}\\ &= 0.129\angle-21.8^\circ\times60\angle0^\circ\text{ A} = 7.74\angle-21.8^\circ\text{ A}\end{aligned}$$

$$i_3(t) = 7.74\sin(30t-21.8^\circ)\text{ A}$$

④ 五次谐波电压单独作用时，电路的导纳为

$$\begin{aligned}Y(5\omega) &= \frac{1}{10}+\frac{1}{3+\text{j}20}+\text{j}0.05\text{S}\\ &= 0.1+0.022-\text{j}0.049+\text{j}0.05\text{S}\\ &= 0.122+\text{j}0.001\text{S}\\ &= 0.122\angle0.46^\circ\text{ S}\end{aligned}$$

故五次谐波电流为

$$\dot{I}_{5m} = Y(5\omega)\dot{U}_{5m}$$
$$= 0.122\angle 0.46^\circ \times 30\angle 0^\circ \text{A} = 3.66\angle 0.46^\circ \text{A}$$
$$i_5(t) = 3.66\sin(50t + 0.46^\circ)\text{A}$$

⑤ 进行叠加，求出端口输入电流为

$$i(t) = [19.5 + 47.88\sin(10t - 34.2^\circ) + 7.74\sin(30t - 21.8^\circ) + 3.66\sin(50t + 0.46^\circ)]\text{A}$$

(2) 电流 $i(t)$的有效值为

$$I = \sqrt{I_0^2 + I_1^2 + I_3^2 + I_5^2}$$
$$= \sqrt{19.5^2 + \left(\frac{47.88}{\sqrt{2}}\right)^2 + \left(\frac{7.74}{\sqrt{2}}\right)^2 + \left(\frac{3.66}{\sqrt{2}}\right)^2}\text{A}$$
$$= \sqrt{380.25 + 1146.25 + 29.95 + 6.69}\text{A} = 39.54\text{ A}$$

(3) 电路吸收的平均功率为

$$P = \left(U_0I_0 + U_1I_1\cos\varphi_1 + U_3I_3\cos\varphi_3 + U_5I_5\cos\varphi_5\right)\text{W}$$
$$= \left[45\times 19.5 + \frac{1}{2}(180\times 47.88)\cos 34.2^\circ + \frac{1}{2}(60\times 7.74)\cos(21.8^\circ) + \frac{1}{2}(30\times 3.66)\cos(-0.46^\circ)\right]\text{W}$$
$$= (877.5 + 3563.79 + 215.59 + 54.90)\text{W} = 4711.78\text{ W}$$

同步训练

RLC 串联电路，电阻 R=100Ω，电感 L=2.26mH，电容 C=10μF，基波频率 ω=314rad/s，外加电压 $u=(10 + 40\sqrt{2}\sin\omega t + 20\sqrt{2}\sin 3\omega t + 10\sqrt{2}\sin 5\omega t)$V，试求电路中的电流 i 和平均功率 P。

习题

8.1　一个非正弦周期波的 1/4 周期波形如图 8-1 所示，试根据以下描述绘出一个周期的波形：

(1) $f(t)$ 为偶函数，且半波对称；

(2) $f(t)$ 为偶函数，无半波对称；

(3) $f(t)$ 为奇函数，且半波对称；

(4) $f(t)$ 为奇函数，无半波对称；

(5) $f(t)$ 为偶函数，只含偶次谐波；

(6) $f(t)$ 为奇函数，只含奇次谐波。

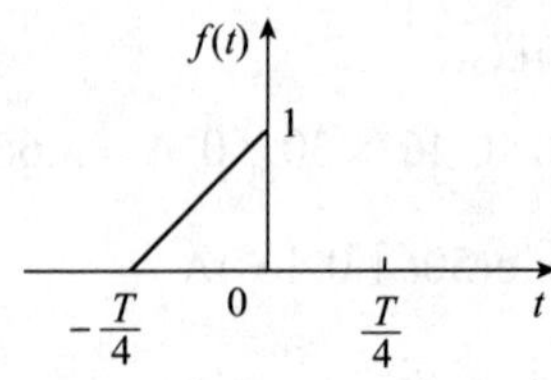

图 8-1

8.2 讨论下列波形的对称性:

(1) $f(t)=50\sin\omega t+20\sin(3\omega t-60^\circ)+2\sin5\omega t+\cdots$

(2) $f(t)=2+\cos(2t+15^\circ)+2\cos(4t+30^\circ)+\cdots$

(3) $f(t)=\cos(\omega t+45^\circ)+\sin(3\omega t+15^\circ)+\cos(5\omega t+45^\circ)+\cdots$

(4) $f(t)=10+\cos(\omega t+35^\circ)+\sin(2\omega t+30^\circ)+\cos(3\omega t+100^\circ)+\cdots$

8.3 试求图 8-2 所示各波形的直流分量和基波频率,确定是否含有余弦项和偶次谐波。

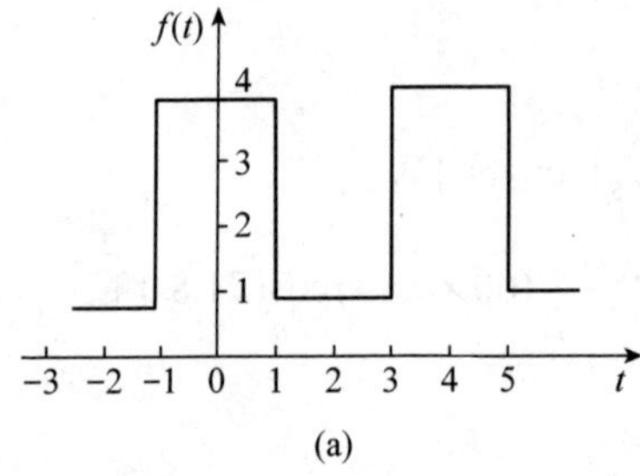

(a)

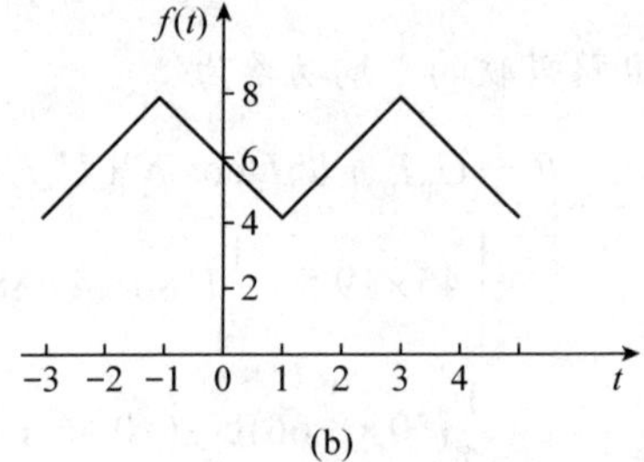

(b)

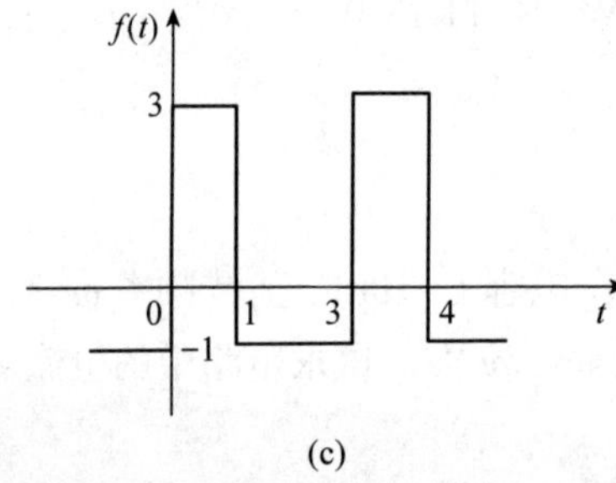

(c)

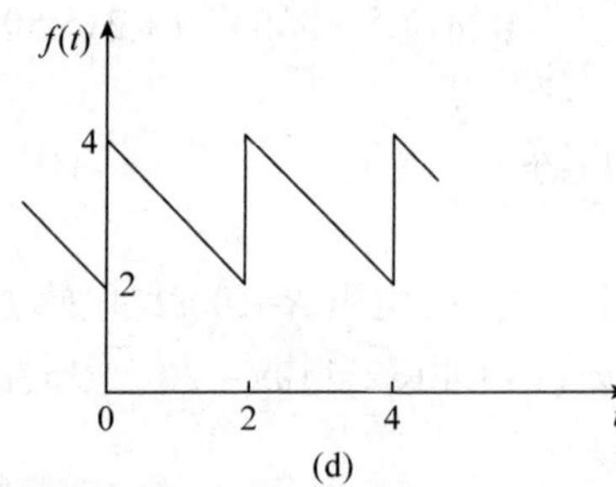

(d)

图 8-2

8.4 试求图 8-3 所示各电压波形的平均值和有效值。

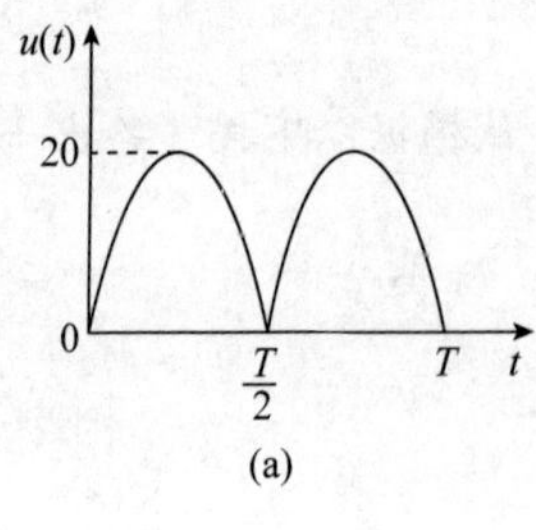

(a)

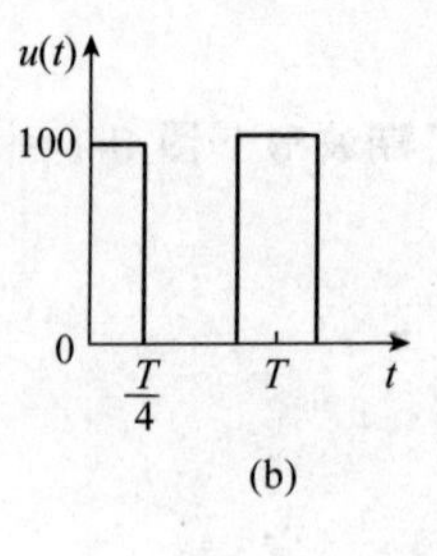

(b)

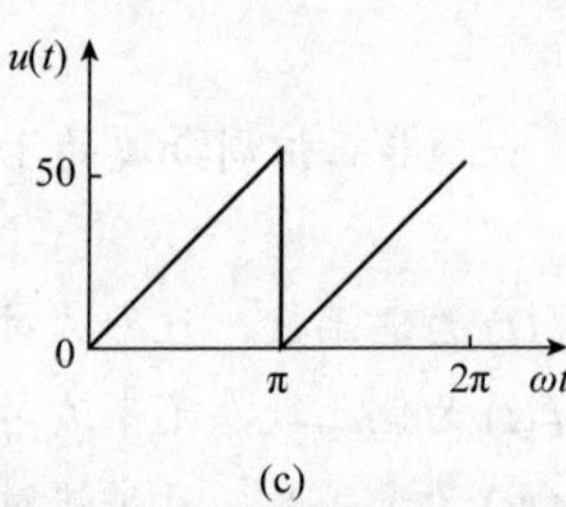

(c)

图 8-3

8.5 已知图 8-4(a)所示的三角波的傅里叶展开式如下式所示,试求图(b)所示的三角波的傅里叶级数。

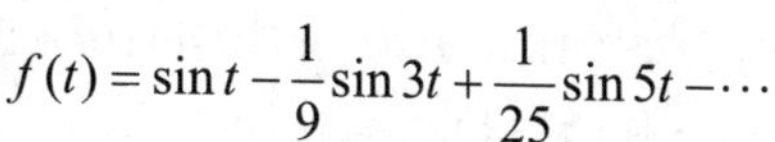

$$f(t)=\sin t-\frac{1}{9}\sin 3t+\frac{1}{25}\sin 5t-\cdots$$

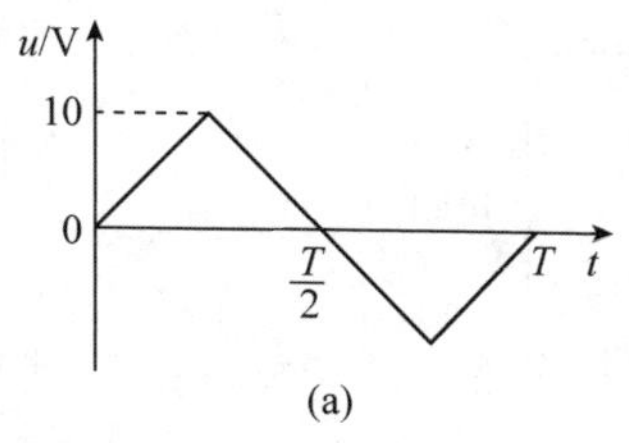

(a)

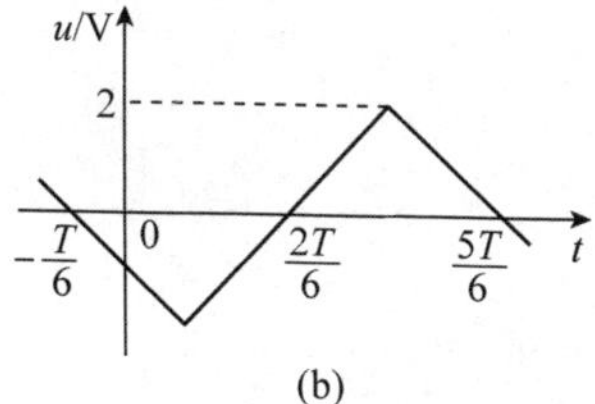

(b)

图 8-4

8.6　已知图 8-5(a)所示的方波的傅里叶展开式为 $f(t)=1+0.6\sin\omega t+0.2\sin 3\omega t+\cdots$，试求图(b)所示的方波的傅里叶级数。

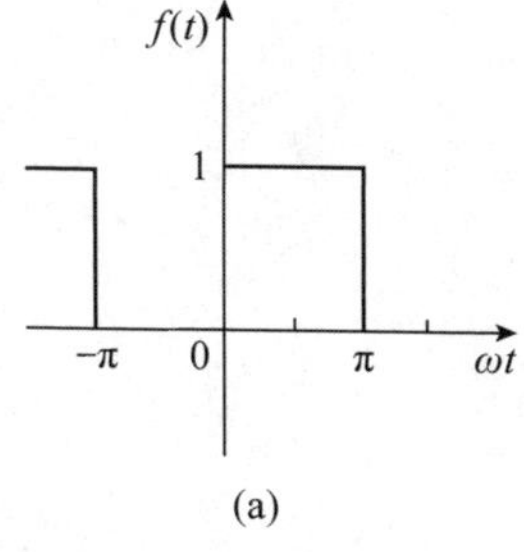

(a)

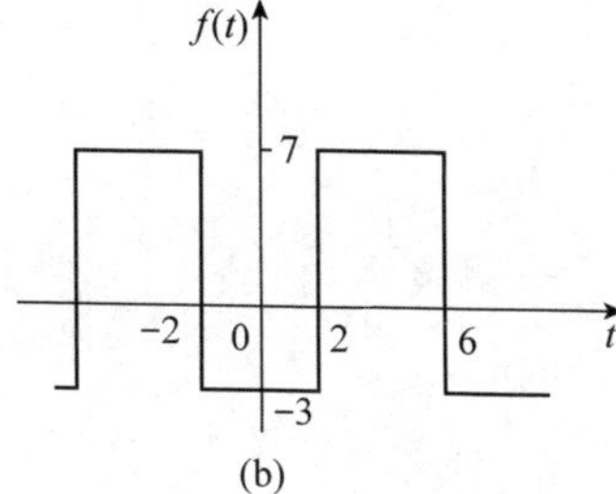

(b)

图 8-5

8.7　已知二端网络端电压和端子上的电流的表达式分别如下两个公式所示，试求：

(1) 电流和电压的有效值；

(2) 网络的平均功率。

$$u(t)=\left[\cos\left(t+\frac{\pi}{2}\right)+\cos\left(2t-\frac{\pi}{4}\right)+4\cos\left(3t-\frac{\pi}{3}\right)\right]\mathrm{V}$$

$$i(t)=\left[8\cos t+2\sqrt{2}\cos\left(2t-\frac{\pi}{2}\right)\right]\mathrm{A}$$

8.8　一个阻值为 5Ω 的电阻，与一个 $L=2\mathrm{H}$ 的电感串联接于 $u(t)=\left[\cos\left(t+\frac{\pi}{2}\right)+\cos 2t\right]\mathrm{V}$ 的电源上，试求：

(1) 电路中的电流；

(2) 电阻消耗的功率；

(3) 两个不同频率的电源单独作用时电阻上的功率；

(4) 由(3)的计算得出什么结论？

8.9　一个正弦电压 $u(t)=100\sin 100t\ \mathrm{V}$，经全波整流后加到 RL 串联电路上，已知 $R=30\Omega$，$L=0.2\mathrm{H}$，试求：

(1) 电路的电流；

(2) 电流、电压的有效值；

(3) 电路的功率。

8.10　电路如图 8-6 所示，电源电压为 $u(t)=(10\sin 10t+50\sin 20t+100\sin 30t)\text{V}$，试求电流 $i(t)$ 及其有效值 I 和电路吸收的平均功率 P。

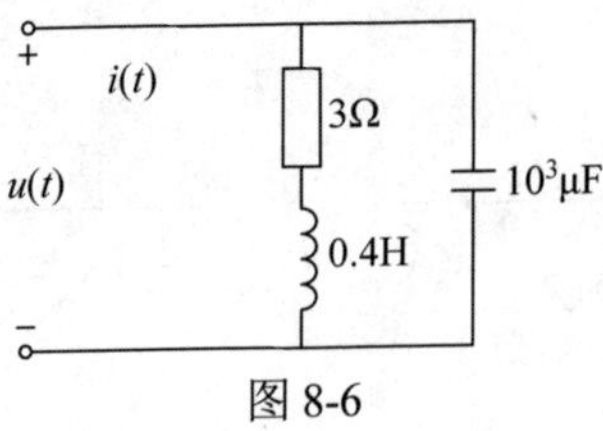

图 8-6

附录A

SI单位及其辅助单位①

在众多的物理量中，选择几个量作为**基本量**，基本量的的单位就称为**基本单位**，其他物理量都可以由基本量导出，这些量称为**导出量**，它们的单位可以表示为基本单位的组合，称为**导出单位**。基本量和基本单位可以有不同的选择方法，基本量及其单位的选择不同，就形成了不同的单位制。目前国际上通用的单位制称为国际单位制，简称 SI。本书采用的就是 SI。

SI 规定的基本单位及其基本量有七个，见表 A1 所列。

表 A1　SI 规定的基本单位

基本量		时间	长度	质量	电流	热力学温度	物质的量	发光强度
基本单位	名称	秒	米	千克	安[培]	开[尔文]	摩[尔]	坎[德拉]
	符号	s	m	kg(公斤)	A	K	mol	cd

长度的 SI 单位是 m。历史上，曾把保存在巴黎国际度量衡局中的一根铂铱合金尺的长度规定为 1m，这根特殊的尺称为米原器。随着科学的发展，这种规定显得欠精确。1983 年国际计量会议规定：1m 是光在真空中在 $\frac{1}{299792458}$ s 内所经过的距离。

质量的 SI 单位是 kg。kg 的标准是保存在巴黎国际度量衡局的一个铂铱合金圆柱体，称为千克原器。各国都以它的精确复制品作为标准。

时间的 SI 单位是 s。以前曾规定 1s 是平均太阳日的 $\frac{1}{86400}$。1967 年起规定 1s 是铯(^{133}CS)的一种微波辐射周期的 9192631770 倍。利用这种原理制成的记时装置，称为铯原子钟。

实际的物理量，往往比基本单位或由它们导出的单位大很多或小很多。为了表示方便，常用规定单位的倍数或分数做单位，这些单位称为**辅助单位**。辅助单位的符号是在规定单位的符号前，加一个表示倍数或分数的词头组成。常用的词头见下页的表 A2 所列。

---

① 资料来源：单秋山. 物理教程[M]. 哈尔滨：哈尔滨工业大学出版社，2000.

表 A2　SI 单位的词头

因数	外文词头	符号		因数	外文词头	符号	
		中文	外文			中文	外文
10^{24}	yotta	尧	Y	10^{-2}	denti	厘	c
10^{21}	zetta	艾	Z	10^{-2}	denti	厘	c
10^{18}	exa	艾	E	10^{-3}	milli	毫	m
10^{15}	peta	拍	P	10^{-6}	micro	微	μ
10^{12}	tera	太	T	10^{-9}	nano	纳	n
10^{9}	giga	吉	G	10^{-12}	pico	皮	p
10^{6}	mega	兆	M	10^{-15}	femto	飞	f
10^{3}	kilo	千	k	10^{-18}	atto	阿	a
10^{2}	hecto	百	h	10^{-21}	zepto	仄	z
10^{1}	deca	十	da	10^{-24}	yocto	幺	y

附 录 B

常用数学公式①

一、常用换算关系

1rad(弧度)=57.30° $\quad$ $1^\circ=\frac{\pi}{180}=0.017\text{rad}$

$\arcsin 0.6=36.9^\circ$ $\quad$ $\arccos 0.6=53.1^\circ$

$\arcsin 0.8=53.1^\circ$ $\quad$ $\arccos 0.8=36.9^\circ$

$\arctan 2=63.4^\circ$ $\quad$ $\arctan 0.5=26.6^\circ$

$e^1=2.718$ $\quad$ $e^{-1}=0.368$

1T=(特斯拉)=10^4Gs(高斯) $\quad$ 1Wb (韦伯) =10^8Mx (麦克斯韦)

二、常用三角函数公式

1. 诱导公式

$\sin(-\alpha)=-\sin\alpha$ $\quad$ $\cos(-\alpha)=\cos\alpha$

$\sin(\pi/2-\alpha)=\cos\alpha$ $\quad$ $\cos(\pi/2-\alpha)=\sin\alpha$

$\sin(\pi/2+\alpha)=\cos a$ $\quad$ $\cos(\pi/2+\alpha)=-\sin a$

$\sin(\pi-\alpha)=\sin a$ $\quad$ $\cos(\pi-\alpha)=-\cos a$

$\sin(\pi+\alpha)=-\sin\alpha$ $\quad$ $\cos(\pi+\alpha)=-\cos a$

2. 两角和与差的三角函数

$\sin(\alpha+\beta)=\sin\alpha\cos\beta+\cos\alpha\sin\beta$ $\quad$ $\cos(\alpha+\beta)=\cos\alpha\cos\beta-\sin\alpha\sin\beta$

$\sin(\alpha-\beta)=\sin\alpha\cos\beta-\cos\alpha\sin\beta$ $\quad$ $\cos(\alpha-\beta)=\cos\alpha\cos\beta+\sin\alpha\sin\beta$

$\tan(\alpha+\beta)=\dfrac{\tan\alpha+\tan\beta}{1-\tan\alpha\tan\beta}$ $\quad$ $\tan(\alpha-\beta)=\dfrac{\tan\alpha-\tan\beta}{1+\tan\alpha\tan\beta}$

---

① 资料来源：[1] 杜吉佩. 应用数学基础. 北京：高等教育出版社，2001.

[2] 刘俊娟，魏增江. 大学物理教程. 北京：中国铁道出版社，2017.

3. 和差化积公式

$$\sin\alpha+\sin\beta=2\sin\frac{\alpha+\beta}{2}\cos\frac{\alpha-\beta}{2}$$

$$\cos\alpha+\cos\beta=2\cos\frac{\alpha+\beta}{2}\cos\frac{\alpha-\beta}{2}$$

$$\sin\alpha-\sin\beta=2\cos\frac{\alpha+\beta}{2}\sin\frac{\alpha-\beta}{2}$$

$$\cos\alpha-\cos\beta=-2\sin\frac{\alpha+\beta}{2}\sin\frac{\alpha-\beta}{2}$$

4. 积化和差公式

$$\sin\alpha\sin\beta=-\frac{1}{2\left[\cos(\alpha+\beta)-\cos(\alpha-\beta)\right]}$$

$$\cos\alpha\cos\beta=\frac{1}{2\left[\cos(\alpha+\beta)+\cos(\alpha-\beta)\right]}$$

$$\sin\alpha\cos\beta=\frac{1}{2\left[\sin(\alpha+\beta)-\sin(\alpha-\beta)\right]}$$

5. 二倍角公式

$$\sin 2\alpha=2\sin\alpha\cos\alpha$$

$$\tan 2\alpha=\frac{2\tan\alpha}{1-\tan^2\alpha}$$

$$\begin{aligned}\cos 2\alpha&=\cos^2\alpha-\sin^2\alpha=2\cos^2\alpha-1\\&=1-2\sin^2\alpha\end{aligned}$$

6. 半角公式

$$\sin^2\frac{\alpha}{2}=\frac{1-\cos\alpha}{2}$$

$$\tan\frac{\alpha}{2}=\frac{1-\cos\alpha}{\sin\alpha}=\frac{\sin\alpha}{1+\cos\alpha}$$

$$\cos^2\frac{\alpha}{2}=\frac{1+\cos\alpha}{2}$$

7. 万能公式

$$\sin\alpha=\frac{2\tan\frac{\alpha}{2}}{1+\tan^2\frac{\alpha}{2}}$$

$$\tan\alpha=\frac{2\tan\frac{\alpha}{2}}{1-\tan^2\frac{\alpha}{2}}$$

$$\cos\alpha=\frac{1-\tan^2\frac{\alpha}{2}}{1+\tan^2\frac{\alpha}{2}}$$

三、常用求导数公式

(1) $(x^n)'=nx^{n-1}$

(2) $(a^x)'=a^x\ln a$

(3) $(\mathrm{e}^x)'=\mathrm{e}^x$

(4) $(\log_a x)'=\dfrac{1}{x}\log_a \mathrm{e}=\dfrac{1}{x\ln a}$

(5) $(\ln x)'=\dfrac{1}{x}$

(6) $(\sin x)'=\cos x$

(7) $(\cos x)'=-\sin x$

(8) $(\tan x)'=\dfrac{1}{\cos^2 x}$

(9) $(\cot x)' = -\dfrac{1}{\sin^2 x}$

(10) $(\arcsin x)' = \dfrac{1}{\sqrt{1-x^2}}$　$(-1 < x < 1)$

(11) $(\arccos x)' = -\dfrac{1}{\sqrt{1-x^2}}$　$(-1 < x < 1)$

(12) $(\arctan x)' = \dfrac{1}{1+x^2}$　$(-\infty < x < \infty)$

(13) $(\operatorname{arccot} x)' = -\dfrac{1}{1+x^2}$　$(-\infty < x < \infty)$

四、常用积分公式

(1) $\int 0 \mathrm{d}x = c$　(c 为常数)

(2) $\int x^a \mathrm{d}x = \dfrac{1}{\alpha+1} x^{a+1} + c$　$(\alpha \neq -1)$

(3) $\int \dfrac{1}{x} \mathrm{d}x = ln|x| + c$

(4) $\int a^x \mathrm{d}x = \dfrac{1}{\ln\alpha} \alpha^x + c$　$(a > 0, a \neq 1)$

(5) $\int \mathrm{e}^x \mathrm{d}x = \mathrm{e}^x + c$

(6) $\int \sin x \mathrm{d}x = -\cos x + c$

(7) $\int \cos x \mathrm{d}x = \sin x + c$

(8) $\int \csc^2 x \mathrm{d}x = -\cot x + c$

(9) $\int \sec^2 x \mathrm{d}x = \tan x + c$

(10) $\int \dfrac{\mathrm{d}x}{\sqrt{1-x^2}} = \arcsin x + c$

(11) $\int \dfrac{\mathrm{d}x}{1+x^2} = \arctan x + c$

附录C

复数简介①

一、复数的概念

在初中学习一元二次方程时知道，像 $x^2=-1$ 这样的方程在实数范围内无解，因为没有一个实数的平方等于-1。在16世纪，由于解方程的需要，人们开始引进一个新数i，称为虚数单位，并规定：

(1) 它的二次方等于-1，即

$$\mathrm{i}^2=-1;\ \mathrm{i}=\sqrt{-1}$$

(2) 实数与它进行四则运算时，原有的加、乘运算律仍然成立。

在这种规定下，i可以与实数 b 相乘，再同实数 a 相加，由于满足乘法交换律及加法交换律，从而可以把结果写成 $a+b\mathrm{i}$。这样，数的范围又扩充了，出现了形如 $a+b\mathrm{i}(a,b\in\mathrm{R})$ 这样的数，人们把它们称为复数。a 称为复数的实部，b 称为复数的虚部，虚部等于零的复数就是实数；不论实部是否等于零，虚部不为零的复数称为虚数；如果虚部不为零，实部为零，这样的复数称为纯虚数。例如：0，$-\sqrt{2}$，1+i，$-0.5-\sqrt{3}\mathrm{i}$，$-5\mathrm{i}$，i 等都是复数，其中 0，$-\sqrt{2}$ 是实数；1+i，$-0.5-\sqrt{3}\mathrm{i}$，$-5\mathrm{i}$，i 都是虚数；5i，i 则是纯虚数。可见复数包括了我们以前所学过的数(实数)，实数只是复数的特殊情况。在电气工程中，复数常用 $A=a+\mathrm{j}b$ 表示。用j来代替i的原因，是由于在电工中已用i来表示电流了。

二、复数的图形表示

图C1所示的坐标系为一个复数坐标系，其横轴称为实轴，用来表示复数的实部，其纵轴称为虚轴，用来表示复数的虚部，这两个坐标轴所在的平面称为复平面。任一个复数在复平面上都可以用一个点来表示；而复平面上的每一个点也都对应唯一的一个复数。图中的 p 点就表示一个复数，p 点的横坐标和纵坐标都是3，所以它表示的复数是3+j3。

复数还可以用复平面上的一个矢量来表示。任意一个复数 $A=a+\mathrm{j}b$ 可对应一个矢量 $\overrightarrow{OP}$，

① 资料来源：王新芳. 数学. 北京：中国铁道出版社，2002.

这种矢量称为**复矢量**，如图 C2 所示。矢量的长度 r 称为复数的**模**，模总是取正值。矢量与实轴正方向的夹角 θ，称为复数 A 的**幅角**。

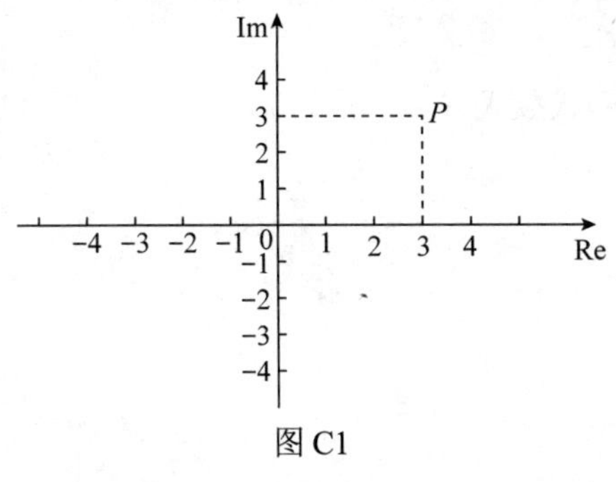

图 C1

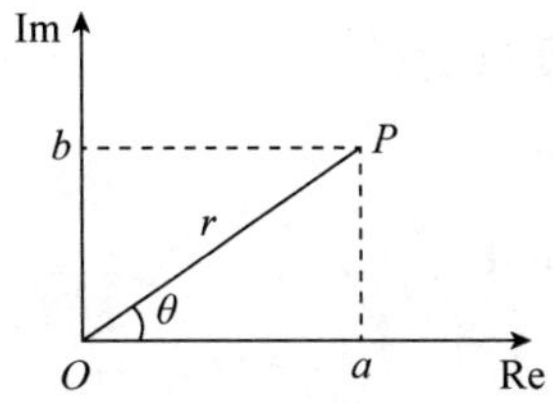

图 C2

由图 C2 可知：复数的模为

$$r=|A|=\sqrt{a^2+b^2}$$

复数的幅角为

$$\theta=\arctan\frac{b}{a}\quad(\theta\leqslant 2\pi)$$

由三角函数关系可知

$$a=r\cos\theta$$
$$b=r\sin\theta$$

可以看出，复数 A 的模在实轴上的投影 a 就是复数 A 的实部，在虚轴上的投影 b 就是复数 A 的虚部。这样，复数又可写成

$$A=a+\mathrm{j}b=r\cos\theta+\mathrm{j}r\sin\theta$$

三、复数的表示式

复数的表示形式有以下四种：

(1) 复数的代数形式：

$$A=a+\mathrm{j}b$$

(2) 复数的三角函数形式：

$$A=r\cos\theta+\mathrm{j}r\sin\theta$$

(3) 复数的指数形式：

根据高等数学中的欧拉公式，有

$$\mathrm{e}^{\mathrm{j}\theta}=\cos\theta+\mathrm{j}\sin\theta$$

则复数可以写成

$$A=r\cos\theta+\mathrm{j}r\sin\theta=r\mathrm{e}^{\mathrm{j}\theta}$$

即

$$A=r\mathrm{e}^{\mathrm{j}\theta}$$

(4) 复数的极坐标形式：工程上，为了计算方便，还常把复数表示为

$$A = r\angle\theta$$

即极坐标形式。

例 C1 写出复数 A=100∠30°的三角函数式和代数式。

解：复数的模为

$$r=100$$

复数的幅角为

$$\theta=30^\circ$$

三角函数式为

$$A = 100\cos30^\circ + \mathrm{j}100\sin30^\circ$$

代数式为

$$\begin{aligned} A &= 100\cos30^\circ + \mathrm{j}100\sin30^\circ \\ &= 100\times\frac{\sqrt{3}}{2} + \mathrm{j}100\times\frac{1}{2} = 86.6+\mathrm{j}50 \end{aligned}$$

即

$$A = 86.6 + \mathrm{j}50$$

例 C2 写出 A=10+j10 的极坐标式。

解：

$$A = a + \mathrm{j}b = 10 + \mathrm{j}10$$

A 的模为

$$r = |A| = \sqrt{a^2 + b^2} = 10\sqrt{2} = 14.1$$

幅角为

$$\theta = \mathrm{artan}\frac{b}{a} = \arctan1 = 45^\circ$$

所以该复数的极坐标式为

$$A = 14.1\angle45^\circ$$

四、共轭复数

实部相等，虚部互为相反数的两个复数，称为**共轭复数**。如复数 A=2−j5，它的共轭复数为 2+j5，用符号 $\overset{*}{A}$ 表示，即 $\overset{*}{A} = 2 + 5\mathrm{j}$。

如果 A=a+jb，则 $\overset{*}{A} = a - \mathrm{j}b$；如果 $A = r\angle\theta$，则 $\overset{*}{A} = r\angle-\theta$。

互为共轭的两个复数，总是关于实轴对称的，如图 C3 所示，P_1 与 P_2 即为一对共轭复数。

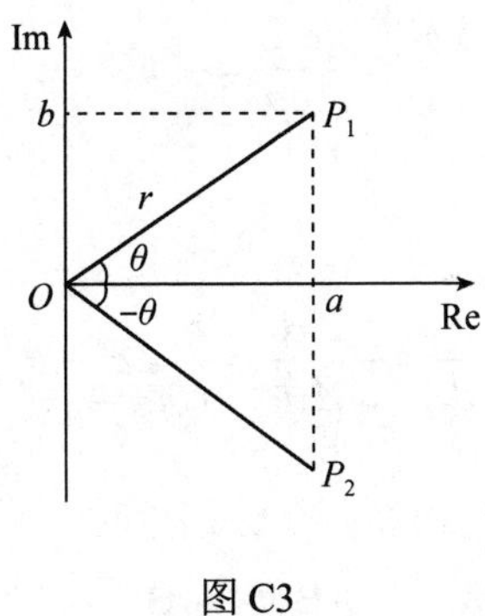

图 C3

五、复数的四则运算

1. 复数的加减法

复数相加或相减时，要先将复数化为代数形式。设有两个复数为

$$A_1 = a_1 + \mathrm{j}b_1 = r_1\angle\theta_1$$
$$A_2 = a_2 + \mathrm{j}b_2 = r_2\angle\theta_2$$

则

$$A_1 \pm A_2 = (a_1 \pm a_2) + \mathrm{j}(b_1 \pm b_2)$$

即：复数相加(或相减)时，将实部和实部相加(或相减)，虚部和虚部相加(或相减)。

与复数对应的复矢量，当复数相加(或相减)时，对应的矢量亦相加(或相减)，并完全满足实部与实部相加(或相减)，虚部与虚部相加(或相减)。

例 C3　求复数$100\mathrm{e}-\mathrm{j}\dfrac{\pi}{4}$与$60\mathrm{e}-\mathrm{j}\dfrac{\pi}{6}$之和。

解：

$$100\mathrm{e}^{\mathrm{j}\frac{\pi}{4}} + 60\mathrm{e}^{-\mathrm{j}\frac{\pi}{6}} = 100\cos\frac{\pi}{4} + \mathrm{j}100\sin\frac{\pi}{4} + 60\cos\left(-\frac{\pi}{6}\right) + \mathrm{j}60\sin\left(-\frac{\pi}{6}\right)$$
$$= 70.7 + \mathrm{j}70.7 + 52 - \mathrm{j}30$$
$$= 122.7 + \mathrm{j}40.7 = -129.3\mathrm{e}^{\mathrm{j}\frac{\pi}{10}}$$

2. 复数的乘除法

复数相乘或相除时，以指数形式和极坐标式较方便：

$$A_1A_2 = r_1\mathrm{e}^{\mathrm{j}\theta_1} \cdot r_2\mathrm{e}^{\mathrm{j}\theta_2} = r_1 \cdot r_2\mathrm{e}^{\mathrm{j}(\theta_1+\theta_2)}$$

或

$$A_1A_2 = r_1\angle\theta_1 \cdot r_2\angle\theta_2 = r_1r_2\angle\theta_1 + \theta_2$$

$$\frac{A_1}{A_2}=\frac{r_1 e^{j\theta_1}}{r_2 e^{j\theta_2}}=\frac{r_1}{r_2}e^{j(\theta_1-\theta_2)}$$

或

$$\frac{A_1}{A_2}=\frac{r_1\angle\theta_1}{r_2\angle\theta_2}=\frac{r_1}{r_2}\angle\theta_1-\theta_2$$

即：复数相乘时，将模相乘，幅角相加；复数相除时，将模相除，幅角相减。

例 C4 已知 A=8+j6，B=6−j8，求 AB 和 A/B。

解

$$\begin{aligned}AB&=(8+j6)\times(6-j8)\\&=10\angle 36.9^\circ\times 10\angle -53.1^\circ\\&=100\angle -16.2^\circ\end{aligned}$$

$$\frac{A}{B}=\frac{8+j6}{6-j8}=\frac{10\angle 36.9^\circ}{10\angle -53.1^\circ}=1\angle 90^\circ$$

例 C5 根据复数 $e^{j\theta}=1\angle\theta$，试求当 $\theta=\frac{\pi}{2}$、π、$\frac{3\pi}{2}$，2π 时，复数的代数形式。

解：

$\theta=\frac{\pi}{2}$时，$e^{j\theta}=e^{j\frac{\pi}{2}}=\cos\frac{\pi}{2}+j\sin\frac{\pi}{2}=j$；

$\theta=\pi$时，$e^{j\theta}=e^{j\pi}=\cos\pi+\sin\pi=-1$；

$\theta=\frac{3\pi}{2}$时，$e^{j\theta}=e^{j\frac{3\pi}{2}}=-j$；

$\theta=2\pi$时，$e^{j\theta}=e^{j2\pi}=1$。

附录D
星形-三角形变换计算程序

下面是利用FORTRAN语言编写的星形与三角形电阻网络等效变换的小程序。使用时，在两个调用子程序的语句中输入具体的星形或三角形网络的电阻值，即可求出相应的三角形或星形网络的电阻值。

```
   program main
   common/aa/r1,r2,r3,r12,r23,r31
   call jiao(r1,r2,r3)
   call xing(r12,r23,r31)
   end
   subroutine jiao(r1,r2,r3)
   x=r1*r2+r2*r3+r3*r1
   r12=x/r3
   r23=x/r1
   r31=x/r2
   write(*,100)r12,r23,r31
100    format(1x,"r12=",f6.2,"      r23=",f6.2,"     r31=",f6.2)
       end
       subroutine xing(r12,r23,r31)
   y=r12+r23+r31
   r1=r31*r12/y
   r2=r12*r23/y
   r3=r23*r31/y
   write(*,200)r1,r2,r3
200    format(1x,"r1=",f6.2,"      r2=",f6.2,"     r3=",f6.2)
       end
```

参 考 文 献

[1] 邱关元. 电路[M]. 北京：高等教育出版社，2002.

[2] 张洪让. 电工基础[M]. 北京：高等教育出版社，1998.

[3] 李树燕. 电路基础[M]. 北京：高等教育出版社，1997.

[4] 李源生. 电工电子技术[M]. 北京：清华大学出版社，2004.

[5] 李翰荪. 电路及磁路[M]. 北京：中央广播电视大学出版社，1994.

[6] 秦曾煌. 电工学[M]. 北京：高等教育出版社，2002.

[7] 李椿，夏学江. 大学物理[M]. 北京：高等教育出版社，1997.

[8] 畅玉亮，张国光. 电工电子学教程[M]. 北京：化学工业出版社，2005.

[9] 蔡元宇，朱晓萍. 电路及磁路[M]. 北京：高等教育出版社，2008.

[10] 胡翔骏. 电路基础[M]. 北京：高等教育出版社，2003.

[11] Tony R. Kuphaldt. Lessons In Electric Circuits，Fifth Edition，Printed in August 2002.